王忠堂　张士宏　梁海成　等著

镁合金
塑性成形技术

Magnesium Alloy Plastic
Forming Technology

化学工业出版社
·北京·

内容简介

《镁合金塑性成形技术》内容包括高性能镁合金板材制备技术、镁合金管材挤压成形技术、镁合金壳体零件热拉深成形技术、镁合金拼焊板拉深成形技术、镁合金整体壁板压弯成形技术、镁合金多层壳件反挤压成形技术、镁合金型材温热绕弯成形技术。本书理论与实际应用相结合，图文并茂，有大量的图表，直观形象，便于理解。

本书可作为相关工程技术人员、科研人员用书，也可作为高等院校相关专业的教材。

图书在版编目（CIP）数据

镁合金塑性成形技术/王忠堂等著. —北京：化学工业出版社，2023.7

ISBN 978-7-122-43254-4

Ⅰ.①镁…　Ⅱ.①王…　Ⅲ.①镁合金-金属压力加工-塑性变形　Ⅳ.①TG146.22

中国国家版本馆 CIP 数据核字（2023）第 060365 号

责任编辑：韩庆利　　文字编辑：吴开亮
责任校对：宋　夏　　装帧设计：刘丽华

出版发行：化学工业出版社（北京市东城区青年湖南街 13 号　邮政编码 100011）
印　　装：北京科印技术咨询服务有限公司数码印刷分部
787mm×1092mm　1/16　印张 16¼　字数 403 千字　2023 年 9 月北京第 1 版第 1 次印刷

购书咨询：010-64518888　　售后服务：010-64518899
网　　址：http://www.cip.com.cn
凡购买本书，如有缺损质量问题，本社销售中心负责调换。

定　　价：88.00 元

前 言

镁合金是最轻的结构金属材料，具有较高的比强度和比刚度，良好的散热性能、电磁屏蔽性能、阻尼性能、减振性能和机械加工性能，产品易于回收利用。其广泛应用于航天航空、交通运输、船舶装备、电子通信、国防装备等领域，被誉为“21世纪绿色工程材料”。镁合金塑性成形理论与技术的开发研究有利于提高镁合金产品质量，有利于加工高性能、高精度镁合金产品，拓宽镁合金材料应用领域，进一步促进我国镁资源的开发和利用，服务社会、造福人类。

本书阐述了几种镁合金塑性成形技术的基本理论及应用实例；优化了镁合金塑性成形工艺参数及模具结构；分析了镁合金产品尺寸精度及表面质量，以及镁合金产品组织性能和力学性能；确定了镁合金塑性成形技术的合适工艺参数。

本书内容包括：高性能镁合金板材制备技术、镁合金管材挤压成形技术、镁合金壳体零件热拉深成形技术、镁合金拼焊板拉深成形技术、镁合金整体壁板压弯成形技术、镁合金多层壳件反挤压成形技术、镁合金型材温热绕弯成形技术。

本书由沈阳理工大学王忠堂与中国科学院金属研究所张士宏、沈阳理工大学梁海成和刘劲松、沈阳工学院王羚伊共同完成。王忠堂和张士宏共同完成了第1章、第2章、第3章的撰写工作，王忠堂和王羚伊共同完成了第4章、第5章的撰写工作，梁海成完成了第6章的撰写工作，刘劲松完成了第7章的撰写工作。全书由王忠堂统稿。

本书是著者多年来取得的研究成果、发表的论文、报告等的汇集和整理，出版此书，供读者参考。

本著作所涉及的科学研究工作得到国家自然科学基金委员会、国家科技部、辽宁省教育厅的资助，在此表示衷心感谢。

由于作者水平有限，书中不足之处在所难免，望读者批评指正。

著者于沈阳

目　录

第1章 高性能镁合金板材制备技术

1.1 镁合金的性质及应用

1.1.1 镁合金的性质

镁合金材料具有密度低、比强度高、比刚度高、阻尼性能好、散热性能好、尺寸稳定、弹性模量大、抗冲击能力强等优点。由于镁合金材料的一些物理特性优于铝合金材料，因此其将是铝合金、钛合金的未来替代材料。镁合金材料将主要用于宇宙探索、航空航天、交通运输、海洋装备等领域，用于吸收装备振动及外界噪声，提高工程装备的运行性能，提高交通运输装备的安全性和舒适性。

镁合金材料在室温条件下的塑性成形性能差，因此限制了镁合金材料的应用范围。针对镁合金材料存在的一些性能不足，关于镁合金材料塑性成形方面的未来研究方向包括以下几个方面：①高强度、高性能镁合金材料研制，如高强度镁合金材料、高韧性镁合金材料、高塑性镁合金材料研制；②高性能镁合金型材成形技术，包括高精度镁合金管材、复杂结构镁合金型材研发等；③镁合金材料先进焊接技术，包括镁合金薄板焊接成形技术、异种镁合金焊接技术、复杂结构部件焊接技术等；④高精度复杂结构镁合金新产品开发，包括复杂结构镁合金壳体部件、镁合金多层壳体部件、复杂结构镁合金整体壁板等。

镁元素的物理性能如表 1.1 所示，在金属镁中加入其他微量元素，可以提高其物理性能和力学性能。几种典型镁合金材料的组成成分如表 1.2 所示。几种典型镁合金材料的物理性能和力学性能如表 1.3 所示。

表 1.1 镁元素的物理性能

密度/(g/cm^3)	熔点/℃	沸点/℃	初始再结晶温度/℃	熔化潜热/(kJ/mol)	弹性模量/GPa	热导率/[W(m·K)]
1.736	649～651	1107	150	8.954	45	156

表 1.2 几种典型镁合金材料的化学成分（质量分数）/%

化学成分	材料型号				
	AZ31	AZ80	AZ91	ZK60	AM60
Al	2.5～3.5	8.6	8.3～9.7	≤0.05	5.6～6.4
Mn	0.2～0.5	0.15	0.15～0.50	0.1	0.26～0.50

续表

化学成分	材料型号				
	AZ31	AZ80	AZ91	ZK60	AM60
Zn	0.7～1.3	0.45	0.35～1.0	5.0～6.0	≤0.20
Cu	≤0.05	0.01	<0.03	≤0.05	≤0.008
Ni	≤0.005	0.001	≤0.002	≤0.005	≤0.001
Fe	≤0.005	0.005	≤0.005	≤0.05	≤0.004
Si	≤0.10	<0.03	<0.01	≤0.05	≤0.05
杂质	≤0.30	≤0.30	≤0.30	≤0.30	≤0.01
Mg	其余	其余	其余	其余	其余

表 1.3　几种典型镁合金材料的物理性能与力学性能

材料性能	材料型号				
	AZ31	AZ80	AZ91	ZK60	AM60
密度/(g/cm^3)	1.77	1.80	1.82	1.80	1.79
熔点/℃	623	—	596	—	615
抗拉强度/MPa	251	350	280	365	240
屈服强度/MPa	154	265	160	305	140
弹性模量/GPa	45	—	45	44	45
比强度	141	—	154	—	134
伸长率/%	15	6	8	11	—
泊松比	0.35	0.35	0.35	0.35	0.35
线膨胀系数/$℃^{-1}$	2.18×10^{-6}	2.18×10^{-6}	2.18×10^{-6}	2.18×10^{-6}	2.18×10^{-6}

1.1.2　镁合金板材的应用

(1) 镁合金在航空航天领域的应用

从 20 世纪开始，镁合金在航空航天领域得到了一些应用，镁合金部件的采用显著减轻了航空航天装备的重量，并且改善了航空航天装备的气体动力学性能。通过先进的处理技术，镁合金部件的耐高温、耐腐蚀等性能显著提高，以适应航空航天装备运行环境，将被广泛应用于各种航天器的关键部件。整体壁板部件是飞机、火箭、卫星等各种航空航天飞行器上非常重要的大型壳体部件。整体壁板按照在飞机上的位置及作用分为机翼壁板、机身壁板、尾翼壁板；按照曲率形状不同分为柱形壁板、锥形壁板、凸峰壁板、马鞍形壁板和折弯壁板。高筋条网格式整体壁板在国外发达国家的飞行器上得到了非常广泛的应用。目前，常用的整体壁板材料有高强度铝合金和钛合金。由于铝、钛轻金属资源逐年减少，急需开发新的适用于大型壁板的材料。金属镁的资源优于铝和钛，因此镁合金壁板的开发应用对于节约资源、降低成本、造福人类等具有重要意义。国外的飞机制造企业已经将镁合金材料应用于飞机控制面板、机身蒙皮、尾缘、副翼、升降舵蒙皮、整流罩、起落架、炮舱门、发动机舱、方向舵、升降舵等关键部件，实现了飞机重量的明显减轻，显著提高了飞机的性能。

(2) 镁合金在交通运输领域的应用

镁合金材料在交通运输领域的应用具有重要优势。高速列车的总体行驶性能和稳定性与各个部件的性能密切相关。目前，我国的高铁主要还是采用铝合金材料车体。而在国外发达国家，已经在高速列车上使用了大量镁合金部件，镁合金成了高速列车轻量化的关键材料。镁合金在高速列车上的应用，包括仪表盘、空调系统通风格栅、车厢内部固定饰件等。

镁合金在汽车上的应用，包括镁合金仪表板、座椅支架、方向操纵系统等内部部件，以及发动机缸体、发动机罩盖、变速箱壳体、泵体、离合器壳体、齿轮室等动力部件，还包括车门、前机盖、框架等汽车覆盖件。镁合金材料的应用显著减轻了汽车车体重量，降低了油耗，减少了尾气排放，提高了汽车的整体综合性能。国外的汽车产品已经采用了大量的镁合金部件，包括汽车车身、方向盘轴、座位框架、仪表盘基座、发动机阀盖、变速箱壳体、进气歧管等部件。在欧洲市场上，汽车上的多种零部件如车座支架、油门踏板、音响壳体、电动窗电机壳体、升降器、后视镜架、手动变速杆、座椅架、变速箱壳体、仪表板骨架、车门内框、车扶手等都采用镁合金制造。在国内，现已开发出的产品有汽车用镁合金方向盘、镁合金气缸盖罩和镁合金手排挡壳体、摩托车曲轴箱尾盖等产品。现在国内各大汽车公司和高等院校也都在大力研发应用镁合金零部件，通过增加镁合金在汽车上的用量减轻汽车重量，以减少汽车燃油消耗，使我国汽车行业持续健康发展。

(3) 镁合金在通信及电子领域的应用

镁合金具有良好的防电磁性，可以消除手机电磁波危害。镁合金由于具有质轻、比强度高、热传导性和电磁屏蔽性良好、易于回收及符合环保要求等特点，在笔记本电脑、移动硬盘、手机、数码相机、U 盘、摄像机、电视机、冰箱、音响等电子电器产品中应用广泛，还适用于蓄电池外壳、音响振膜等方面。

(4) 镁合金在国防装备领域的应用

在国防装备领域，充分利用镁合金材料的性能，将其应用于适合的武器装备中，可以显著提高武器装备的精度、性能和机动性。使用镁合金材料可以提高结构件强度，减轻装备重量，提高武器装备精度，例如掩体支架、迫击炮底座和导弹等。镁合金材料还可以应用于火箭、导弹、卫星等领域，如各种型号发动机的前支撑壳体和壳体盖、发动机的前舱铸件、离心机匣、飞机液压恒速装置壳体、战斗机座舱骨架和机轮等。

在国外，在轻武器装备领域，镁合金得到广泛应用。在某型号手枪、某型号自动榴弹发射器中，瞄具座、前护手、弹匣、枪托、火器支架等部件采用了镁合金。在某型号火箭弹、穿甲弹、次口径脱壳弹等常规兵器中，药盘座、座体、弹托、头螺、尾翼、扩爆管等采用了镁合金材料。在某型号空空导弹中也使用了大量的镁合金材料。某型号军用吉普车采用了镁合金车身及桥壳，明显减轻了车体的重量，具有良好的机动性及越野性能。某型号反坦克枪榴弹部分零件、某型号轻型坦克、某型号装甲救护车的缸体和缸盖、某型号轻型坦克侦察车的变速箱体、某型号导弹壳体和尾翼等都使用了镁合金材料。随着高性能镁合金材料熔炼及制造技术的不断发展，镁合金材料在国防装备领域将得到更广泛的应用。

(5) 镁合金在生物医学领域的应用

在生物医学领域，由于镁合金具有独特的生物降解功能，且又是人体所必需的金属元素之一，其弹性模量约为 45GPa，与人体骨骼（10～40GPa）的弹性模量接近，镁合金材料在人体中释放出的镁离子还可促进骨细胞的增殖及分化，有利于促进骨骼的生长和愈合，因此，镁合金材料在人体骨骼中将得到广泛应用。此外，镁合金的加工性能远优于聚乳酸、磷酸钙等其他类型可降解植入生物材料。研发多孔镁组织工程支架在治疗心血管疾病方面具有显著优势，充分利用多孔镁具有的生物活性，可诱导细胞分化生长和血管长入。研发镁合金血管支架，通过血管支架植入术治疗冠状动脉和外周血管阻塞性疾病，也是镁合金材料的重要医学应用。

(6) **镁合金在其他领域的应用**

在日常生活方面，由于镁合金产品具有高强度和高刚度的物理性能，以及轻巧、美观、可回收等特点，可替代塑料制品，应用于办公用品、家居装修、体育用品等方面，如镁合金自行车、镁合金摩托车、镁合金健身器材、镁合金建筑材料等。镁合金材料在各类工具、建筑模板、地坪花纹板、医疗器械、电动工具等领域得到应用，在印刷领域将取代铜板、锌板作为印刷基板替代材料。镁合金蚀刻及雕刻具有很好的市场前景。此外，镁合金材料在纺织机械用针板、振动平台用板、牺牲阳极板等领域也具有很好的市场前景。

1.1.3 镁合金板材制备技术

镁合金板材制备技术主要有普通轧制（Normal Rolling，NR）技术、交叉轧制（Cross Roll Rolling，CRR）技术、异步轧制（Asynchronous Rolling，AR）技术、挤压成形技术、复合成形技术等。

(1) **普通轧制技术**

普通轧制技术（即单向轧制技术）是将镁合金板材按同一方向进行多道次轧制，每一道次都不改变轧制方向，其加工的板材容易产生很强的各向异性，其综合拉深（也称拉伸）成形性能差，不利于后续板材冲压成形工艺的实现。普通轧制技术工序是铸轧板坯→均匀化退火→多道次轧制→热处理，其特点是生产率高，铸造的扁坯对板材的最终性能起决定作用。普通轧制板材所形成的、强烈的基面织构严重制约了镁合金板材冲压性能的提高。采用轧制技术制备镁合金板材时，合理设计工艺参数可以有效改善镁合金材料的组织性能和力学性能。

关于镁合金板材轧制技术方面的研究，国内外学者取得了很大的成果。Li 等[1] 研究了大变形量对厚板轧制 AZ91 合金组织演变和拉伸性能的影响，获得了分布均匀且细小的晶粒，尺寸为 3μm。Lee 等[2] 研究发现镁合金初始织构对冷轧过程中形成的显微组织和随后退火过程中的再结晶行为具有显著影响，在板材厚度方向的织构有利于形成大尺寸的剪切带，并且变形沿着这些剪切带强烈局部化，而在宽度方向的织构有利于 {10-12} 孪晶的形成，在孪晶中形成许多小尺寸剪切带。Zhang 等[3] 研究发现孪晶和剪切带是 AZ31 合金在低温下的两种主要变形结构，在孪晶相互作用处、孪晶序列处、双孪晶处和剪切带周围积累了丰富的几何必要位错，而在张力孪晶周围的几何必要位错密度较低。Li 等[4] 研究了不同轧制压下量对 Mg-6Al-3Zn-0.1Mn 合金的组织性能和力学性能的影响，结果表明，挤压态 Mg-Al-Zn-Mn 合金轧制后，动态析出更多的第二相，获得晶粒尺寸为 1.2μm，抗拉强度和断裂伸长率得到明显提高。Xiao 等[5] 研究发现，随着压下率的增加，AZ31 合金板材轧制变形区的剪切带变得更密集、分布更均匀，剪切带沿板材侧面的中间层对称分布，动态再结晶（DRX）程度的增加使织构减弱，从而降低了材料的屈服强度。Aghamohammadi 等[6] 研究发现，非连续动态再结晶、孪晶动态再结晶和颗粒激发形核是热轧 AZ31 合金的主要机制，在塑性变形开始时，基底滑移和延伸孪晶增加了 {0001} 基面织构的强度。动态再结晶对弱化基体织构有显著影响。Gaurav 等[7] 研究了冷轧 Mg-6Al-3Sn 合金在 200～400℃退火过程中的静态再结晶行为，发现了 Mg17Al12 析出在再结晶过程中的作用，再结晶后晶粒尺寸显著减小。Silva 等[8] 研究了铈基混合稀土对铸态 ZK60 合金热轧性能的影响，研究发现，Mg7Zn3 金属间化合物在热轧过程中发生沉淀，在 ZK60 合金中观察到更细的 Mg7Zn3 颗粒，而添加混合稀土的合金中形成 Mg7Zn3 和 MgZn2Ce 金属间化合物。Ding 等[9] 研究了钙锶复合添加对铸态和轧制态 Mg-5Zn 合金的组织性能和力学性能的影响，Ca 和 Sr 的加入可以提高 DRX 的临界应变值，从而导致延迟 DRX 效应，轧制态 Mg-5Zn-0.4Ca-0.2Sr 合金具有良好的强度和延展性，极限抗拉强度为 317 MPa，屈服强度为 235 MPa，断裂伸长率为 24%。Zeng 等[10] 研究了添加元素 Al 或 Zn 的 Mg-Nd 合金静态再结晶过程中的组织和织构演变，轧制后的 Mg-2Nd-1Zn 薄板显示出较高的棱柱状滑移活性，并形成弱织构，而在 Mg-2Nd-1Al 板材中形成了在轧制方向上具有基极扩展的强织构。

(2) 交叉轧制技术

交叉轧制技术是提高镁合金板材成形性能的重要方法之一，在镁合金薄板多道次轧制过程中，每道次都将轧制方向水平旋转 90°后，再进行下一道次的轧制变形。采用交叉轧制技术可以明显改善镁合金材料的组织性能、织构分布和力学性能，减弱板材各向异性，提高材料塑性成形性能，有利于镁合金板材后续冲压成形工艺的实现。

在镁合金板材交叉轧制技术研究方面，国内外学者获得了很多研究成果。Chen 等[11] 研究了织构对交叉轧制退火 Mg-0.6%Zr-1.0%Cd 板材力学性能各向异性的影响。结果表明，板材平面内交叉轧制可获得较弱的基体织构和更多的散射旋转晶粒，交叉轧制板材的力学性能各向异性得到弱化。Chino 等[12] 采用交叉轧制制备了高性能镁合金板材，交叉轧制可以有效弱化（0002）基面织构，得到分布均匀的细小晶粒，提高镁合金塑性成形性能。Xu 等[13] 采用挤压-交叉轧制复合变形技术制备了高性能镁合金板材，提高了镁合金的拉深成形性能，在变形温度 170℃时，材料极限拉深比（LDR）达到 2.6。Zhang 等[14] 研究了交叉轧制 Mg-2Zn-2Gd 合金在后续单向轧制和退火后的织构记忆效应和材料各向异性，分析了板材各个方向上的屈服强度变化规律和织构演变的机制。

(3) 异步轧制技术

异步轧制技术是轧制板材的上表面和下表面的变形速度保持一定差值的轧制方法，通过上工作辊和下工作辊的线速度不同而实现。其具有轧制压力小、产品精度高等特点，特别适合轧制薄带和超薄带。采用异步轧制技术制备的 AZ31 合金板材的基面织构得到明显削弱，板材性能得到明显提高。通过异步轧制技术可以实现变形区金属非均匀性变形，使镁合金板材晶粒得到细化、基面织构得到弱化、力学性能得到提高。

国内外学者对于镁合金板材异步轧制技术的研究做了很多工作，Kaseem 等[15] 采用差速轧制（DSR）技术提高了 AZ31 合金的组织性能和力学性能，产生完全再结晶的微观结构，屈服强度和极限抗拉强度随着轧制温度的升高而单调下降，而伸长率有所增大，应变硬化指数（n）随着轧制温度的升高而增加。张耀丹[16] 研究了热轧态 AZ31 合金板材经过大变形异步轧制后的组织性能和力学性能，获得的镁合金板材的晶粒尺寸为 3.8μm。唐佳伟等[17] 研究了异步轧制工艺参数对 AZ31 合金板材性能的影响规律，随着异步比的增大，最大等效应力和轧制力显著降低，等效应变增大，有助于降低对轧辊强度的要求及能量消耗。宋旭东等[18] 研究了异步轧制 Mg-3Zn-2（Ce/La）-1Mn 合金的微观组织及织构演变，结果表明，异步轧制后的组织更均匀细小，随着异步比的增大，再结晶晶粒数量增多，第二相破碎，晶粒和第二相粒子的尺寸减小，组织的均匀化程度提高。

(4) 挤压成形技术

挤压成形技术是指将长方形坯料经过挤压凹模制备镁合金板材，板材的厚度和宽度由挤压凹模确定，一般只能加工中厚板，而对于镁合金薄板的加工，则需要后续的轧制技术来实现。板材挤压成形工序包括镁合金铸锭→均匀化退火→挤压成形→热处理→多道次轧制→热处理，其特点是适用于镁合金中厚板加工，挤压成形和普通轧制技术对镁合金板材力学性能的影响规律基本相同。

关于镁合金板材挤压成形技术方面的研究工作，国内外学者获得了很多成果，Suh等[19]研究了挤压温度对挤压态AZ91板材室温拉伸性能的影响，包括微观结构、织构、晶粒尺寸、析出物、储存应变能，以及晶粒细化、连续析出物和储存应变等变化规律。Fu等[20]研究发现挤压温度对镁合金的晶粒尺寸、第二相粒子形状和位错分布有显著影响，随着挤压温度的升高，晶粒和第二相的尺寸逐渐增大。Ayer等[21]研究了工艺参数对AZ31合金挤压载荷的影响，分析了挤压温度、挤出比、摩擦因数和冲压速度的影响规律，在所有的挤压比和挤压温度下，提高冲压速度会导致成形载荷显著增加。Yu等[22]研究了挤压比和挤压温度对镁合金材料的组织性能和力学性能的影响规律，热挤压后，镁合金呈现细小动态再结晶晶粒和具有强基础织构的粗大晶粒。Li等[23]采用静压挤压技术获得了高性能的镁合金厚壁管材，挤压镁合金管材的抗拉强度、屈服强度、伸长率均有所提高。Hu等[24]研究了工艺参数对镁合金复合挤压变形过程中力能参数及组织性能的影响，引入压缩应变和累积剪切应变，分析了挤压过程中的动态再结晶及晶粒细化机制。Bai等[25]采用分流模挤压技术加工高强度合金Mg-Al-Zn-RE矩形截面管材，镁合金在热挤压过程中，发生完全动态再结晶，获得细小的晶粒组织，镁合金抗拉强度达到406MPa，伸长率达到21.8%。

(5) 复合成形技术

采用特殊复合塑性变形技术可以明显提高镁合金材料的组织性能、力学性能和塑性成形性能。

Liu等[26]采用余热轧制（RHR）工艺提高了AZ31合金的组织性能和力学性能，晶粒均匀且细小，屈服强度为194MPa、抗拉强度为311MPa、断裂伸长率为22%。Lee等[27]研究了AZ31合金在高速轧制（HSR）过程中的微观结构和织构变化，研究发现，随着轧制温度的升高，由于变形均匀性的增加，高速轧制剪切带的密度和强度显著降低。随着轧制温度的降低，由于低温下的强烈剪切变形，高速轧制材料的基本织构从法线方向向轧制方向倾斜，织构强度也随着轧制温度的降低而增加。Yang等[28]研究了变形路径对异步轧制亚微晶Al-Mg-Si合金织构和拉伸性能的影响规律，获得了抗拉强度312 MPa和伸长率7.4%的力学性能。Ma等[29]采用不对称轧制方法提高了AZ31合金的组织性能和力学性能，结果表明，在AZ31合金板材的整个厚度范围内产生了较大的剪切变形，促进了镁合金动态再结晶的发生，使AZ31合金板材组织均匀、晶粒细化、基体织构弱化，从而显著提高了板材的力学性能。Peng等[30]研究了翻转反向轧制技术（TRR，沿横向倾斜180°）对AZ31B合金板材的剪切带及其对动态再结晶（DRX）和力学性能的影响规律，横向剪切变形是导致{0001}基底织构减弱的主要原因。Lian等[31]采用高温轧制和连续弯曲的集成变形技术，制备了高性能的Mg-3Al-1Zn合金板材，退火后的样品的Erichsen值达到6.9。Xian等[32]采用深表面轧制技术制备了高性能AZ91合金板材，结果表明，受影响层厚度为2.0mm，其亚层组成包括从最顶面起厚度约400μm的大变形层、厚度约600μm的中等变形层、厚度约1000μm的小变形层，AZ91合金经深表面轧制后，晶粒细化、应变硬化和沉淀强化的协同作用使硬度显著提高。Guo等[33]采用挤压-轧制复合成形技术制备了高性能AZ31合金板材，获得的板材晶粒尺寸为4.5μm，结果表明，较低的变形温度和较大的轧制压下率是提高AZ31合金板材抗拉强度的两个主要因素。

1.2　镁合金板材交叉轧制技术

1.2.1　交叉轧制技术特征

普通轧制技术生产的镁合金板材具有较强的基面织构，导致材料各向异性强，限制了镁合金材料的冲压成形。镁合金板材普通轧制技术基本原理如图 1.1 所示，轧辊 2 与轧辊 3 的转速和直径相同，轧辊 5 与轧辊 6 的转速和直径相同。

在实际应用时，镁合金板材交叉轧制技术的操作工序是在镁合金板多道次轧制过程中，在每道次轧制前，将板材沿轧制方向水平旋转 90°后再进行轧制变形。经过交叉轧制变形的镁合金板材，微观组织性能得到提高，织构得到弱化，减轻了材料的各向异性，提高了镁合金板材的力学性能，有效改善了镁合金板材的冲压成形性能。

交叉轧制技术可以显著提高镁合金板材的力学性能，但对于大尺寸的镁合金板材生产，交叉轧制具有一定的局限性。镁合金板材交叉轧制技术基本原理如图 1.2 所示。

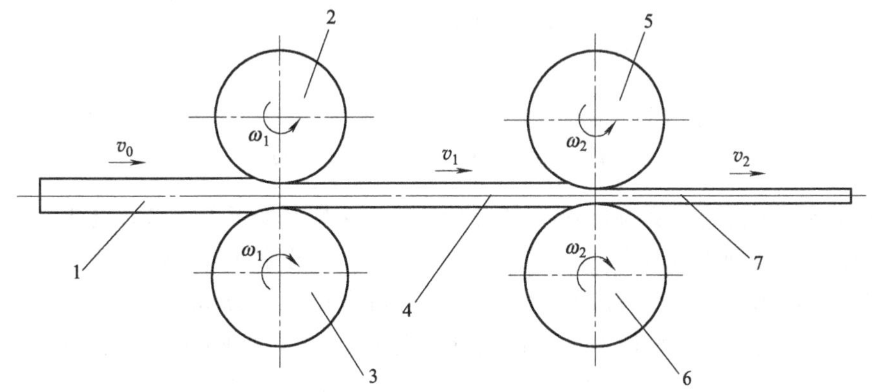

图 1.1　镁合金板材普通轧制技术基本原理

1—原始坯料；2—一次轧制上轧辊；3—一次轧制下轧辊；4—一次轧制板材；5—二次轧制上轧辊；6—二次轧制下轧辊；7—二次轧制板材

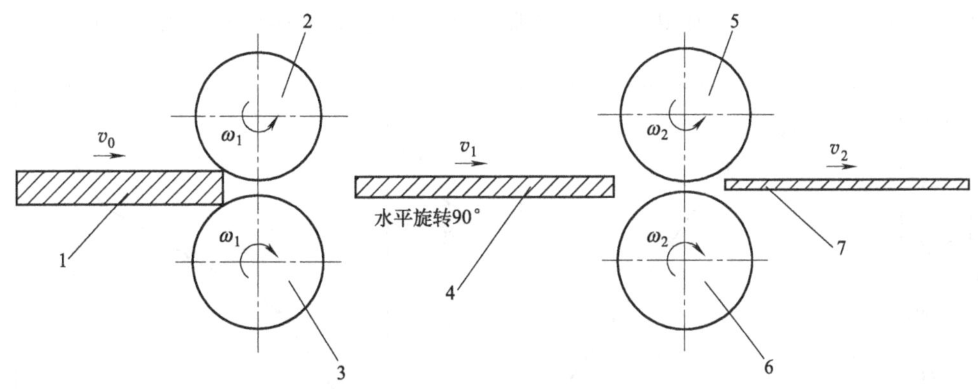

图 1.2　镁合金板材交叉轧制技术基本原理

1—原始坯料；2—一次轧制上轧辊；3—一次轧制下轧辊；4—一次轧制板材；5—二次交叉轧制上轧辊；6—二次交叉轧制下轧辊；7—交叉轧制板材

1.2.2 镁合金板材交叉轧制数值模拟

(1) 几何模型建立

镁合金板材交叉轧制几何模型如图 1.3 所示，由于板材轧制变形的均匀性，在镁合金板材轧制变形区上取一个特征点进行研究。通过数值模拟结果，分析板材轧制方向上的塑性应变分布规律，以及轧制方式对板材组织性能的影响规律。

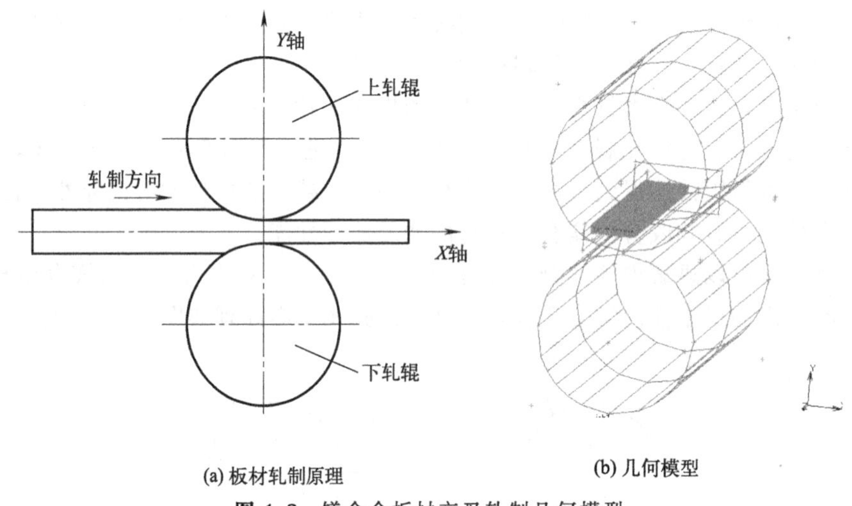

(a) 板材轧制原理　　(b) 几何模型

图 1.3 镁合金板材交叉轧制几何模型

AZ31 合金板材初始厚度为 3mm，镁合金板材交叉轧制变形工艺参数包括轧辊预热温度 200℃，变形温度分别为 300℃、350℃、400℃，压下率分别为 15%、25%、35%、45%，轧制转速分别为 10r/min、20r/min、30r/min，轧辊直径为 300mm。

AZ31 合金板材的相关物性参数包括质量密度为 1.77×10^3kg/m^3、泊松比为 0.35、变形激活能为 121kJ/mol、摩擦因数为 0.12、剪切模量为 17000MPa、传热系数为 0.002W/(m^2·K)、比热容为 1.15kJ/(kg·K)、热膨胀系数为 0.000027m/K、热导率为 90W/(m·K)、轧辊与板材的热交换系数为 11kW/(m^2·K)。

环境温度对 AZ31 合金的一些物性参数具有明显影响，如弹性模量、比热容、热膨胀系数、热导率等。弹性模量、比热容、热膨胀系数、热导率随环境温度变化规律如图 1.4 所示。

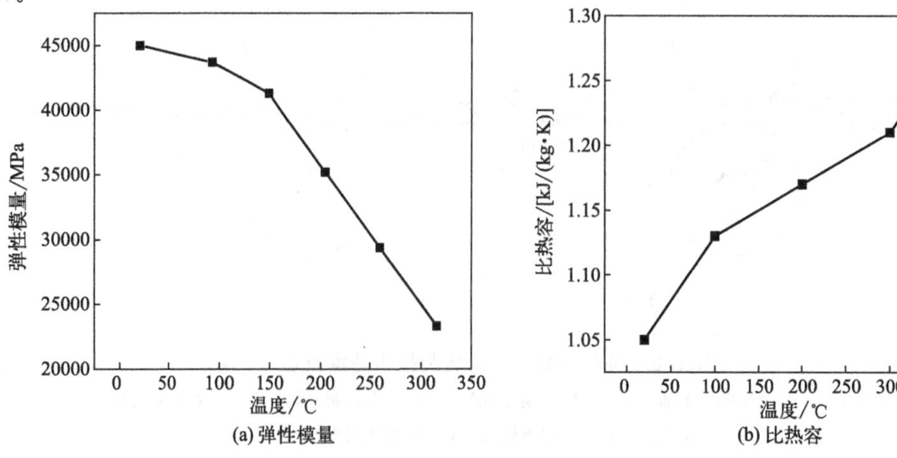

(a) 弹性模量　　(b) 比热容

图 1.4

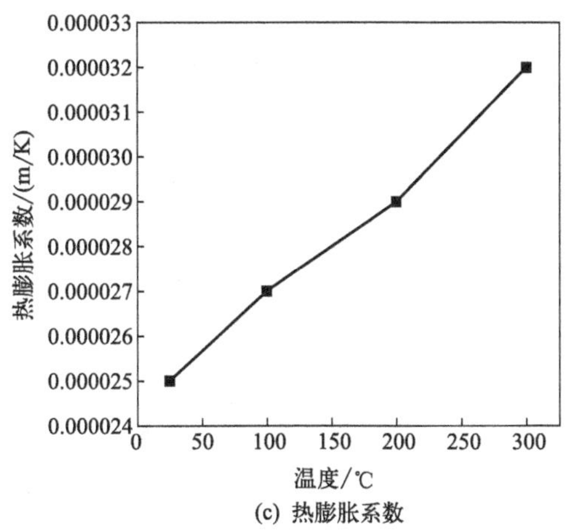

(c) 热膨胀系数

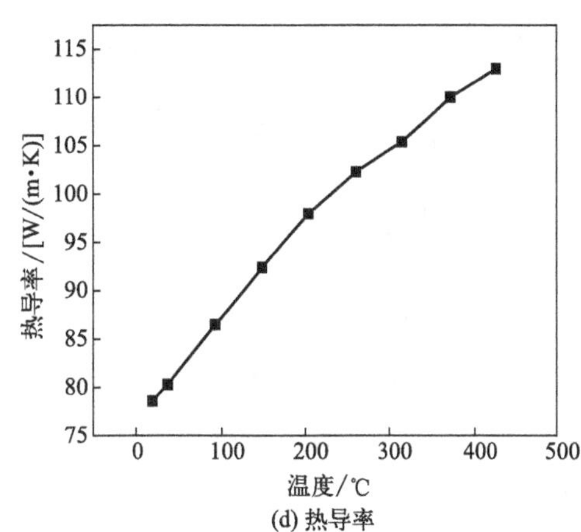

(d) 热导率

图 1.4　AZ31 合金的物性参数与环境温度的关系

(2) 模拟结果及分析

在相同压下率时，交叉轧制与普通轧制的轧制压力变化规律如图 1.5 所示，其中，普通轧制的压下率为 15%。在交叉轧制时，普通轧制压下率为 15%，交叉轧制压下率为 15%。结果表明，在相同压下率时，交叉轧制的轧制压力要大于普通轧制压力。

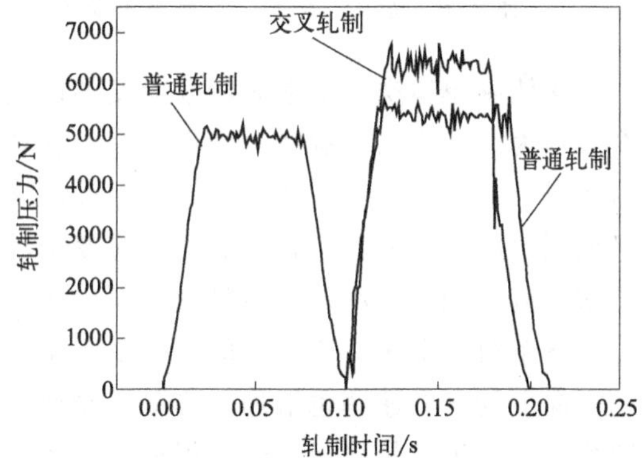

图 1.5　交叉轧制和普通轧制时轧制压力变化规律（压下率为 15%-15%）

普通轧制-交叉轧制复合变形后的镁合金板材应变分布如图 1.6 所示，普通轧制-交叉轧制复合变形时压下率分别为 15%-15%、25%-15%、25%-25%、25%-35%、25%-45%。结果表明，交叉轧制后镁合金板材的各向塑性应变差异性较小。随着压下率的增大，轧制方向的塑性应变也增大，交叉轧制板材的各向异性降低。

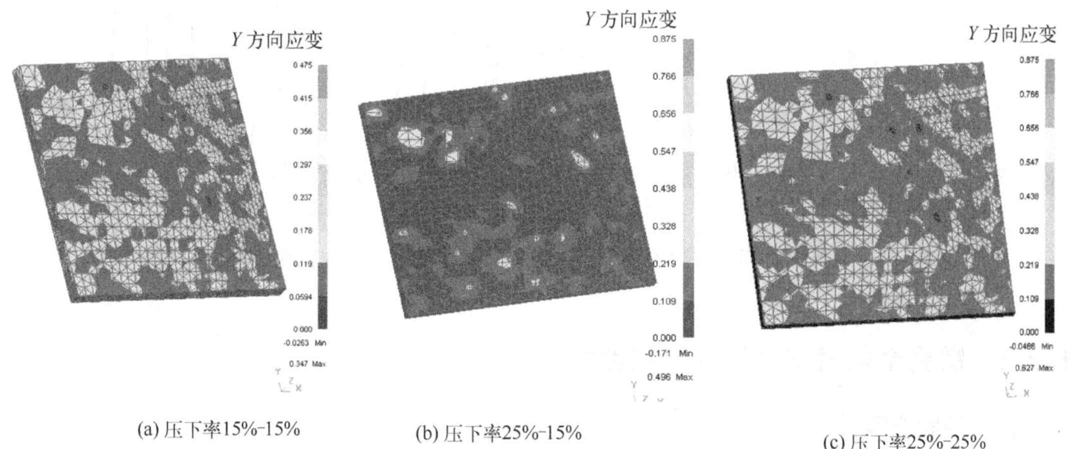

(a) 压下率15%-15%　(b) 压下率25%-15%　(c) 压下率25%-25%

图 1.6

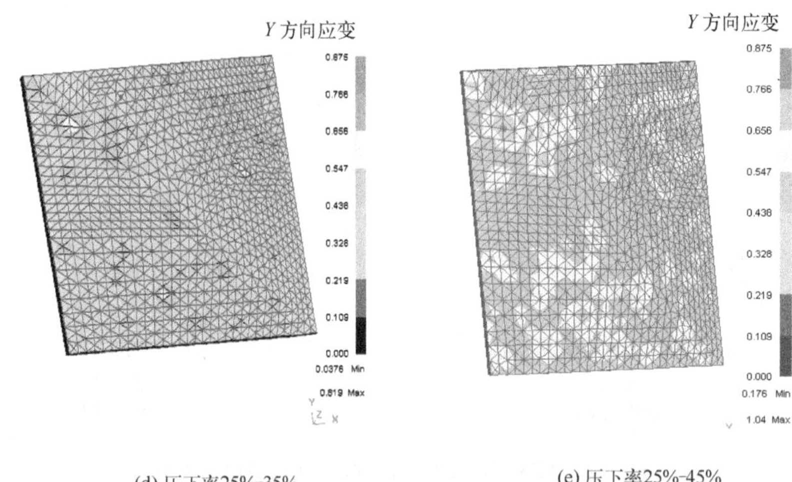

(d) 压下率25%-35%　　(e) 压下率25%-45%

图 1.6　普通轧制-交叉轧制复合变形后 AZ31 合金板材在轧制方向上塑性应变分布

交叉轧制单道次压下率对塑性应变的影响规律如图 1.7 所示。结果表明，每条曲线的第一个波峰为第一道次轧制时，变形区一点在轧制方向的塑性应变分布；第二个波峰为交叉轧制道次时，变形区一点在轧制方向的塑性应变分布。在第一道次压下率都为 25%的情况下，交叉轧制道次压下率越大，轧制方向应变也越大，当交叉轧制道次压下率为 25%和 35%时，两道次的应变相差较小，有效降低了板材的各向异性。

压下率对变形区应变速率的影响如图 1.8 所示。结果表明，随着压下率的增加，板材在轧制方向上的应变速率也增加。交叉轧制道次压下率为 25%和 35%时，在轧制方向上的应变速率与上一道次较接近，此时板材具有较佳的塑性加工性能。

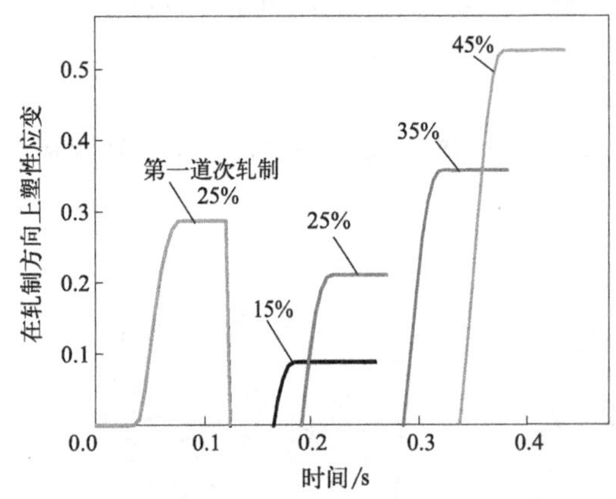

图 1.7　变形区轧制方向塑性应变

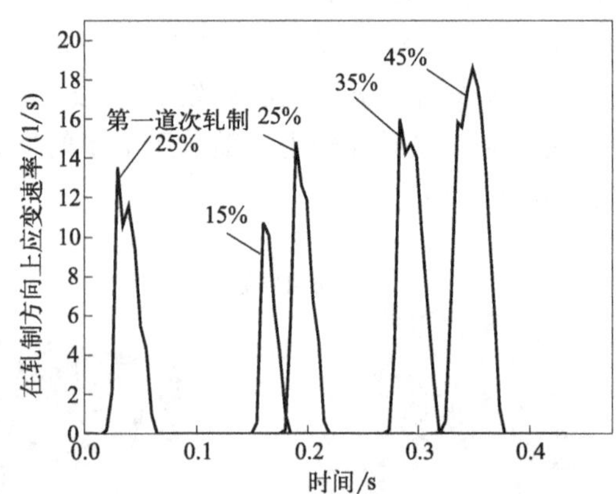

图 1.8　变形区轧制方向应变速率

1.2.3　镁合金板材交叉轧制组织性能

(1) 实验方案

AZ31 合金挤压板材尺寸为 80mm×70mm×6mm，经加热 400℃退火保温 3h，随炉冷却 30min 后空冷。挤压板材的原始组织如图 1.9 所示，平均晶粒尺寸为 52.22μm。挤压变形温度分别为 300℃、350℃、400℃，轧制转速分别为 10r/min、20r/min、30r/min，变形程度分别为 5%、10%、15%。

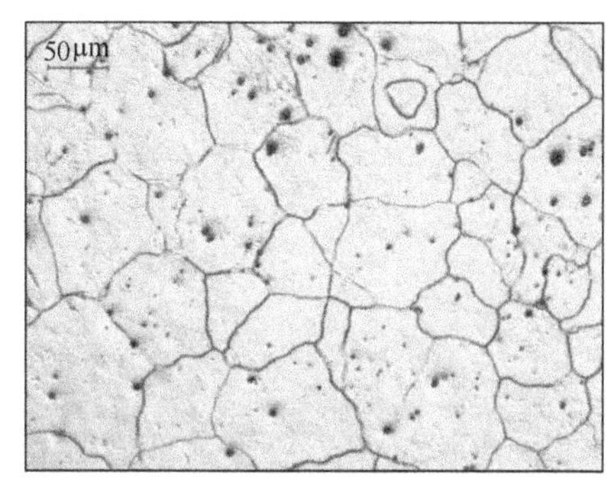

图 1.9　AZ31 合金挤压板材原始组织

(2) 交叉轧制工艺参数对晶粒尺寸的影响

交叉轧制工艺参数如表 1.4 所示。交叉轧制镁合金板材试样微观组织如图 1.10 所示。交叉轧制镁合金板材都有不同程度的再结晶过程，再结晶晶粒都在大晶粒晶界处产生。交叉轧制镁合金板材的晶粒尺寸在 6.35～9.78μm 范围内。晶粒尺寸减小到原始状态的 $\frac{1}{5}$ 以下，对改善镁合金组织性能和力学性能具有重要作用。

表 1.4　交叉轧制实验工艺参数确定

试件编号	交叉轧制工艺参数			
	轧制温度/℃	轧辊转速/(r/min)	单道次压下量/mm	总压下率/%
1	300	10	0.3	50%
2	300	20	0.6	60%
3	300	30	0.9	70%
4	350	10	0.6	70%
5	350	20	0.9	50%
6	350	30	0.3	60%
7	400	10	0.9	60%
8	400	20	0.3	70%
9	400	30	0.6	50%

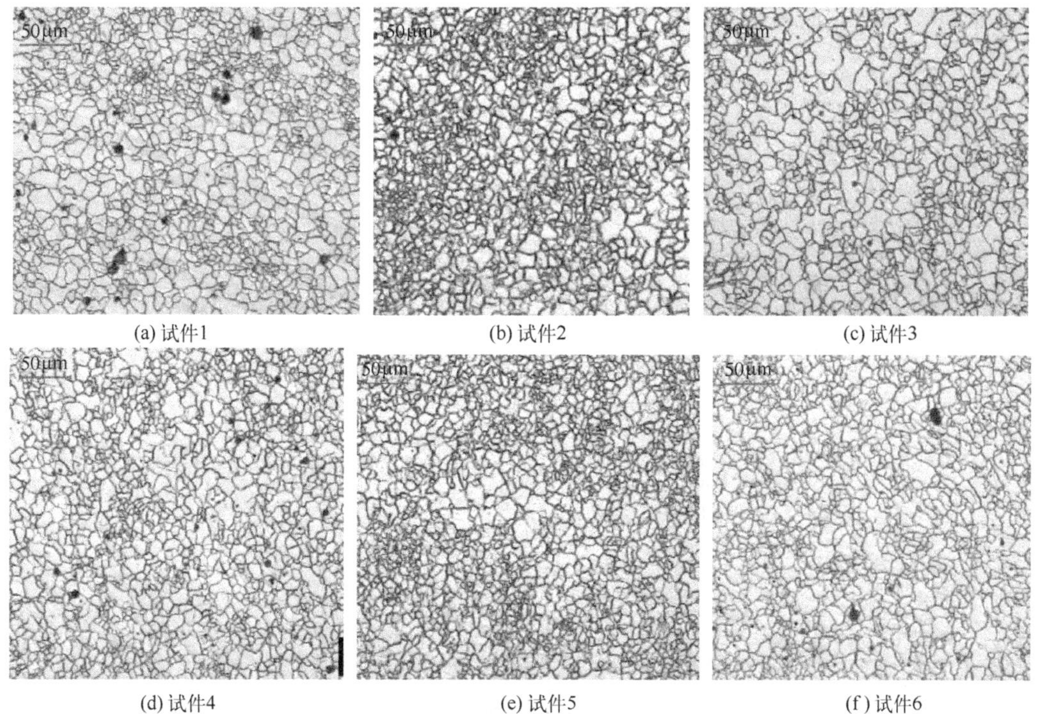

图 1.10

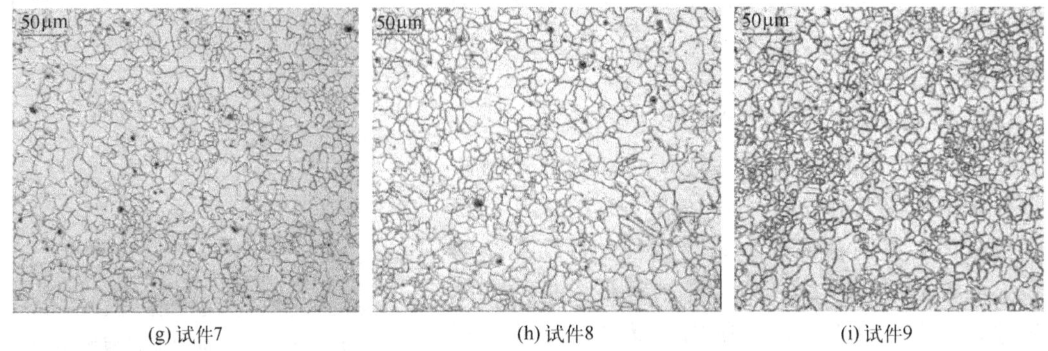

(g) 试件7　　(h) 试件8　　(i) 试件9

图 1.10　交叉轧制镁合金板材试样微观组织

(3) 交叉轧制工艺参数对基面织构强度的影响

镁合金交叉轧制板材的织构分布是影响镁合金板材冲压成形性能的重要因素，较强的织构将导致塑性成形性能降低，使冲压件出现制耳缺陷，严重影响产品质量，降低成品率，增加成本。

图 1.11 为交叉轧制 AZ31 合金板材的（0002）基面极图。纵向为轧制方向（RD），横向为板材宽度方向（TD）。每组极图都分为 8 级，每级的织构强度如图 1.11 所示。由于交叉轧制的工艺条件不同，每组极图的基面织构强度也各有差异，其中最大基面织构强度达到 63.92，最小基面织构强度为 51.49。分析可知，经过交叉轧制后的镁合金板材，其织构强度降低，织构得到弱化，组织性能得到改善。

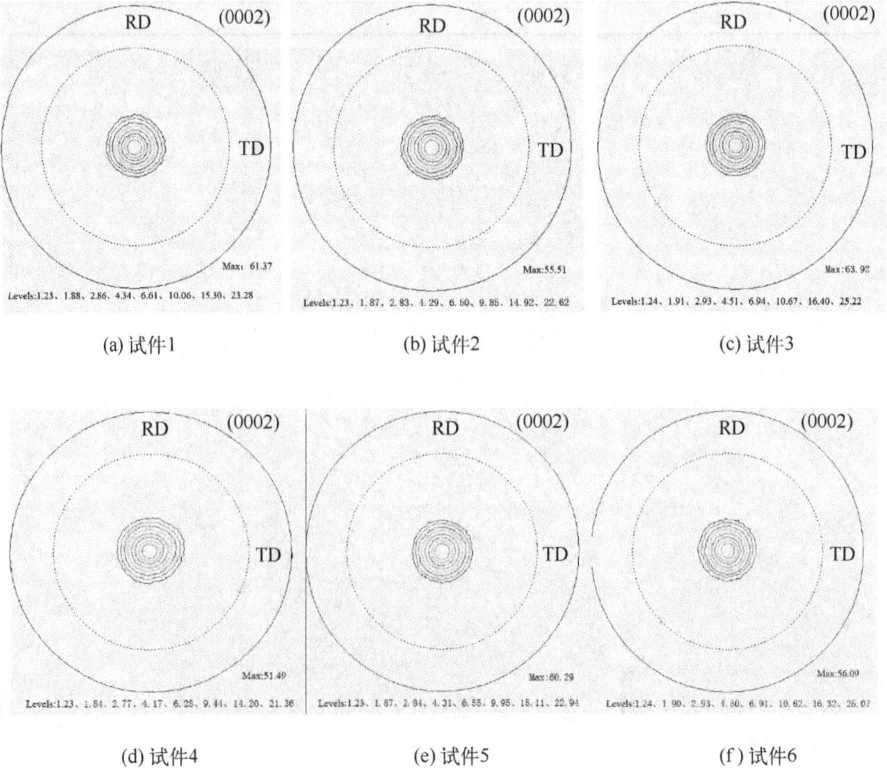

(a) 试件1　　(b) 试件2　　(c) 试件3

(d) 试件4　　(e) 试件5　　(f) 试件6

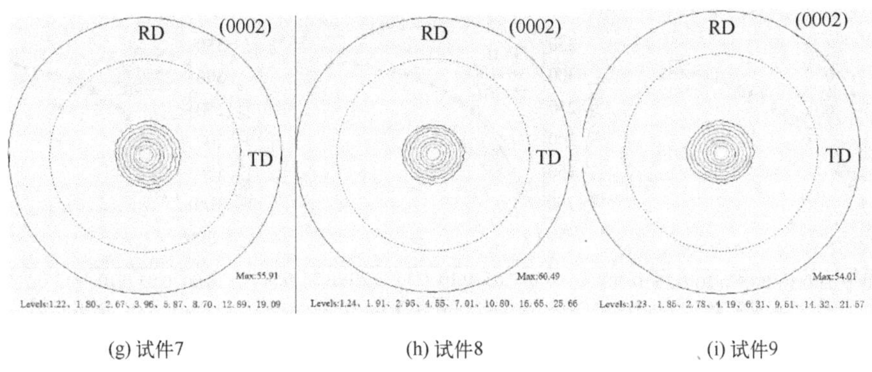

(g) 试件7　　(h) 试件8　　(i) 试件9

图 1.11　交叉轧制 AZ31 合金板材的基面极图

1.2.4　镁合金板材交叉轧制力学性能

(1) 不同方向上应力-应变曲线

对于交叉轧制得到的 AZ31 合金板材，分别对沿轧制方向（即与轧制方向夹角 0°方向）、45°方向（即与轧制方向夹角 45°方向）和轧制宽度方向（即与轧制方向夹角 90°方向）的试样进行拉伸实验，得到材料真实应力-应变曲线，如图 1.12 所示，其中拉伸速度为 1.5mm/min。结果表明，试样抗拉强度达到 260MPa，屈服强度为 143～168MPa。交叉轧制板材的各向异性减弱，各个方向上的力学性能基本一致，有利于板材冲压成形。

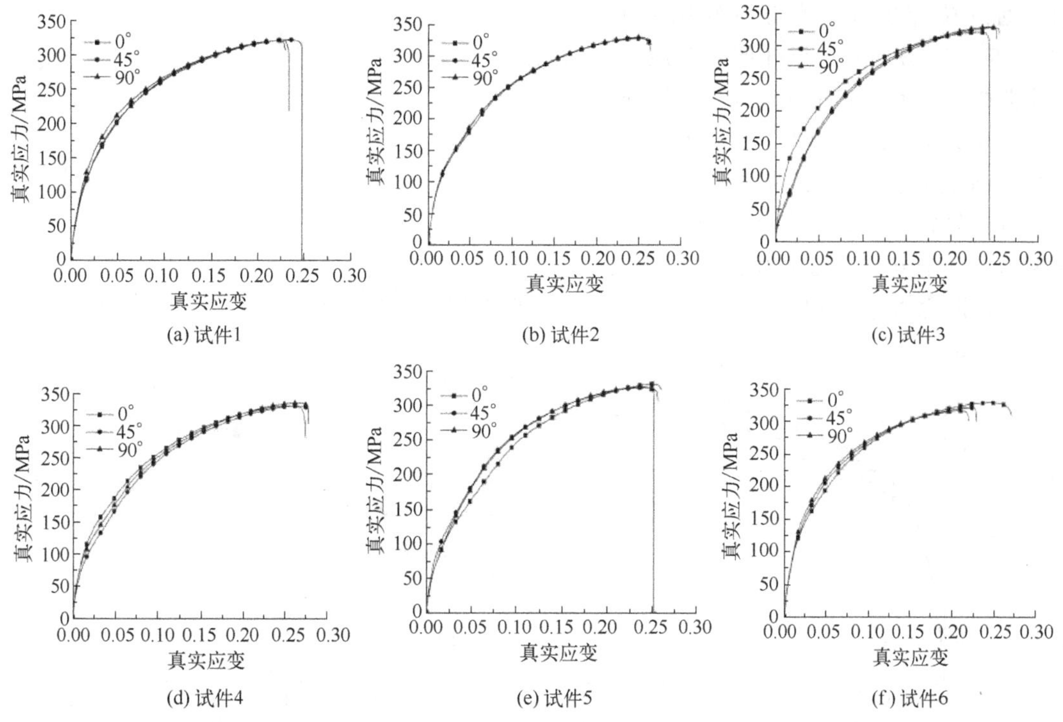

(a) 试件1　　(b) 试件2　　(c) 试件3

(d) 试件4　　(e) 试件5　　(f) 试件6

图 1.12

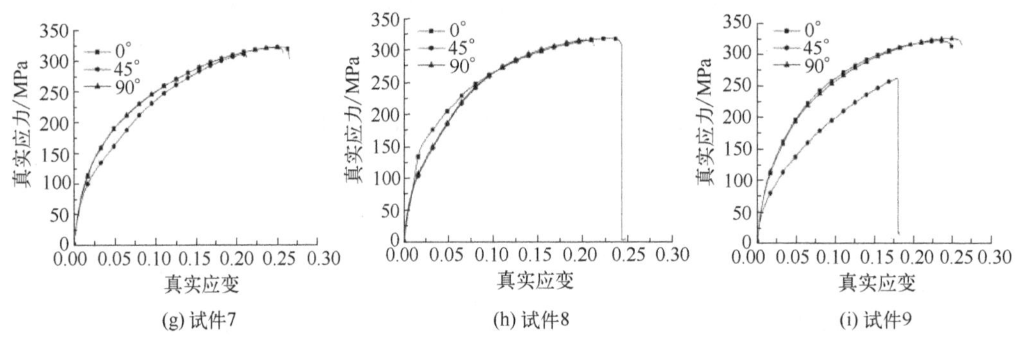

(g) 试件7　(h) 试件8　(i) 试件9

图 1.12　交叉轧制镁合金试样应力-应变曲线（0°、45°、90°）

(2) 轧制方式对基面织构的影响

图 1.13 为普通轧制与交叉轧制两种不同轧制方式下测得的 AZ31 合金板材的（0002）基面极图。图中每组极图分为 8 个等级，普通轧制最大织构强度达到 62.64，而交叉轧制最大织构强度只为 47.58，相比普通轧制，交叉轧制明显削弱了板材的基面织构强度，更有利于板材的后续冲压成形。镁合金板材基面织构明显减弱，其原因是在交叉轧制及板材旋转 90°过程中，拉伸变形和压缩变形的相互交替转换，使晶粒绕旋转轴旋转方向改变，降低了基面织构的强度。

(3) 轧制方式对力学性能的影响

对于普通轧制和交叉轧制镁合金板材，通过拉伸实验，测得沿轧制方向（0°、45°、90°方向）上试样的真实应力-应变曲线，如图 1.14 所示，其中应变速率为 0.001/s。分析可知，普通轧制时，三个方向上的应力-应变曲线偏差较大，说明各向异性明显；而交叉轧制后镁合金板材在三个方向上的应力-应变曲线比较一致，即说明各向异性减弱。

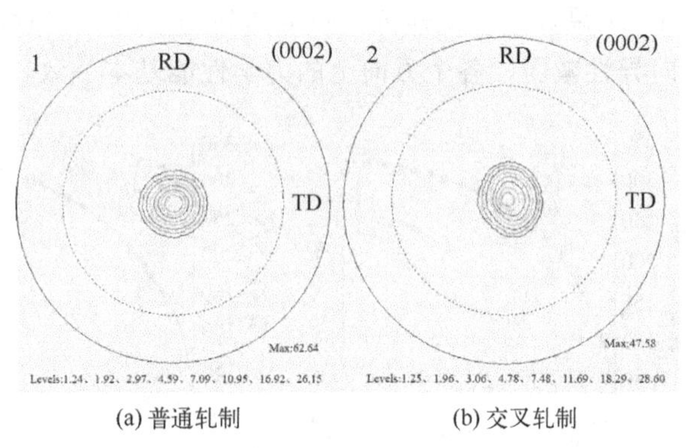

(a) 普通轧制　(b) 交叉轧制

图 1.13　不同轧制方式时（0002）基面极图

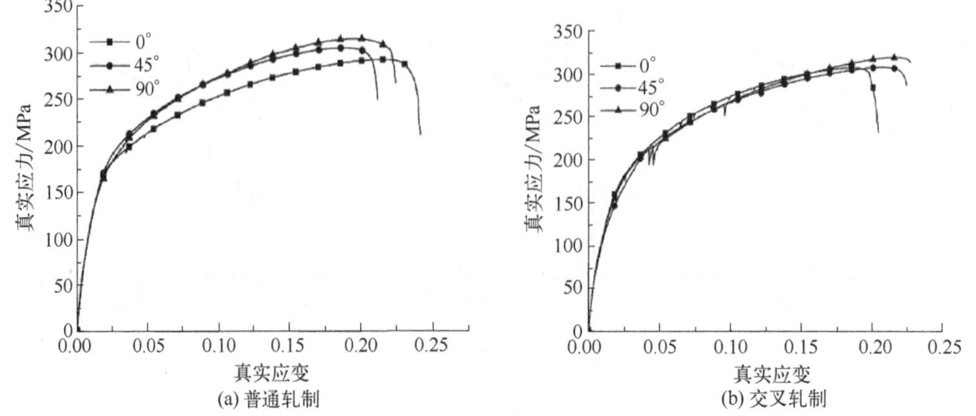

(a) 普通轧制　(b) 交叉轧制

图 1.14　不同轧制方式时 AZ31 合金的真实应力-应变曲线

轧制方式对镁合金板材的力学性能具有明显影响，见表1.5。分析可知，交叉轧制的AZ31合金板材不仅抗拉强度得到提高，屈服强度降低，而且塑性应变比、硬化指数和伸长率也都得到显著提高。塑性应变比，即 r 值，其定义为轧制板材宽度方向和厚度方向的真实应变的比值，即 $r=\varepsilon_b/\varepsilon_t$，是评价金属薄板压缩类成形性能的重要参数。塑性应变比和硬化指数越大，越有利于板材的冲压成形，提高了板材的塑性。

表1.5　镁合金轧制板材力学性能参数

轧制方式	力学性能指标				
	抗拉强度/MPa	屈服强度/MPa	塑性应变比	硬化指数	伸长率/%
普通轧制	252	175	1.48	0.16	15.6
交叉轧制	258	168	1.53	0.18	18.4

研究结果表明：①AZ31合金板材交叉轧制工艺参数的合理范围为轧制温度为330～350℃、轧辊转速为20r/min、单道次压下率为10%、总压下率为60%；②AZ31合金交叉轧制板材的晶粒得到明显细化，平均晶粒尺寸达到6.25μm，与初始状态相比，晶粒细化程度达到5倍以上，(0002) 基面织构强度由普通轧制板材的62.64降至47.58，降低了24%，镁合金板材基面织构明显弱化。板材 r 值达到1.53，各向异性得到显著改善，塑性成形性能得到提高。伸长率由15.6%提高到18.4%，提高了17.9%，塑性指标明显提高，强度和塑性也得到提高。

1.3　AZ31合金板材异步轧制技术

1.3.1　异步轧制技术特征

异步轧制是指轧板上、下表面的金属质点具有不同的向前流动速度的特殊轧制方式，上、下表面变形速度的差值用异步比来表征。异步轧制是使变形区变形不均匀而产生搓轧变形，进而使变形区产生较大的剪切变形，消除轧制板材的内部组织织构缺陷，改善其组织性能和力学性能的一种轧制方法。异步轧制的技术特征包括降低板材轧制载荷、道次变形量大、产品的板形质量高、尺寸精度高。

异步轧制基本形式包括异径同速异步轧制方法、同径异速异步轧制方法、同径同速异摩擦异步轧制方法。异径同速异步轧制方法是指轧辊直径不同而转速相同。同径异速异步轧制方法是指轧辊直径相同而转速不同。同径同速异摩擦异步轧制方法是指轧辊直径和转速都相同，但轧辊表面的摩擦因数或粗糙度不同的异步轧制技术。

连续式异步轧制-校平轧制技术原理如图1.15所示。

非连续式异步轧制-校平轧制原理如图1.16所示，包括开始咬入阶段、坯料咬入阶段、轧制变形阶段三个阶段。

1.3.2　镁合金板材异步轧制数值模拟

1.3.2.1　异步轧制几何模型的建立

利用计算软件建立AZ31合金同径异速异步轧制技术几何模型。轧辊直径为 ϕ300mm，轧辊转速分别为30r/min、33r/min，30r/min、36r/min，30r/min、42r/min，30r/min、

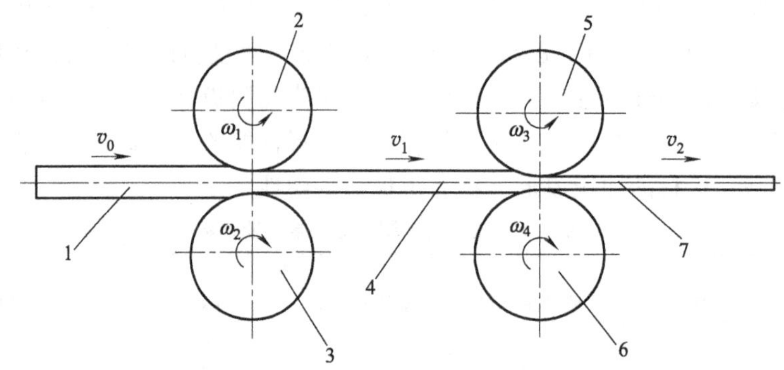

图 1.15 连续式异步轧制-校平轧制技术原理

1—原始坯料；2—一次轧制上轧辊（ω_1）；3—一次轧制下轧辊（ω_2）；4—一次轧制板材；5—二次轧制上轧辊（ω_3）；6—二次轧制下轧辊（ω_4）；7—二次轧制板材

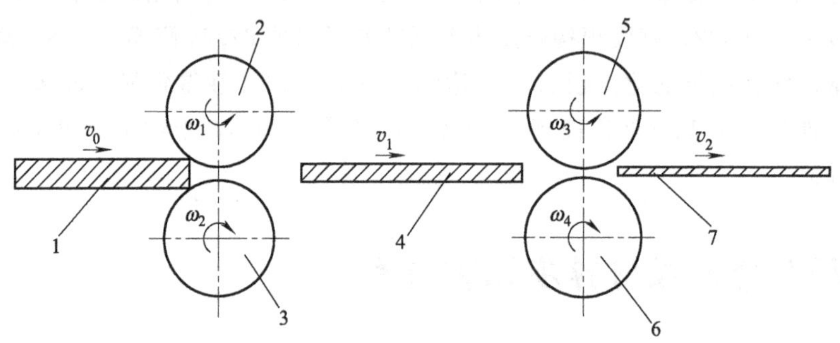

图 1.16 非连续式异步轧制-校平轧制原理

1—原始坯料；2—一次轧制上轧辊；3—一次轧制下轧辊；4—一次轧制板材；5—二次轧制上轧辊；6—二次轧制下轧辊；7—二次轧制板材

45r/min，异步比分别为 1∶1.1、1∶1.2、1∶1.4、1∶1.5，压下率分别为 5%、10%、15%、25%。坯料尺寸为 100mm×70mm×6mm。

前处理设定包括以下步骤。

① 调入几何特征文件以及对材料属性和工艺参数的定义，轧件设定为弹塑性体，只考虑上下两个轧辊与环境之间，以及轧辊与模具之间的热传递，而不考虑轧辊产生的变形，因此轧辊定义为刚性体，在同一界面下定义各元件的初始温度，并定义下轧辊为主动辊。

② 网格划分。分别划分轧件和轧辊的网格，设定轧件和轧辊的网格分别为 20000 和 10000。

③ 材料性能模型的调入。轧件的材料为 AZ31 合金材料，轧辊在轧制过程中承受着由金属变形抗力而引起的交变应力的作用，并处在剧烈的磨损状况下，受周期性变化的热应力的影响，因而要求轧辊材料具有较高的强度、耐磨性能和刚度。工作辊的作用主要是使板料产生塑性变形。

④ 模具运动类型的设定。根据轧制原理，设定上下轧辊分别以一定的角速度旋转，板材在轧辊摩擦力作用下向前运动。

⑤ 边界条件的设定。分别对轧件和轧辊的对称边界和热传递边界进行设定，如图 1.17

所示。然后对与环境进行热传递的边界条件进行设定，其边界如图 1.17（c）所示。环境温度设定为 25℃。

⑥ 对象间关系的设定。包括轧件与轧辊之间的摩擦因数和传热系数的设定以及轧件与轧辊、推板之间接触容差值的设定。传热系数设定为 11kW/(m^2·K)，摩擦因数在数值模拟时分别设定，对象间的接触容差值采用默认值。

⑦ 模拟计算步数的设定。模拟计算控制采用时间增量步，每隔 0.1s 为一步，总模拟计算步数设定为 100 步，每隔 2 步保存一次。

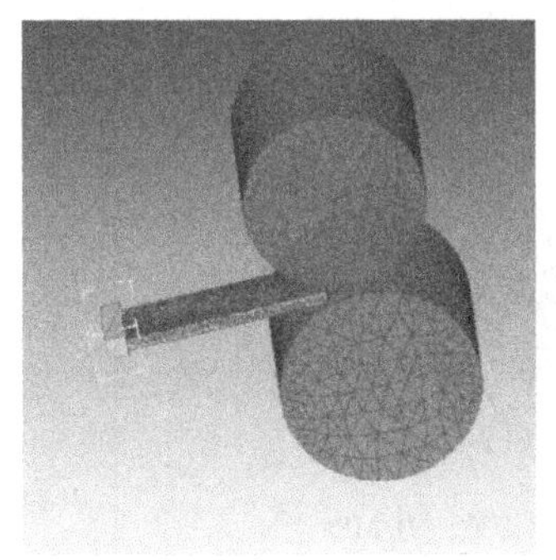

(a) 同径异速异步轧制几何模型

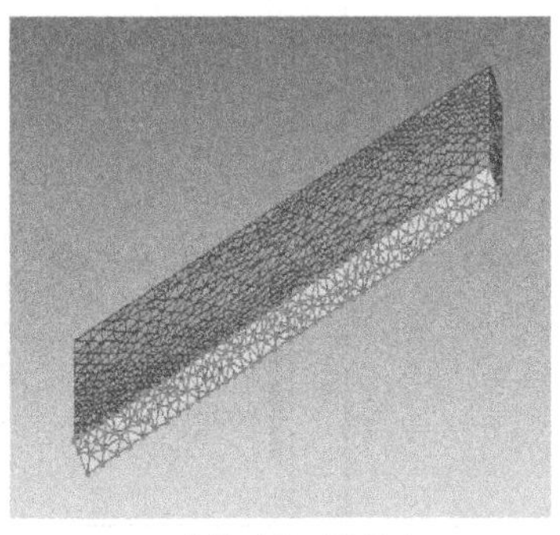

(b) 轧件对称面的设定

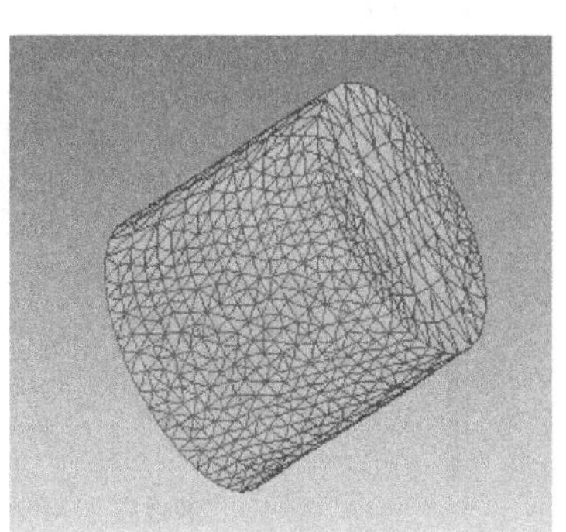

(c) 轧辊热传递边界

图 1.17　异步轧制几何模型

1.3.2.2　摩擦因数对镁合金板材异步轧制的影响

(1) 摩擦因数对轧制力的影响

图 1.18（a）所示为不同摩擦因数条件下轧制力随时间变化的规律，其中轧制温度为 150℃，环境温度为 25℃，异步比为 1∶1.5，压下率为 25%。结果表明，当摩擦因数为 0.3 时，稳定轧制工程中轧制力的起伏最小。图 1.18（b）所示为不同摩擦因数条件下，稳定轧制状态下的轧制力平均值。稳定轧制状态下的轧制力平均值与摩擦因数基本呈线性关系。在轧制开始阶段，即轧制板材咬入阶段，摩擦因数对轧制力的影响较大，当处于稳定轧制阶段，摩擦因数对轧制力的影响较小。

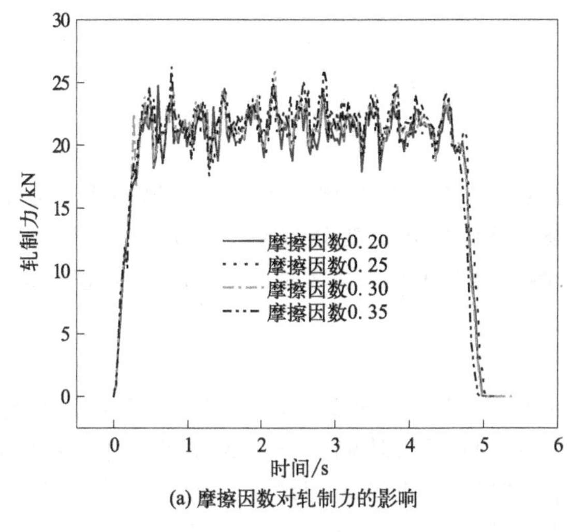

(a) 摩擦因数对轧制力的影响

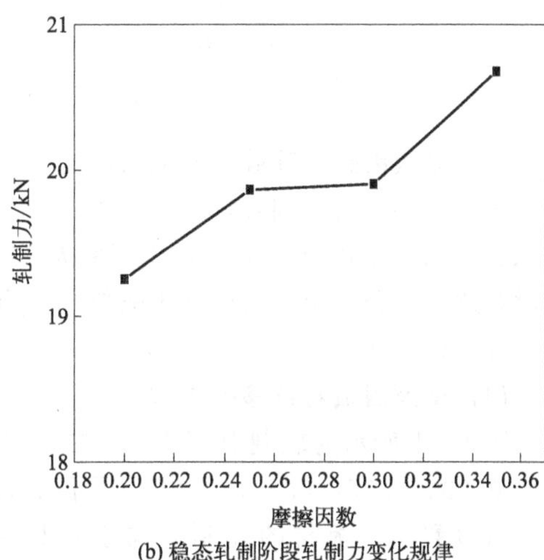

(b) 稳态轧制阶段轧制力变化规律

图 1.18　摩擦因数对轧制力的影响

(2) 摩擦因数对等效应力的影响

图 1.19 所示为轧制温度为 150℃，环境温度为 25℃，异步比为 1∶1.5，摩擦因数分别为 0.20、0.25、0.30、0.35 时，压下率为 25%条件下的等效应力分布图。可以看出，当摩擦因数小于 0.3 时，等效应力随着摩擦因数的增大而增大，分布也趋于均匀。当摩擦因数大于 0.3 时，等效应力值和分布均匀程度都有所降低。

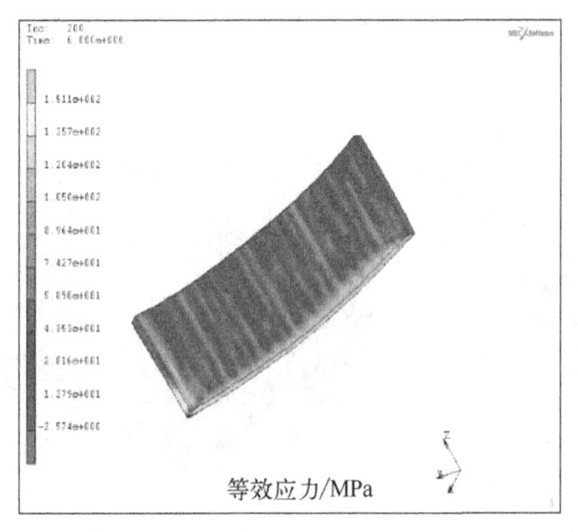

(a) 摩擦因数0.20

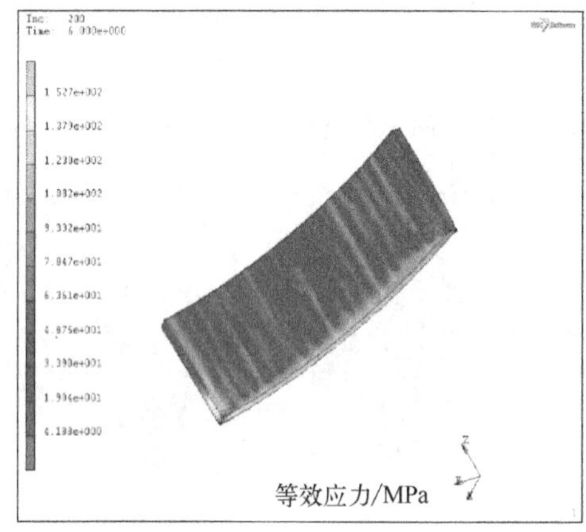

(b) 摩擦因数0.25

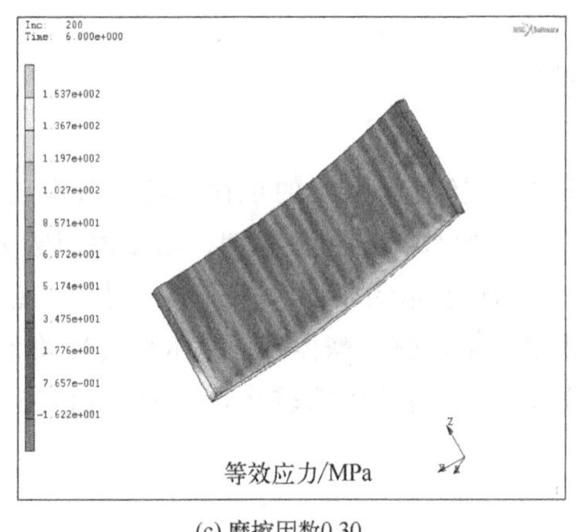

(c) 摩擦因数0.30

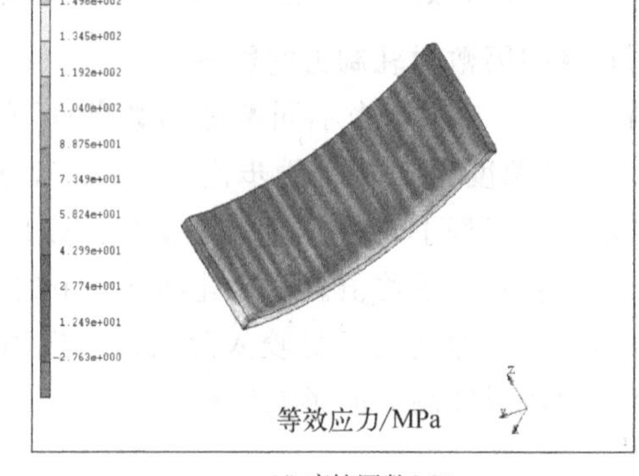

(d) 摩擦因数0.35

图 1.19 不同摩擦因数时的等效应力分布

(3) 摩擦因数对等效应变的影响

图 1.20 所示为轧制温度为 150℃，环境温度为 25℃，异步比为 1∶1.5，摩擦因数分别为 0.20、0.25、0.30、0.35，压下率为 25%条件下的等效应变分布图。可以看出，摩擦因数对等效应变分布的均匀程度影响较小，当摩擦因数为 0.25～0.3 时，等效应变变化范围较大，分布均匀性较好。

(4) 摩擦因数对位移的影响

图 1.21 所示为轧制温度为 150℃，环境温度为 25℃，异步比为 1∶1.5，摩擦因数分别为 0.20、0.25、0.30、0.35，压下率为 25%条件下的轧制方向（*X* 方向）位移分布图。可以看出，板材的轧制方向上位移随着摩擦因数的增大而增大，而在摩擦因数为 0.25 时轧制方向上位移的均匀性较差。在摩擦因数为 0.3 和 0.35 时，轧制方向上位移分布较为均匀。

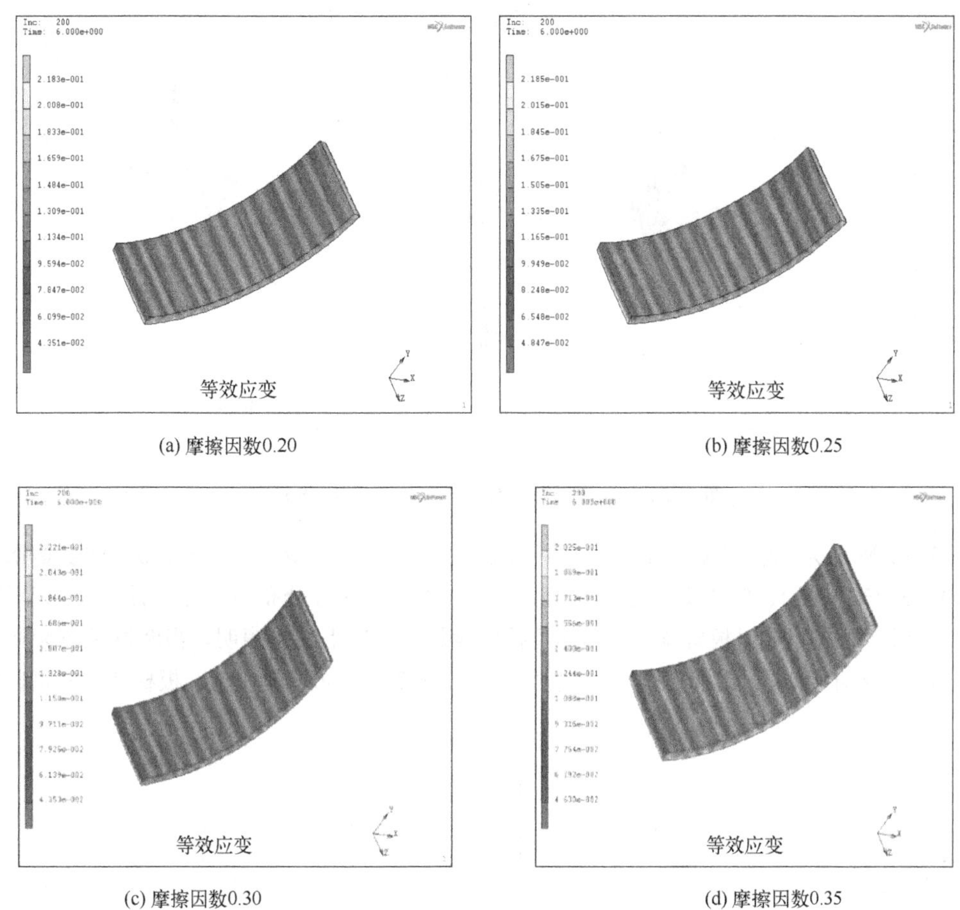

(a) 摩擦因数0.20　　(b) 摩擦因数0.25

(c) 摩擦因数0.30　　(d) 摩擦因数0.35

图 1.20　不同摩擦因数时的等效应变分布

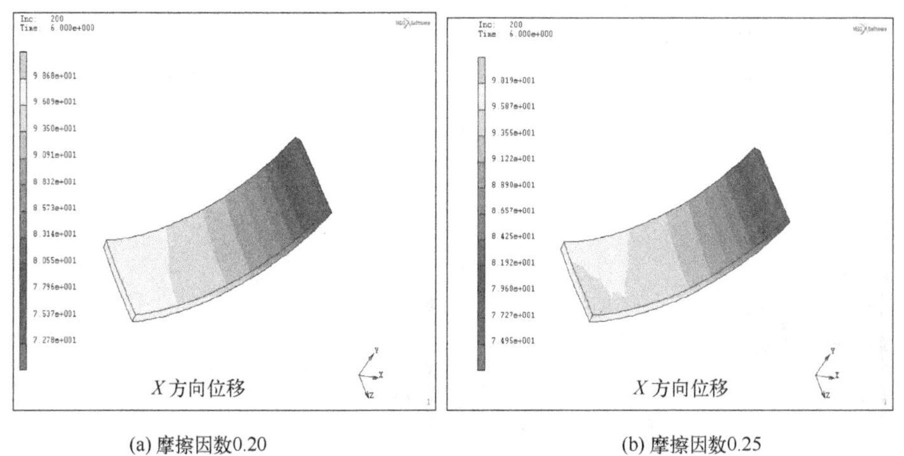

(a) 摩擦因数0.20　　(b) 摩擦因数0.25

图 1.21

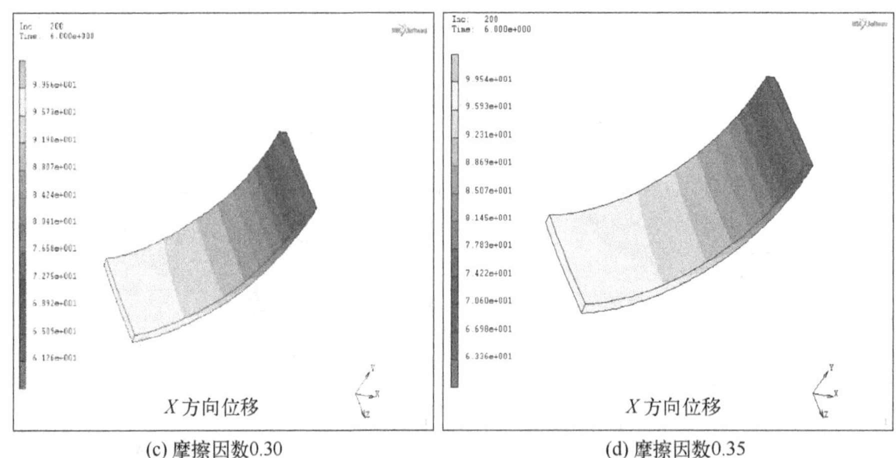

(c) 摩擦因数0.30

(d) 摩擦因数0.35

图 1.21 不同摩擦因数时轧制方向上位移分布

图 1.22 所示为轧制温度为 150℃，环境温度为 25℃，异步比为 1∶1.5，摩擦因数分别为 0.20、0.25、0.30、0.35 条件下的宽度方向（Z 方向）位移分布图。可以看出，摩擦因数为 0.2～0.35 时，摩擦因数对板材宽度方向的位移影响较小。以上结果表明，当摩擦因数为 0.3 时，镁合金板材的异步轧制轧制力较小，等效应力、等效应变的分布比较均匀，板材变形效果较好。

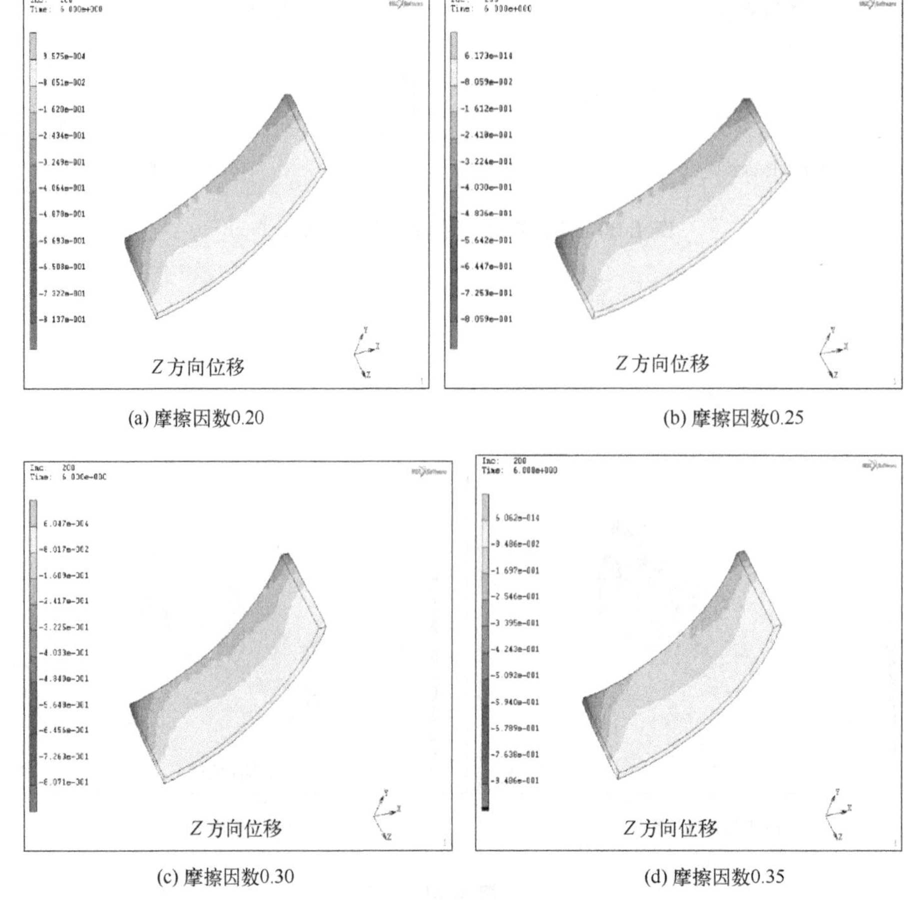

(a) 摩擦因数0.20

(b) 摩擦因数0.25

(c) 摩擦因数0.30

(d) 摩擦因数0.35

图 1.22 不同摩擦因数时宽度方向位移分布

1.3.2.3　异步比对镁合金板材异步轧制的影响

(1) 异步比对轧制力的影响

图 1.23 (a) 所示为不同异步比 (1∶1.1，1∶1.2，1∶1.4，1∶1.5) 条件下轧制力随时间变化的规律，其中快速轧辊速度恒定为 0.56m/s，此时轧制温度为 150℃，环境温度为 25℃，轧件与轧辊摩擦因数为 0.3，压下率为 25%。可以看出，随着异步比的增大，轧制板材上下表面速度差增大，变形区内板材剪切变形程度增大，导致变形区变形不均匀性提高，因此导致变形时间增加。图 1.23 (b) 所示为不同异步比条件下，稳定轧制阶段下的轧制力平均值，可以看出，随着异步比的增大，轧制力逐步减小。

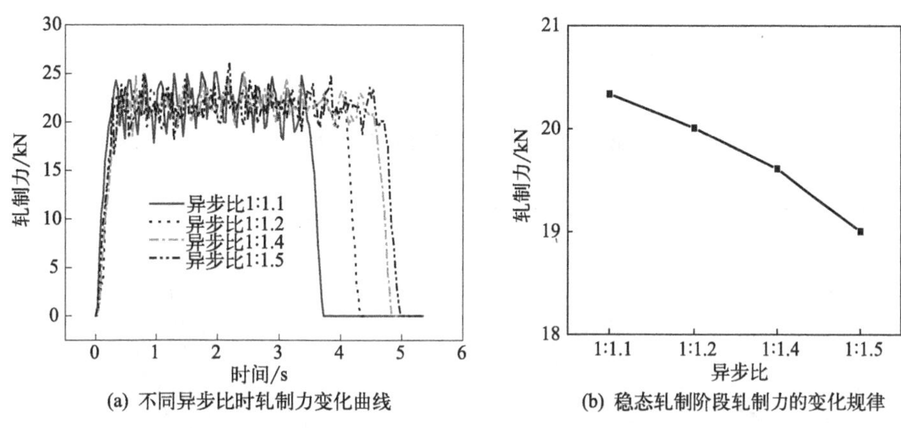

(a) 不同异步比时轧制力变化曲线　(b) 稳态轧制阶段轧制力的变化规律

图 1.23　异步比对轧制力的影响

(2) 异步比对等效应力的影响

图 1.24 所示为轧制温度 150℃、环境温度 25℃、摩擦因数 0.3、压下率为 25%条件下，异步比分别为 1∶1.1、1∶1.2、1∶1.4、1∶1.5 时的等效应力分布图。结果表明，异步轧制板材普遍存在翘曲现象。异步轧制时，随着异步比的增大，等效应力值随之增大，等效应力分布趋于均匀。

(3) 异步比对等效应变的影响

图 1.25 所示为轧制温度 150℃、环境温度 25℃、摩擦因数 0.3、压下率为 25%条件下，

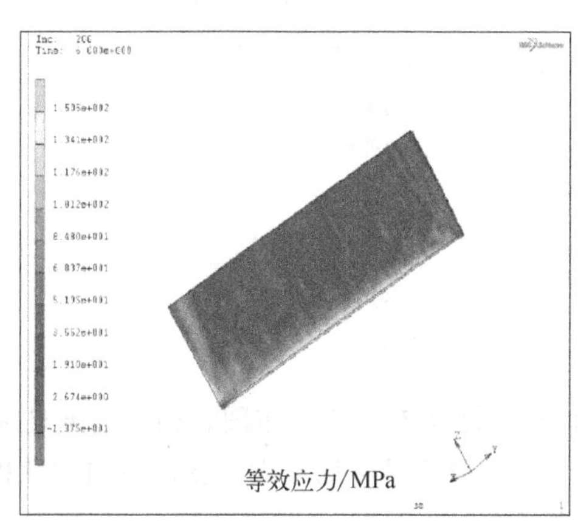

(a) 异步比1∶1.1

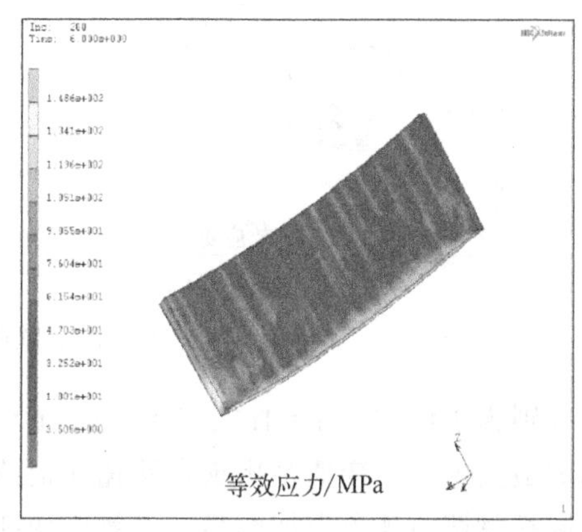

(b) 异步比1∶1.2

图 1.24

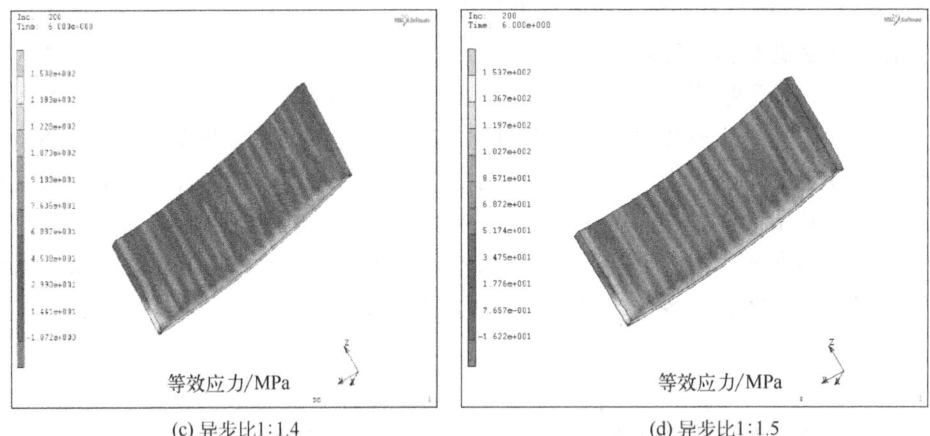

(c) 异步比1∶1.4　　　　(d) 异步比1∶1.5

图 1.24　不同异步比时应力分布

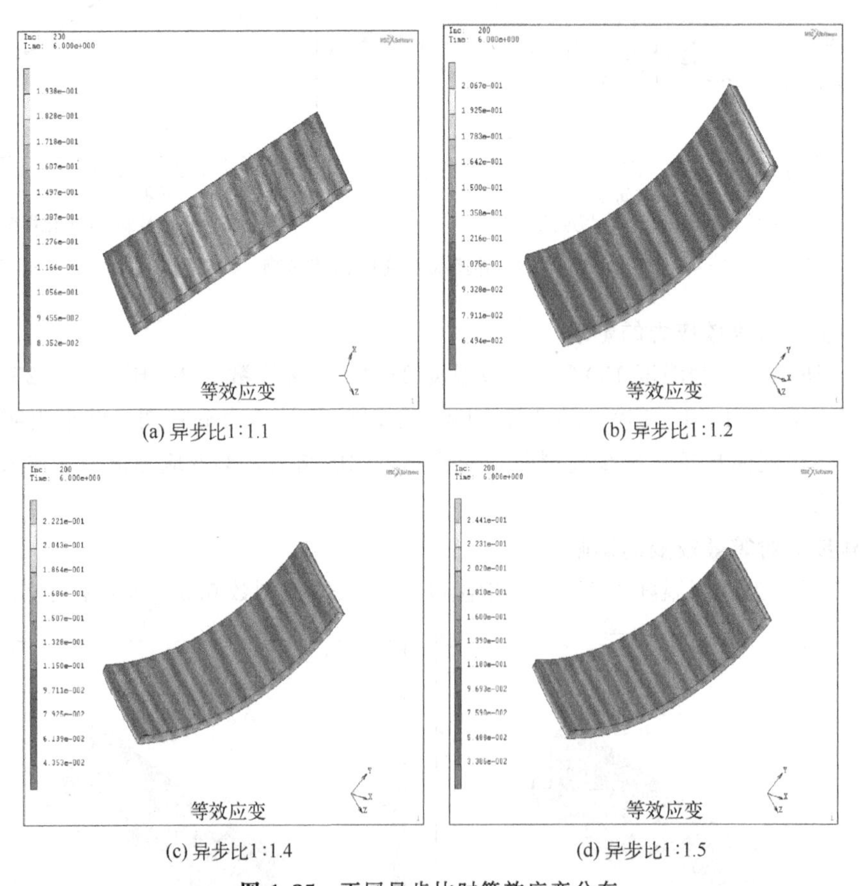

(a) 异步比1∶1.1　　　　(b) 异步比1∶1.2

(c) 异步比1∶1.4　　　　(d) 异步比1∶1.5

图 1.25　不同异步比时等效应变分布

异步比分别为 1∶1.1、1∶1.2、1∶1.4、1∶1.5 时的等效应变分布图。相比普通轧制，异步轧制的最大等效应变值都出现在快速轧辊的一侧。随着异步比增大，变形不均匀性程度增大，轧制板材翘曲现象愈加明显，等效应变随之增大。

(4) 异步比对轧制方向位移的影响

图 1.26 所示为轧制温度 150℃、环境温度 25℃、摩擦因数 0.3 的条件下，异步比分别

为 1∶1.1、1∶1.2、1∶1.4、1∶1.5 时的轧制方向位移分布图。分析可知，轧制方向位移的变化程度受异步比影响较大。当异步比为 1∶1.5 时，板材轧制方向位移分布相对最为均匀。

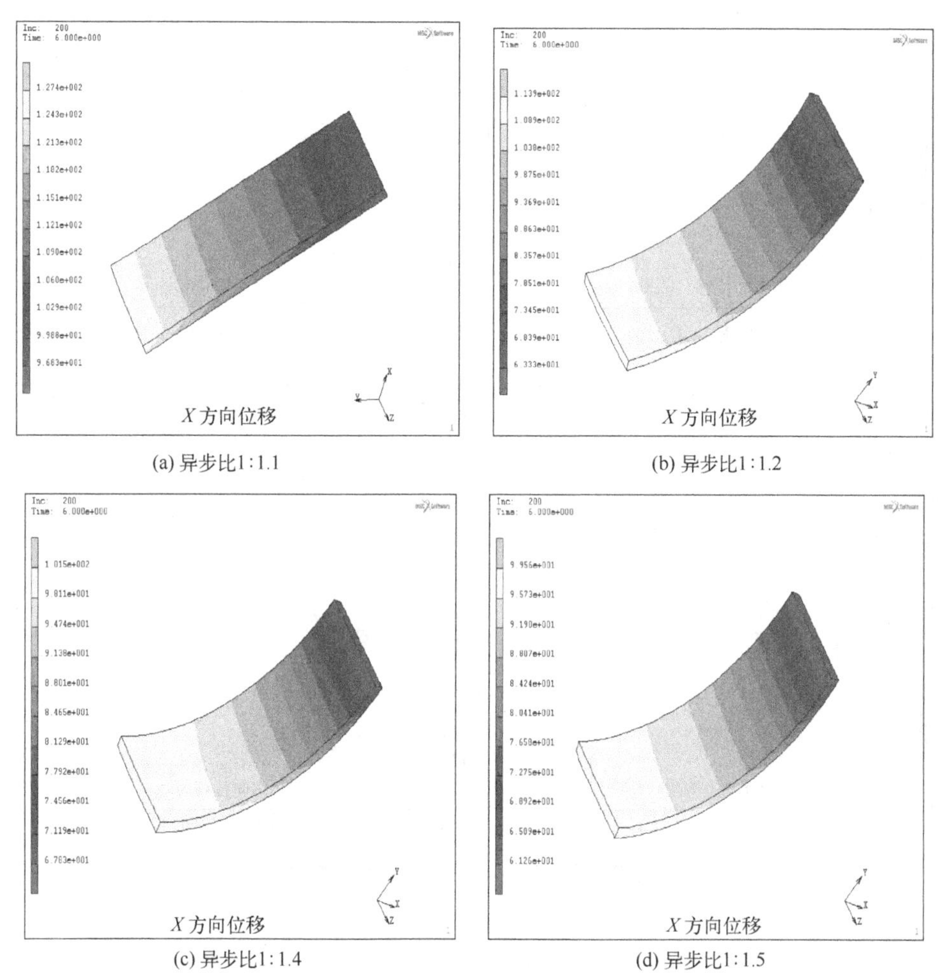

(a) 异步比1∶1.1　(b) 异步比1∶1.2　(c) 异步比1∶1.4　(d) 异步比1∶1.5

图 1.26　不同异步比时轧制方向位移分布

图 1.27 所示为轧制温度 150℃、环境温度 25℃、摩擦因数 0.3、压下率为 24%条件下，异步比分别为 1∶1.1、1∶1.2、1∶1.4、1∶1.5 时的轧制板材宽度方向位移分布图。分析可知，随着异步比的增大，板材宽度方向上的位移逐步增大，分布愈加均匀，在异步比为 1∶1.5 时变形能力达到最强。

1.3.2.4　极图的绘制

(1) 数据采集

取 AZ31 合金轧制板材上某区域测得初始极图，如图 1.28 所示。

(2) 极图绘制及织构演化分析

将采集到的不同压下率的数据输入黏塑性自洽模型（VPSC），计算节点区域晶体取向数据，将原始板材晶体取向数据及轧制板材晶体取向数据输入 MATLAB 极图绘制子模块 MTEX 中绘制不同压下率时的板材极图。

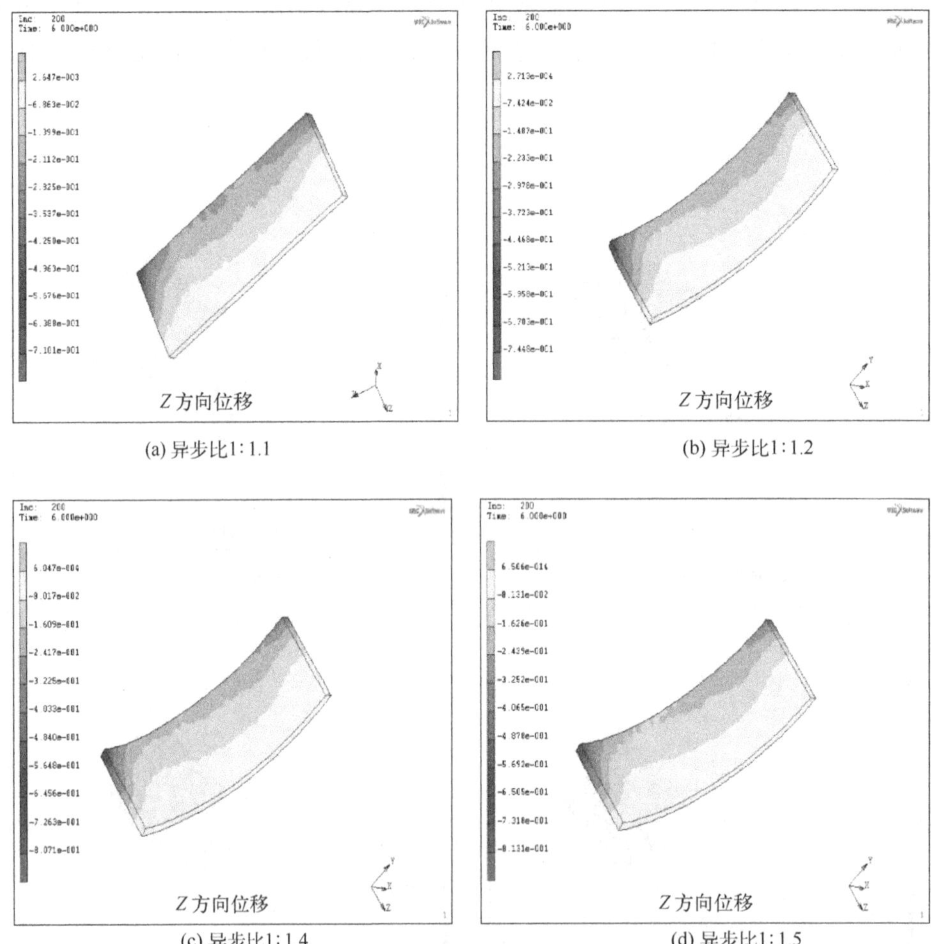

(a) 异步比1∶1.1　(b) 异步比1∶1.2

(c) 异步比1∶1.4　(d) 异步比1∶1.5

图 1.27 不同异步比时宽度方向位移分布

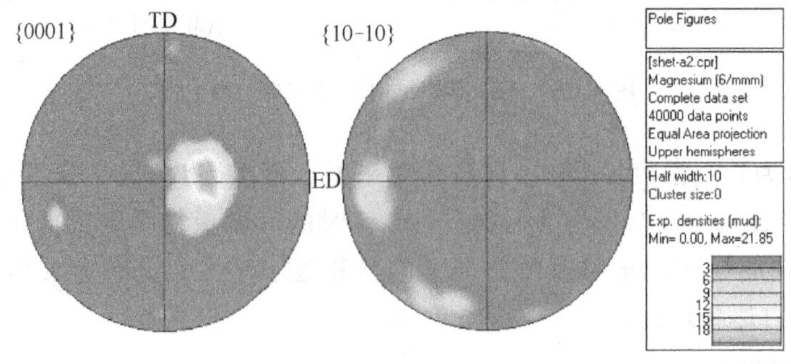

图 1.28 原始板材极图

图 1.29 所示为原始挤压态镁合金板材和不同压下率时异步轧制板材试样法线方向极图。ED（extrusion direction）代表原始挤压板材挤压方向，TD（transverse direction）代表挤压板材宽度方向，RD（rolling direction）代表板材轧制方向，ND（normal direction）代表板材厚度方向。在压下率为 5%～10%的范围内，基面织构强度有所下降，当压下率为

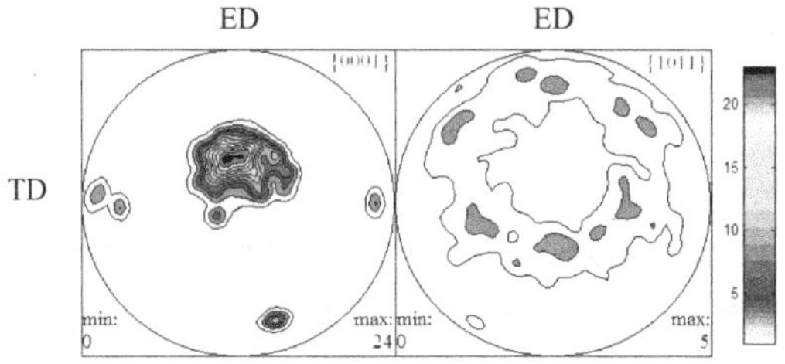

(a) 原始板材

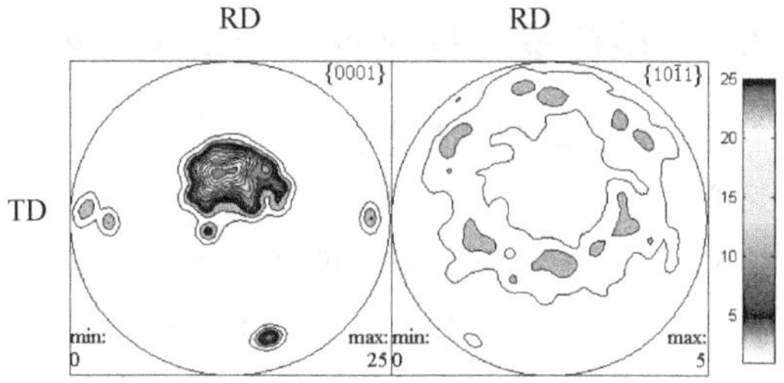

(b) 压下率5%

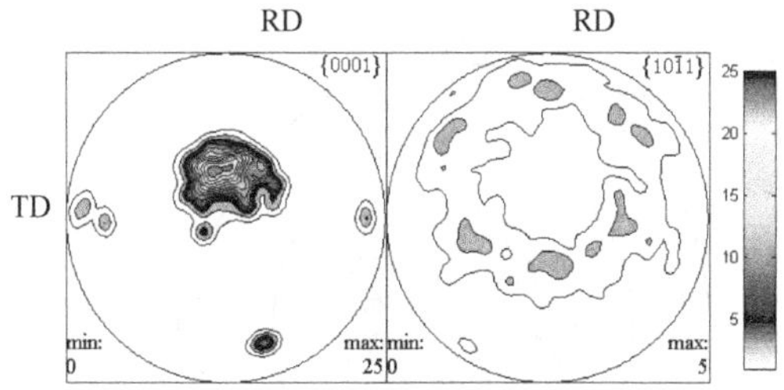

(c) 压下率10%

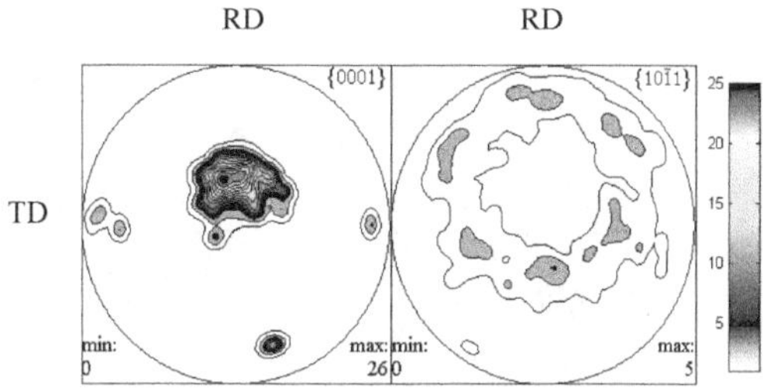

(d) 压下率15%

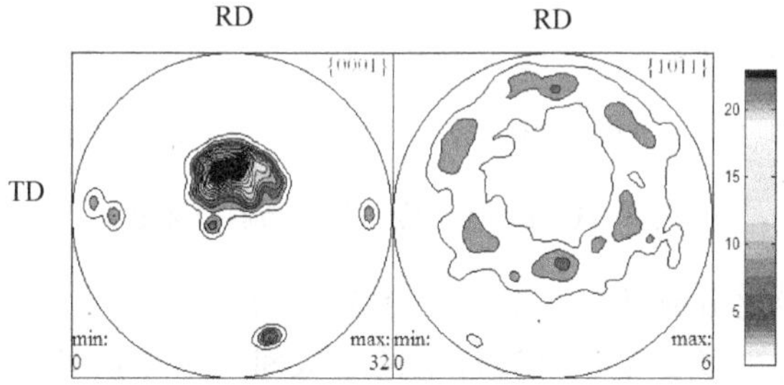

(e) 压下率25%

图 1.29　不同压下率时镁合金板材试样极图

15%～25%时，板材中产生大量孪晶的晶粒，此时板材的变形机制主要为滑移变形，压缩变形条件下，晶体的滑移面会逐渐转向垂直于压力载荷方向，而镁合金在低温下主要是基面滑移主导变形机制，因此，在板材轧制过程中，随着压下率的增加，最终板材的基面织构会得到减弱。其原因是挤压板材虽然具有较强的基面织构，但还存在一定数量的晶粒，晶粒 *C* 轴与 ND 还存在一定角度，异步轧制时，在压力和剪切力的共同作用下，这部分晶粒较易达到拉伸孪晶临界值，从而产生拉伸孪晶，孪晶的产生使晶粒 *C* 轴发生约 86.3°的偏转，如图 1.30 所示，这使得板材的基面织构得到弱化。结果表明，随着压下率的增加，部分晶体沿晶粒 *C* 轴方向受拉应力作用而产生拉伸孪晶，拉伸孪晶使晶粒 *C* 轴发生 86.3°的偏转，造成晶粒 *C* 轴与板材 ND 趋于垂直，从而使基面织构得到削弱。当压下率足够大时，滑移将使 {0001} 晶面绕板材 ND 旋转，导致晶粒 *C* 轴与板材 ND 趋于平行，基面织构得到加强。

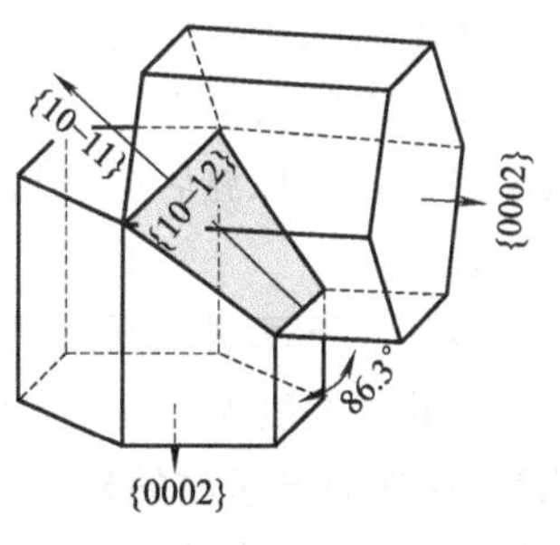

图 1.30　镁合金中拉伸孪晶示意图

1.3.3 镁合金板材异步轧制组织性能

(1) 异步轧制工艺参数

挤压态 AZ31 合金板材尺寸为 500mm×64mm×4mm。

AZ31 合金挤压态板材的微观组织如图 1.31(a)所示，分析可知，原始板材组织晶粒大小极不均匀，平均尺寸为 14.8μm。为了观察板材织构变化，采用 X 射线衍射技术(XRD)对镁合金板材试样进行极图分析，图 1.31(b)所示为实验测得的原始挤压态板材{0001}晶面极图。

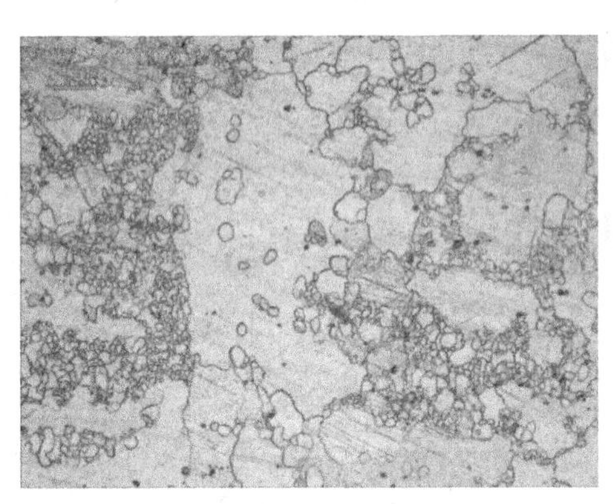

(a) AZ31合金原始板材组织性能

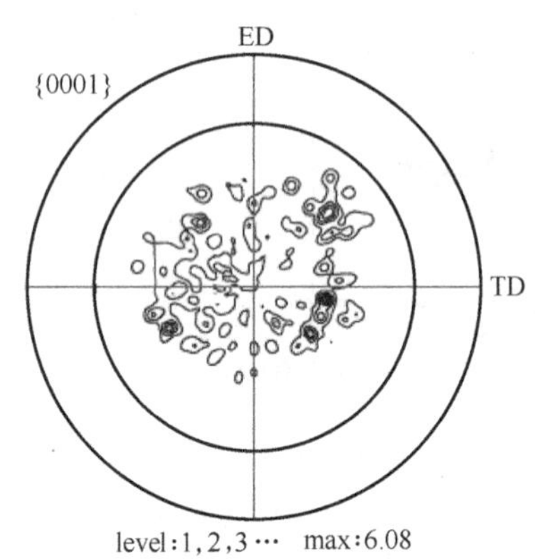

(b) AZ31合金原始板材极图

图 1.31 AZ31 合金挤压态板材原始状态

异步轧制时，异步比分别为 1∶1.1、1∶1.2、1∶1.4、1∶1.5，在变形温度分别为 150℃和 350℃条件下，对镁合金板材进行不同道次和压下率的轧制实验，道次间采用加热炉进行去应力退火，保温时间为 10min，加热温度分别为 150℃和 350℃。

异步轧制工序包括以下步骤。①异步轧制实验条件准备工作，包括设备调节，对轧辊辊缝高度进行设定，对轧辊进行预热，满足所有实验条件。②坯料加热，将镁合金板材放入加热炉中加热至预定温度，并且保温 15min。③初始道次轧制，将坯料送入轧辊进行异步轧制。④道次间去应力退火，坯料加热温度分别为 300～350℃，保温时间为 10min。⑤后续道次轧制，将保温后的板材送入辊缝进行后续道次轧制。重复④和⑤，直至得到最终成形板材。

(2) 压下率对微观组织的影响

当轧制温度为 150℃，单道次压下率为 5%，总压下率为 5%、10%、15%、25%时，普通轧制 AZ31 合金板材的显微组织如图 1.32 所示。当总压下率为 5%时，组织均匀性较差，在一些较大的晶粒晶界上有少量孪晶分布，平均晶粒尺寸为 58μm。当总压下率为 10%时，组织的均匀性有所改善，晶粒得到一定细化，但细化现象并不明显，孪晶数量有所增加，此时晶粒平均尺寸为 45μm。当总压下率为 15%时，随着单道次和累积变形量的增加，显微组织中孪晶组织开始大量出现，晶粒分布均匀性得到改善，平均晶粒尺寸为 32μm。当总压下率为 25%时，孪晶大量消失，大晶粒被细小晶粒取代，平均晶粒尺寸为 23μm。

当轧制温度为 150℃，单道次压下率为 5%，总压下率分别为 5%、10%、15%、25%时，异步轧制 AZ31 合金板材的显微组织如图 1.33 所示。当总压下率为 5%时，微观组织

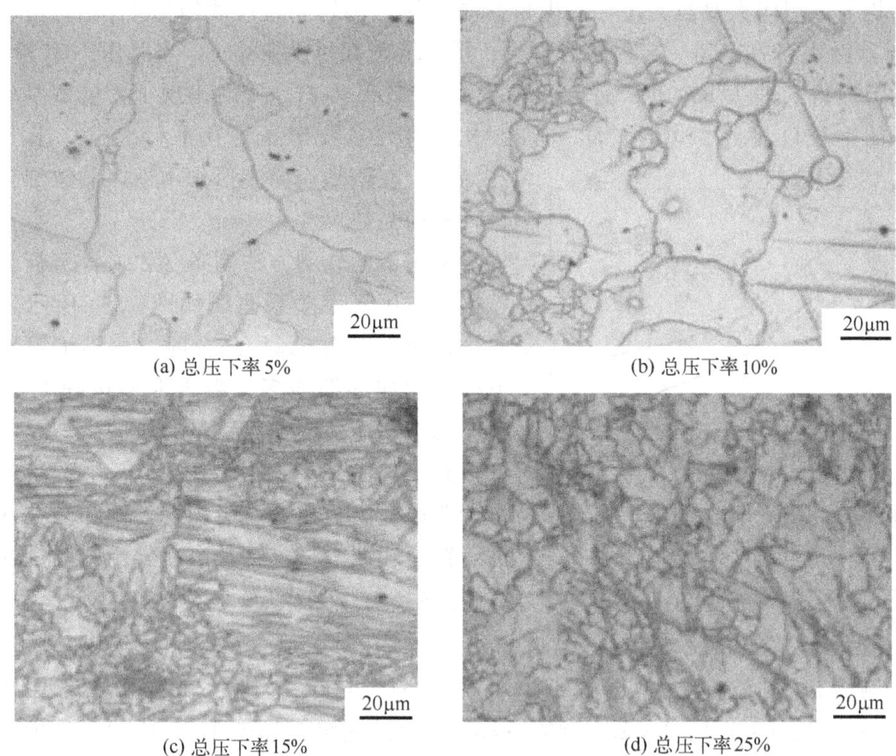

(a) 总压下率 5%　(b) 总压下率 10%

(c) 总压下率 15%　(d) 总压下率 25%

图 1.32　不同总压下率的普通轧制 AZ31 合金板材微观组织

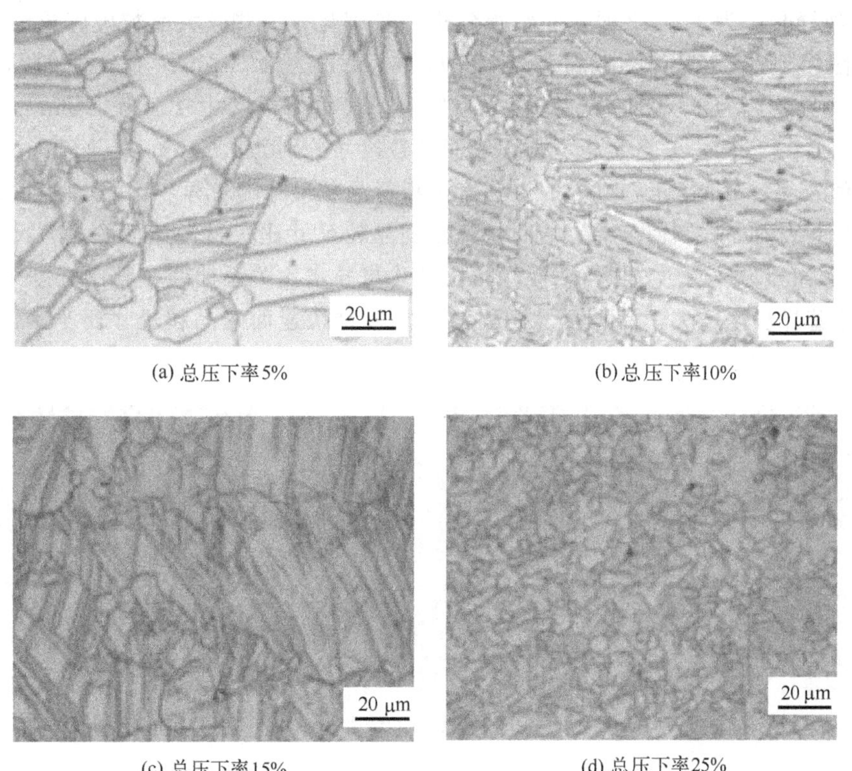

(a) 总压下率 5%　(b) 总压下率 10%

(c) 总压下率 15%　(d) 总压下率 25%

图 1.33　不同总压下率时异步轧制 AZ31 合金板材微观组织（轧制温度 150℃）

分布较为均匀，以粗大晶粒为主，有少量孪晶存在，平均晶粒尺寸约为 47μm。当总压下率为 10%时，微观组织得到一定程度的改善，平均晶粒尺寸为 38μm。当总压下率为 15%时，晶粒的均匀性得到进一步改善，晶粒平均尺寸在 21μm 左右，同时出现了大量宽厚的拉伸孪晶，孪晶的生长以晶界为边界，同一晶粒内部的大多数孪晶相互平行。当总压下率达到 25%时，在剧烈切向变形作用下，晶粒细化现象明显，平均晶粒尺寸为 8μm。

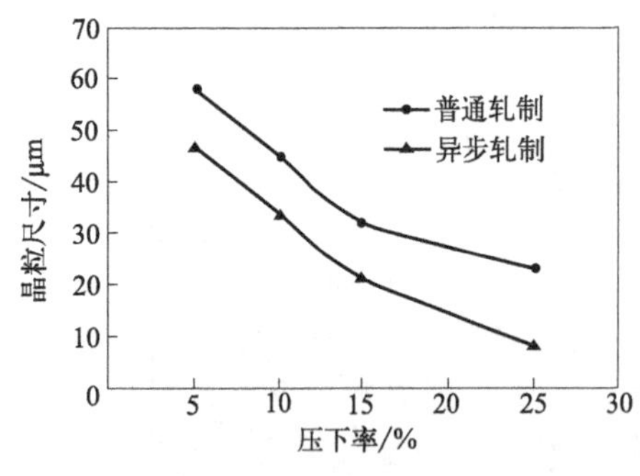

图 1.34 轧制方法对 AZ31 合金板材晶粒尺寸的影响

采用不同轧制方法制备 AZ31 合金板材时，晶粒尺寸与压下率关系曲线如图 1.34 所示。结果表明，在压下率为 5%～15%时，孪晶组织数量随压下率的增加逐渐增多。当压下率达到 25%时，由于晶粒细化而引起孪晶数量有所减少。在相同条件下，异步轧制 AZ31 合金板材组织中孪晶的数量要多于普通轧制板材，而组织均匀性和晶粒细化程度优于普通轧制板材，这是由在异步轧制过程的变形区中产生的剧烈剪切变形造成的。

(3) 异步比对微观组织的影响

当轧制温度为 150℃、单道次压下率为 15%、总压下率为 75%时，异步比分别为 1∶1.1、1∶1.2、1∶1.4、1∶1.5 时的 AZ31 合金微观组织如图 1.35 所示。分析可知，经过若干道次的异步轧制后，当异步比为 1∶1.1 时，板材的上下表面都已经得到了一定的细化，由于上下两轧辊转速相同，上下表面组织基本相似，平均晶粒尺寸分别为 5.25μm、5.21μm。当异步比为 1∶1.2 时，晶粒得到进一步细化，一些较大晶粒破碎成细小的晶粒，组织均匀性得到一定改善，板材下表面的晶粒尺寸为 4.51μm，上表面的晶粒尺寸为 4.46μm。当异步比为 1∶1.4 时，镁合金板材上下表面晶粒尺寸分别为 4.35μm、4.17μm；当异步比为 1∶1.5 时，镁合金板材上下表面晶粒尺寸分别为 4.29μm、4.11μm。可以看出，当总压下率 75%、轧制温度 150℃时，镁合金板材晶粒尺寸随着异步比的增加而减小，同时由于板材上下表面的轧制速度差，板材快速面的晶粒尺寸比板材慢速面的晶粒尺寸要细小。图 1.36 所示为异步轧制 AZ31 合金板材晶粒尺寸与异步比关系曲线（轧制温度 150℃），结果表明，随着异步比增大，晶粒尺寸随之减小，板材快速面的晶粒尺寸要小于慢速面晶粒尺寸。

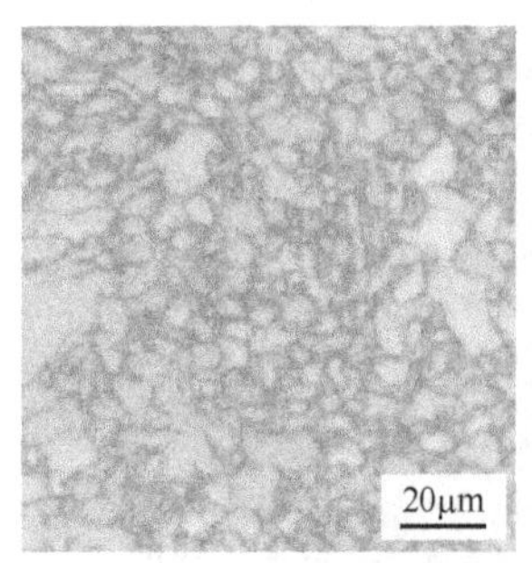

(a) 异步比1:1.1(慢速面)

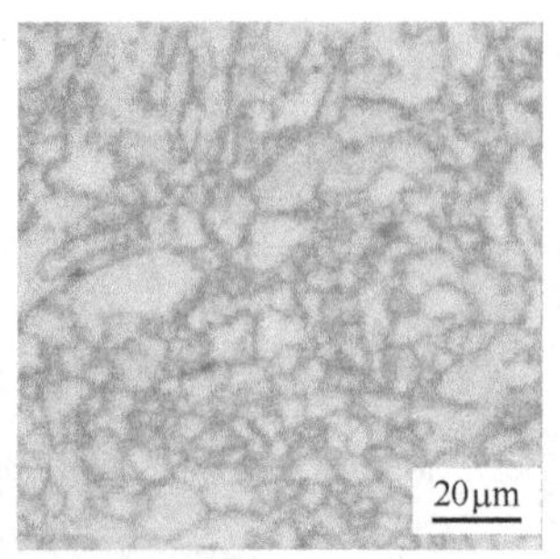

(b) 异步比1:1.1(快速面)

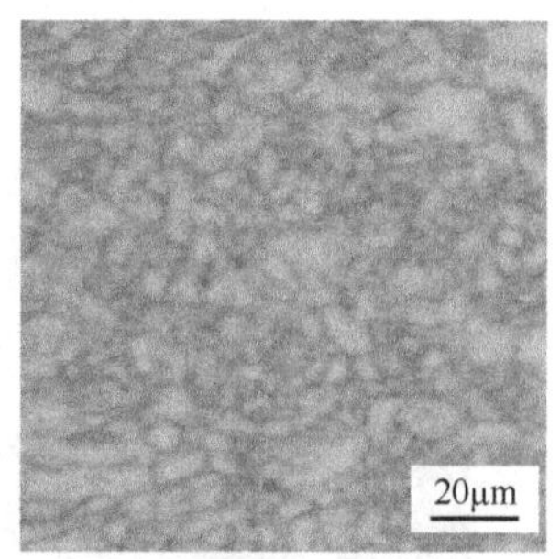

(c) 异步比1:1.2(慢速面)

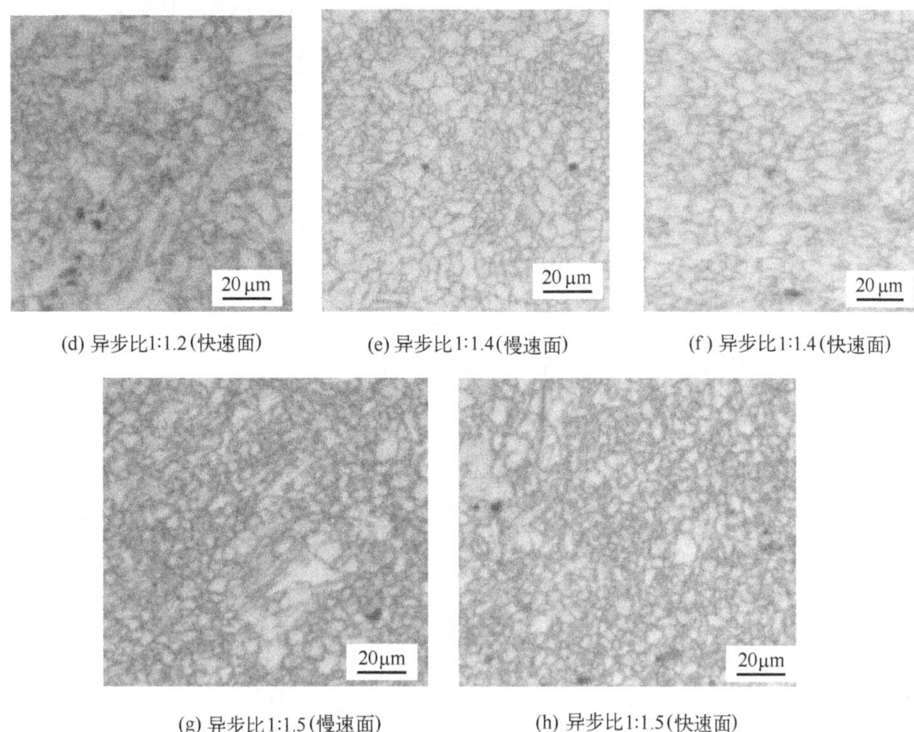

(d) 异步比1:1.2(快速面)　(e) 异步比1:1.4(慢速面)　(f) 异步比1:1.4(快速面)

(g) 异步比1:1.5(慢速面)　(h) 异步比1:1.5(快速面)

图 1.35　不同异步比时异步轧制 AZ31 合金板材微观组织（轧制温度 150℃）

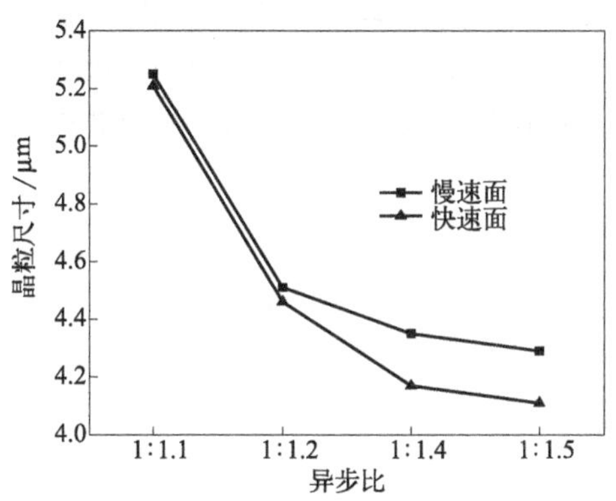

图 1.36　异步轧制 AZ31 合金板材晶粒尺寸与异步比关系（轧制温度 150℃）

当轧制温度为 350℃、道次压下率为 15％、总压下率为 75％时，异步比分别为 1∶1.1、1∶1.2、1∶1.4、1∶1.5 时的异步轧制 AZ31 合金板材微观组织如图 1.37 所示。分析可知，普通轧制（异步比为 1∶1 时）的显微组织与异步轧制的显微组织存在明显区别。普通轧制镁合金板材的显微组织由大量粗大晶粒和部分细小晶粒组成，同时一些粗大晶粒中有少量孪晶存在。而异步轧制镁合金板材组织中晶粒得到细化，晶粒尺寸细小且分布比较均匀。

(4) 轧制温度对微观组织的影响

当异步比为 1∶1.4 时，在轧制温度 150℃和 350℃时的镁合金板材微观组织如图 1.38 所示，单道次压下率为 13％，总压下率分别为 39％、52％、65％。当总压下率为 39％、轧制温度为 150℃时，微观组织均匀性较差，一些孪晶组织集中分布于尺寸较大的晶粒中，随

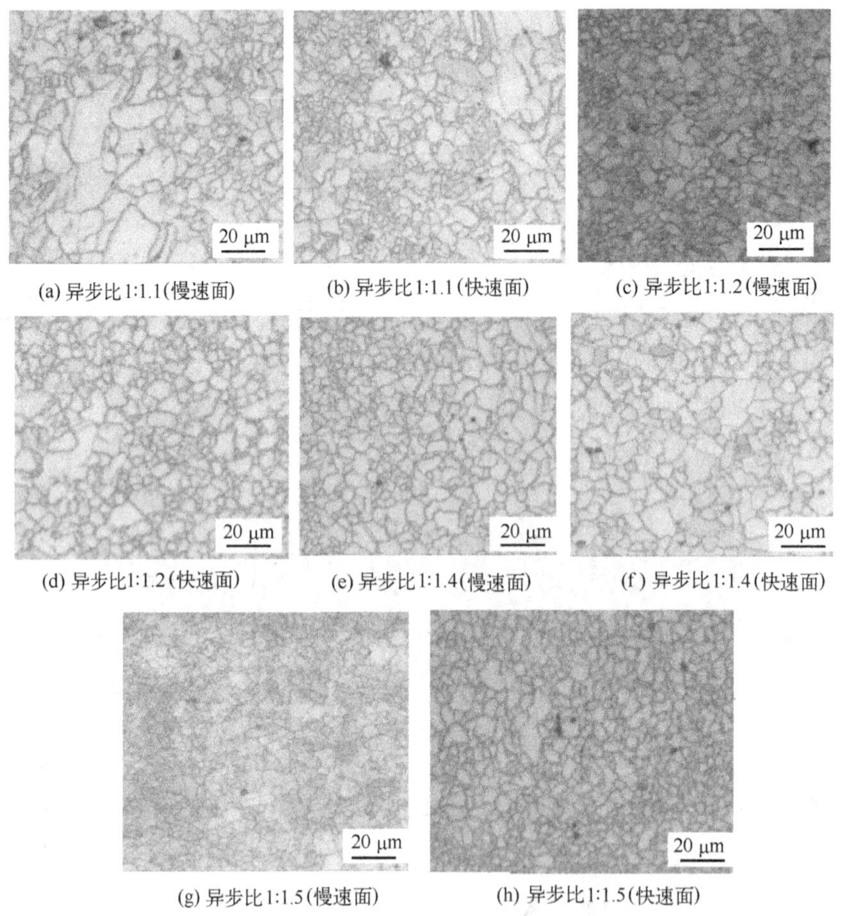

(a) 异步比1:1.1(慢速面)　(b) 异步比1:1.1(快速面)　(c) 异步比1:1.2(慢速面)

(d) 异步比1:1.2(快速面)　(e) 异步比1:1.4(慢速面)　(f) 异步比1:1.4(快速面)

(g) 异步比1:1.5(慢速面)　(h) 异步比1:1.5(快速面)

图 1.37 不同异步比时异步轧制 AZ31 合金板材微观组织（轧制温度 350℃）

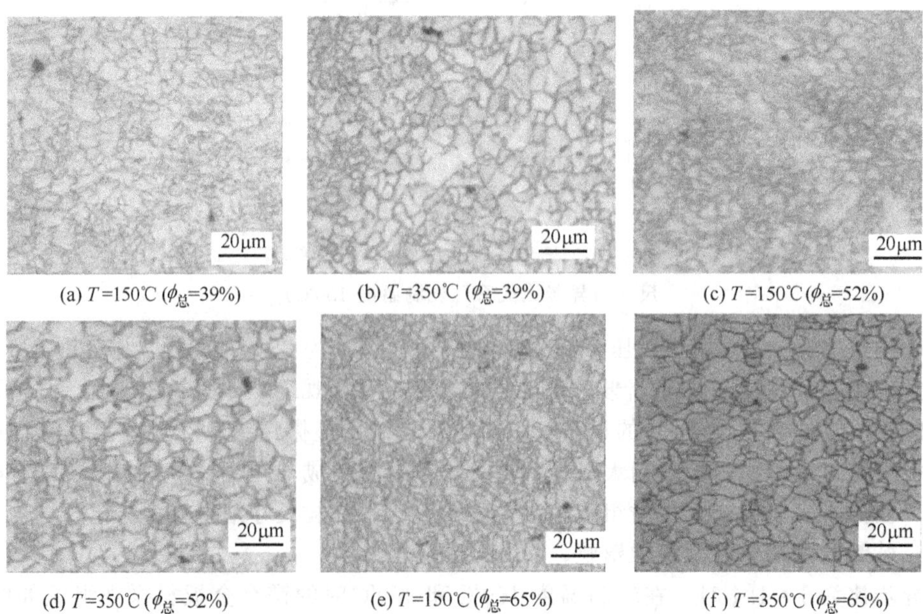

(a) T=150℃ ($\phi_{总}$=39%)　(b) T=350℃ ($\phi_{总}$=39%)　(c) T=150℃ ($\phi_{总}$=52%)

(d) T=350℃ ($\phi_{总}$=52%)　(e) T=150℃ ($\phi_{总}$=65%)　(f) T=350℃ ($\phi_{总}$=65%)

图 1.38 不同轧制温度时异步轧制板材微观组织（异步比 1∶1.4）

着晶界处应力集中程度的增大，孪晶很容易在大晶粒内产生。在轧制温度为 350℃时的微观组织中发生了动态再结晶，孪晶组织消失，晶粒细小且分布比较均匀。当总压下率为 52%、轧制温度为 150℃时，发生不完全动态再结晶，微观组织均匀性较差，有大量孪晶存在。当轧制温度为 350℃时，发生了完全动态再结晶，晶粒得到细化，分布均匀。当异步比为 1∶1.4 时，不同轧制温度时晶粒尺寸与异步比关系曲线如图 1.39 所示。

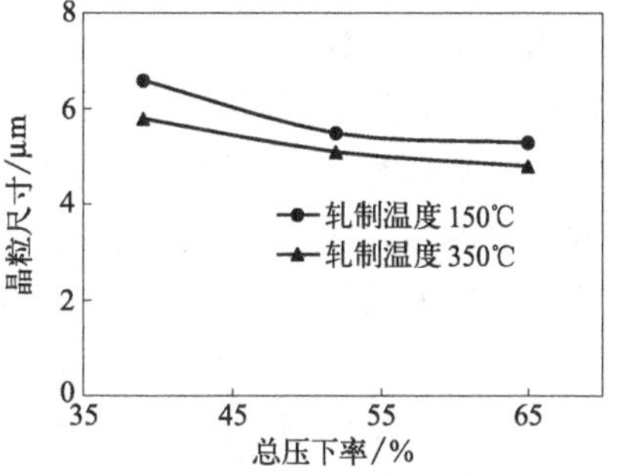

图 1.39　不同轧制温度时晶粒尺寸与异步比关系曲线（异步比 1∶1.4）

1.3.4　镁合金板材异步轧制织构

(1) 压下率对织构的影响

图 1.40 所示为挤压态 AZ31 合金板材的 {0001} 极图，可以看出，板材存在挤压过程所产生的织构，但强度较小，晶粒取向较为分散，即晶粒 *C* 轴与板材厚度方向（ND）所成角度并不一致。

当轧制温度为 150℃，道次压下率为 5%，总压下率为 5%、10%、15%、25% 时，同步轧制 AZ31 合金板材的 {0001} 极图如图 1.41 所示。结果表明，经过总压下率 5%和 10%的变形量后，板材中的织构逐步得到减弱，即一些晶粒 *C* 轴逐渐转向板材厚度方向（ND），其原因是在同步轧制变形过程中产生了拉伸孪晶。当总压下率为 10%时，板材微观组织出现了大量拉伸孪晶，而拉伸孪晶使基体取向发生约 86.3°的偏转，使镁合金板材织构得到弱化。当经过总压下率 15%的变形量后，原始挤压板材的织构已经有很大程度的增强，这是因为当晶粒受到沿晶粒 *C* 轴方向的压缩变形后，不会再产生拉伸孪晶，因而晶体基本上不会再发生大角度偏转，这样随着总压下率的增加，原有织构不仅没有被弱化，而且不断有新的晶粒取向旋转至织构取向，这就导致了基面织构的逐步加强。在总压下率 15%～25%的变形过程中，孪晶数量有所减少，而原始板材中的基面织构却得到进一步加强，绝大部分晶粒 *C* 轴几乎平行于板材厚度方向，这是因为在变形后期，晶体滑移成为主要的变形机制，随着总压下率的增加，{0001} 晶面在压应力的作用下发生转动，晶粒 *C* 轴随之旋转，与板材厚度方向的夹角区域减小，最终导致基面织构的加强。在总压下率为 25%时的微观组织中，孪晶量已大幅度减少，这是因为后续的变形过

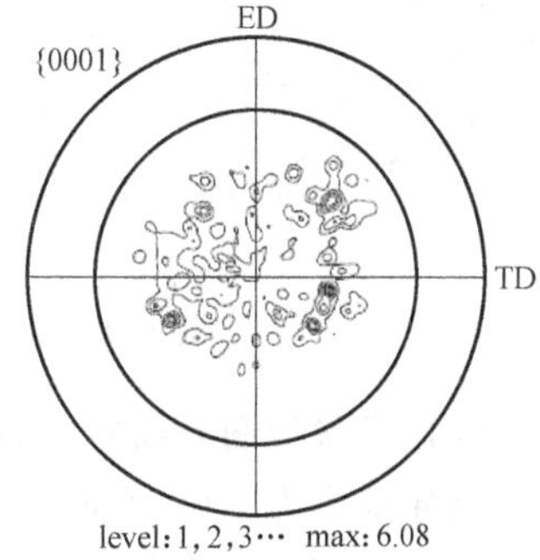

图 1.40　挤压态 AZ31 镁合金板材的 {0001} 极图

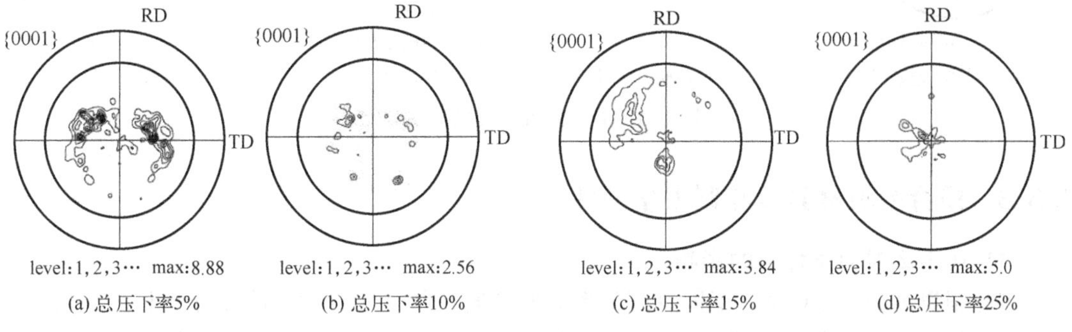

图 1.41　同步轧制 AZ31 合金板材的{0001}极图（轧制温度为 150℃）

程中，滑移变形或晶粒破碎等使变形初期产生的孪晶大量消失。

当轧制温度为150℃，道次压下率为5%，总压下率为5%、10%、15%、25%时，异步轧制AZ31合金板材的｛0001｝极图如图1.42所示，分析可知，在总压下率为10%～15%时，孪晶数量逐步增多，导致大量晶粒的晶粒C轴趋向于与板材厚度方向垂直，基面织构得到削弱，在总压下率为25%时，虽然孪晶大量消失，但基面滑移的作用开始显现，滑移面在较大的压下率下旋转，最终导致晶粒C轴与板材ND平行的晶粒的数量有所增加，基面得到加强。一般情况下，相同压下率的异步轧制板材基面织构强度要小于同步轧制，这应该归因于异步轧制过程中上下辊速差所引起的剪切力使孪晶更容易产生，从而加速了晶粒C轴向ND的偏转，导致基面织构强度减小。

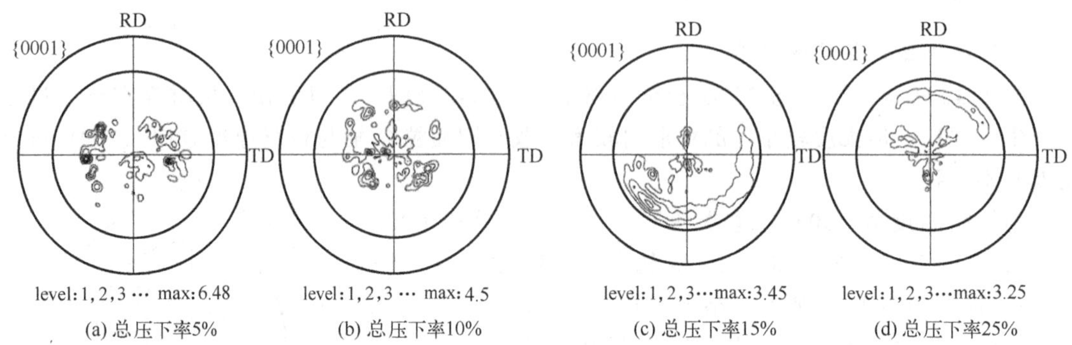

(a) 总压下率5%　(b) 总压下率10%　(c) 总压下率15%　(d) 总压下率25%

图1.42　不同总压下率时异步轧制AZ31合金板材的{0001}极图

(2) 实验极图与模拟极图对比

当异步比为1∶1.5时，AZ31合金异步轧制前后板材的实验极图与模拟极图对比如图1.43所示，采用X射线衍射技术（XRD）获得实验极图，采用电子背散射衍射技术（EBSD）获得模拟极图。分析可知，轧制前后的实验板材基面极图的变化趋势与模拟极图基本相同，虽然由于观察区域的差异（XRD极图观测范围要大于EBSD极图观测范围）而导致初始基面织构形貌有所不同，但二者仍然表现出相似的织构演变趋势，即经较大压下率轧制的板材基面织构要明显强于原始挤压板材。

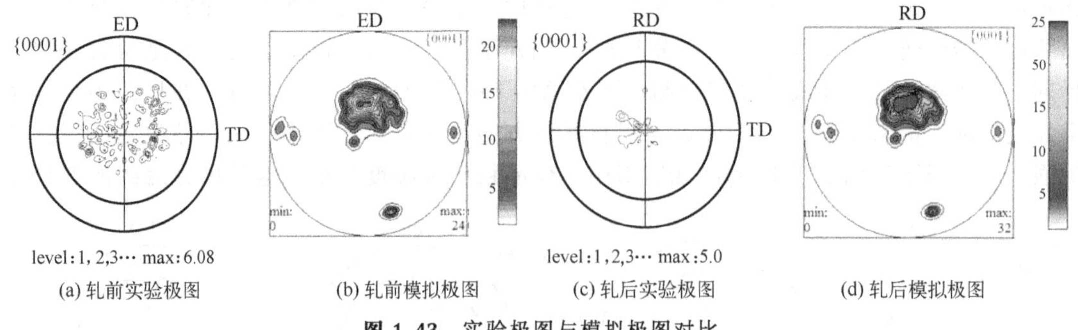

(a) 轧前实验极图　(b) 轧前模拟极图　(c) 轧后实验极图　(d) 轧后模拟极图

图1.43　实验极图与模拟极图对比

1.3.5 镁合金板材异步轧制力学性能

(1) 压下率对力学性能的影响

当轧制温度为150℃时，不同总压下率时的普通轧制（NR）AZ31合金板材的轧制方向上室温拉伸力学性能曲线如图1.44（a）所示，其应变速率为1/s。当总压下率为5%时，板材抗拉强度为274MPa，峰值应变为0.12，屈强比为0.89。当总压下率达到10%时，板材塑性较之前有所下降，抗拉强度为261MPa，峰值应变为0.09，屈强比为0.94，这是由于孪晶的出现使晶界面积增加，阻碍了位错运动，而少量的孪晶提高塑性的能力有限，还不足以抵消晶界面积增加对塑性造成的影响。当总压下率为15%时，普通轧制板材的峰值应力和峰值应变有所增加，分别达到315MPa和0.137，屈强比为0.84，塑性有较大提高，这是由于孪晶的大量出现有利于滑移的织构得到加强，从而使塑性区变大。当总压下率为25%时，普通轧制板材在发生屈服后拉伸应力很快到达峰值，屈服应力为275MPa左右，峰值应变为0.083，屈强比为0.94。

当轧制温度为150℃、异步比为1∶1.5时，不同总压下率时的异步轧制（AR）AZ31合金板材的轧制方向上的室温拉伸力学性能曲线如图1.44（b）所示，其应变速率为1/s。在总压下率为5%、10%时，异步轧制板材的力学性能与普通轧制板材接近。当总压下率达到15%时，异步轧制板材的抗拉强度为224MPa，屈强比为0.86。当总压下率为25%时，异步轧制板材的各项性能显著提升，抗拉强度为314MPa，峰值应变为0.163。

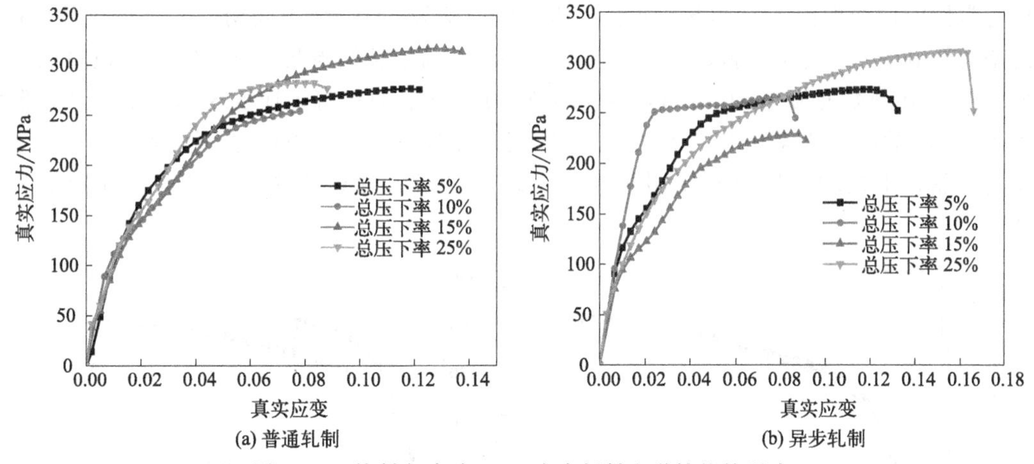

图1.44 轧制方式对AZ31合金板材力学性能的影响

（2）异步比对力学性能的影响

当轧制温度为150℃、不同异步比时的异步轧制AZ31合金板材的轧制方向上的室温拉伸力学性能曲线如图1.45（a）所示，其应变速率为1/s。分析可知，当异步比为1∶1.1

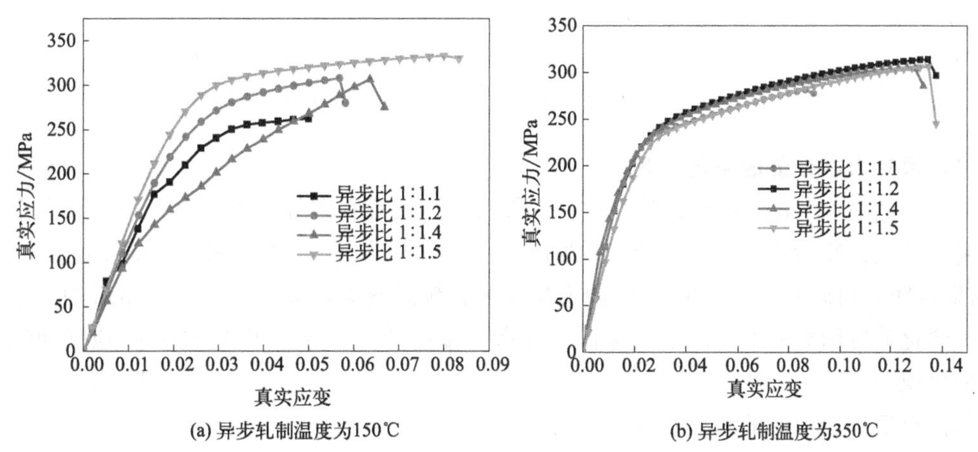

图1.45 异步比对AZ31合金板材力学性能的影响

时，轧制板材的力学性能较差。当异步比为 1∶1.2 时，板材力学性能有所提高，抗拉强度为 300MPa，峰值应变为 0.057。当异步比达到 1∶1.5 时，板材抗拉强度为 327MPa，峰值应变为 0.084，屈强比为 0.91。

当轧制温度为 350℃、不同异步比时的异步轧制 AZ31 合金板材的轧制方向上的室温拉伸力学性能曲线如图 1.45（b）所示，其应变速率为 1/s。当异步比为 1∶1.1 时，抗拉强度为 275MPa，峰值应变为 0.87，屈强比为 0.83。当异步比为 1∶1.2 时，板材抗拉强度为 312MPa，峰值应变为 0.135，屈强比为 0.78。当异步比为 1∶1.4 时，抗拉强度为 301MPa，峰值应变为 0.128，屈强比为 0.77。当异步比为 1∶1.5 时，抗拉强度为 304MPa，峰值应变为 0.128，屈强比为 0.81。结果表明，异步轧制可以明显提高 AZ31 合金板材的力学性能，异步比越大，异步轧制镁合金板材的塑性越好，抗拉强度越高。

（3）轧制温度对力学性能的影响

当压下率为 25%时，普通轧制 AZ31 合金板材轧制方向室温拉伸力学性能曲线如图 1.46（a）所示，其应变速率为 1/s。当压下率为 25%时，异步轧制 AZ31 合金板材轧制方向室温拉伸力学性能曲线如图 1.46（b）所示，其应变速率为 1/s。结果表明，轧制温度为 350℃时的普通轧制 AZ31 合金板材的峰值应变为 0.089，高于轧制温度为 150℃时的板材的峰值应变 0.05。轧制温度为 350℃时的异步轧制 AZ31 合金板材的峰值应变为 0.13，高于轧制温度为 150℃时的板材的峰值应变 0.055。其原因是在轧制温度 350℃时，镁合金材料发生了动态再结晶，组织均匀性得到了明显改善，以及非基面滑移系的激发提高了轧制板材的塑性。

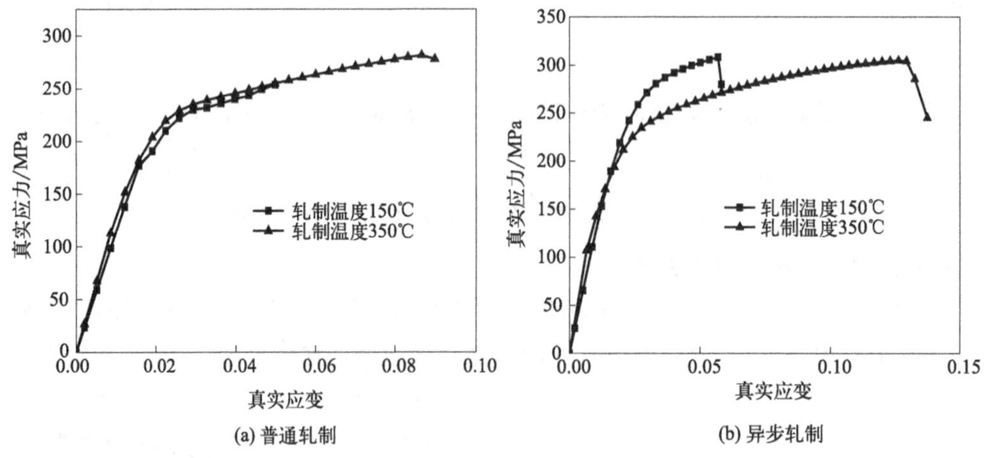

图 1.46 轧制温度对 AZ31 镁合金板材力学性能的影响

（4）板材力学性能的各向异性

异步轧制 AZ31 合金板材在轧制方向和厚度方向上存在差异，不同压下率时镁合金板材沿轧制方向（RD）和厚度方向（ND）的应力-应变曲线如图 1.47 所示，其应变速率为 0.1/s。结果表明，沿轧制方向上的应力-应变出现硬化延迟现象，即塑性变形开始后的一定阶段内加工硬化速度随着应变的增加先降低后升高。而在厚度方向（ND）的应力-应变曲线呈现常规变化规律。

（5）热压缩变形时的力学性能

图 1.48（a）所示为不同压下率时异步轧制镁合金板材在厚度方向上室温压缩变形力学

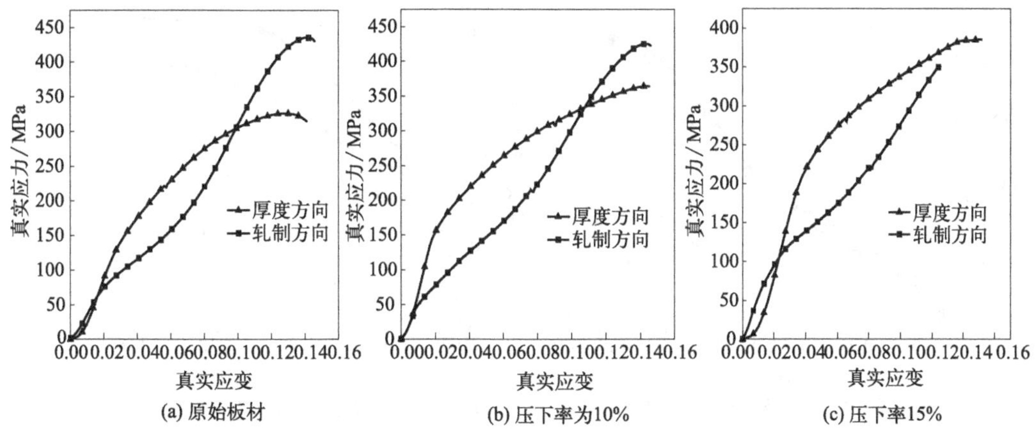

(a) 原始板材　(b) 压下率为10%　(c) 压下率15%

图 1.47　异步轧制 AZ31 镁合金板材沿轧制方向和厚度方向上的应力-应变曲线

性能曲线，其应变速率为 0.1/s。分析可知，压下率为 10%和 15%时，经过异步轧制后板材在厚度方向上室温力学性能有所提高，抗压强度分别达到 350MPa 和 365.67MPa。

图 1.48（b）所示为不同压下率时异步轧制镁合金板材在厚度方向上热压缩变形力学性能曲线，热压缩变形温度为 300℃，应变速率为 0.1/s。分析可知，力学性能随着压下率增大的变化趋势是先增加再减小，压下率为 10%时，板材的力学性能要好于压下率为 15%的板材力学性能。

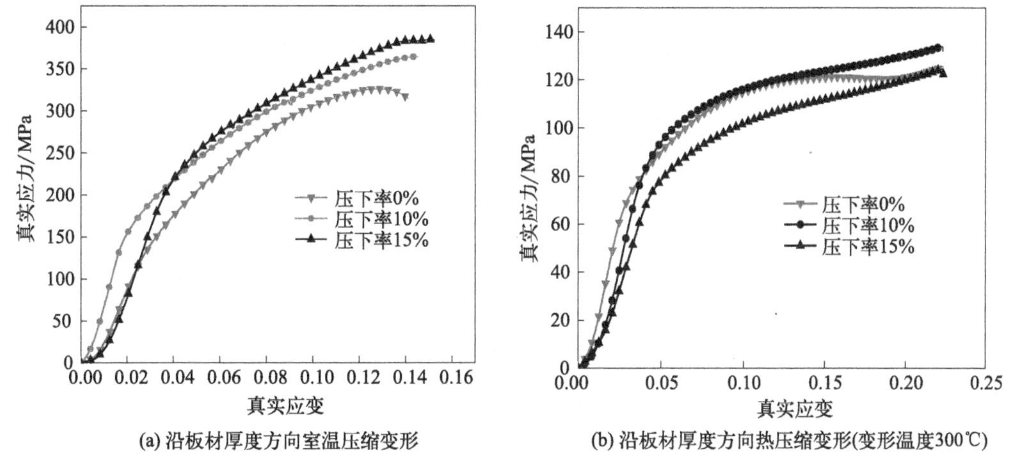

(a) 沿板材厚度方向室温压缩变形　(b) 沿板材厚度方向热压缩变形(变形温度300℃)

图 1.48　异步轧制镁合金板材压缩变形应力-应变曲线

图 1.49（a）所示为不同压下率时异步轧制镁合金板材在轧制方向上室温压缩变形力学性能曲线，其应变速率为 0.1/s。分析可知，随着压下率的升高，板材在轧制方向上的力学性能逐步降低。

图 1.49（b）所示为不同压下率时异步轧制镁合金板材在轧制方向上热压缩变形力学性能曲线，热压缩变形温度为 300℃，应变速率为 0.1/s。分析可知，随着压下率的增加，力学性能逐步降低。

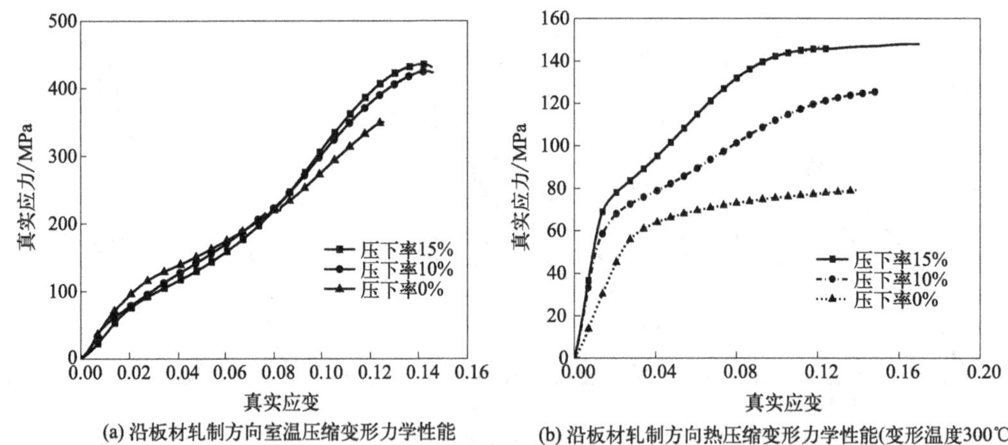

图 1.49 异步轧制镁合金板材压缩变形应力-应变曲线

第 2 章 镁合金管材挤压成形技术

2.1 管材挤压成形技术特征

挤压成形技术是制造金属管材的重要方法之一。管材挤压成形过程包括挤压开始阶段、挤压稳定阶段、挤压结束阶段。挤压模具结构包括挤压凸模、挤压筒、挤压垫、石墨垫、挤压凹模、挤压杆等。挤压凹模控制挤压管材外径，挤压杆控制挤压管材内径。挤压筒设置在挤压套内，并通过压板固定在底板上，凹模设置在挤压筒内的下端，并放置在底板上的凹槽内，底板通过螺栓固定在下模座上，挤压杆设置在挤压坯料、石墨垫、挤压垫内，并固定在挤压轴上，挤压轴通过凸模固定座固定在上模座上。管材挤压成形工艺步骤：①挤压模具预热；②涂覆润滑剂；③挤压坯料加热；④挤压成形；⑤挤压管材退火；⑥清理挤压管材表面。

金属管材挤压成形工艺原理如图 2.1 所示。挤压凸模的作用是将外部载荷施加到挤压变形过程中，挤压筒的作用是控制挤压坯料的尺寸及运动方向，挤压垫的作用是对挤压坯料施加压力和控制挤压坯料出现反向流动，石墨垫的作用是将挤压坯料完全挤出凹模，挤压凹模的作用是控制挤压管材的外径，挤压杆的作用是控制挤压管材的内径。

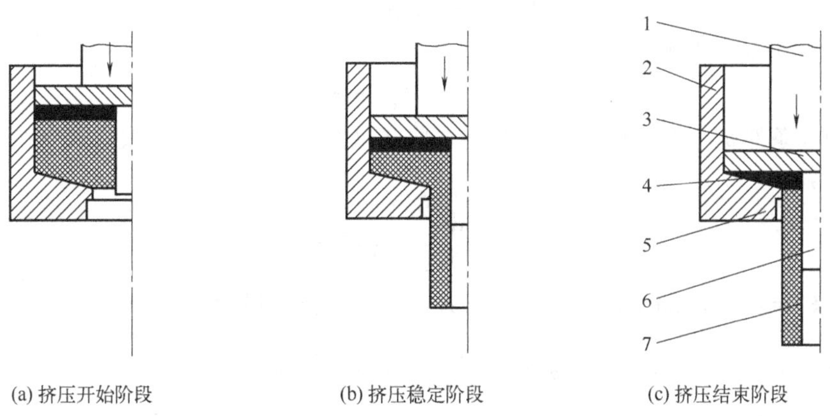

图 2.1 金属管材挤压成形工艺原理

1—挤压凸模；2—挤压筒；3—挤压垫；4—石墨垫；5—挤压凹模；6—挤压杆；7—挤压管材

2.2 管材挤压力计算模型

力能参数是管材挤压成形工艺重要参数之一，对于挤压模具设计是不可缺少的。采用主应力法确定管材挤压力能参数计算模型。

假设变形区为球形速度场，变形力计算模型如图 2.2 所示，变形力包括以下几部分：变形区塑性变形力；变形区金属与挤压套之间的摩擦力；变形区金属与挤压杆之间的摩擦力；变形区金属与挤压套之间的正压力；未变形区（待变形区）金属与挤压套之间的摩擦力，如果润滑效果好此部分摩擦力可以忽略。微元体在 x 方向上受力平衡。r_e 为变形区球形速度场最小半径，R 为变形区球形速度场最大半径，α 为球形速度场的锥半角。

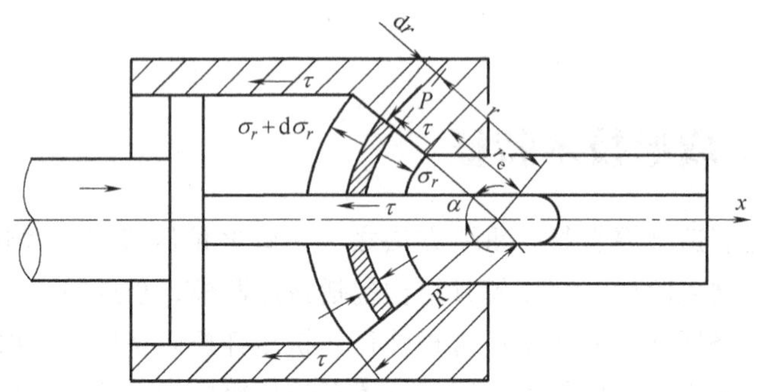

图 2.2 管材挤压变形力计算模型

球形速度场正压力 σ_r 在 x 方向上的分量 P_{x1}：

$$P_{x1}=-(\sigma_r+d\sigma_r)\pi[(r+dr)\sin\alpha]^2+\sigma_r\pi(r\sin\alpha)^2 \tag{2.1}$$

变形区金属与挤压套之间的正压力在 x 方向上的分量 P_{x2}：

$$P_{x2}=-2\pi r\,dr P\sin^2\alpha \tag{2.2}$$

变形区金属与挤压套之间（摩擦因数 μ_1）的摩擦力在 x 方向上的分量 P_{x3}：

$$P_{x3}=-2\pi r\,dr\mu_1 P\sin\alpha\cos\alpha \tag{2.3}$$

变形区金属与挤压杆之间（摩擦因数 μ_2）的摩擦力在 x 方向上的分量 P_{x4}：

$$P_{x4}=-2\pi r\,dr\mu_2 P\sin\alpha \tag{2.4}$$

在 x 方向上受力平衡：

$$P_{x1}+P_{x2}+P_{x3}+P_{x4}=0 \tag{2.5}$$

根据塑性条件 $\sigma_r+P=S$[参考文献 2]，将式（2.1）～式（2.4）代入式（2.5），并进行整理可以得到

$$\frac{d\sigma_r}{(2k_1-2)\sigma_r-2k_1S}=\frac{dr}{r} \tag{2.6}$$

其中，$k_1=1+\mu_1/\tan\alpha+\mu_2/\sin\alpha$。对式（2.6）进行积分可以得到

$$\sigma_r=Cr^{2(k_1-1)}+S\frac{k_1}{k_1-1} \tag{2.7}$$

根据边界条件：当 $r=r_e$ 时，$\sigma_r=0$，得

$$\sigma_r=-\frac{Sk_1}{k_1-1}\left[\left(\frac{r}{r_e}\right)^{2(k_1-1)}-1\right] \tag{2.8}$$

因为 $r>r_e$，$k_1>1$，则 $\sigma_r<0$，即 σ_r 为压应力。在以下计算时 σ_r 取正值。当 $r=R$ 时：

$$\sigma_r\big|_{r=R}=\frac{Sk_1}{k_1-1}\left[\left(\frac{R}{r_e}\right)^{2(k_1-1)}-1\right] \tag{2.9}$$

总变形力：

$$F=\frac{1}{4}\pi(D_o^2-d_o^2)\sigma_r\big|_{r=R} \tag{2.10}$$

将 $r_e=d_o/(2\sin\alpha)$，$R=D_o/(2\sin\alpha)$，式（2.9）代入式（2.10）得

$$F=\frac{1}{4}\pi(D_o^2-D_i^2)\frac{Sk_1}{k_1-1}\left[\left(\frac{D_o}{d_o}\right)^{2(k_1-1)}-1\right] \tag{2.11}$$

式中，σ_r 为变形区单位挤压力，MPa；$k_1=1+\mu_1/\tan\alpha+\mu_2/\sin\alpha$；$S$ 为屈服应力，MPa；D_o，D_i 分别为挤压坯料外径和内径，mm；d_o 为挤压管材外径，mm；$d_i=D_i$；α 为挤压凹模锥半角；μ_1 为变形区金属与挤压套之间的摩擦因数；μ_2 为变形区金属与挤压杆之间的摩擦因数。

实验验证：对于 AZ31 镁合金管材挤压成形，镁合金管材挤压力计算公式（2.11）的计算结果与实验结果如图 2.3（a）所示，理论计算结果与实验结果相吻合，相对误差小于 15.8%。对于 ZK60 镁合金管材挤压成形，镁合金管材挤压力计算公式（2.11）的计算结果与实验结果如图 2.3（b）所示，理论计算结果与实验结果相吻合，相对误差小于 11.2%。

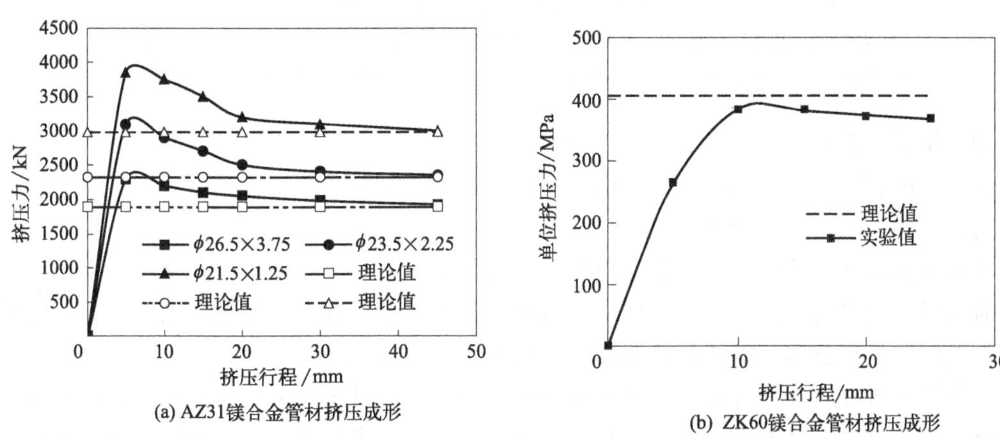

图 2.3　镁合金管材挤压力能参数计算结果与实验结果

2.3　AZ31 镁合金管材热挤压成形

（1）实验设备及模具

实验设备采用 5000kN 双动液压机、箱式加热炉，研制了专用挤压模具和模具预热及保温装置等。实验材料为 AZ31 镁合金，热轧态时抗拉强度 $\sigma_b=230$MPa，伸长率 $\delta=14\%$。挤压坯料外径 $D_o=58$mm，内径 $D_i=20$mm，高度 $L=80\sim100$mm。

如图 2.4 所示，管材热挤压模具结构包括上模座、凸模固定座、挤压轴、挤压筒、挤压垫、石墨垫、挤压坯料、挤压杆、润滑垫、挤压凹模、底板、下模座、压板、挤压套。挤压

筒设置在挤压套内，并通过压板用螺钉固定在底板上，挤压凹模设置在挤压筒内的下端，并放置在底板上的凹槽内，底板通过螺栓固定在下模座上，在挤压凹模的上面再放上润滑垫，再装上加热的挤压坯料，然后放上石墨垫和挤压垫，挤压杆安装在润滑垫、挤压坯料、石墨垫、挤压垫的孔内，并固定在挤压轴上，挤压轴通过凸模固定座固定在上模座上。挤压时，挤压机的挤压头向下运动，使上模座、挤压轴、挤压垫、石墨垫在挤压筒内挤压坯料，完成挤压成形过程。

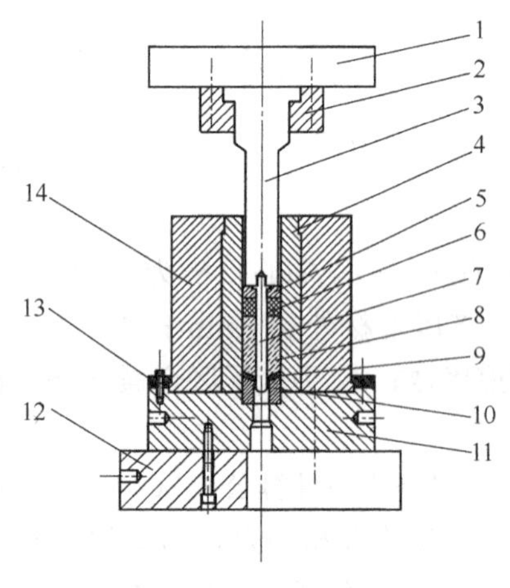

(a) 固定挤压针挤压模具

(b) 5000kN双动液压机

图 2.4　挤压模具结构及挤压设备

1—上模座；2—凸模固定座；3—挤压轴；4—挤压筒；5—挤压垫；6—石墨垫；7—挤压坯料；8—挤压杆；9—润滑垫；10—挤压凹模；11—底板；12—下模座；13—压板；14—挤压套

(2) 挤压工艺参数确定

AZ31 镁合金在热态下具有较高塑性，但镁合金在较高温度时，尤其 400℃以上很容易产生腐蚀氧化，因而不易于塑性成形。

模具预热温度的确定。镁合金的变形温度范围狭窄，与冷模接触时，极易产生裂纹。因此，对模具必须进行预热。由于挤压坯料与模具的接触面积较大，变形时间较长，因此模具的加热温度要低于挤压坯料的加热温度，范围在 200～300℃。

润滑剂的选择。在镁合金管材挤压成形时，为了减小挤压坯料与挤压筒及挤压凹模之间的摩擦，防止黏模，降低摩擦力，有利于金属流动，必须采用润滑剂，同时润滑剂还可以起到隔热作用，从而提高模具寿命。在镁合金管材挤压成形实验中，润滑剂采用石墨、动物油。

挤压变形速度的确定。当变形速度较快时，因变形引起的热效应，会使挤压坯料的温度升高，从而使流动应力明显降低。当变形速度过快时，虽然挤压坯料的升温很明显，但是由于变形过程中金属的加工硬化速度比再结晶软化速度快，挤压坯料流动应力随之增大。AZ31 镁合金在压力机上进行低速变形时，变形温度在 350～450℃的范围内塑性较好，而在高速变形时，变形温度范围为 350～425℃。由于 AZ31 镁合金对变形速度很敏感，热挤压速度应尽量小。

根据以上分析，再结合管材挤压成形技术的变形特点及工艺特征，确定了 AZ31 镁合金管材挤压成形技术工艺参数，即挤压成形时变形温度、模具预热温度、润滑剂、挤压速度、挤压比等，见表 2.1。挤压坯料及挤压管材件尺寸见表 2.2。

表 2.1　AZ31 镁合金管材挤压成形技术工艺参数

试件号	变形温度/℃	模具预热温度/℃	挤压速度/(mm/s)	管坯速度/(mm/s)	挤压比	润滑剂
A	400	300	10	94.9	6.5	动物油
B	400	260	10	94.9	6.5	动物油
C	350	220	10	94.9	6.5	动物油
D	300	220	10	94.9	6.5	动物油

表 2.2　AZ31 镁合金挤压坯料及挤压管材件尺寸（mm）

挤压坯料	外径	内径	壁厚	挤压比
原始坯料	ϕ58.0	ϕ20.0	19.00	—
挤压管材	ϕ26.5	ϕ19.0	3.75	9.1
挤压管材	ϕ23.5	ϕ19.0	2.25	16.9
挤压管材	ϕ21.5	ϕ19.0	1.25	32.0

在镁合金管材挤压成形时，挤压成形工序包括：①挤压模具预热，挤压模具预热温度为260～290℃；②涂覆润滑剂，在挤压坯料、挤压筒、挤压凹模、挤压杆上面涂覆润滑剂，采用动物油或石墨；③挤压坯料加热，将挤压坯料加热到 290～390℃，并且保温 10～20min；④对挤压坯料进行挤压成形，加工出镁合金管材；⑤挤压管材退火，将挤压成形的管材进行退火处理，消除残余应力和残余应变；⑥挤压管材表面清理，把挤压后的管材内外表面进行清理，有利于提高后续加工工序的加工速度和产品质量。

(3) 实验结果及分析

根据表 2.1 的工艺参数成功地挤压出 AZ31 镁合金管材，如图 2.5 所示，挤压出的镁合金管材无裂纹，挤压管材表面质量很好，粗糙度与精度达到预期目标。

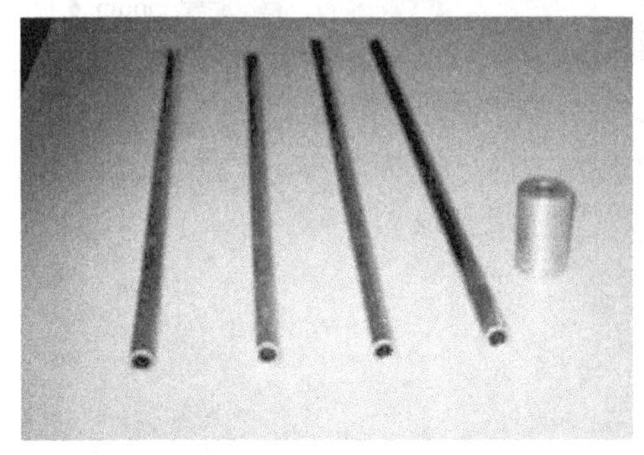

图 2.5　AZ31 镁合金管材挤压试件

镁合金管材挤压力变化规律实验结果如图 2.6 所示。可以看出，随着变形程度的增大，其挤压力随之变化。在管材挤压变形过程中，挤压力随挤压行程的变化而变化，具有明显的阶段性。在第一阶段，挤压坯料在挤压凸模作用下开始挤压行程，挤压坯料逐渐填充挤压凹模，挤压力急剧增大，当挤压坯料充满挤压凹模开始挤压出管材时，挤压力达到峰值状态。在第二阶段，挤压凸模继续挤压行程，挤压坯料在挤压凸模作用下，被挤压成所需尺寸的管材而连续挤出挤压凹模，此时，变形区稳定，挤压力有所下降，这是由于挤压坯料侧壁与模具接触面积愈来愈小，使摩擦力减小，同时，变形区金属材料与挤压凹模之间的摩擦方式发生变化，出现内摩擦现象。在第三阶段，挤压行程临近结束时，石墨垫充填挤压凹模空间，将镁合金管材完全挤出挤压凹模，管材挤压过程结束。影响挤压力的主要因素包括挤压变形温度、模具预热温度、挤压速度、润滑方式、挤压凹模形状等。随着挤压变形温度的提高，变形抗力峰值减小，稳定阶段的挤压力也随之减小。当模具预热温度提高，挤压变形温度的

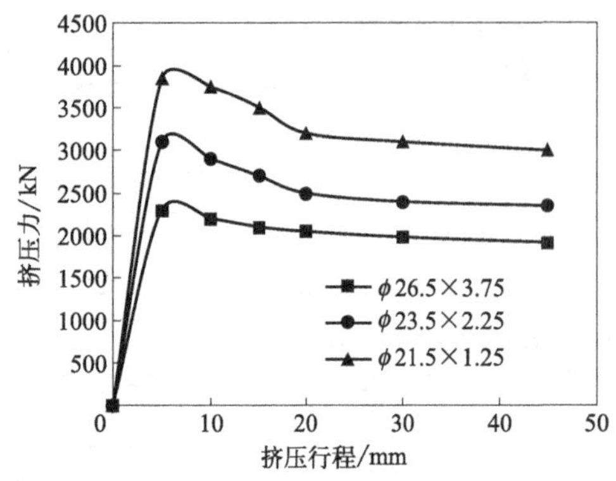

图 2.6 镁合金管材挤压力变化规律实验结果

下降趋势减缓，也使挤压力降低。润滑剂性能越好，润滑方式越合理，挤压过程中产生的摩擦力越小，使挤压力减小。

镁合金材料经过热挤压变形后，微观组织得到了明显改善。AZ31镁合金管材挤压试件的微观组织如图2.7所示。分析可知，挤压后的横向截面组织为等轴晶粒，挤压后的纵向截面组织变成细长晶粒。较大的变形量和较低的变形温度形成均匀的细晶粒，较低的变形温度一般得到混合的晶粒组织。挤压变形使晶粒细化，应选择较低的变形温度和较大的变形量，从而得到较细的晶粒尺寸，同时还要使变形温度选在合金塑性好、变形抗力较小的范围内，此外，确定变形温度时，不能忽视在不同条件下变形热对实际变形温度的影响。

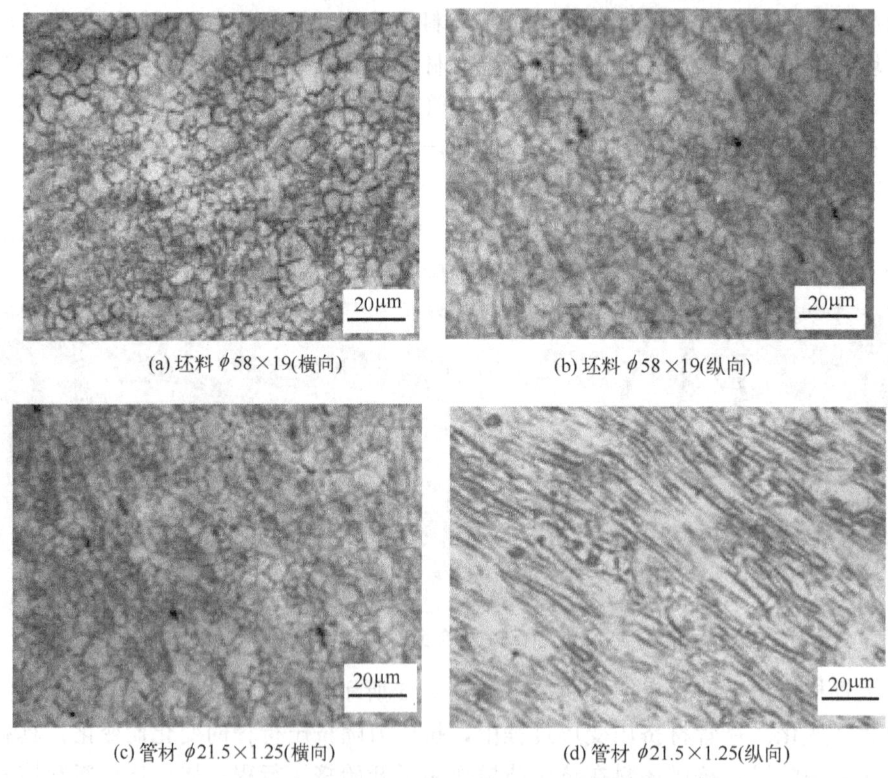

(a) 坯料 φ58×19(横向)　(b) 坯料 φ58×19(纵向)

(c) 管材 φ21.5×1.25(横向)　(d) 管材 φ21.5×1.25(纵向)

图 2.7 镁合金挤压坯料挤压前后的微观组织

2.4 AZ80镁合金管材热挤压成形

2.4.1 AZ80镁合金管材热挤压成形数值模拟

(1) 应力场分布

图2.8所示为管材挤压不同阶段的等效应力场分布。结果表明，挤压初期等效应力主要

集中在与凹模锥角和挤压坯料接触区域，当挤压坯料经过凹模圆角时，等效应力开始增大，当挤压坯料经过凹模圆角后等效应力迅速减小，直到挤压行程结束。

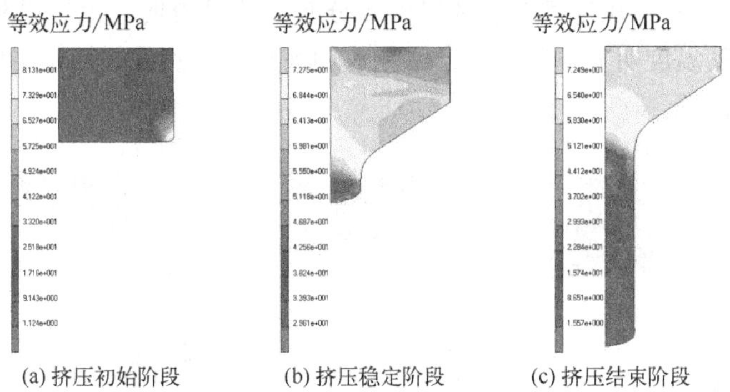

(a) 挤压初始阶段　(b) 挤压稳定阶段　(c) 挤压结束阶段

图 2.8　管材挤压不同阶段的等效应力场分布

(2) 应变场分布

图 2.9 所示为管材挤压不同阶段的等效应变场分布。分析可知，挤压初期应力主要集中在与凹模锥角相接触区域，当挤压坯料经过凹模圆角时，应变分布不均匀，随着挤压行程进行，等效应变分布逐步均匀，挤压坯料的最大变形区位于凹模圆角处，在挤压筒内的金属变形量很小。

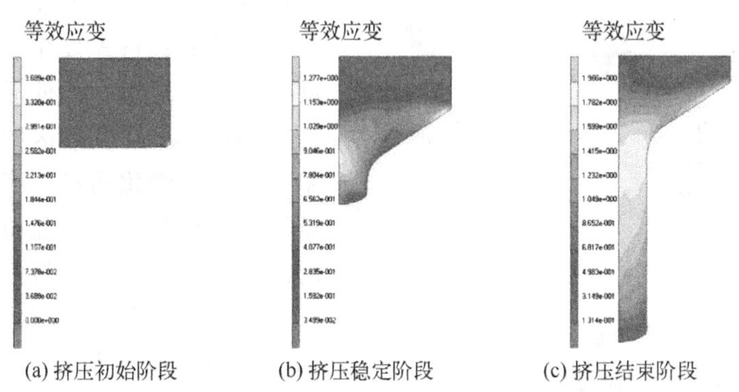

(a) 挤压初始阶段　(b) 挤压稳定阶段　(c) 挤压结束阶段

图 2.9　管材挤压不同阶段的等效应变场分布

(3) 应变速率场分布

图 2.10 所示为管材挤压不同阶段的等效应变速率场分布。当应变速率比较小时，位错启动容易，挤压坯料易于变形，临界应变较小，易于发生动态再结晶。而应变速率较大时，

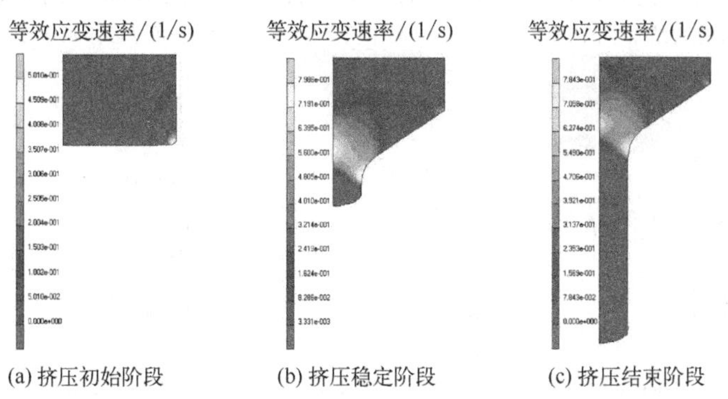

(a) 挤压初始阶段　(b) 挤压稳定阶段　(c) 挤压结束阶段

图 2.10　管材挤压不同阶段的等效应变速率场分布

挤压坯料难于变形，临界应变也较大，动态再结晶不易发生。

(4) 温度场分布

图 2.11 所示为管材挤压不同阶段的温度场分布。结果表明，由于受到挤压凸模的传热作用，挤压坯料上端温度明显下降。由于摩擦热和塑性变形热等作用，与凹模圆角接触的区域的温度高于其他区域。

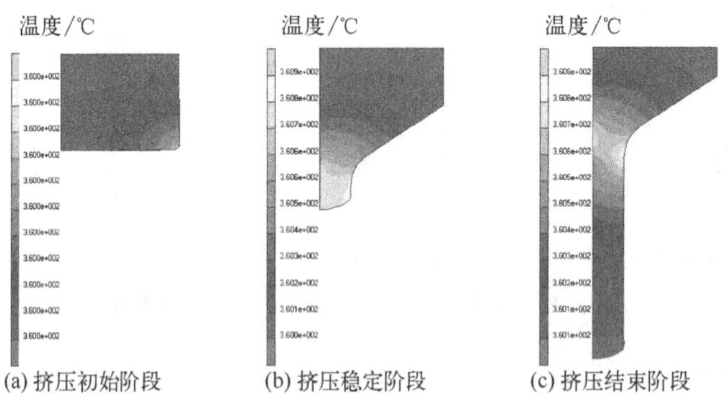

(a) 挤压初始阶段　(b) 挤压稳定阶段　(c) 挤压结束阶段

图 2.11　管材挤压不同阶段的温度场分布

(5) 晶粒尺寸分布

图 2.12 所示为管材挤压不同阶段的晶粒尺寸分布。结果表明，在挤压变形初始阶段，变形发生在与挤压凹模接触的部位，挤压凹模处的晶粒首先发生动态再结晶，产生动态再结晶组织，而使晶粒细化。随着挤压行程进行，在变形区的材料从生动态再结晶，晶粒细化明显。当挤压坯料经过挤压凹模定径带后，即在挤压后，管材区域的温度仍然很高，材料晶粒长大，挤压后管材区域的晶粒尺寸增大，即进入挤压稳态阶段时，挤压管材的晶粒分布比较均匀，但晶粒尺寸大于定径带附近材料的晶粒尺寸。挤压管材的晶粒尺寸明显小于挤压坯料初始阶段的晶粒尺寸，初始阶段挤压坯料平均晶粒尺寸为 58.6μm，而挤压管材的平均晶粒尺寸为 9.3μm。

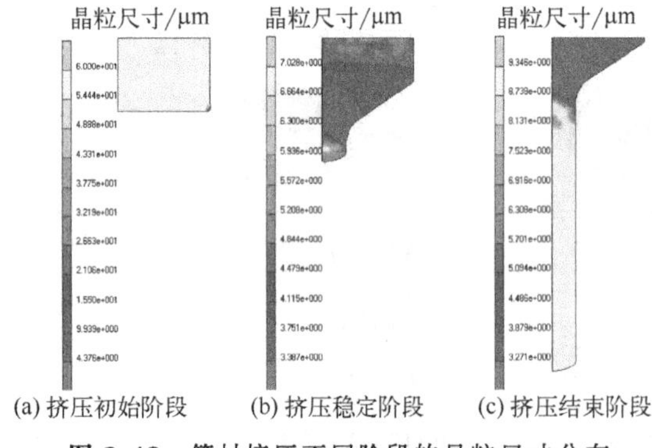

(a) 挤压初始阶段　(b) 挤压稳定阶段　(c) 挤压结束阶段

图 2.12　管材挤压不同阶段的晶粒尺寸分布

(6) 动态再结晶体积分数分布

图 2.13 所示为管材挤压不同阶段的动态再结晶体积分数分布。结果表明，在挤压变形

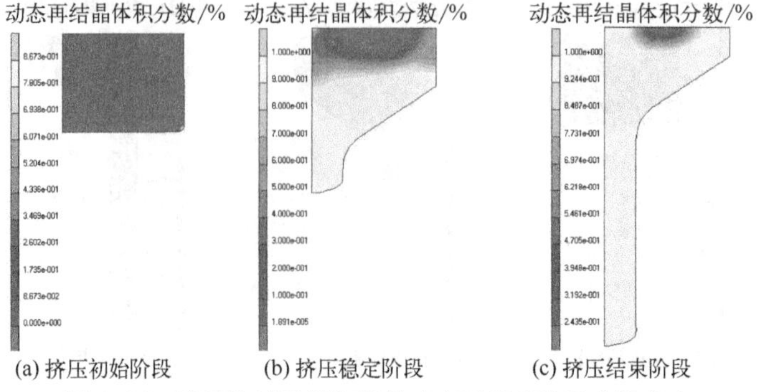

(a) 挤压初始阶段　(b) 挤压稳定阶段　(c) 挤压结束阶段

图 2.13　管材挤压不同阶段的动态再结晶体积分数分布

初始阶段，挤压坯料没有发生变形，动态再结晶体积分数为零。当挤压坯料经过凹模圆角后，开始发生挤压变形，变形区产生动态再结晶现象，动态再结晶体积分数大于 90%，之后发生完全动态再结晶，直到挤压行程结束，动态再结晶体积分数都大于 90%。

(7) 残余应变分布

图 2.14 所示为管材挤压不同阶段的残余应变分布。结果表明，随着热挤压行程的进行，残余应变区域逐渐减小。在管材挤压过程中，残余应变经历了从小到大，再从大到小的变化过程。

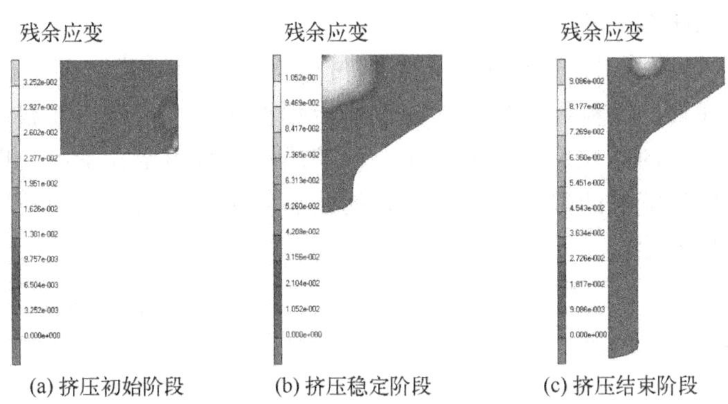

(a) 挤压初始阶段　(b) 挤压稳定阶段　(c) 挤压结束阶段

图 2.14　管材挤压不同阶段的残余应变分布

(8) 晶粒尺寸模拟结果与实验结果对比

图 2.15 (a)～(c) 所示为在不同挤压温度时的挤压管材的晶粒尺寸模拟结果，图 2.15

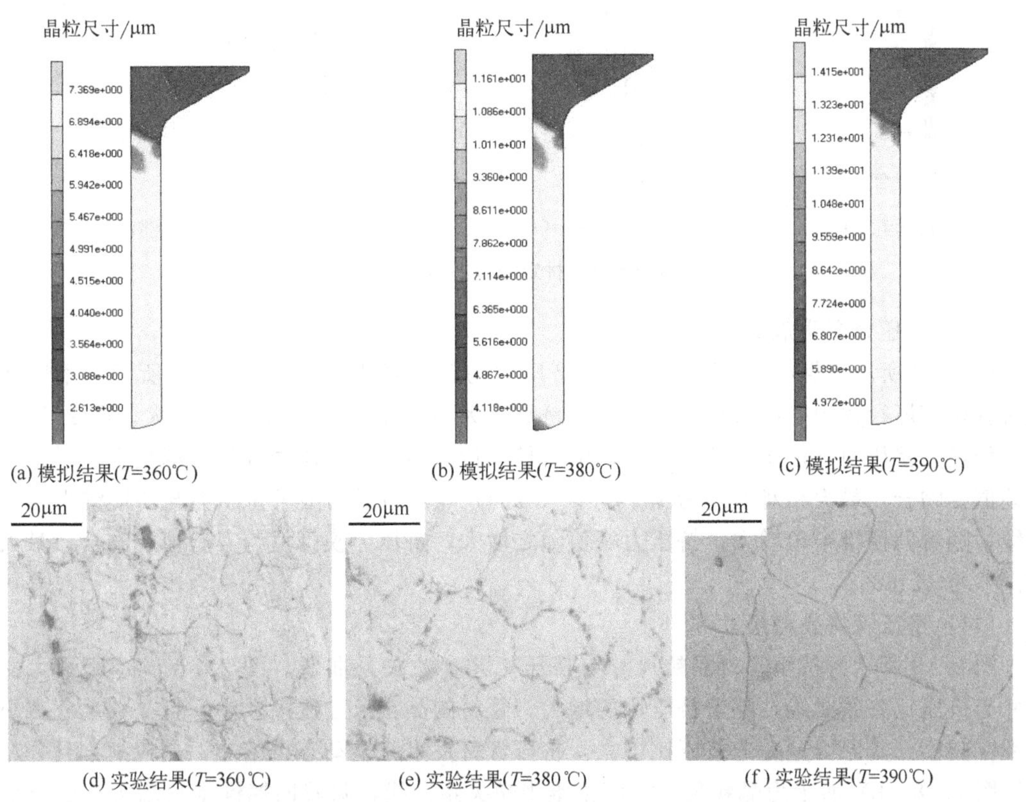

(a) 模拟结果(T=360℃)　(b) 模拟结果(T=380℃)　(c) 模拟结果(T=390℃)

(d) 实验结果(T=360℃)　(e) 实验结果(T=380℃)　(f) 实验结果(T=390℃)

图 2.15　挤压管材晶粒尺寸模拟结果与实验结果对比

(d)～(f) 所示为不同挤压温度时的挤压管材在定径带附近的微观组织实验结果。结果表明，在挤压温度为 360℃时，挤压管材晶粒尺寸模拟结果为 6.89～7.37μm，晶粒尺寸明显得到细化，而微观组织晶粒尺寸实验值为 6.73μm。当挤压温度为 380℃时，挤压管材的晶粒尺寸模拟结果为 10.86～11.61μm，而微观组织晶粒尺寸实验值为 10.28μm。当挤压温度为 390℃时，挤压管材晶粒尺寸模拟结果为 13.23～14.15μm，晶粒尺寸明显增大，而微观组织晶粒尺寸实验值为 16.35μm。因此，挤压管材的晶粒尺寸模拟结果和实验结果相吻合。

(9) 定径带区域晶粒尺寸

图 2.16 所示为挤压管材定径带处的晶粒尺寸分布。可以看出，在挤压坯料进入定径带前接近挤压凹模表面处的晶粒尺寸最小，随着挤压行程的进行，挤压坯料经过挤压凹模进入定径带，在凹模圆角处的晶粒尺寸明显细化，当挤压坯料挤出定径带后，即管材挤压加工过程结束，挤出凹模后的管材的温度仍然很高，初始晶粒又开始长大，使挤压管材晶粒尺寸大于变形区的材料晶粒尺寸。

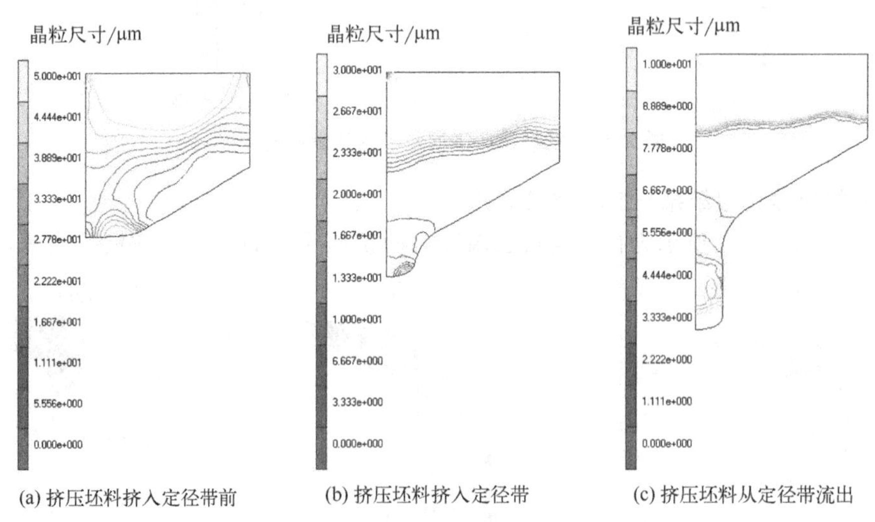

(a) 挤压坯料挤入定径带前　(b) 挤压坯料挤入定径带　(c) 挤压坯料从定径带流出

图 2.16　挤压管材定径带处的晶粒尺寸分布

(10) 挤压力变化规律

图 2.17 所示为管材挤压工艺参数对挤压力的影响规律。图 2.17 (a) 所示为不同挤压比时管材挤压行程中挤压力变化曲线，当挤压比为 18.2 时，挤压力峰值最大。图 2.17 (b) 所示为最大挤压力与挤压比关系曲线，随着挤压比的增大，挤压力峰值逐渐增大，模拟值与实验值相吻合，最大相对误差为 12.5%。图 2.17 (c) 所示为最大挤压力与凹模锥半角关系曲线，随着凹模锥半角增大，挤压力峰值随之增大，挤压力模拟值与实验值相吻合，最大相对误差为 11.6%。

(11) 挤压管材晶粒尺寸

图 2.18 所示为挤压管材晶粒尺寸与挤压工艺参数关系曲线。图 2.18 (a) 所示为晶粒尺寸与挤压比关系曲线，随着挤压比的增大，管材的晶粒尺寸逐渐减小，且晶粒尺寸减小的速率在减小，其原因是随着挤压比增大，挤压管材发生完全动态再结晶，晶粒细小且分布均匀。图 2.18 (b) 所示为晶粒尺寸与凹模锥半角关系曲线，随着凹模锥半角增大，挤压变形程度增大，晶粒尺寸减小。图 2.18 (c) 所示为晶粒尺寸与挤压温度关系曲线，随着挤压温

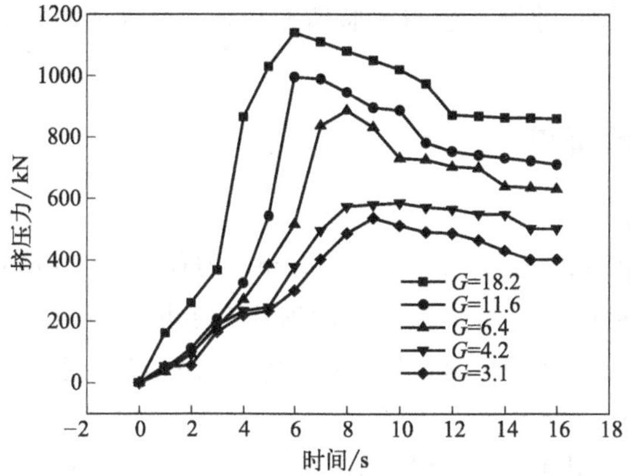

(a)挤压过程中的挤压力变化

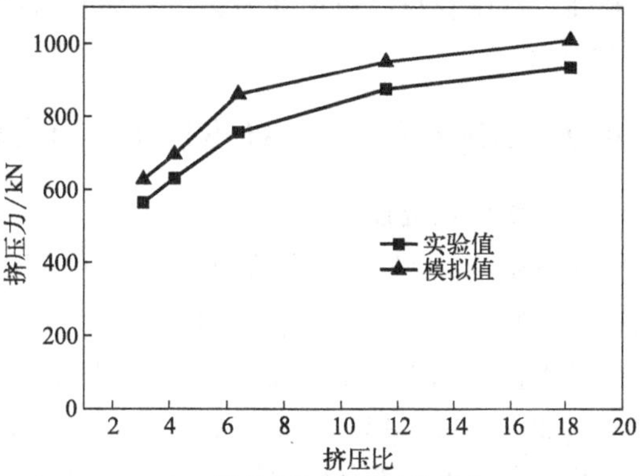

(b) 挤压比对挤压力的影响

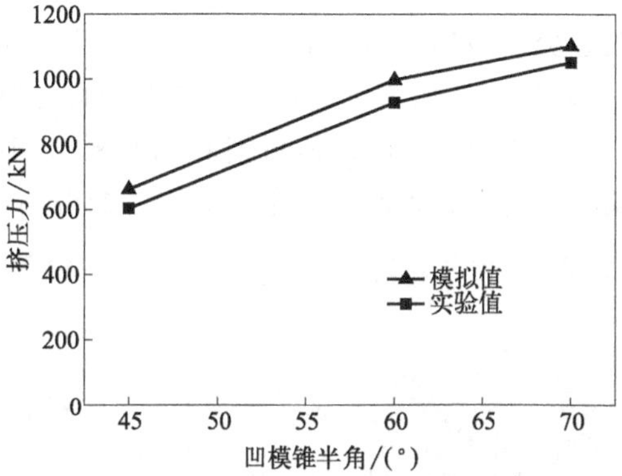

(c) 凹模锥半角对挤压力的影响

图 2. 17　管材挤压工艺参数对挤压力的影响规律

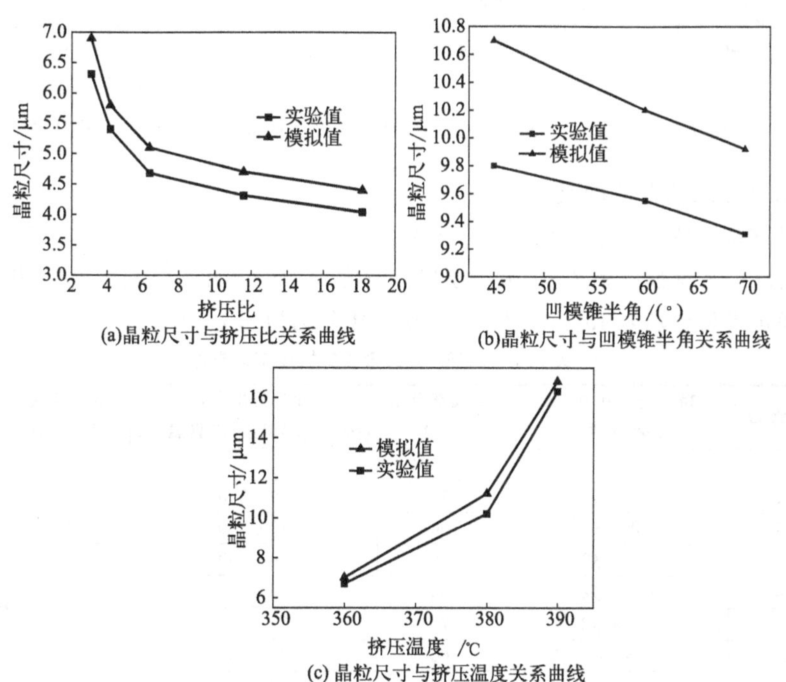

(a)晶粒尺寸与挤压比关系曲线

(b)晶粒尺寸与凹模锥半角关系曲线

(c) 晶粒尺寸与挤压温度关系曲线

图 2. 18　挤压管材晶粒尺寸与挤压工艺参数关系曲线

度升高，挤压管材晶粒尺寸增大。挤压管材晶粒尺寸模拟值与实验值相吻合，最大相对误差为13.8%。

2.4.2 AZ80镁合金管材热挤压成形实验研究

(1) 均匀化处理

铸造态AZ80镁合金挤压坯料尺寸为$\phi58\times\phi20$，即外径D_o=58mm，内径D_i=20mm，高度L=20～60mm。在管材挤压实验时，在挤压坯料与挤压垫之间增加石墨垫，石墨垫的作用是将挤压管材挤出挤压凹模口，同时，石墨也具有润滑作用。挤压管材尺寸分别为$\phi38\times\phi20$、$\phi34\times\phi20$、$\phi30\times\phi20$、$\phi26\times\phi20$、$\phi24\times\phi20$。

铸造态AZ80镁合金均匀化退火后的微观组织如图2.19所示。分析可知，AZ80铸造态坯料经均匀化退火处理后，晶粒有所长大，并且基体中的枝晶数量非常稀少，甚至已经消失，仅在部分晶界之间存在着少量的第二相，细小颗粒β相均匀分布在α相基体中，基体的成分分布更均匀。AZ80铸造态组织在均匀化过程中主要的变化是枝晶偏析消除和非平衡相溶解。铸锭经均匀化退火后，由于发生了晶内偏析消除和非平衡相的溶解及剩余相的聚集、球化等组织变化，内应力减小，使室温条件下的塑性成形性能得到提高。

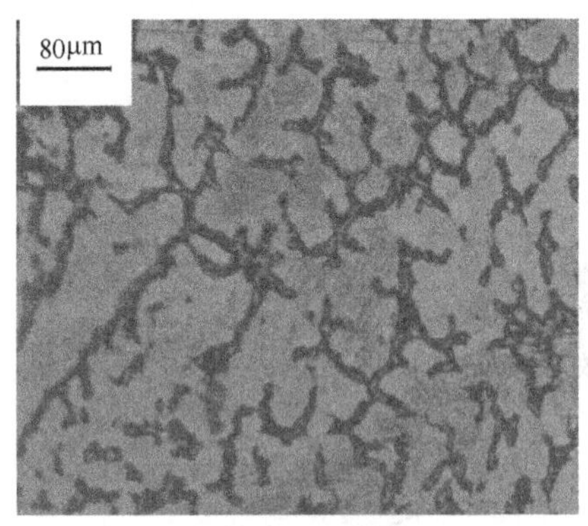

(a) 铸造态横向组织

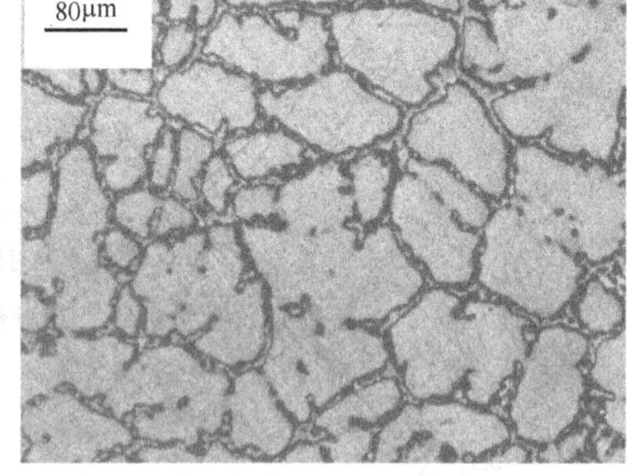

(b) 铸造态纵向组织

图2.19 铸造态AZ80镁合金均匀化退火后横向和纵向的显微组织

(2) 管材挤压工艺参数确定

镁合金管材挤压技术工艺参数包括变形温度、挤压速度、凹模锥半角、挤压比等。AZ80镁合金管材挤压工艺参数见表2.3。变形温度范围为360～390℃（坯料温度），挤压速度为1～2mm/s，凹模锥半角分别为45°、60°和70°，挤压比分别为3.1、4.2、6.4、11.6、18.2。

表2.3 AZ80镁合金管材挤压工艺参数

试件号	挤压比 G	挤压管材尺寸/mm (外径×内径)	凹模锥半角 /(°)	变形温度/℃ (挤压坯料温度/模具温度)	挤压速度 /(mm/s)	润滑剂
AZ80(未均匀化)						
1	4.2	$\phi34\times\phi20$	60	390/360	1	动物油
2	3.1	$\phi38\times\phi20$	60	390/360	1	动物油
3	6.4	$\phi30\times\phi20$	60	390/360	1	动物油
4	6.4	$\phi30\times\phi20$	60	390/360	1	动物油
5	11.6	$\phi26\times\phi20$	70	390/360	1	动物油
6	11.6	$\phi26\times\phi20$	60	390/360	1	动物油
7	18.2	$\phi24\times\phi20$	70	390/360	1	动物油
8	18.2	$\phi24\times\phi20$	60	390/360	1	动物油

续表

试件号	挤压比 G	挤压管材尺寸/mm (外径×内径)	凹模锥半角 /(°)	变形温度/℃ (挤压坯料温度/模具温度)	挤压速度 /(mm/s)	润滑剂
AZ80(未均匀化)						
9	18.2	$\phi24\times\phi20$	45	390/360	1	动物油
10	11.6	$\phi26\times\phi20$	45	390/360	1	动物油
11	6.4	$\phi30\times\phi20$	60	390/320	1	动物油
12	6.4	$\phi30\times\phi20$	60	390/290	1	动物油
13	4.2	$\phi34\times\phi20$	60	390/290	1	动物油
AZ80(均匀化)						
14	18.2	$\phi24\times\phi20$	70	390/360	1	动物油
15	18.2	$\phi24\times\phi20$	60	390/360	1	动物油
16	18.2	$\phi24\times\phi20$	45	390/360	1	动物油
17	11.6	$\phi26\times\phi20$	45	390/360	1	动物油
18	6.4	$\phi30\times\phi20$	60	390/360	1	动物油
19	11.6	$\phi26\times\phi20$	70	390/360	1	动物油
20	11.6	$\phi26\times\phi20$	60	390/360	1	动物油
21	11.6	$\phi26\times\phi20$	45	390/360	1	动物油
22	11.6	$\phi26\times\phi20$	60	380/360	1	动物油
23	11.6	$\phi26\times\phi20$	60	360/360	1	动物油

挤压速度对变形热效应、变形均匀性、再结晶、制品表面质量及力学性能均有重要影响。挤压速度是影响镁合金材料塑性性能的重要因素，低的挤压速度有利于提高材料塑性性能，高的挤压速度会降低材料的塑性性能。挤压变形温度是最重要的工艺参数，在室温下镁合金材料塑性性能差，不易于进行塑性变形。当挤压变形温度过高，挤压坯料表层氧化加剧，成形工件的表面质量下降。因此，在确定挤压变形温度范围时，应保证镁合金材料具有良好的塑性及较低的变形抗力，同时要保证工件获得均匀良好的组织性能。镁合金的挤压变形温度范围为 300～450℃。对于铸造态组织的镁合金，其管材挤压变形温度应该高于锻造态的镁合金材料，因此，AZ80 镁合金管材挤压变形温度范围取 360～390℃。在镁合金管材挤压时，为了保证挤压变形温度的稳定性，必须将挤压模具部件预热到一定温度范围。在镁合金管材挤压成形时，挤压筒、挤压垫、挤压凹模的预热温度为 260～360℃。

2.4.3 AZ80 镁合金挤压管材组织性能

(1) 挤压比对微观组织的影响

在挤压比分别为 4.2、6.4 时，挤压管材横向和纵向的微观组织如图 2.20 所示。分析可

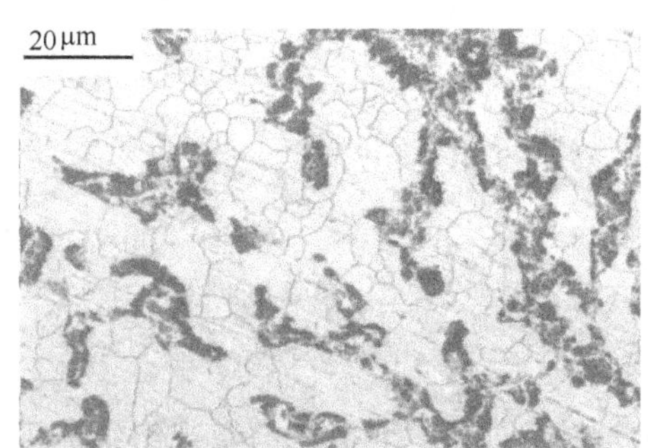

(a) 挤压比为4.2时横向组织

(b) 挤压比为4.2时纵向组织

图 2.20

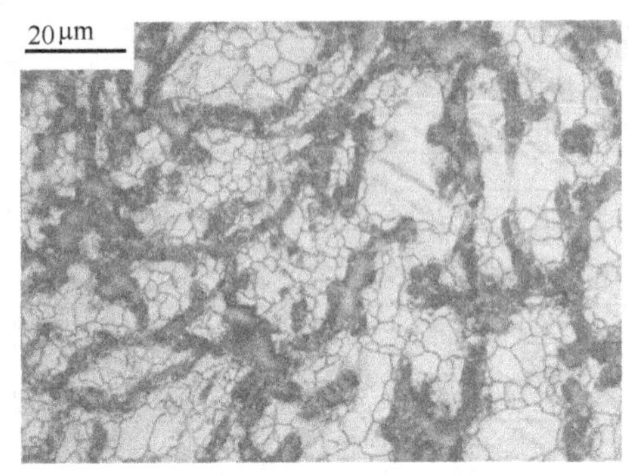

(c) 挤压比为6.4时横向组织

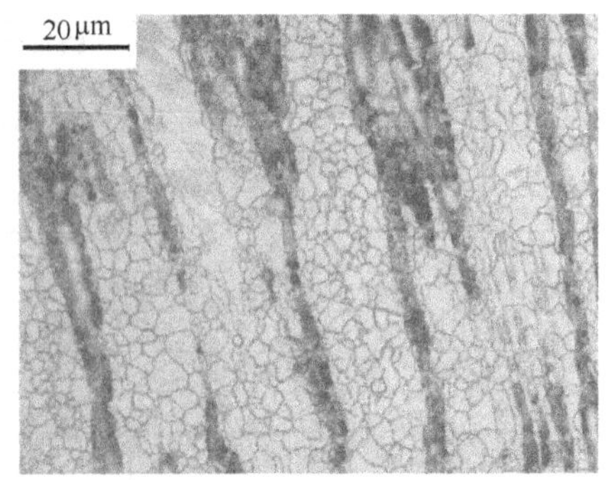

(d) 挤压比为6.4时纵向组织

图 2.20 AZ80 镁合金挤压管材横向和纵向的微观组织

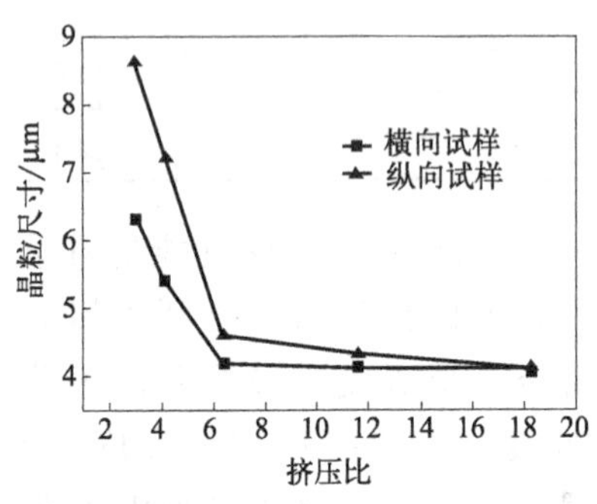

图 2.21 AZ80 镁合金挤压管材挤压比与晶粒尺寸关系曲线

知，当挤压比为 4.2 时，管材横向和纵向的大部分晶粒较粗大，有部分细小的晶粒，小晶粒呈等轴状，且晶粒沿挤压方向被少许拉长。当挤压比为 6.4 时，管材金相组织中细小等轴状晶粒的数量明显增多，晶粒得到明显细化。由铸造态挤压成管材，晶粒被压扁、压碎、拉长并发生动态再结晶，晶粒得到细化。经过挤压后的 AZ80 镁合金，柱状晶和粗大枝晶破碎，通过动态再结晶使晶粒均匀化和细化。

AZ80 镁合金挤压管材挤压比与晶粒尺寸的关系曲线如图 2.21 所示。分析可知，挤压比为 3.1、4.2、6.4、11.6、18.2 时，晶粒尺寸分别为 6.31μm、5.40μm、4.18μm、4.11μm、4.04μm。说明随着挤压比的增加，晶粒尺寸逐渐减小，且挤压比对纵向晶粒大小的影响程度更大。可以得出，随着挤压比的增加，晶粒明显得到细化。在挤压变形中，通过改变挤压比的大小，易得到更加细小的晶粒，可以有效地消除合金中粗大的晶粒及偏析。图 2.22 所示为 AZ80 镁合金管材的微观组织。

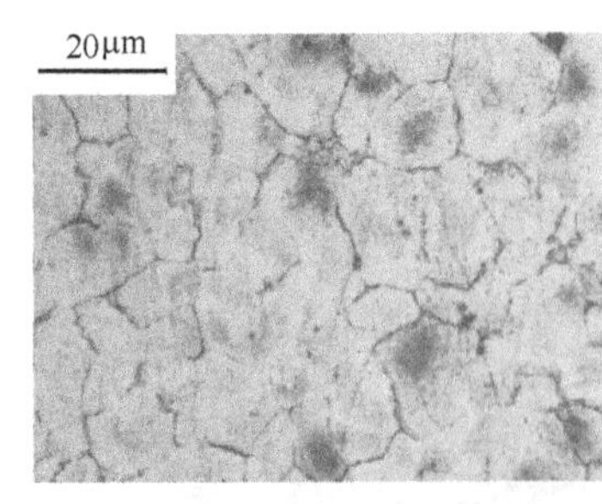

(a) $\phi24\times2$，凹模锥半角45°

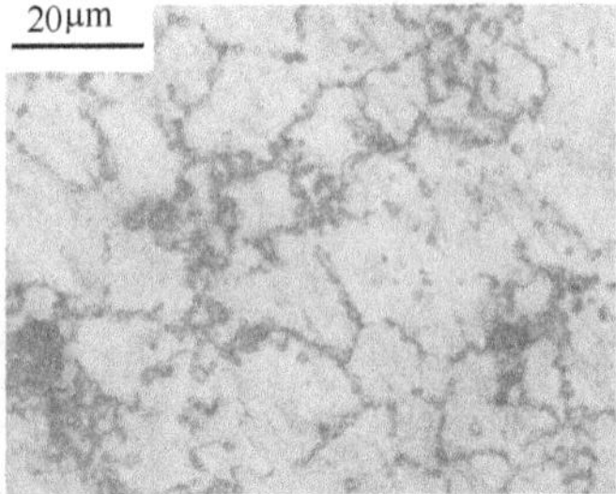

(b) $\phi26\times3$，凹模锥半角45°

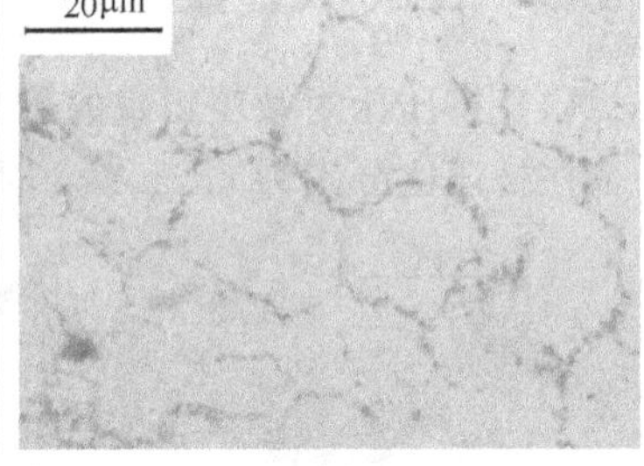

(c) $\phi26\times3$，凹模锥半角60°

图 2.22 AZ80 镁合金管材的微观组织（变形温度 390℃、模具温度 360℃）

(2) 变形温度对微观组织的影响

图 2.23 所示为经过均匀化之后的挤压坯料在不同温度下挤压的微观组织。可以看出，挤压坯料中的晶粒在挤压力的作用下破碎并形成晶界，呈现为动态再结晶组织，晶粒得到明显细化，动态再结晶晶粒为等轴晶。原先分布在晶界上的二次相经挤压后大部分弥散分布于

晶粒内部，且很细小。在变形温度 360℃、380℃ 时可以明显看到出现了少量的、黑色的第二相组织，显微组织分布不均匀。在变形温度 390℃时，挤压变形后，挤压管材沿晶界没有明显的第二相析出。从变形温度 360℃到 390℃，由于动态再结晶的原始晶粒增大，动态再结晶晶粒尺寸开始变得粗大。由于镁合金具有较低的堆垛层错能，易于形核，再结晶主要取决于迁移和扩散速率。经过大变形形成的平行纤维组织，在挤压应力和挤压热的作用下，首先沿晶界形成亚晶结构，进而通过亚晶合并机制形成较大尺寸的大角度亚晶；随后，通过晶界迁移、亚晶进一步合并和转动，发生动态再结晶，最终形成细小的大角度晶界。

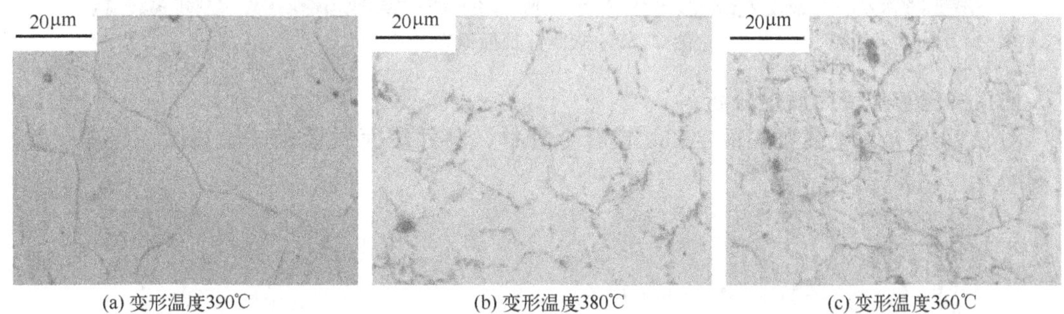

(a) 变形温度390℃　　(b) 变形温度380℃　　(c) 变形温度360℃

图 2.23　挤压坯料均匀化温度对微观组织的影响（均匀化处理）

(3) 挤压坯料均匀化对微观组织的影响

镁合金材料经过均匀化退火后，组织性能得到明显改善，如图 2.24 所示。结果表明，未经均匀化退火的挤压坯料在挤压变形后得到的管材组织比较细小，组织不均匀，可以明显看出第二相在沿挤压方向形成加工流线。而经过均匀化处理的挤压坯料再进行热挤压变形，管材组织较粗大，晶粒度比较均匀。因此可以得出，由于在长时间的均匀化过程中晶粒长大，而原始晶粒度又会影响再结晶的晶粒大小，因此经过挤压变形后挤压坯料直接挤压得到的晶粒比铸造态的大。

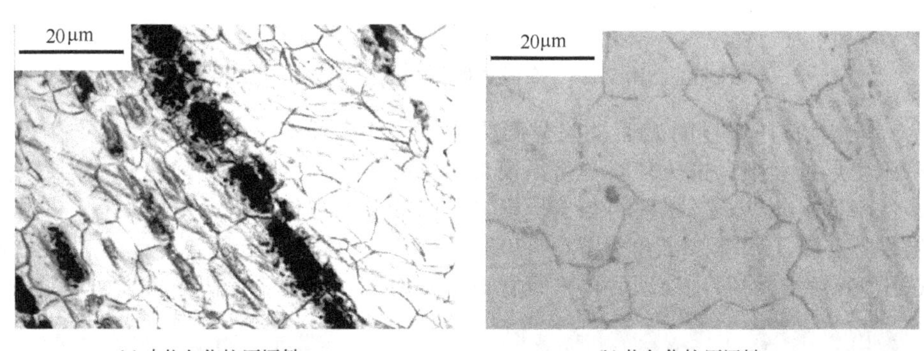

(a) 未均匀化挤压坯料　　(b) 均匀化挤压坯料

图 2.24　镁合金挤压变形后的微观组织

(4) 断口形貌分析

图 2.25 所示为挤压镁合金管材拉伸试样在拉伸变形后的断口扫描照片，均为 500 倍镜头所拍。可以看到，断口由大量韧窝连接而成。每个韧窝的底部往往存在着第二相质点。第二相质点的尺寸远小于韧窝的尺寸。宏观上看，AZ80 镁合金拉伸方向没有明显的缩颈现象，因此呈一定的脆性断裂特征。

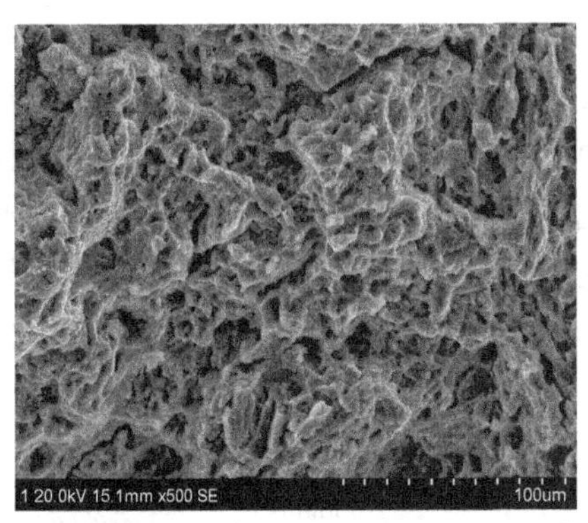

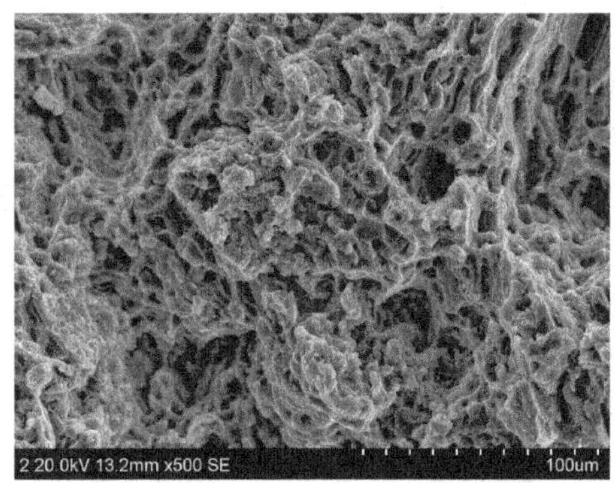

图 2.25　拉伸件扫描断口形貌

(5) 挤压管件表面质量分析

图 2.26 所示为挤压加工的 AZ80 镁合金管材，制件表面质量好，无裂纹、起皮、气泡等缺陷。

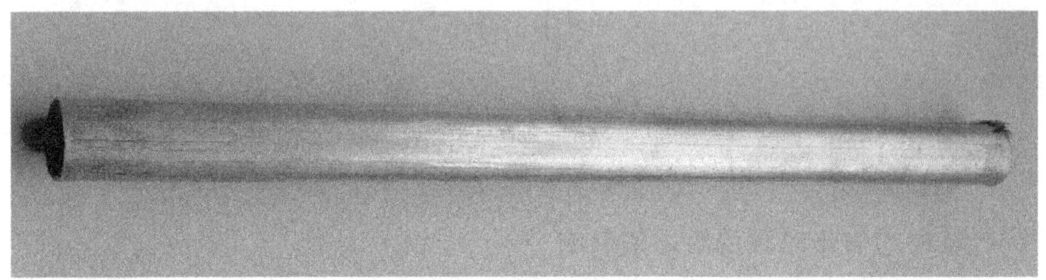

(a) 清洗前

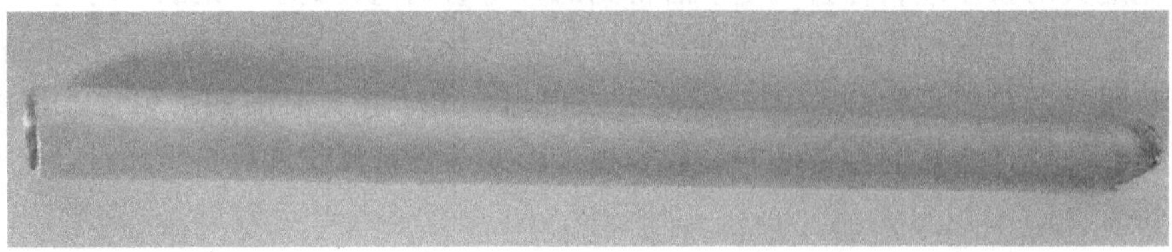

(b) 清洗后

图 2.26　表面质量较好的挤压管材

AZ80 镁合金挤压管材的表面缺陷主要为鳞状裂纹，如图 2.27 所示，其产生的主要原因是在挤压变形过程中，挤压坯料与挤压模具相接触部位温度出现下降趋势，导致该部分挤压坯料塑性降低。此外，挤压坯料与挤压模具之间的摩擦力作用也是原因之一。根据管材挤压实验结果，在挤压凹模锥半角为 60°～70°时，挤压管材表面质量要好于 45°凹模锥半角。此外，挤压坯料经过均匀化处理后再进行管材挤压成形，有利于提高管材表面质量。

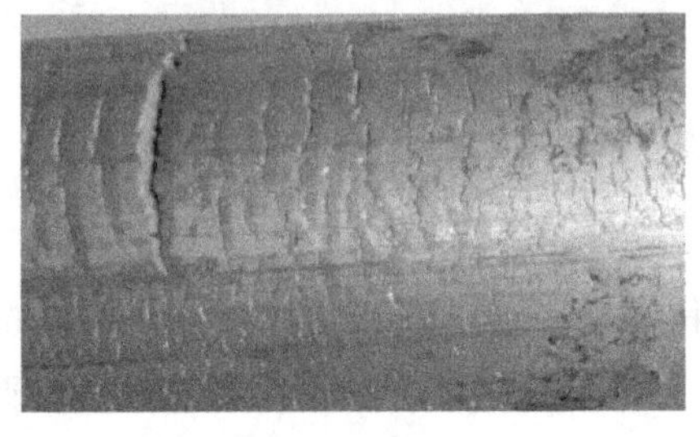

(a) $\phi24\times2$，凹模锥半角45°

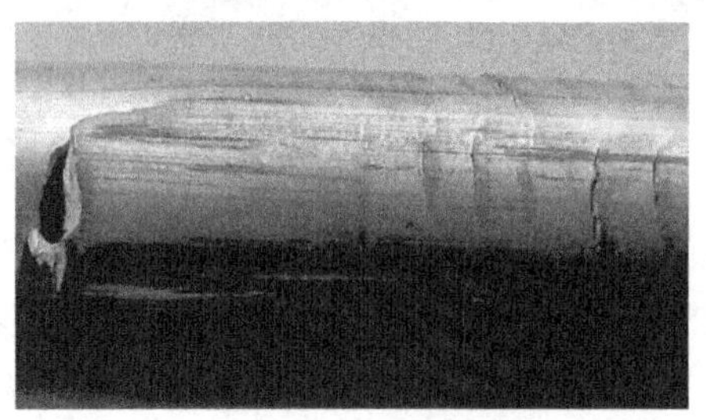

(b) $\phi26\times3$，凹模锥半角45°

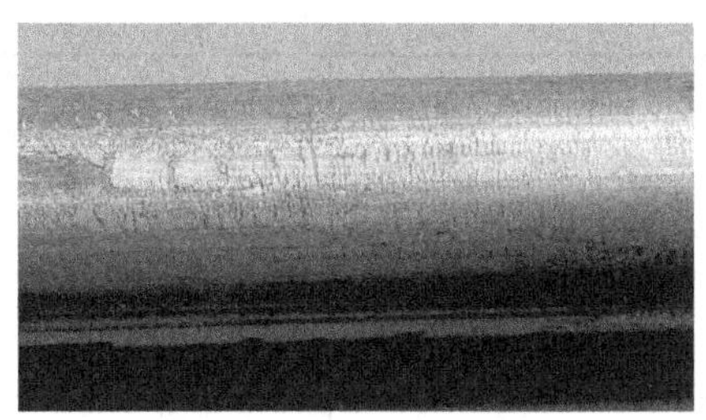
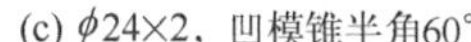
(c) ϕ24×2，凹模锥半角60°

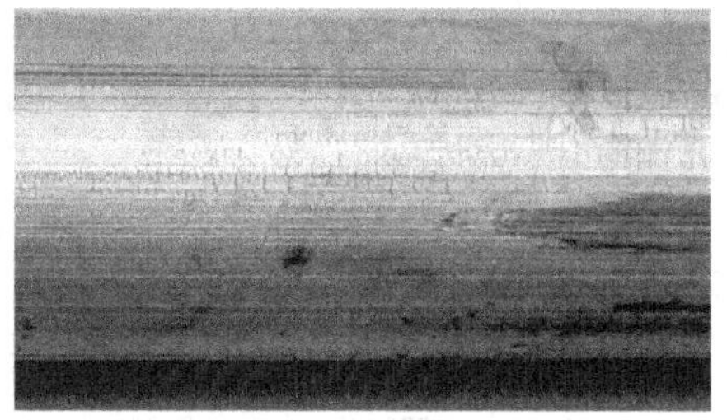
(d) ϕ26×3，凹模锥半角60°

图 2.27　AZ80 镁合金挤压管材的表面缺陷

2.4.4　AZ80 镁合金挤压管材力学性能

(1) 试样应力-应变曲线

挤压变形过程可以有效改善 AZ80 镁合金管材的组织性能，同时可以提高镁合金管材的力学性能。对挤压镁合金管材进行了拉伸实验，获得了力学性能变化规律。对 AZ80 镁合金管材试样在室温下进行拉伸实验，拉伸速度为 1.5mm/s，挤压管材力学性能实验结果见表 2.4。AZ80 镁合金管材试样的室温拉伸应力-应变曲线如图 2.28 所示，挤压前坯料的抗拉强度为 250MPa，屈服强度为 140MPa，伸长率为 10%；挤压后管材的抗拉强度为 305MPa，屈服强度为 155MPa，伸长率为 20.8%。

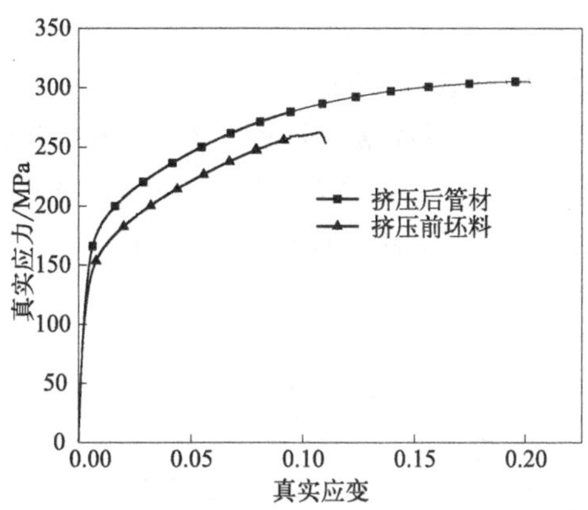

图 2.28　挤压后 AZ80 镁合金管材室温力学性能（ϕ26×3, 变形温度 390℃）

表 2.4　AZ80 镁合金挤压管材的力学性能

试件号	挤压比	凹模锥半角/(°)	变形温度/℃(坯料温度/模具温度)	挤压力峰值/MPa	表面质量	抗拉强度/MPa	屈服强度/MPa	伸长率/%	平均晶粒尺寸/μm	
									横向	纵向
AZ80(未均匀化)										
1	4.2	60	390/360	15.01	较好	255	150	6.4	5.4	7.16
2	3.1	60	390/360	13.44	较好	251	140	5.6	6.31	8.59
3	6.4	60	390/360	25.84	较好	267	—	—	—	—
4	6.4	60	390/360	18.01	较好	256	157	6.9	4.18	4.6
5	11.6	70	390/360	21.38	较好	265	—	—	—	—
6	11.6	60	390/360	19.16	较好	260	178	11.7	4.11	4.31
7	18.2	70	390/360	25.23	好	—	—	—	—	—
8	18.2	60	390/360	22.27	好	265	180	14	4.04	4.09

续表

试件号	挤压比	凹模锥半角/(°)	变形温度/℃(坯料温度×模具温度)	挤压力峰值/MPa	表面质量	抗拉强度/MPa	屈服强度/MPa	伸长率/%	平均晶粒尺寸/μm	
									横向	纵向
AZ80(未均匀化)										
9	18.2	45	390/360	14.5	裂纹	—	—	—	—	—
10	11.6	45	390/360	16.58	裂纹	—	—	—	—	—
11	6.4	60	390/320	17.06	较好	—	—	—	—	—
12	6.4	60	390/290	17.58	较好	—	—	—	—	—
13	4.2	60	390/290	14.54	较好		—	—	—	—
AZ80(均匀化)										
14	18.2	70	390/360	25.87	好	—	—	—	—	—
15	18.2	60	390/360	23.27	好	—	—	—	—	—
16	18.2	45	390/360	23.07	裂纹	—	—	—	—	—
17	11.6	45	390/360	19.33	较好	—	—	—	—	—
18	6.4	60	390/360	16.57	较好	—	—	—	—	—
19	11.6	70	390/360	22.77	较好	262	—	—	—	—
20	11.6	60	390/360	20.05	较好	305	155	20.8	—	—
21	11.6	45	390/360	21.33	较好	220	—	—	—	—
22	11.6	60	380/360	20.35	较好	272	145	18.6	—	—
23	11.6	60	360/360	21.23	裂纹	270	137	12.6	—	—

(2) 挤压比对挤压管材力学性能的影响

根据拉伸实验获得应力-应变曲线数据，分析可知，AZ80 镁合金管材试样的抗拉强度、屈服强度、伸长率有所提高。图 2.29 所示为不同挤压比时 AZ80 镁合金管材的力学性能。分析可知，经过挤压变形后，AZ80 镁合金管材的抗拉强度提高至 265MPa，伸长率提高至 14%，屈服强度提高至 180MPa。

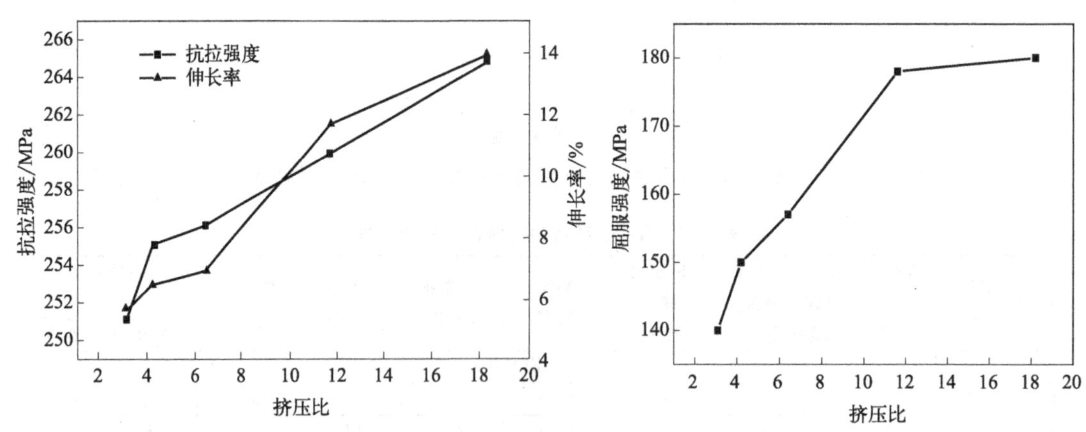

图 2.29 挤压比与 AZ80 镁合金力学性能的关系曲线

(3) 挤压变形温度对管材力学性能的影响

不同挤压变形温度时的 AZ80 镁合金管材力学性能如图 2.30 所示。分析可知，随着挤压变形温度的升高，管材抗拉强度、屈服强度、伸长率都得到明显提高。

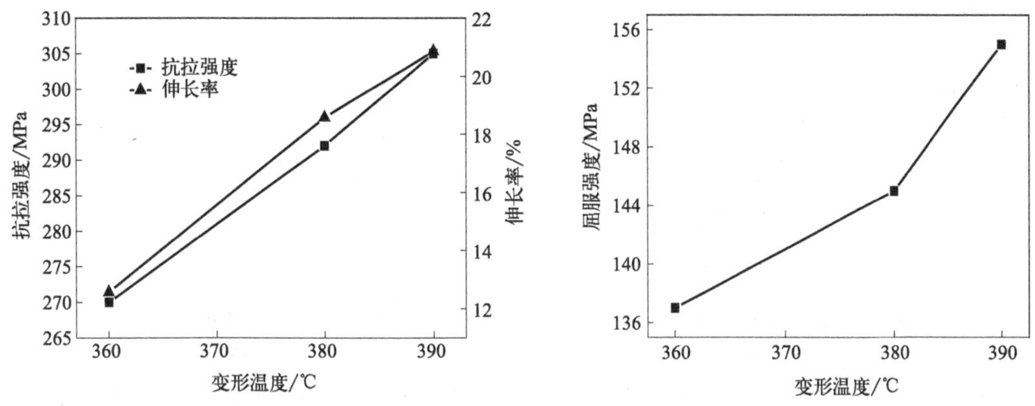

图 2.30　变形温度与 AZ80 镁合金力学性能的关系曲线

2.4.5　AZ80 镁合金管材挤压力变化规律

(1) 挤压比对挤压力的影响

当挤压比分别为 3.1、4.2、6.4、11.6、18.2 时，AZ80 镁合金管材挤压力-挤压比关系曲线如图 2.31 所示。分析可知，挤压力随着挤压比的增大而增加，对于经过均匀化处理的挤压坯料，管材挤压力要小一些。

(2) 凹模锥半角对挤压力的影响

图 2.32 所示为不同凹模锥半角与挤压力的关系曲线。分析可知，随着凹模锥半角增大，所需挤压力也增大。挤压坯料经过均匀化处理后的挤压力要小于未均匀化处理的挤压力。

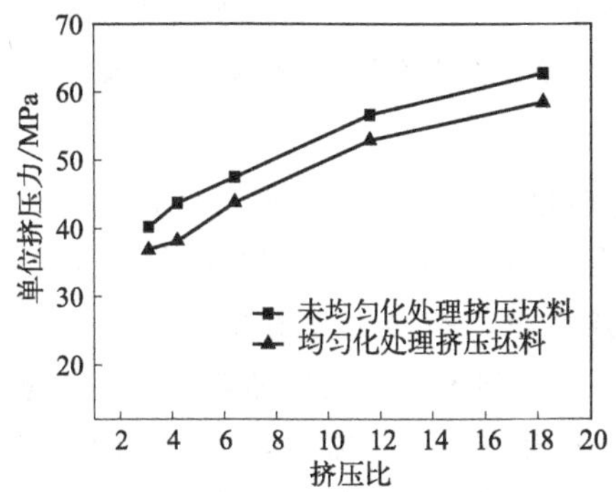

图 2.31　挤压力与挤压比的关系曲线

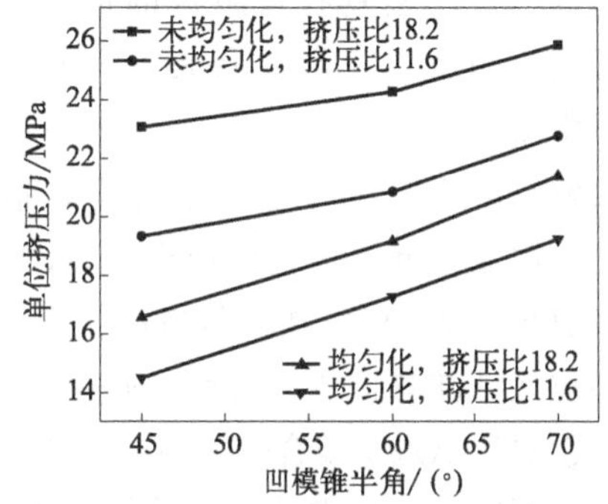

图 2.32　挤压力与凹模锥半角的关系曲线

(3) 变形温度对挤压力的影响

变形温度对挤压力的影响规律如图 2.33 所示，可以看出，随着变形温度的升高，挤压力逐渐变小。这是因为随着变形温度的升高，其原子间的作用力减弱，变形抗力峰值减小，软化作用将变得明显，挤压力随之减小。

(4) 模具预热温度对挤压力的影响

图 2.34 所示为模具预热温度与挤压力的关系曲线，从图中可以看出，随着模具预热温度的升高，挤压力逐渐变小。模具预热温度升高可以减少变形温度的散失，有利于材料塑性流动，挤压力减小。

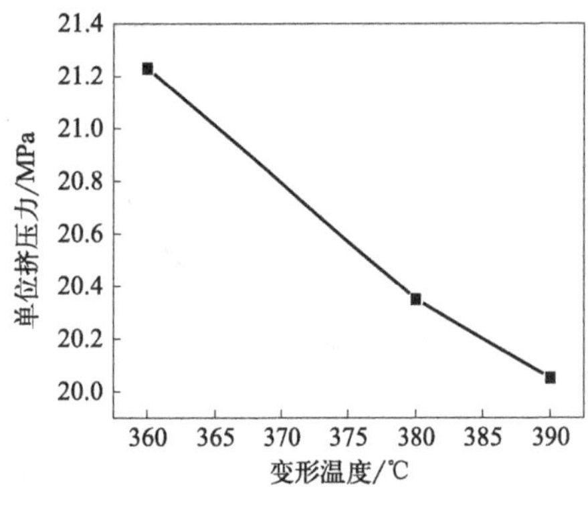

图 2.33 挤压力与变形温度的关系曲线

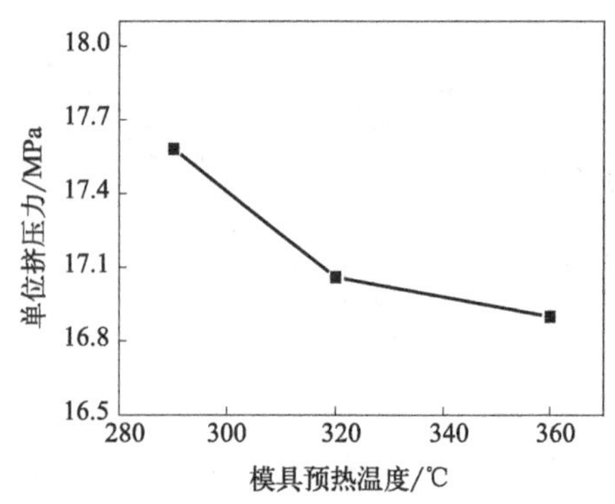

图 2.34 挤压力与模具预热温度的关系曲线

(5) 管材挤压变形的金属流动规律

镁合金管材挤压变形过程中的网格变化规律如图 2.35 所示，结果表明，由于外部摩擦、工件形状、变形程度等相关因素的影响，挤压坯料的边缘接近凹模孔口时才发生变形，挤压坯料的内侧首先开始变形，横格线向挤压方向弯曲，接近模具孔口的弯曲程度最大，而与模具型腔表面的接触部分，却倾向于停留不动，其表现是位于表层的横格线间隔基本不变。由于锥面的推挤作用，纵向方格线向中心靠拢，发生不同程度的扭曲。位于模具孔口附近的扭曲最为显著，可见，变形主要集中在模具孔口附近。

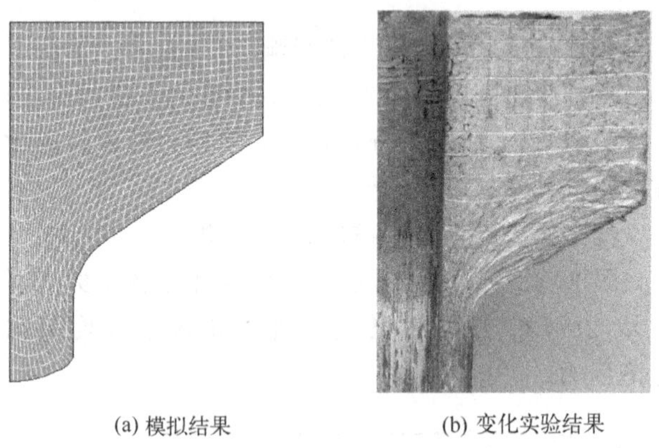

(a) 模拟结果　(b) 变化实验结果

图 2.35 镁合金管材挤压过程网格变化规律

研究结果表明：①AZ80 镁合金铸造态坯料经过热挤压变形后，晶粒尺寸得到细化，抗拉强度、屈服强度、伸长率得到提高，抗拉强度最大提高了 64%、屈服强度提高了 143%、伸长率提高了 250%。在其他挤压工艺条件相同的条件下，挤压力随着挤压比的增大而增加，晶粒尺寸随着挤压比的增大而减小，抗拉强度、屈服强度、伸长率随着挤压比的增大而提高。②对于 AZ80 镁合金管材挤压工艺，当变形温度为 360～390℃时，挤压力随着变形温度的升高而减小，速率较大，晶粒尺寸细小且分布均匀。③当凹模锥半角为 45°～60°、变形温度为 390℃、模具预热温度为 360℃、挤压比为 18.2 时，获得表面质量较好的 AZ80 镁合金管材，表面无裂纹、划伤、起皮等缺陷。

2.5 ZK60 镁合金管材热挤压成形

2.5.1 Yada 模型系数确定

镁合金在热塑性加工过程中发生的动态再结晶是引起镁合金热加工过程中晶粒尺寸变化的主要原因，因此，建立准确的动态再结晶微观组织演变模型对于研究镁合金管材挤压变形过程中微观组织演变规律具有重要意义。采用 Yada 模型来建立 ZK60 镁合金热变形过程中微观组织演变模型。Yada 模型的形式见式（2.12）[34]。

$$\begin{cases} d_{\text{dyn}}=d_0(\bar{\varepsilon}<\varepsilon_c) \\ d_{\text{dyn}}=C_1\times\dot{\varepsilon}^{-C_2}\times\exp\left(\dfrac{-C_3Q}{RT}\right)(\bar{\varepsilon}\geqslant\varepsilon_c) \\ \varepsilon_c=C_4\times\exp\left(\dfrac{C_5}{T}\right) \end{cases} \tag{2.12}$$

式中，d_{dyn} 为动态再结晶晶粒尺寸，μm；d_0 为原始晶粒尺寸，μm；$\bar{\varepsilon}$ 为等效应变；ε_c 为发生动态再结晶的临界应变；$\dot{\varepsilon}$ 为应变速率；Q 为再结合能，J/mol；T 为绝对温度，K；R 为气体常数，$R=8.314\text{J}/(\text{mol}\cdot\text{K})$。

该模型中 $\varepsilon_c=0.8\varepsilon_p$，$\varepsilon_p$ 是峰值应力相对应的应变值。C_1、C_2、C_3、C_4 和 C_5 为待定系数，取决于材料性能。

ZK60 镁合金压缩实验时的真实应力-应变曲线如图 2.36 所示，压缩实验试样的微观组织如图 2.37 所示。ZK60 镁合金初始微观组织，$d_0=20\mu\text{m}$，如图 2.37（a）所示。变形温度为 300℃时，$\varepsilon_p=0.15$，应变速率为 0.01/s，$T=573\text{K}$，$d_{\text{dyn}}=6.41\mu\text{m}$，如图 2.37（b）所示。变形温度为 350℃时，$\varepsilon_p=0.10$，应变速率为 0.01/s，$T=623\text{K}$，$d_{\text{dyn}}=8.78\mu\text{m}$，如图 2.37（c）所示。变形温度为 370℃时，$\varepsilon_p=0.06$，应变速率为 0.005/s，$T=643\text{K}$，$d_{\text{dyn}}=12.56\mu\text{m}$，如图 2.37（d）所示。变形温度为 370℃时，$\varepsilon_p=0.08$，应变速率为 0.01/s，$T=643\text{K}$，$d_{\text{dyn}}=8.89\mu\text{m}$，如图 2.37（e）所示。

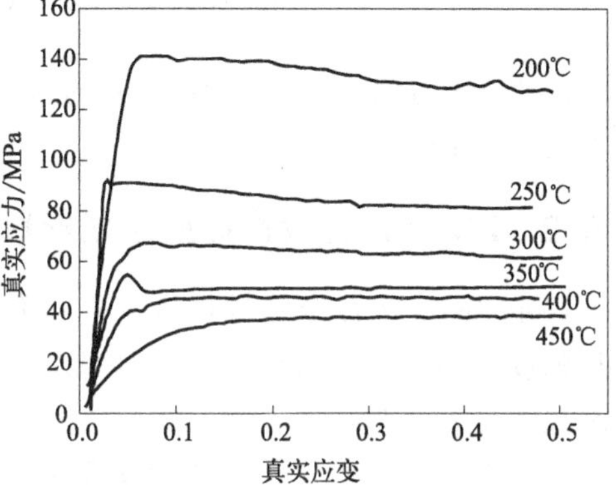

图 2.36 ZK60 镁合金压缩实验时的应力-应变曲线

(a) 原始组织

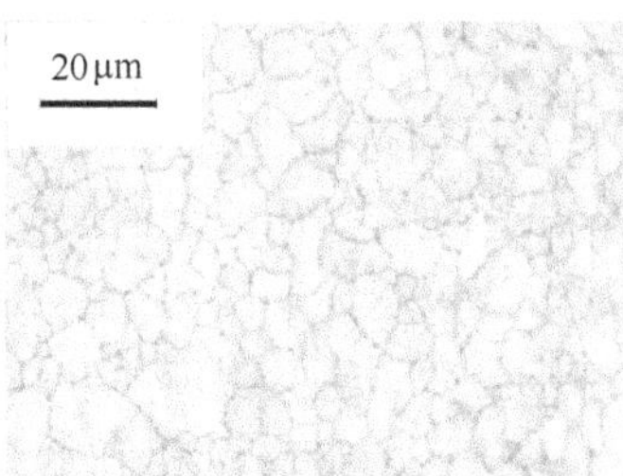

(b) T=573K，$\dot{\varepsilon}$=0.01/s

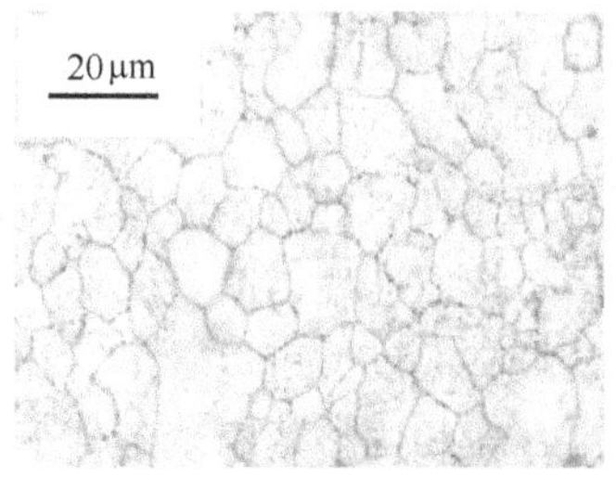

(c) T=623K，$\dot{\varepsilon}$=0.01/s

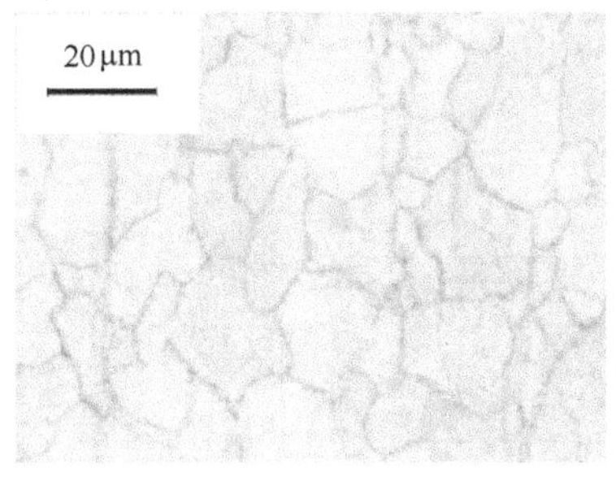

(d) T=643K，$\dot{\varepsilon}$=0.005/s

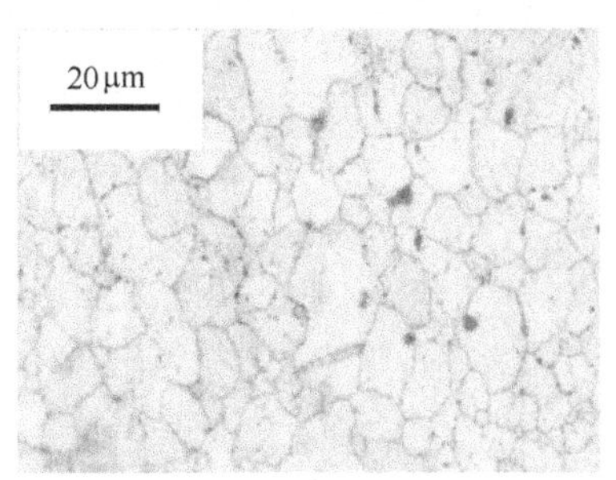

(e) T=643K，$\dot{\varepsilon}$=0.01/s

图 2.37 ZK60 镁合金压缩变形后的微观组织

根据图 2.37 所示的微观组织的晶粒尺寸，可以确定式（2.12）中的待定系数 C_1、C_2、C_3、C_4 和 C_5 的值，即 $C_1=10170$，$C_2=0.11$，$C_3=0.24$，$C_4=0.000178$，$C_5=3504$。于是，可以确定基于 Yada 模型的 ZK60 镁合金热变形微观组织演变模型，见式（2.13）。

$$\begin{cases} d_{\text{dyn}}=d_0(\bar{\varepsilon}<\varepsilon_c) \\ d_{\text{dyn}}=10170\times\dot{\varepsilon}^{-0.11}\times\exp\left(\dfrac{-0.24Q}{RT}\right)(\bar{\varepsilon}\geqslant\varepsilon_c) \\ \varepsilon_c=0.000178\times\exp\left(\dfrac{3504}{T}\right) \end{cases} \tag{2.13}$$

ZK60 镁合金流动应力计算模型采用基于 Sellars 和 Tegart 提出的双曲正弦方程[35] 而确定的基于管材挤压实验的材料本构关系模型：

$$\dot{\varepsilon}=4.729\times10^{14}[\sinh(0.00278\sigma)]^{9.45}\exp\left(-\frac{169388}{RT}\right) \tag{2.14}$$

式中，σ 为流变应力，MPa；$\dot{\varepsilon}$ 为应变速率，1/s；T 为变形温度，K；R 为气体常数，8.314J/(mol·K)。

2.5.2 ZK60镁合金管材挤压成形数值模拟

确定 ZK60 镁合金管材挤压工艺参数，挤压速度分别为 1mm/s、1.5mm/s、2mm/s，挤压温度分别为 270～390℃，模具温度为 270℃，挤压比分别为 5.62、9.24、12.79。挤压管材尺寸见表 2.5。

表 2.5 不同挤压比的挤压坯料和管材

挤压坯料尺寸/mm	管材尺寸/mm	壁厚/mm	挤压比
ϕ40.5×ϕ12.5×25	ϕ20.5×ϕ12.5	4	5.62
ϕ40.5×ϕ16.5×25	ϕ20.5×ϕ16.5	2	9.24
ϕ40.5×ϕ12.5×25	ϕ16.5×ϕ12.5	2	12.79

(1) 温度场分析

图 2.38 所示为挤压温度 390℃、不同挤压速度条件下的温度场。图 2.39（a）所示为不同挤压速度时的最高温度，可以看出，随着挤压速度的增大，挤压坯料的温度明显升高。其原因是挤压速度越高，变形引起的热效应越大。图 2.39（b）所示为不同挤压温度条件下的材料最高温度。可以看出，随着挤压温度和模具温度的升高，挤压过程中的最高温度值也在升高。在相同挤压温度条件下，等温挤压的最高温度值比差温挤压时提高约 10%。随着挤压比的增大，挤压坯料和模具的温度有升高的趋势，如图 2.39（c）所示。挤压比增大，挤压变形程度增大，塑性变形内摩擦热效应加强，因此引起挤压坯料和模具的温度升高。随着

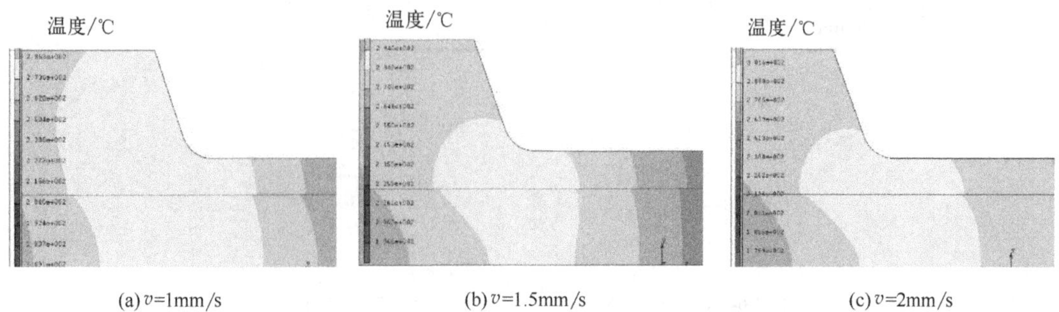

(a) v=1mm/s　(b) v=1.5mm/s　(c) v=2mm/s

图 2.38 不同挤压速度时温度场分布

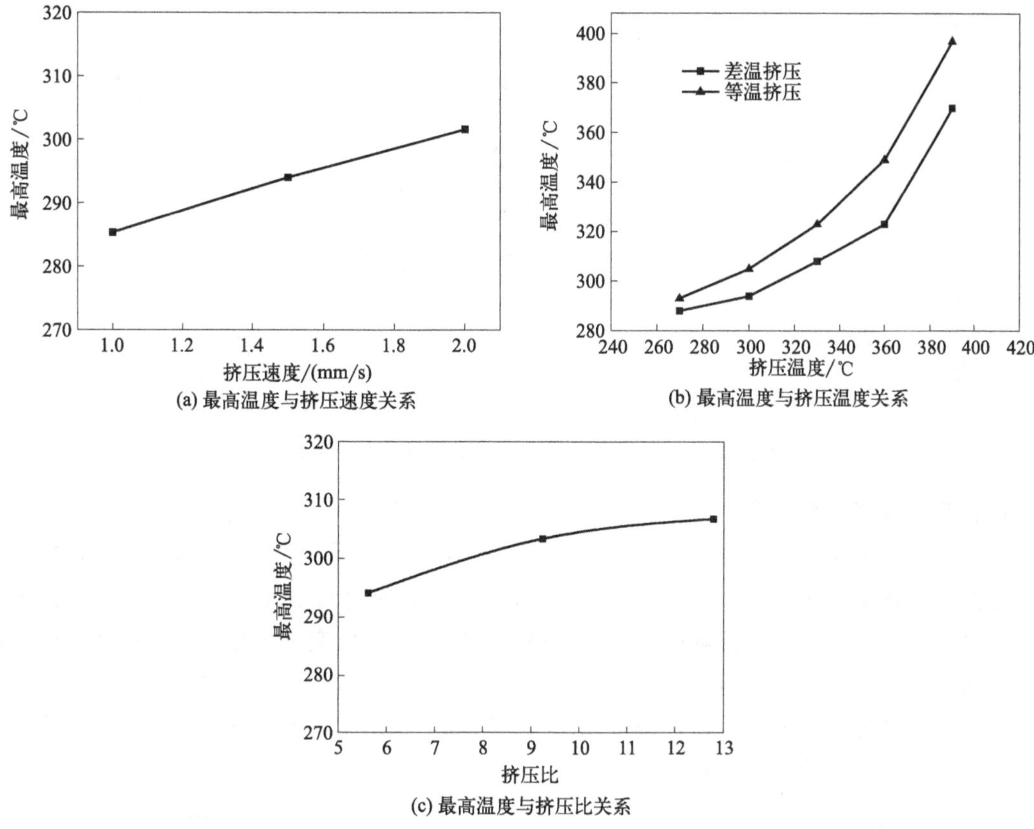

图 2.39　挤压管材最高温度与工艺参数关系曲线

挤压速度、挤压温度和挤压比的增大，挤压坯料和模具都产生温度升高的现象。

(2) 速度场分析

图 2.40 所示为在不同挤压速度时的挤压管材变形区速度场分布，图 2.40（d）所示为不同挤压速度时的变形区材料最大流动速度变化曲线。可以看出，死区（速度最小的区域）的面积随着挤压速度的增大而增大。

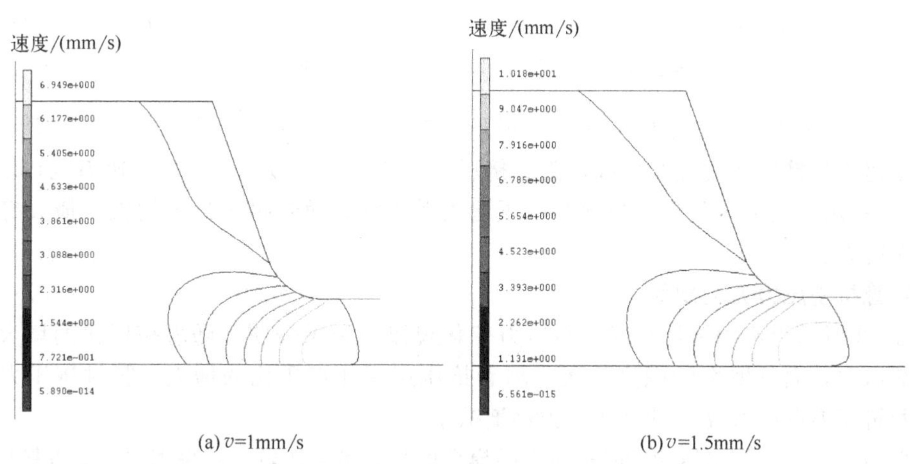

图 2.40

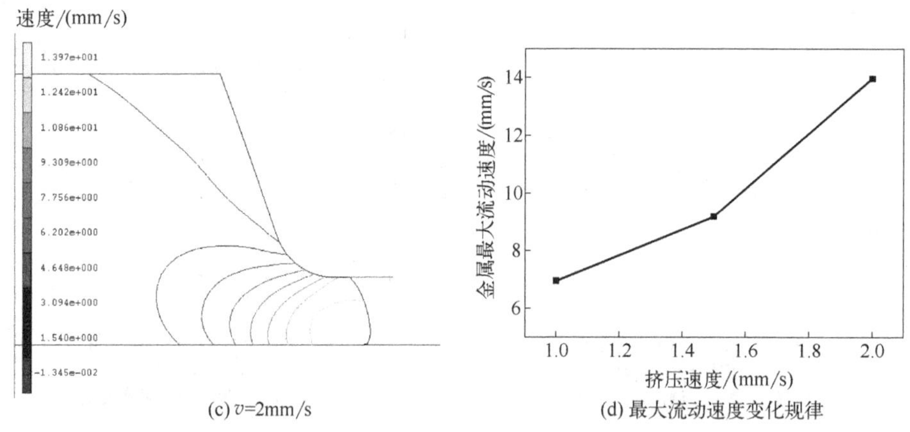

(c) v=2mm/s　　(d) 最大流动速度变化规律

图 2.40　不同挤压速度时的速度场及最大流动速度

(3) 等效应变速率分布

当挤压速度为 1.5mm/s、$T_{坯}$=300℃、$T_{模}$=270℃、挤压比为 5.62 时，管材挤压过程中的等效应变速率分布如图 2.41 所示。可以看出，在成形初始阶段，等效应变速率最大值出现在挤压坯料与凹模圆角接触处。在成形稳定阶段，等效应变速率最大值出现在凹模口和挤压杆对应的区域。靠近挤压凸模的挤压坯料和成形后的管材的应变速率基本不变。在成形结束阶段，等效应变速率最大值仍集中在凹模口附近。在挤压成形过程中，等效应变速率与挤压速度和挤压比有关，与成形温度无关。

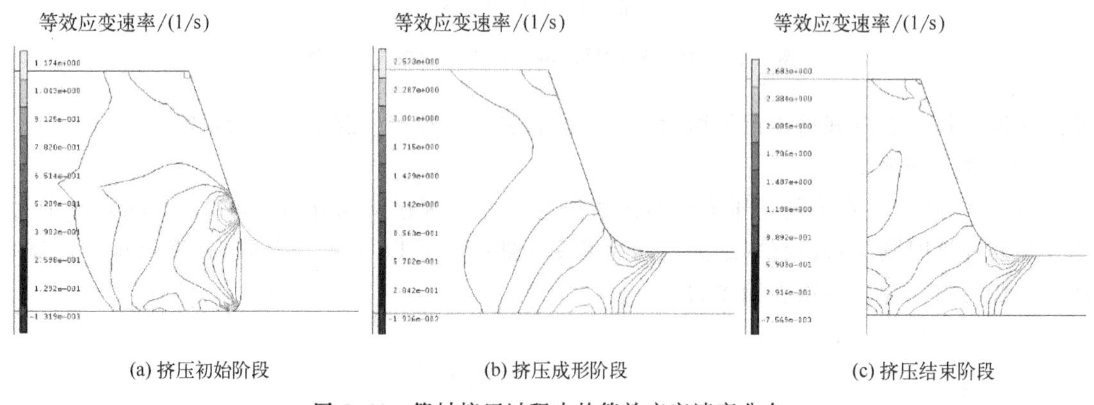

(a) 挤压初始阶段　　(b) 挤压成形阶段　　(c) 挤压结束阶段

图 2.41　管材挤压过程中的等效应变速率分布

图 2.42 所示为最大等效应变速率与成形工艺参数变化曲线。图 2.42（a）所示为最大等效应变速率与挤压速度关系曲线，随着挤压速度的增大，最大等效应变速率也在增大。图 2.42（b）所示为最大等效应变速率与挤压比关系曲线，随着挤压比的增大，最大等效应变速率也在增大。

(4) 管材挤压力变化规律

图 2.43 所示为不同挤压比时的挤压力变化规律。结果表明，随着挤压比的增大，挤压力也逐渐增大，而且增大的幅度较大。随着挤压速度和挤压比的增大，管材挤压力逐渐增大。随着挤压温度的升高，管材挤压力逐渐减小。

图 2.44 所示为不同挤压速度时挤压力的模拟值与实验值比较。结果表明，随着挤压速度增大，管材挤压力逐渐增大。管材挤压力模拟值与实验值相吻合，最大相对误差为 12.6%。

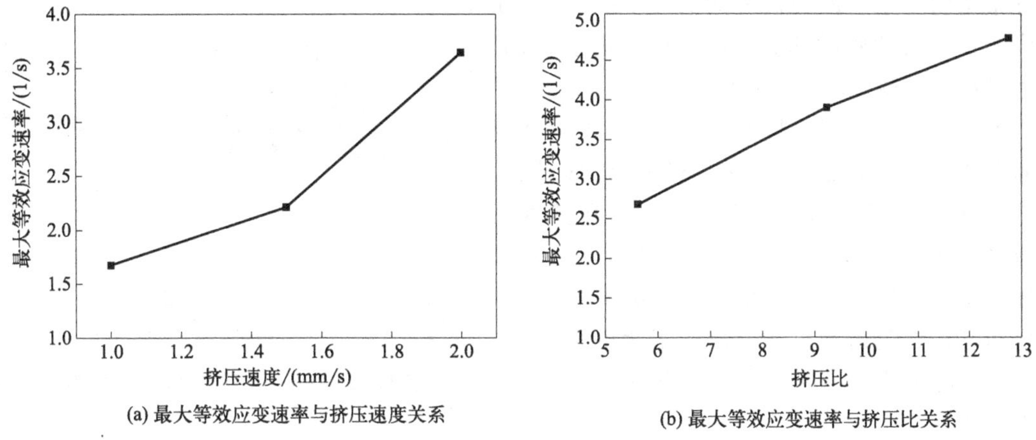

图 2.42　最大等效应变速率与成形工艺参数变化曲线

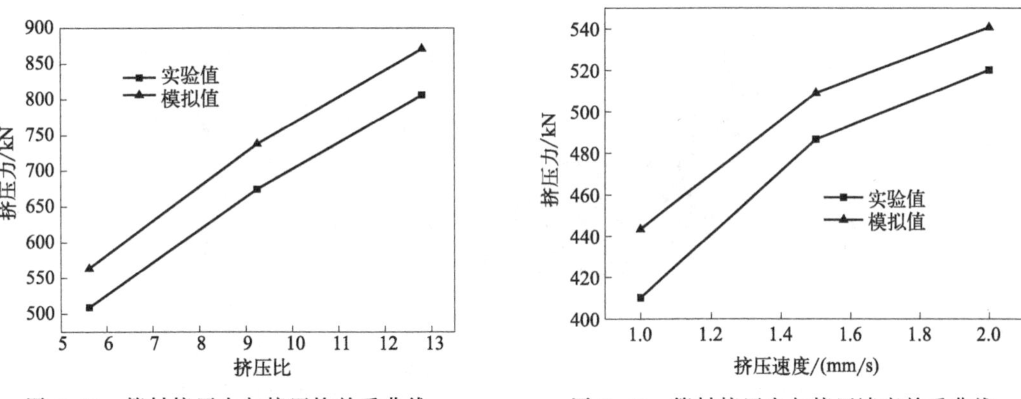

图 2.43　管材挤压力与挤压比关系曲线

图 2.44　管材挤压力与挤压速度关系曲线

图 2.45 所示为不同挤压温度条件下的管材挤压力变化规律。可以看出，随着挤压温度升高，管材挤压力逐渐降低。在挤压温度相同的情况下，等温挤压时的挤压力比差温挤压时的挤压力小约 10%。

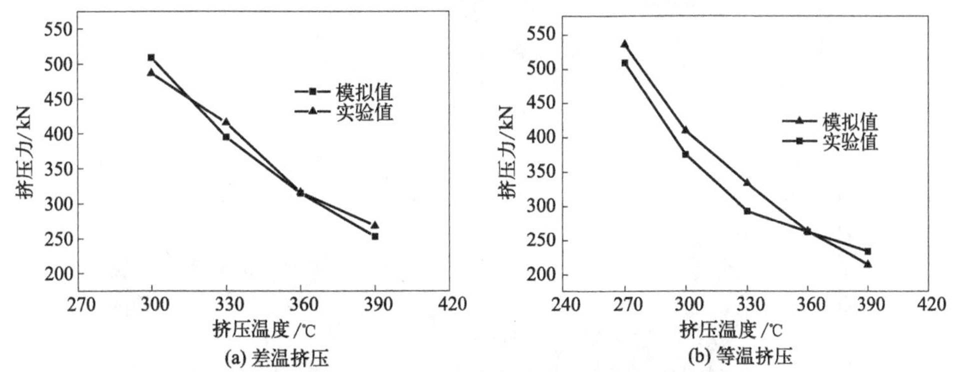

图 2.45　管材挤压力与挤压温度关系

(5) 挤压管材晶粒尺寸变化规律

图 2.46 所示为管材挤压过程中的晶粒尺寸分布。在挤压成形时，在凹模圆角与挤压坯料接触处的材料变形程度最大，平均晶粒尺寸为 0.88μm。在凹模定径带区域的材料晶粒尺

寸分布均匀，平均晶粒尺寸约为 1.56μm。在挤压成形结束后的管材部分，由于管材温度很高，发生晶粒长大现象，因此晶粒尺寸较大。

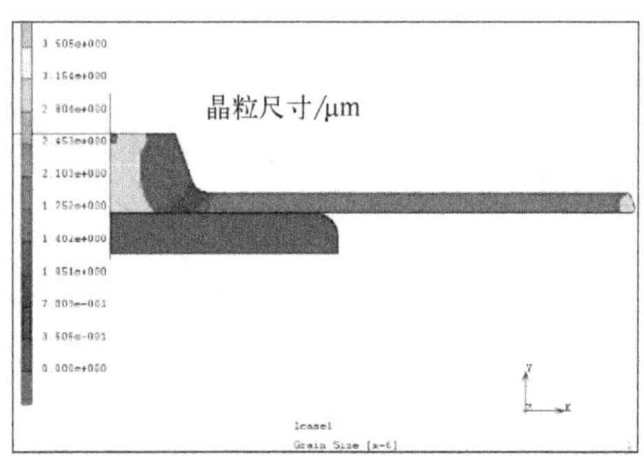

图 2.46 管材挤压过程中的晶粒尺寸分布

图 2.47 所示为不同挤压速度时挤压管材纵截面的晶粒尺寸模拟结果与微观组织对比。图 2.48 所示为挤压管材晶粒尺寸与挤压速度关系曲线。结果表明，随着挤压速度增大，晶粒尺寸逐渐减小。其原因是随着挤压速度增大，材料发生动态再结晶时间缩短，晶粒长大时间缩短，晶粒尺寸趋于减小。挤压管材平均晶粒尺寸的模拟结果和实验结果相吻合，最大相对误差为 11.8%。

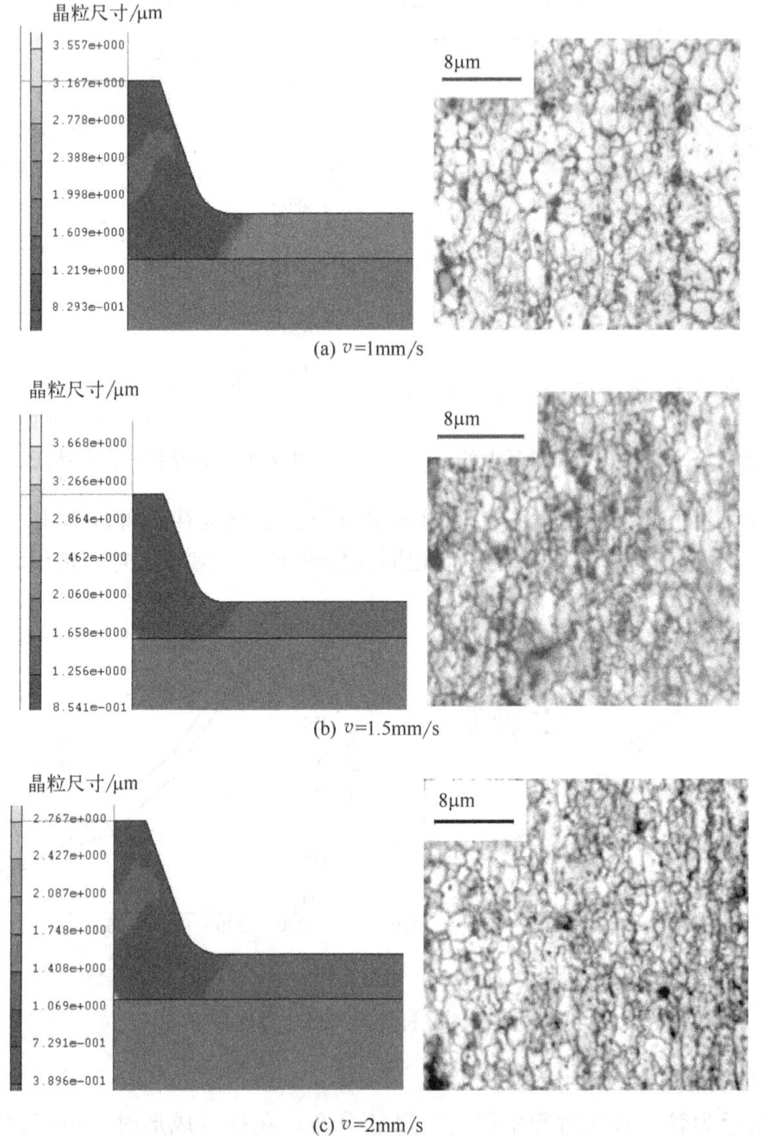

图 2.47 不同挤压速度时挤压管材纵截面的晶粒尺寸的模拟结果与微观组织对比

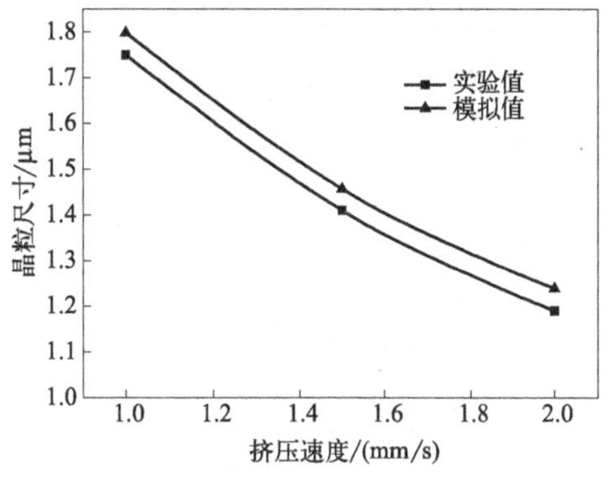

图 2.48　挤压管材晶粒尺寸与挤压速度关系曲线

图 2.49 所示为不同挤压温度时的挤压管材晶粒尺寸分布。分析可知，随着挤压温度的升高，在同一区域，晶粒尺寸有所增加。当挤压温度一定时，等温挤压的晶粒尺寸比差温挤压的晶粒尺寸稍大。

图 2.50 所示为不同挤压温度时挤压管材晶粒尺寸的模拟值和实验值对比。对于差温挤压成形工艺和等温挤压成形工艺，随着挤压温度的升高，晶粒尺寸逐渐增大。对于差温挤压成形工艺，在挤压温度 300℃时，晶粒尺寸最小。挤压管材晶粒尺寸的模拟值与实验值相吻合，最大相对误差为 13.9%。

图 2.51 所示为不同挤压比时挤压管材的晶粒尺寸分布，图 2.51（d）所示为挤压管材晶粒尺寸与挤压比关系曲线。可以看出，随着挤压比的增大，挤压管材的晶粒尺寸明显减小。

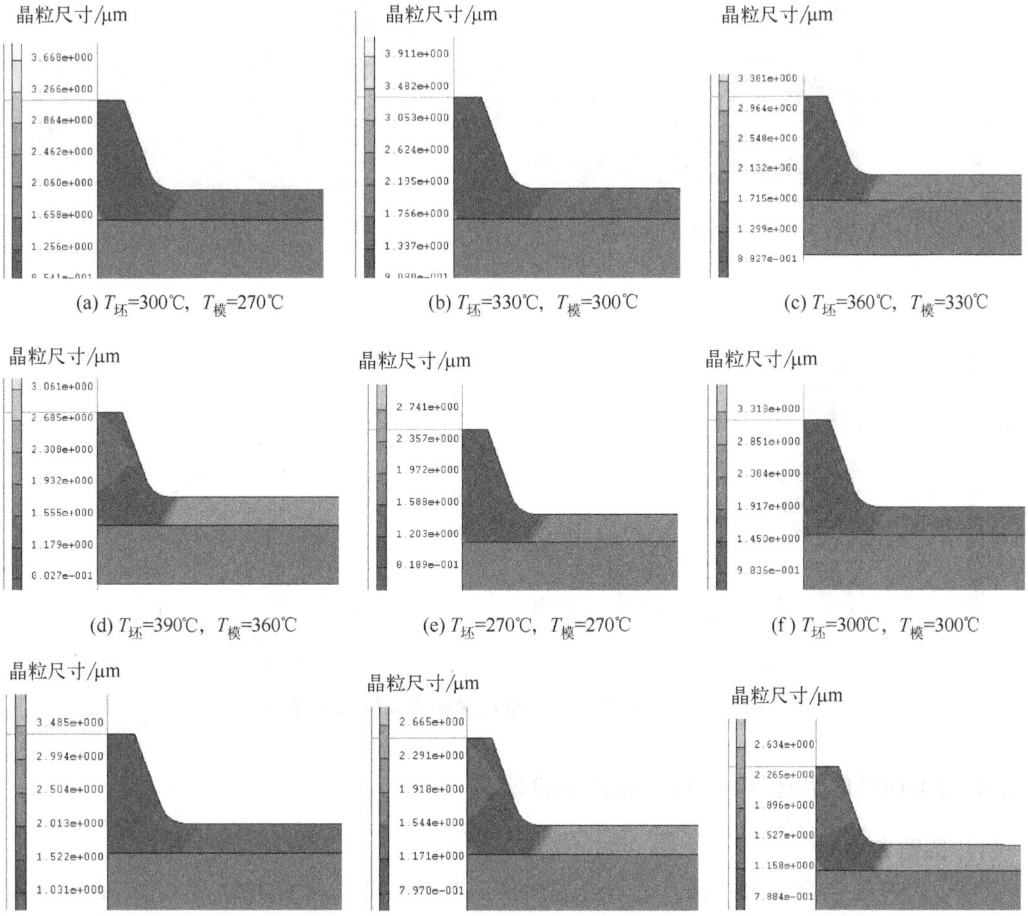

(a) $T_{坯}$=300℃，$T_{模}$=270℃　(b) $T_{坯}$=330℃，$T_{模}$=300℃　(c) $T_{坯}$=360℃，$T_{模}$=330℃

(d) $T_{坯}$=390℃，$T_{模}$=360℃　(e) $T_{坯}$=270℃，$T_{模}$=270℃　(f) $T_{坯}$=300℃，$T_{模}$=300℃

(g) $T_{坯}$=330℃，$T_{模}$=330℃　(h) $T_{坯}$=360℃，$T_{模}$=360℃　(i) $T_{坯}$=390℃，$T_{模}$=390℃

图 2.49　不同挤压温度时挤压管材晶粒尺寸分布

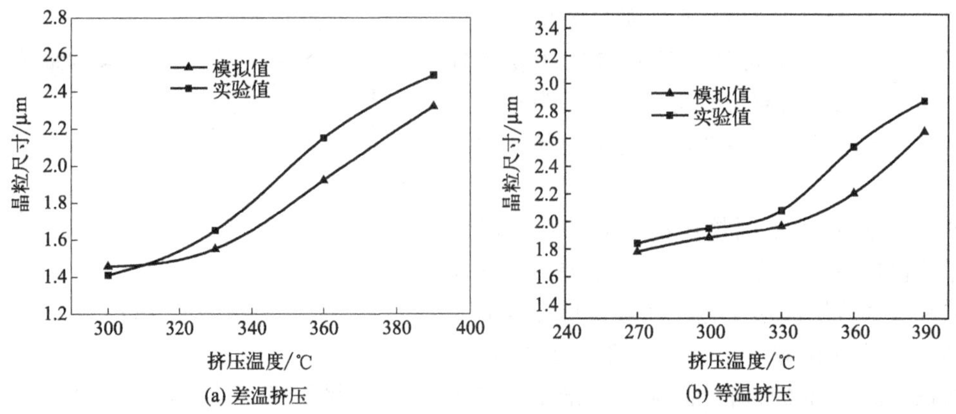

(a) 差温挤压　　(b) 等温挤压

图 2.50　不同挤压温度时挤压管材晶粒尺寸模拟值和实验值对比

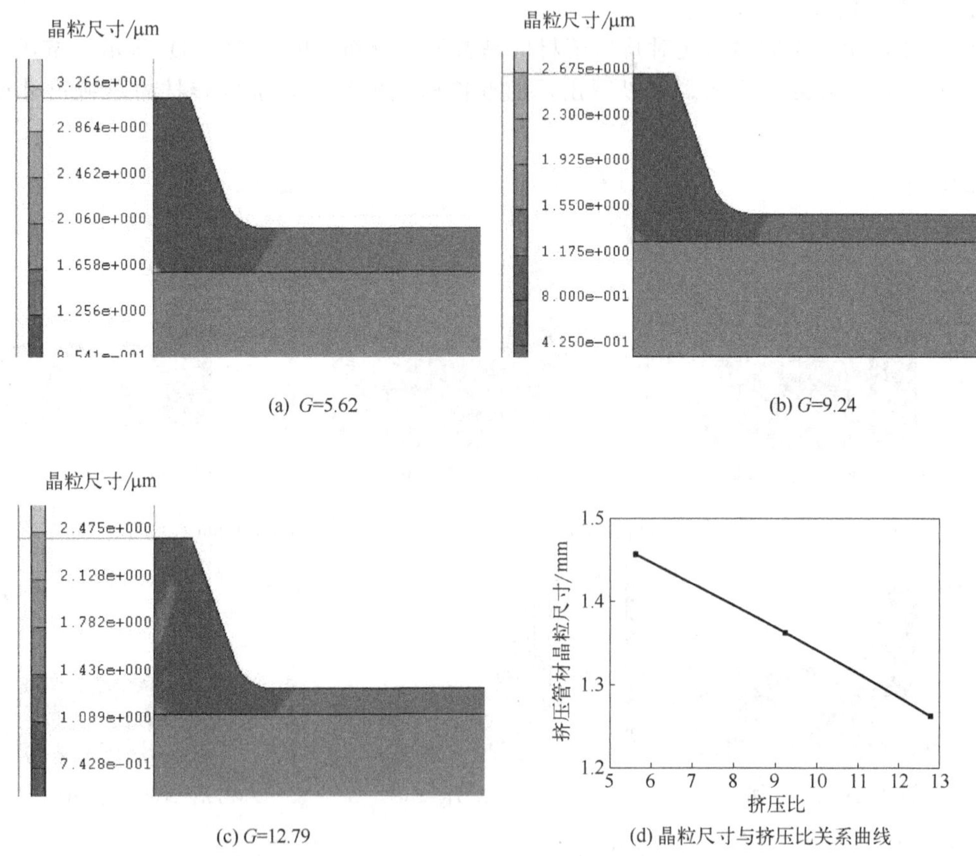

(a) G=5.62　　(b) G=9.24

(c) G=12.79　　(d) 晶粒尺寸与挤压比关系曲线

图 2.51　不同挤压比时挤压管材的晶粒尺寸分布

2.5.3　ZK60 镁合金管材挤压成形实验研究

(1) 实验方案

对于 ZK60 镁合金管材挤压工艺，合理的挤压变形温度范围为 270～400℃，此时具有良好的塑性成形性能。根据挤压变形温度与模具预热温度的差值，镁合金管材挤压技术可分为等温挤压技术和差温挤压技术。等温挤压技术和差温挤压技术对于镁合金材料的微观组织性能具有不同的影响规律。

采用差温挤压成形技术，对于 ZK60 镁合金管材挤压工艺，挤压变形温度分别为 270℃、300℃、330℃、360℃和 390℃，而模具预热温度分别为 240℃、270℃、300℃、330℃和 360℃，挤压速度分别为 1mm/s、1.5mm/s、2mm/s。

采用等温挤压成形技术，对于 ZK60 镁合金管材挤压工艺，挤压变形温度和模具预热温度相同，分别为 270℃、300℃、330℃、360℃和 390℃，挤压速度分别为 1mm/s、1.5mm/s、2mm/s。

ZK60 镁合金挤压坯料及挤压管材尺寸如图 2.52 所示。挤压坯料尺寸为 ϕ40.5mm×ϕ12.5mm×40mm，管材成形件尺寸是 ϕ20.5mm×ϕ12.5mm×130mm，挤压比 G=5.62。采用动物油作为润滑剂。

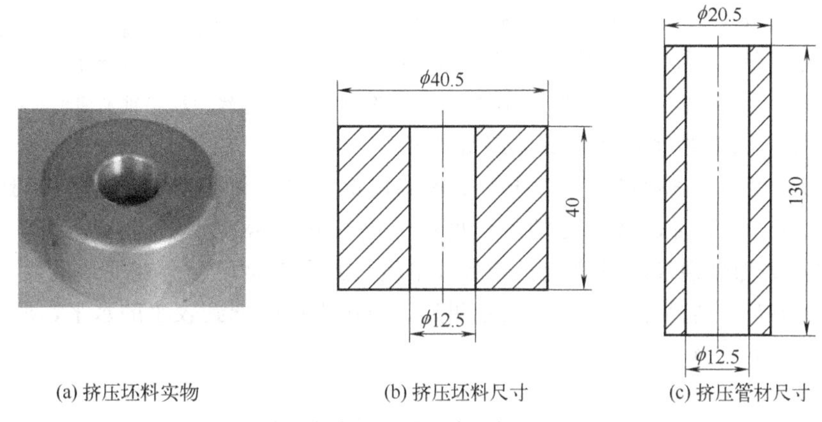

(a) 挤压坯料实物　(b) 挤压坯料尺寸　(c) 挤压管材尺寸

图 2.52　ZK60 镁合金挤压坯料及挤压管材尺寸（单位为 mm）

(2) 实验结果与分析

在确定的挤压工艺参数条件下，ZK60 镁合金挤压坯料、挤压管材及单位挤压力实验结果如图 2.53 所示。

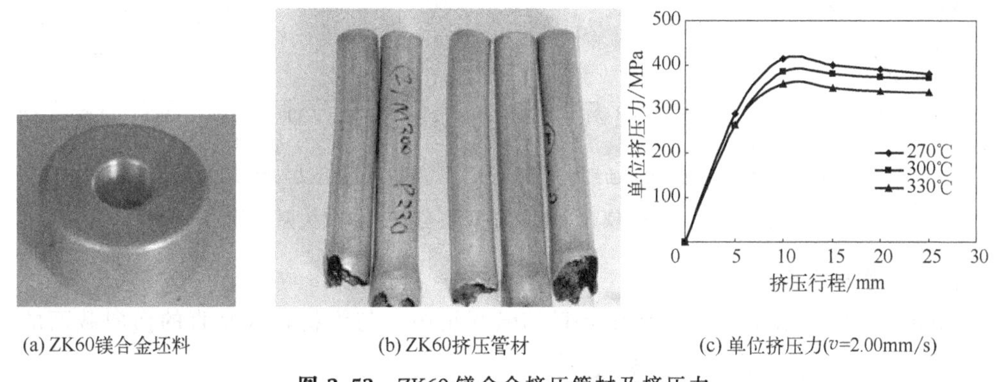

(a) ZK60镁合金坯料　(b) ZK60挤压管材　(c) 单位挤压力(v=2.00mm/s)

图 2.53　ZK60 镁合金挤压管材及挤压力

在管材挤压变形时，凹模型面对挤压力的影响很大，当变形温度为 300℃、模具预热温度 270℃、挤压速度为 1mm/s 时，双曲线凹模和锥形凹模对 ZK60 管材成形挤压力的影响规律如图 2.54 所示。结果表明，采用双曲线凹模时的挤压力小于锥形凹模时的挤压力，但在实际生产过程中，考虑到实际加工成本等因素，一般采用锥形凹模。

在变形温度为 300℃，模具预热温度为 270℃的条件下，挤压速度分别为 1mm/s、1.5mm/s、2mm/s，挤压力与挤压速度关系如图 2.55（a）所示。分析可知，随着挤压速度的增大，挤压力也明显变大，从挤压力的方面考虑，挤压速度越小越好。对于 ZK60 镁合金

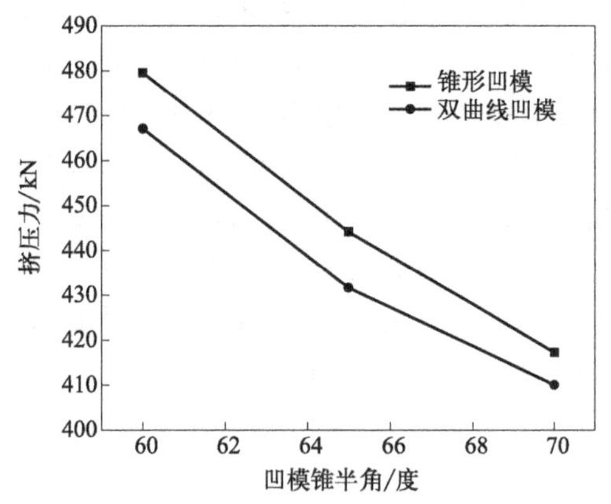

图 2.54 双曲线凹模和锥形凹模对挤压力的影响

管材挤压工艺，变形温度对管材挤压力的影响如图 2.55（b）所示。可以看出，随着变形温度的升高，挤压力逐渐变小。这是因为随着变形温度的升高，其分子间的作用力减弱，软化作用变得明显，变形抗力减小，挤压力随之减小。在变形温度相同的情况下，等温挤压时挤压力要小于差温挤压时的挤压力。这主要是由于等温挤压的模具预热温度和变形温度相同，挤压坯料的温度散失较少，而差温挤压时挤压坯料表面温度有所下降，因此差温挤压时变形抗力要高一些。对于等温挤压，当变形温度小于330℃时，挤压力随着温度的升高变化趋势比较明显。当变形温度高于 330℃时，挤压力随着温度的升高变化趋势较平缓。对于差温挤压，当变形温度小于 360℃时，挤压力随着温度的升高变化趋势比较明显，而当变形温度高于360℃时，挤压力随着温度的升高变化趋势较平缓。其原因是镁合金在变形温度 330～360℃时发生了完全动态再结晶，材料软化现象明显，挤压力已降低到较小的水平，所以当变形温度继续升高时，挤压力下降减慢。

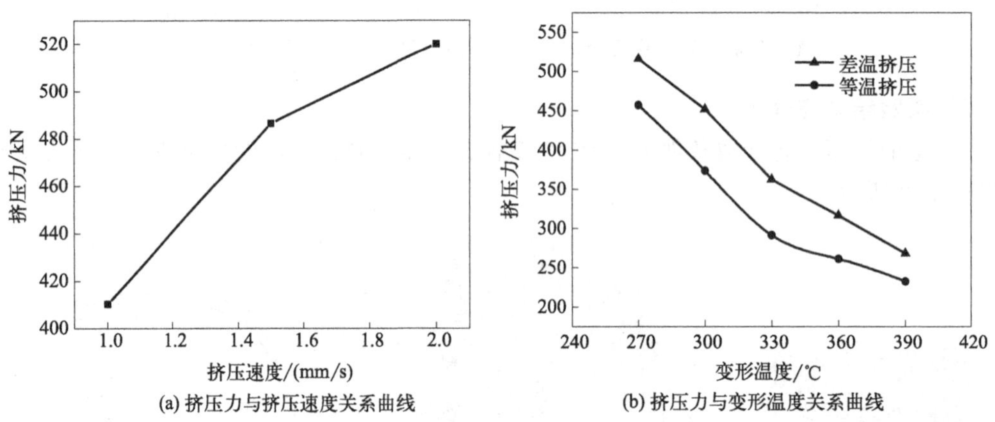

(a) 挤压力与挤压速度关系曲线　　(b) 挤压力与变形温度关系曲线

图 2.55 ZK60 镁合金管材挤压力与工艺参数关系曲线

(3) 挤压管材组织性能

图 2.56 所示为 ZK60 镁合金挤压坯料的微观组织，与管材轴线垂直的横向截面的晶粒

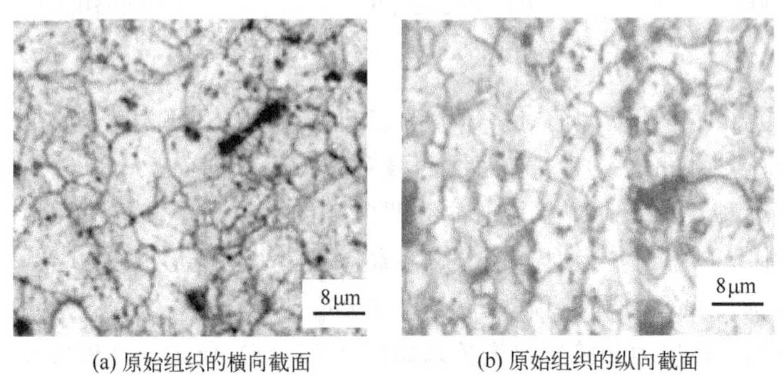

(a) 原始组织的横向截面　　(b) 原始组织的纵向截面

图 2.56 ZK60 镁合金挤压坯料原始组织

尺寸为 8.26μm，与管材轴线平行的纵向截面的晶粒尺寸为 7.91μm。

挤压速度是影响挤压管材组织性能的重要因素之一，图 2.57 所示为不同挤压速度时，ZK60 镁合金挤压管材的微观组织。挤压速度对晶粒尺寸的影响如图 2.57（d）所示。分析可知，随着挤压速度的增大，挤压管件的晶粒尺寸越来越小。当 v＝1mm/s 时，平均晶粒约为 1.75μm，但是微观组织中晶粒尺寸的差距比较大，组织分布不均匀；当 v＝1.5mm/s 时，平均晶粒约为 1.41μm，晶粒比较细小，组织也比较均匀；当 v＝2mm/s 时，晶粒很细小且组织很均匀，平均晶粒约为 1.09μm。由此可见，挤压速度越快，挤压管材的晶粒越细小。增大挤压速度有利于管材件的晶粒细化。挤压变形温度对挤压管材微观组织同样具有重要影响，镁合金层错能低，在热变形过程中极易发生动态再结晶。动态再结晶过程能够使晶粒细化和保证均匀性，而晶粒细化能够显著提高镁合金的室温力学性能，使镁合金的综合力学性能得到提高。

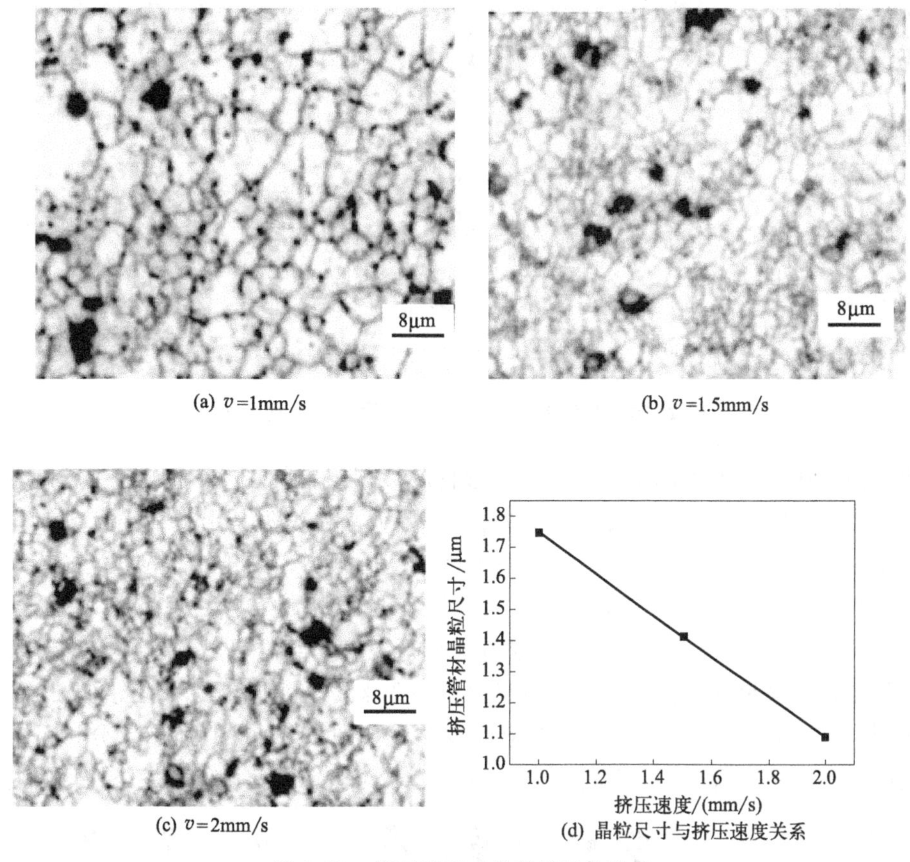

(a) v=1mm/s　(b) v=1.5mm/s

(c) v=2mm/s　(d) 晶粒尺寸与挤压速度关系

图 2.57　挤压速度对微观组织的影响

采用差温挤压方法加工的 ZK60 镁合金管材的微观组织如图 2.58 所示。可以看出，纵截面的晶粒尺寸小于横截面的晶粒尺寸。当变形温度为 300℃时，原始晶粒形貌消失，在挤压过程中已发生了完全动态再结晶，平均晶粒尺寸为 1.41μm，比原始组织细化了约 60%，组织比较均匀。当变形温度为 330℃时，平均晶粒尺寸为 1.65μm，晶粒开始长大，组织均匀性好于变形温度 300℃时的组织。当变形温度为 360℃时，平均晶粒尺寸为 2.15μm，晶粒长大的现象开始明显。当变形温度为 390℃时，平均晶粒尺寸为 2.67μm，再结晶晶粒开始互相蚕食而逐渐长大，整个组织呈现粗化趋势。变形温度越高，越有利于动态再结晶的进行，同时晶粒长大的现象越明显，纵截面的晶粒呈带状纤维分布的趋势不再明显。

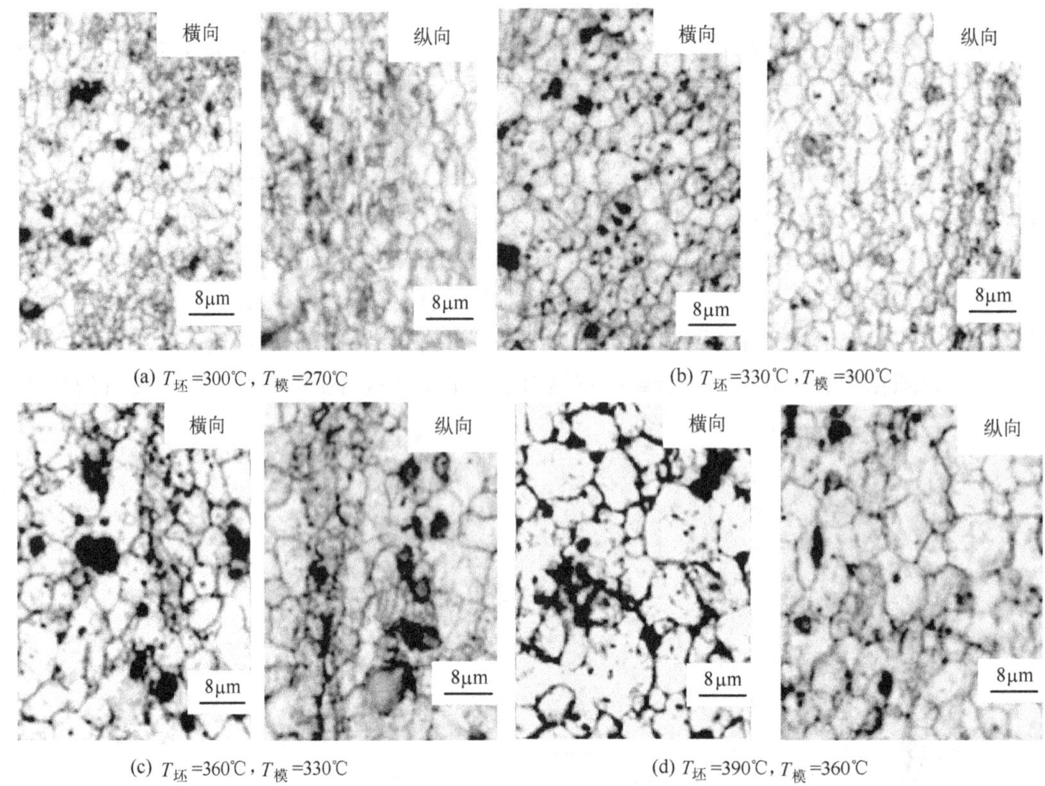

(a) $T_{坯}$=300℃，$T_{模}$=270℃　　(b) $T_{坯}$=330℃，$T_{模}$=300℃

(c) $T_{坯}$=360℃，$T_{模}$=330℃　　(d) $T_{坯}$=390℃，$T_{模}$=360℃

图 2.58　差温挤压 ZK60 镁合金管材的微观组织

采用等温挤压方法加工的 ZK60 镁合金管材的微观组织如图 2.59 所示。可以看出，当变形温度为 300℃时，平均晶粒尺寸为 1.72μm，粗大晶粒消失，出现细小且分布均匀的晶粒，说明变形组织是完全再结晶组织。随着变形温度的升高，细化的晶粒开始长大，变形温度越高，晶粒生长速度越快，晶粒越粗大。当变形温度为 390℃时，平均晶粒尺寸为 3.27μm，与原始组织晶粒尺寸接近。如果升高变形温度，管材晶粒尺寸则会继续长大，甚至超过原始组织晶粒尺寸，因此，对于管材等温挤压来说，变形温度不能超过 390℃。

ZK60 镁合金挤压管材晶粒尺寸与变形温度关系如图 2.60（a）所示。分析可知，随着变形温度的升高，挤压管材晶粒尺寸有增大的趋势。随着挤压速度的增大，挤压管材的晶粒

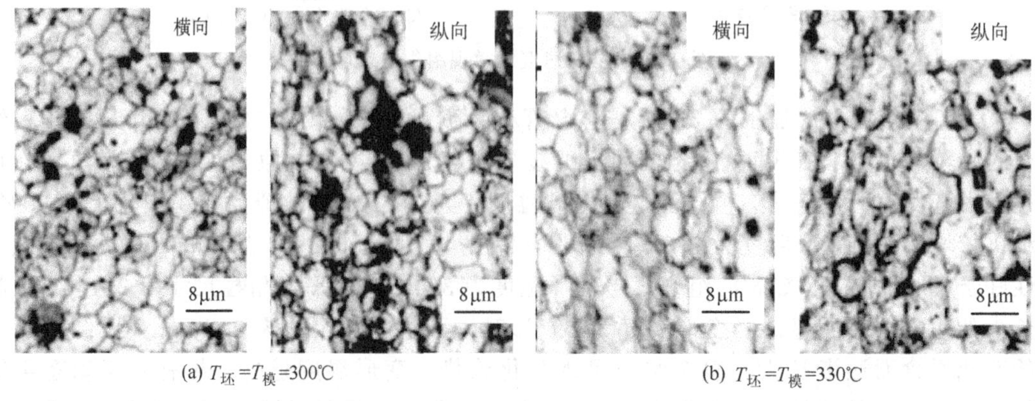

(a) $T_{坯}=T_{模}$=300℃　　(b) $T_{坯}=T_{模}$=330℃

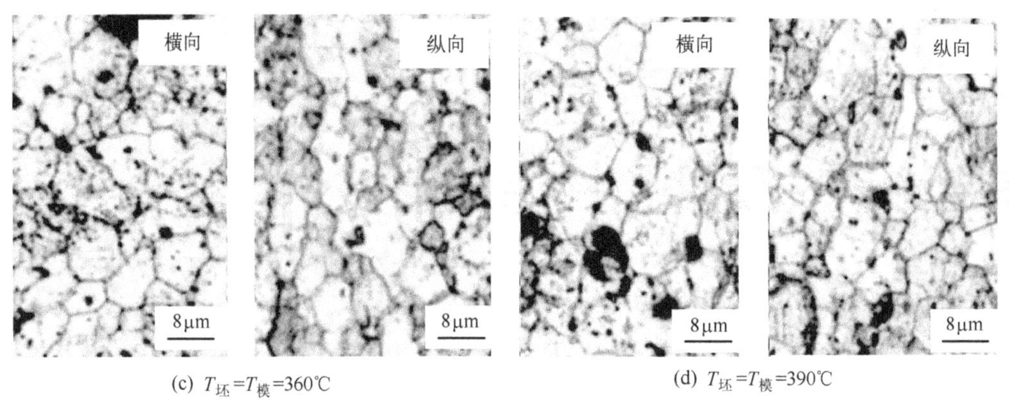

(c) $T_{坯}=T_{模}=360℃$　　(d) $T_{坯}=T_{模}=390℃$

图 2.59　等温挤压加工的 ZK60 镁合金管材的微观组织

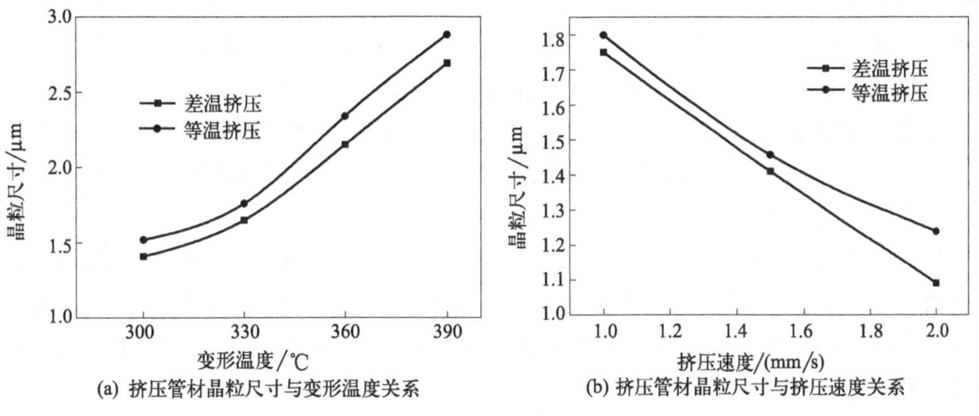

(a) 挤压管材晶粒尺寸与变形温度关系　　(b) 挤压管材晶粒尺寸与挤压速度关系

图 2.60　挤压管材晶粒尺寸与变形温度关系

尺寸随之减小，ZK60 镁合金挤压管材晶粒尺寸实验值如图 2.60（b）所示。当变形温度一定时，等温挤压的晶粒比差温挤压的晶粒稍大。

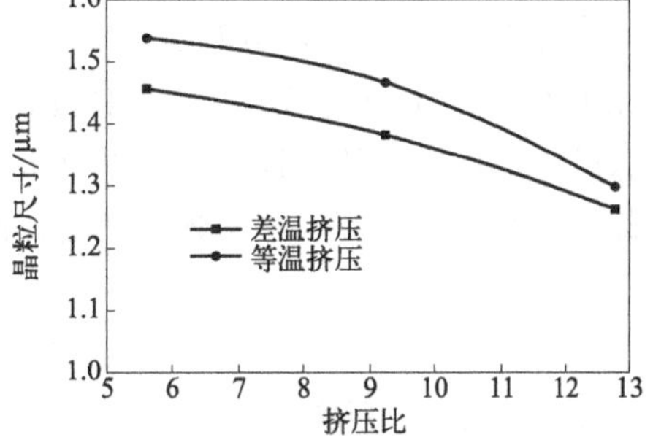

图 2.61　挤压管材晶粒尺寸与挤压比关系

挤压管材晶粒尺寸与挤压比关系如图 2.61 所示。分析可知，随着挤压比的增大，金属变形后的晶粒尺寸明显减小。其原因是在 ZK60 镁合金管材挤压变形时，发生完全动态再结晶，产生细小且均匀的动态再结晶组织。

研究结果表明：

① 提高挤压速度有利于减小挤压管材的晶粒尺寸，晶粒得到细化和均匀化。降低变形温度，可以减小挤压管材晶粒尺寸，晶粒细化明显。提高挤压速度使管材挤压力增大，升高变形温度使管材挤压力减小。

② 随着挤压比增大，管材挤压力逐渐增大，而挤压管材晶粒尺寸逐渐减小，晶粒细化明显。

③ 对于 ZK60 镁合金管材挤压工艺，合理工艺参数为变形温度为 300～360℃、挤压速度为 1.5mm/s、挤压比为 9.24。

第3章 镁合金壳体零件热拉深成形技术

镁合金板材热冲压成形技术是制造各种镁合金壳体零件的重要成形技术，可以加工航天器蒙皮、壁板、仪表盘、汽车覆盖件、电子产品壳体、高速列车内部支撑部件等。探索镁合金薄板冲压成形技术是扩大镁合金材料应用领域的重要研究工作。

在镁合金板材热拉深成形时，加工件的组织性能和力学性能都得到明显改善，李倩等[36] 采用GTN损伤模型对镁合金手机壳冲压成形进行了数值模拟分析，获得了AZ31镁合金手机壳冲压成形合理的工艺参数。王瑞泽等[37] 采用Gurson损伤模型对镁合金板材温热冲压过程中微孔洞的演变规律进行了数值分析，分析了AZ31镁合金板材由孔洞增长和聚合引起的内部损伤演化规律。刘华强等[38] 采用热轧制技术制备了高性能AZ31镁合金板材，研究发现AZ31镁合金板材的塑性成形性能与晶粒尺寸和织构有关，弱化基面织构可以明显提高板材的胀形性能。

3.1 镁合金筒形件热拉深成形

(1) 模具结构及设备

镁合金筒形件尺寸如图3.1 (a) 所示，根据加工件尺寸计算得到冲压坯料尺寸为$\phi150$。图3.1 (b) 所示为模具结构。模具设计涉及选取修边余量、初算毛坯直径、确定拉伸次数、拉深模具工作部分的设计计算，以及压边力、凹模圆角半径、凸模圆角半径、冲压凸凹模工作部分尺寸及公差等工艺参数的确定。模具（压边圈、冲压凹模）预热采用电加热方法。

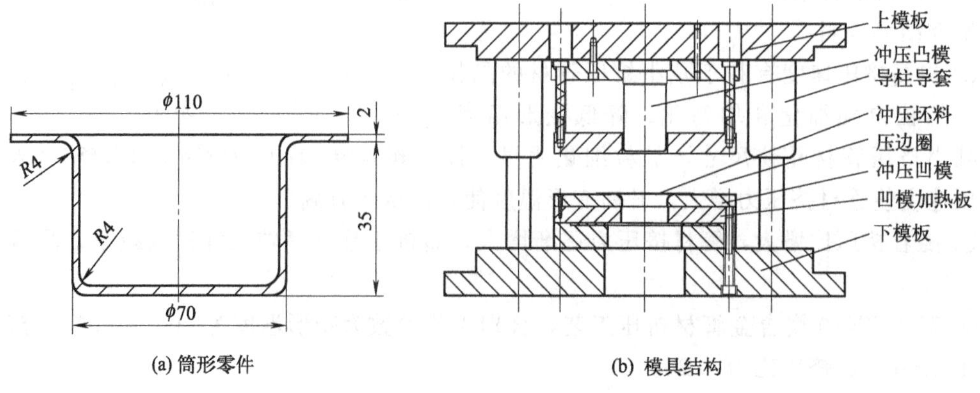

(a) 筒形零件　　(b) 模具结构

图3.1 镁合金筒形件尺寸及模具结构

(2) 工艺参数确定

镁合金板材热拉深成形工艺参数包括拉深比、坯料温度、成形速度、模具预热温度、拉深力、润滑方式、模具圆角、模具间隙、压边力等，这些工艺参数对坯料的拉深成形结果均有不同程度的影响，镁合金筒形件热拉深成形工艺参数见表 3.1。坯料退火处理工艺制度为加热 345℃条件下保温 4h，再随炉冷却。加工件尺寸见表 3.2，拉深比为 2.23。

表 3.1　镁合金筒形件热拉深成形工艺参数

坯料状态	坯料直径/mm	坯料厚度/mm	坯料温度/℃	压边力/kN	润滑剂
退火状态	150,160	0.8 和 1.0	室温～400	70	动物油

表 3.2　加工件尺寸

圆筒件直径 d/mm	加工件高度 /mm	坯料直径 D/mm	坯料厚度 /mm	坯料温度 /℃	拉深比
67	35	150	1 和 0.8	200	2.23

(3) 加工件质量

通过控制镁合金筒形件热拉深成形工艺参数，采用合理模具结构，成功加工出镁合金筒形件，拉深件见图 3.2。

(a) 加工件破裂缺陷

(b) 合格筒形件

(c) 镁合金筒形件

图 3.2　板厚 0.8mm 镁合金板材拉深成形的试件

(4) 拉深力的计算

在拉深成形时，采用经验公式计算拉深力：

$$F=\pi d_1 t\sigma_s K \tag{3.1}$$

式中，d_1 为拉深工件的直径，mm；t 为板料厚度，mm；σ_s 为材料的屈服极限，MPa；K 为修正因数，可取 0.9。

AZ31 镁合金材料的 σ_s=235MPa，拉深力数值见表 3.3。

研究结果表明，镁合金筒形件热拉深成形时，坯料加热温度范围为 150～250℃，模具温度范围为 170～210℃，拉深比为 2.23。当成形温度低于 150℃时，拉深件易产生断裂缺陷，当成形温度高于 400℃时，将产生氧化现象，且易起皱。

表 3.3　拉深力理论值与实验值

拉深件直径 d/mm	坯料直径 D/mm	坯料厚度 /mm	理论拉深力 /kN	实验拉深力 /kN	拉深比
67	150	0.8	46.5	48.2	2.23
67	150	1	93.8	95.1	2.23

3.2 镁合金方形壳体零件热拉深成形

3.2.1 加工件尺寸

镁合金方形壳体零件形状及尺寸如图 3.3 所示。镁合金方形壳体零件热拉深成形时，坯料形状采用圆弧切角和直线切角两种形状，坯料形状及尺寸如图 3.4 所示。方形坯料切角尺寸分别为 5mm、10mm、15mm、20mm、25mm、30mm。

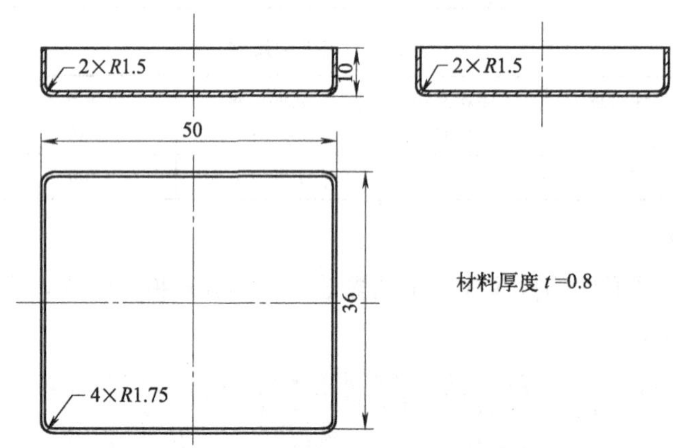

图 3.3 镁合金方形壳体零件形状及尺寸

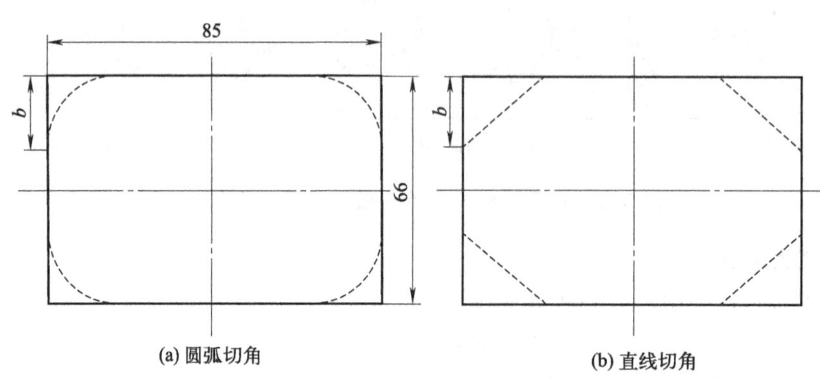

图 3.4 镁合金坯料形状及尺寸

坯料的初始温度为 170℃，模具设为常温刚体，其中凹模与压边圈的温度为 170℃，凸模温度为 20℃。AZ31 镁合金材料物理性能和力学性能见表 3.4。

表 3.4 AZ31 镁合金材料物理性能和力学性能

材料参数	数值	材料参数	数值
弹性模量/GPa	44.8	各向异性参数	$R_{00}=1.2, R_{45}=1.1, R_{90}=1.054$
泊松比	0.35	热膨胀系数/(1/K)	2.6×10^{-5}
屈服应力/MPa	256	热导率/[W/(m·K)]	156
密度/(g/cm^3)	1.77	比热容/[J/(kg·K)]	1020

3.2.2 镁合金方形壳体零件热拉深成形数值模拟

采用有限元模拟软件对镁合金方形壳体零件热拉深成形过程进行数值模拟分析，分析温度场、应变场、应力场的变化规律，优化模具结构和成形工艺参数。

(1) 坯料形状对成形性能的影响

镁合金方形壳体零件热拉深成形温度为170℃，凸模圆角半径（r_p）为1.5mm，凹模圆角半径（r_d）为4mm，板材初始厚度（t_0）为0.8mm，摩擦因数为0.1，凸模肩部圆角半径（r_c）为2mm，方形坯料切角尺寸（b）分别为5mm、10mm、15mm、20mm、25mm、30mm。

在镁合金方形壳体零件加工时，变形均匀性是影响加工件尺寸及质量的重要因素，而合理的坯料形状是提高变形均匀性和变形程度的重要因素之一。如图3.5（a）所示，采用矩形坯料加工方形壳体零件时，由于矩形坯料尖角区域的压边力较大及金属流动性差，在变形区产生严重的变形不均匀性，在方形壳体零件的直角区域容易产生裂纹缺陷，因此，在采用拉深工艺加工方形壳体零件时，需要设计合理的坯料形状，有利于方形壳体零件的加工。如图3.5（b）所示，采用矩形直线切角坯料加工方形壳体零件，可以明显提高变形程度及加工件的质量。将矩形坯料切去尖角部分，则降低了尖角部分坯料的压边力，同时提高了材料的流动性能，使尖角部分的材料与直边部分的材料获得了相对接近的变形程度，提高了变形均匀性，避免了裂纹缺陷的产生，提高了材料变形程度和加工件质量。

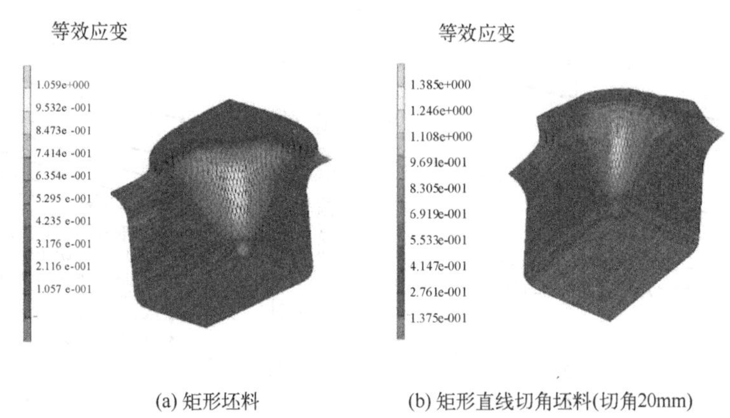

(a) 矩形坯料　　(b) 矩形直线切角坯料(切角20mm)

图 3.5 矩形坯料与矩形直线切角坯料等效应变分布

如图3.6（a）所示，采用矩形圆弧切角坯料加工方形壳体零件，可以获得较好效果，相比于矩形直线切角坯料，其最大等效应变较低，即变形程度要低于矩形直线切角坯料。图3.6（b）所示为采用矩形圆弧切角坯料和矩形直线切角坯料时，变形区最大等效应变值与切角尺寸的关系曲线，随着切角尺寸的增大，最大等效应变值逐渐增大，而采用矩形直线切角坯料时的最大等效应变增加的幅度更大，即可以获得更大的拉深变形程度。

在镁合金方形壳体零件加工时，方形壳体零件的最小厚度是影响加工件质量的重要技术指标。图3.7所示为方形壳体零件的最小厚度与切角尺寸及切角形状的关系曲线，分析可知，随着切角尺寸的增大，最小厚度值逐渐增加，即加工件壁厚减薄率逐渐降低，因此增大切角尺寸有利于降低加工件壁厚减薄率，提高加工件尺寸精度。同时，采用矩形直线切角坯料时，壁厚减薄率要小于矩形圆弧切角坯料。因此，综合考虑等效应变和壁厚减薄率的因素，采用矩形直线切角坯料的效果好于矩形圆弧切角坯料。

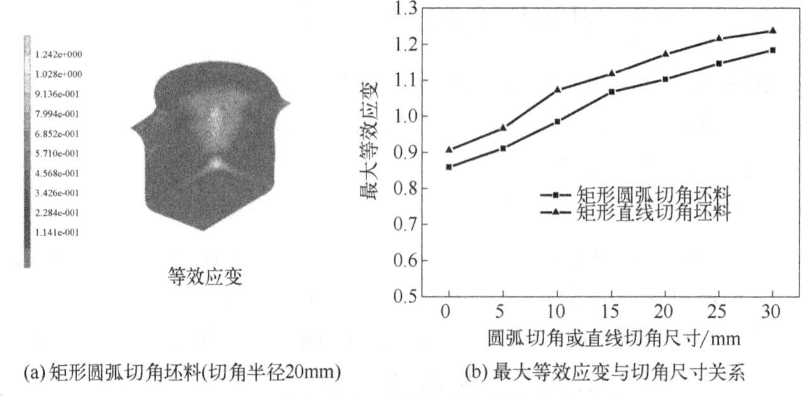

(a) 矩形圆弧切角坯料(切角半径20mm)　　(b) 最大等效应变与切角尺寸关系

图 3.6　镁合金方形壳体零件等效应变分布

变形区等效应变最大偏差是表征变形均匀性的重要指标，等效应变最大偏差越小，表明变形均匀性越好，越有利于实现大变形量和复杂结构零件的加工，越有利于提高加工件的尺寸精度。图 3.8 所示为采用矩形直线切角坯料拉深时变形区的等效应变最大偏差变化规律。结果表明，在拉深深度较小时，切角尺寸对等效应变最大偏差值影响不明显，但随着拉深深度的增大，等效应变最大偏差值随着切角尺寸的增大而增大。在拉深深度相同时，等效应变最大偏差值随着切角尺寸的增大而减小。

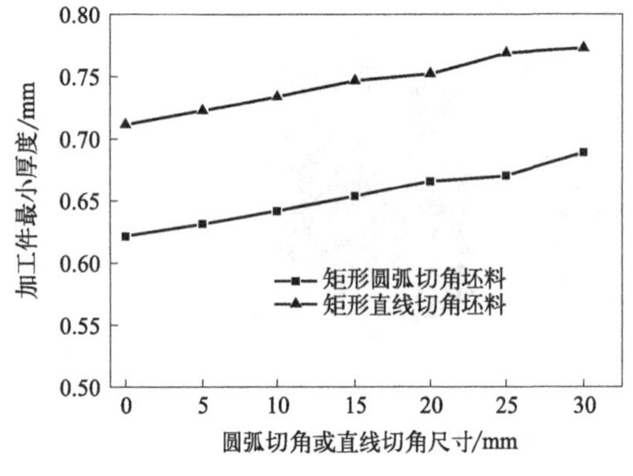

图 3.7　最小厚度与切角尺寸及切角形状的关系曲线

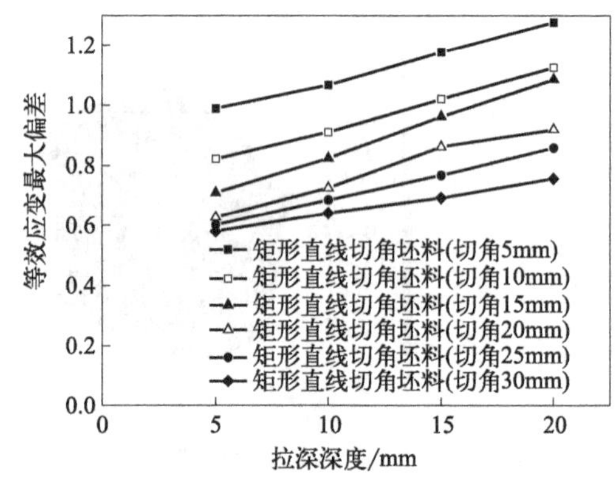

图 3.8　采用矩形直线切角坯料拉深时变形区的等效应变最大偏差

图 3.9 所示为采用矩形圆弧切角坯料拉深时变形区的等效应变最大偏差变化规律，随着拉深深度的增大，等效应变最大偏差值随着切角尺寸的增大而增大。在拉深深度相同时，等效应变最大偏差值随着切角尺寸的增大而减小。

图 3.10 所示为采用不同形状坯料拉深时变形区的等效应变最大偏差变化规律。结果表明，矩形直线切角坯料变形均匀性好于矩形圆弧切角坯料，而矩形坯料的等效应变最大偏差最大，变形均匀性最差。

(2) 温度场分布规律

在镁合金方形壳体零件热拉深成形时，坯料加热及控制温度场分布是关键技术问题之一。当拉深行程分别为 5mm、10mm、15mm、20mm 时，镁合金方形壳体零件的温度场分布如图 3.11 所示。温度分布呈区域化分布，从盒底到法兰逐渐升高，与冲压凸模接触的板料温度较低，法兰部分温度较高。随着拉深行程的进行，坯料与冲压凸模的接触逐渐增加，而与冲压凹模和压边圈的接触逐渐减少，板材不断发生热量损失，镁合金高的热导率和低的比热容使坯料的散热很快。法兰区域中直边部分的温度比角部的温度低，这种情况有利于方形壳体零件的拉深成形。由于角部变形最大，温度较高，而直边温度较低，角部材料容易流入冲压凹模，可以有效地防止此处坯料的起皱和迅速减薄，从而可以得到高度较大的方形壳体零件。

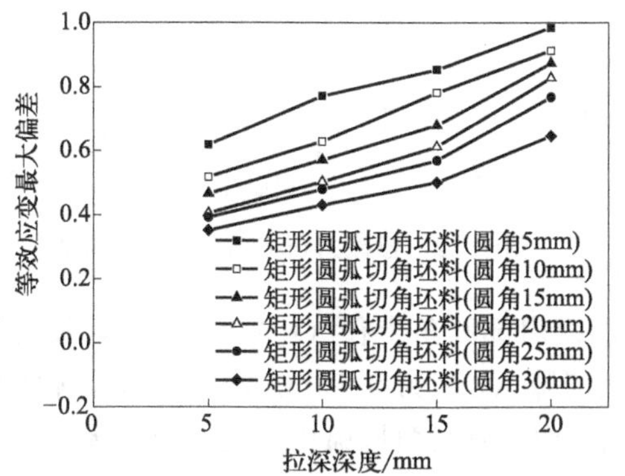

图 3.9　采用矩形圆弧切角坯料拉深时变形区的等效应变最大偏差

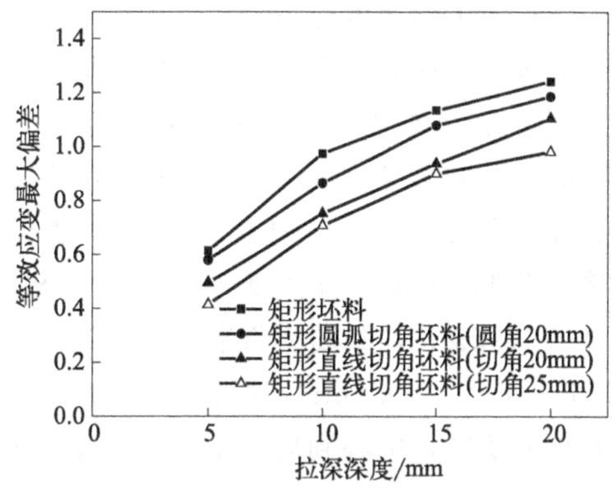

图 3.10　采用不同形状坯料拉深时变形区的等效应变最大偏差变化规律

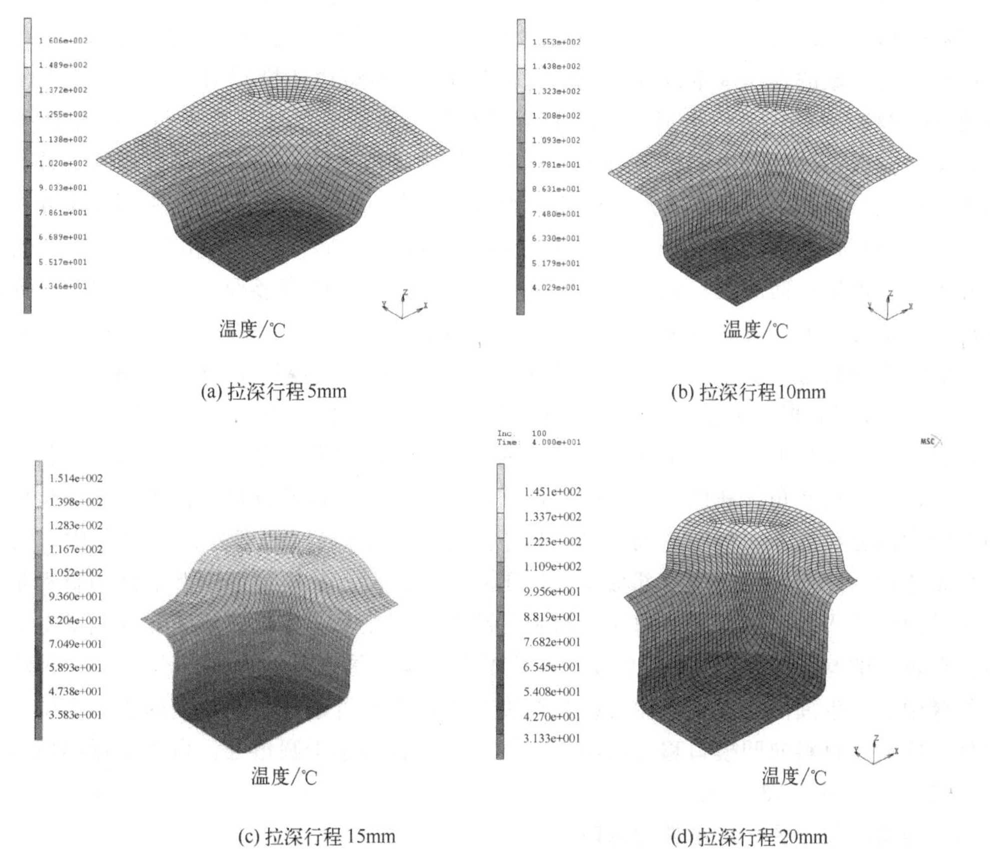

图 3.11　镁合金方形壳体零件温度场分布

(3) 拉深力变化规律

镁合金方形壳体零件拉深力是模具设计的重要工艺参数。如图3.12所示为镁合金方形壳体零件拉深力与成形时间的变化曲线。结果表明，随着拉深行程进行，拉深力逐渐增大，最后进入稳定阶段，拉深力保持一个常数，最大拉深力为10.32kN。

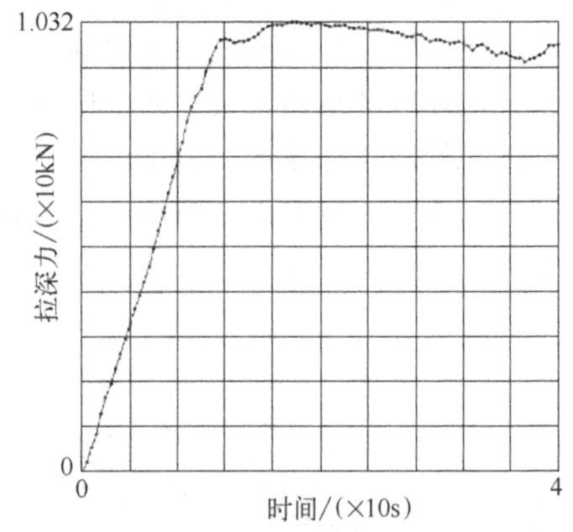

图3.12 拉深力与成形时间的变化曲线

(4) 加工件厚度分布

减薄率是保证拉深加工件尺寸精度和质量的重要技术指标，在拉深成形时，采取合理方法，精确控制加工件减薄率是冲压工艺重要关键技术，尽量降低减薄率以保证加工件尺寸精度。镁合金方形壳体零件热拉深成形温度为170℃，凸模圆角半径（r_p）为1.5mm，凹模圆角半径（r_d）为4mm，凸模肩部圆角半径（r_c）为2mm，板材初始厚度（t_0）为0.8mm，摩擦因数为0.1，凸凹模间隙（Z）为0.85mm。以方形壳体零件的中心为基准，中心到短边中点、中心到长边中点、中心到切角圆弧中点的方形壳体零件厚度分布如图3.13所示。AB段为盒底部区域、BC段为凸模圆角区域、CD段为侧壁逐渐向法兰变形区过渡区域、DE段为凸模肩部区域、EF段为圆角凸缘区域。从图3.13（b）和（c）可以看出，在AB段板料基本不发生变形，板料厚度不发生变化。BC段发生弯曲变形和拉深变形的复合变形，并且在变形区不均匀分布，越靠近直边中心时，拉深变形越不明显，弯曲变形程度越大，并且长边中心处材料的弯曲变形比短边中心材料的大。在BC段，长边凸模圆角区域的板厚基本没发生变化（0.8mm），而短边凸模圆角区域材料板厚发生小的减薄（0.748mm）。CD段形成侧壁区的金属材料由两部分组成：靠近凸模圆角的侧壁下部分，是在拉深初始阶段由凹模圆角区材料变形后直接流入的；随着拉深行程的继续，法兰区内缘材料经凹模圆角不断流入形成侧壁上部分。因此，侧壁上下部分存在明显厚度差，由下到上逐渐提高，即由下到上减薄率逐渐提高。直边材料除受来自圆角部材料挤入的影响外，几乎并行地快速向凹模口流动。而圆角处与直边处金属的变形程度与流动阻力不同，在产生周向压缩变形的同时，一部分多余材料流向直边，导致直边外缘板厚有所增加，并且短边外缘板厚大于长边外缘厚度。对于中心到切边圆弧中点的厚度分布，如图3.13（d）所示，可以看出，AB段板料基本不发生变形，厚度不发生变化。BCD段处材料在凹模肩部未发生弯曲、反弯曲变形，而发生接近胀形的两向不等拉深变形。另外，法兰曲边材料向直边扩散流动，使凸模底角部和侧壁材料受到周向拉应力作用，这部分材料几乎承担着集中作用在角部的大部分拉深力，板厚急剧减薄，易于发生裂纹缺陷。DE段在成形过程中，沿凸模肩部分布非均匀载荷导致凸模肩部板厚变形不均匀，同时，凸模肩部侧壁上部的材料是由圆角区法兰内缘流入的，而在法兰内缘，材料的增厚程度较大，这就导致了此处侧壁上下部分材料存在较大的厚度差。EF段板厚最大处并不在凸缘外缘，其原因是部分曲边材料流向直边，外缘中部产生周向拉深变形而使板材厚度减小，由于直边处与圆角处的受力不同，因而直边处与圆角处材料向凹模口移动的阻力不同，直边处远小于圆角处，最终靠近凹模口的材料增厚较大，达到1.032mm。

(5) 凸模圆角半径对成形件的影响

凸模圆角半径对方形壳体零件热拉深成形具有重要影响，若凸模圆角半径取得过小，会

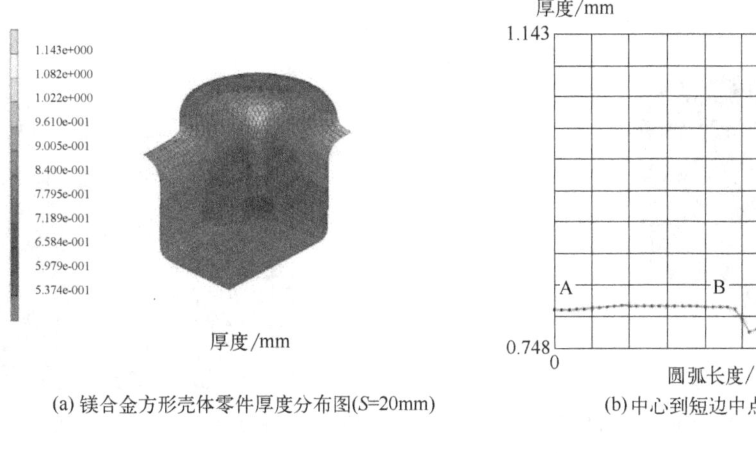

(a) 镁合金方形壳体零件厚度分布图(S=20mm)　(b) 中心到短边中点的厚度分布图

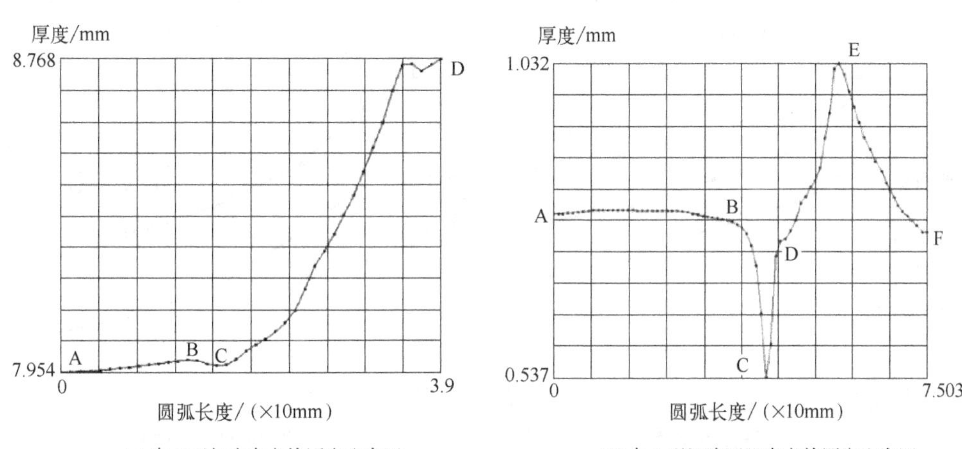

(c) 中心到长边中点的厚度分布图　(d) 中心到切边圆弧中点的厚度分布图

图 3.13　镁合金方形壳体零件厚度分布

严重加剧加工件壁厚减薄，易产生裂纹缺陷。若凸模圆角半径过大，在拉深初始阶段，坯料悬空部分面积增大，易发生变形失稳起皱缺陷。

拉深成形温度为 170℃，凹模圆角半径（r_d）为 4mm，板材初始厚度（t_0）为 0.8mm，摩擦因数为 0.1，凸模圆角半径（r_p）分别为 0.5mm、1.5mm、2mm、4mm、6mm、8mm。凸模圆角半径对拉深件变形区的等效应变、等效应力、厚度变化均有明显影响。

当凸模圆角半径为 0.5mm 时，由于圆角半径较小，凸模圆角区对坯料的弯曲作用力较大，从而使凸模圆角处材料受到较大的弯曲变形和拉深变形的复合变形，板材厚度变薄最严重，如图 3.14 所示。当拉深行程为 20mm 时，凸模圆角处已发生破裂。而当凸模圆角半径为 8mm 时，在拉深行程为 20mm 时，方形壳体零件的长边已发生起皱，如图 3.15 所示。当拉深行程分别为 10mm、20mm 时，凸模圆角半径对镁合金方形壳体零件的最大等效应力、最大等效应变、最小厚度、最大拉深力的影响如图 3.16 所示。分析可知，随着凸模圆角半径的增大，最大等效应力、最大等效应变逐渐减小，而最小厚度逐渐增大，即最大减薄率逐渐降低，最大拉深力逐渐减小。因此，增大凸模圆角半径，有利于提高材料流动性，提高成形件尺寸精度。

(6) 凹模圆角半径对成形件的影响

凹模圆角半径对方形壳体零件热拉深成形具有重要影响。当凹模圆角半径（r_d）过小时，材料产生的拉深变形、弯曲变形及反弯曲变形过大，致使板材厚度减薄严重，易使凹模圆角

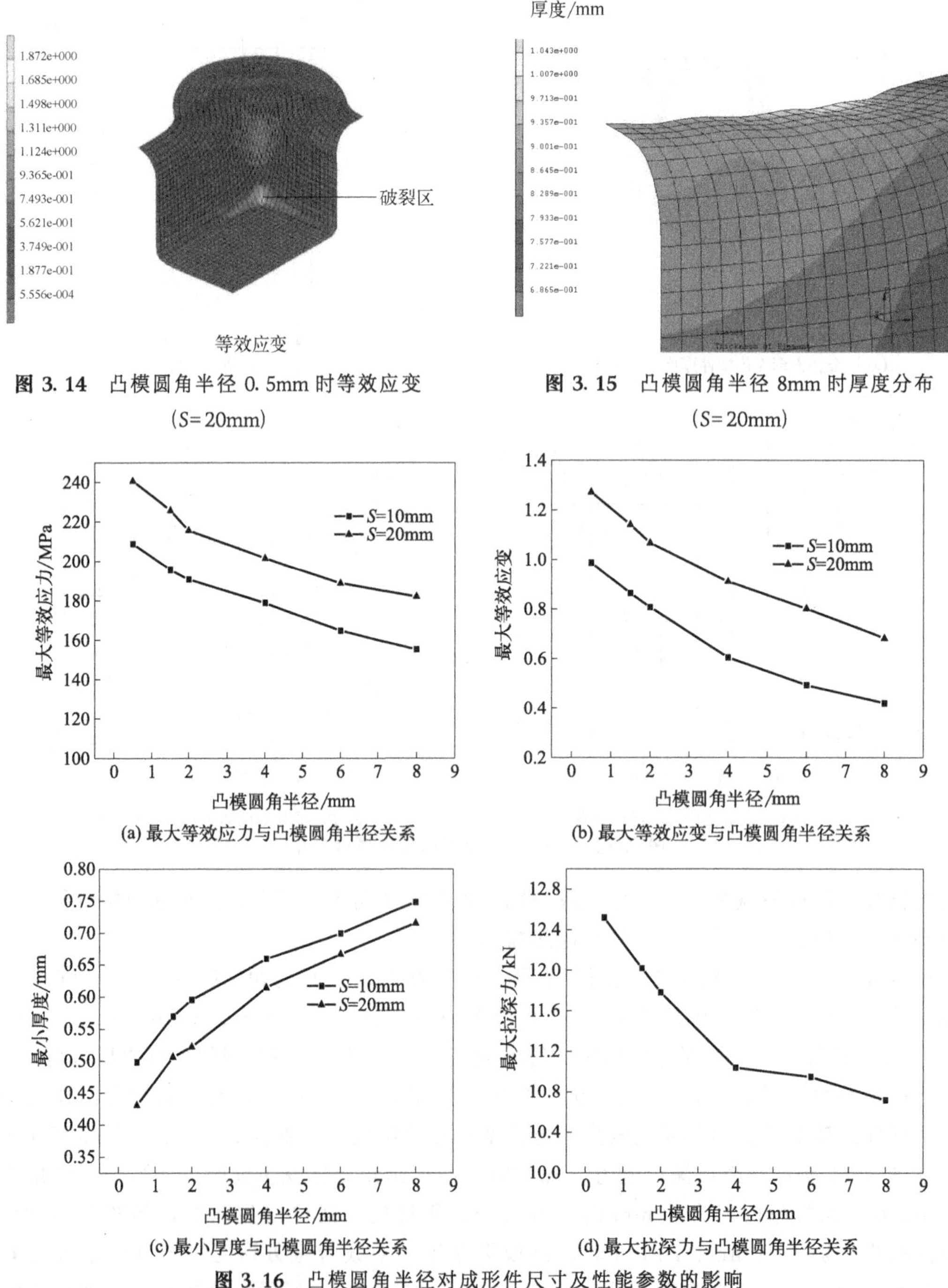

图 3.14 凸模圆角半径 0.5mm 时等效应变（S=20mm）

图 3.15 凸模圆角半径 8mm 时厚度分布（S=20mm）

(a) 最大等效应力与凸模圆角半径关系

(b) 最大等效应变与凸模圆角半径关系

(c) 最小厚度与凸模圆角半径关系

(d) 最大拉深力与凸模圆角半径关系

图 3.16 凸模圆角半径对成形件尺寸及性能参数的影响

处板材产生裂纹。如果凹模圆角半径过大，会使坯料过早脱离压边圈而出现起皱缺陷。

镁合金方形壳体零件热拉深成形温度为 170℃，凸模圆角半径（r_p）为 1.5mm，板材初始厚度（t_0）为 0.8mm，摩擦因数为 0.1，凹模圆角半径分别为 2mm、3mm、4mm、5mm、6mm、8mm、10mm。

凹模圆角半径对镁合金方形壳体零件热拉深成形时的厚度分布具有明显影响，如图 3.17 所示。当拉深行程 $S=20$mm 时，在凹模圆角半径为 6mm 时，在成形后期方形壳体零件长边已脱离凹模圆角并有轻微起皱；在凹模圆角半径为 10mm 时，长边起皱已非常严重。因此，镁合金方形壳体零件热拉深成形时，凹模圆角半径应取为 3～5mm。如果考虑板料厚度的影响，凹模圆角半径的取值范围为 (4～6)t_0。

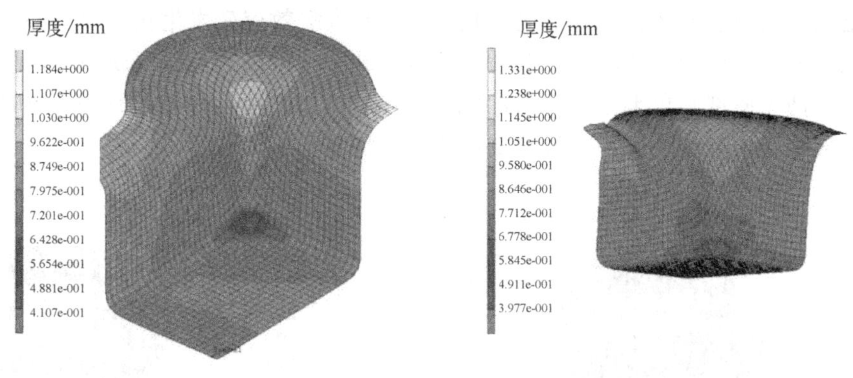

(a) 凹模圆角半径6mm　　(b) 凹模圆角半径10mm

图 3.17　镁合金方形壳体零件热拉深成形时厚度分布 (S=20mm)

当拉深行程 S=5mm、10mm、15mm、20mm 时，镁合金方形壳体零件热拉深变形区的最大等效应力、最大等效应变、最小厚度与凹模圆角半径的关系曲线如图 3.18～图 3.20 所示。在拉深行程相同时，随着凹模圆角半径的增大，最大等效应力逐渐减小，而最大等效应变、最小厚度逐渐增大，即加工件壁厚减薄率逐渐降低。在凹模圆角半径相同时，随着拉深行程的进行，最大等效应力、最大等效应变和最小厚度逐渐增大，即加工件壁厚减薄率逐渐降低。

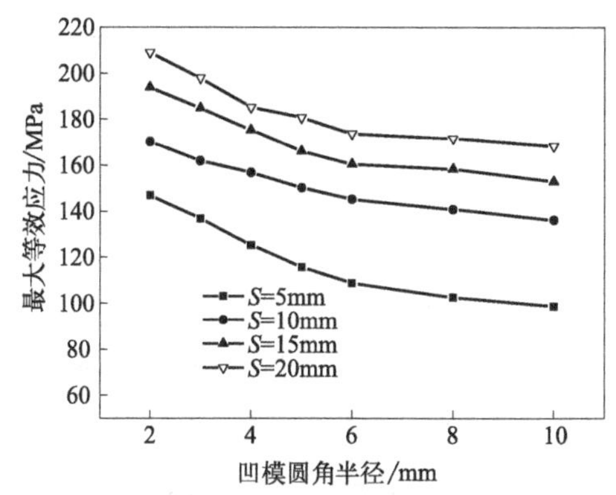

图 3.18　最大等效应力与凹模圆角半径关系曲线

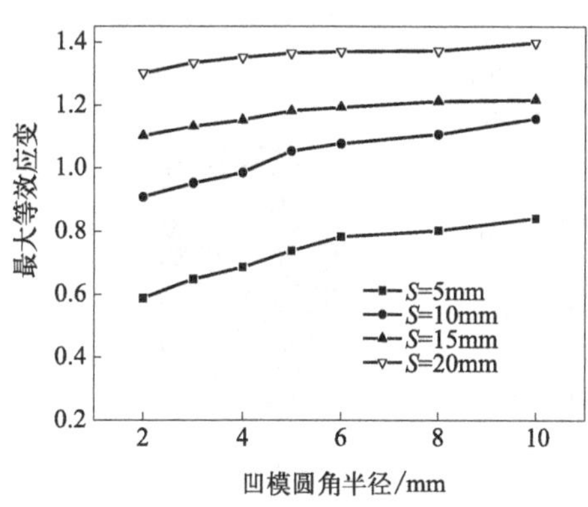

图 3.19　最大等效应变与凹模圆角半径关系

(7) 凸模肩部圆角半径对成形件的影响

在镁合金方形壳体零件热拉深成形时，凸模肩部圆角半径 (r_c) 不仅决定法兰曲边本身的变形状态，还影响长短边材料的流动性能。因此，凸模肩部圆角半径对方形壳体零件热拉深成形有重要影响。

镁合金方形壳体零件热拉深成形温度为 170℃，凸模圆角半径 (r_p) 为 1.5mm，凹模圆角半径 (r_d) 为 4mm，板材初始厚度 (t_0) 为 0.8mm，摩擦因数为 0.1，凸模肩部圆角半径 (r_c)

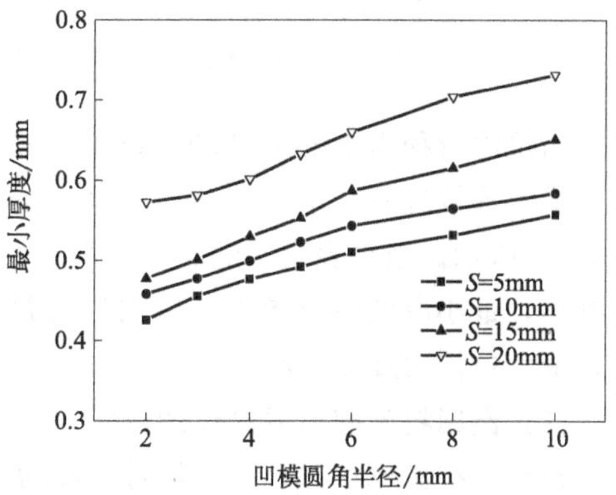

图 3.20　最小厚度与凹模圆角半径关系

分别为 0.5mm、1mm、2mm、2.5mm、3mm、5mm。

当拉深行程为 20mm 时，凸模肩部圆角半径对变形区的最大等效应变、等效应变、等效应变最大偏差值、最小厚度具有明显影响，如图 3.21 所示。分析可知，随着凸模肩部圆角半径的增大，凸模肩部坯料的等效应变减小，而最大等效应变发生在凸模肩部，凸模肩部也是方形壳体零件产生裂纹的部位，最大等效应变的减小可以避免裂纹缺陷的产生。等效应变最大偏差与凸模肩部圆角半径的关系曲线如图 3.21（d）所示，当拉深行程为 20mm 时，随着凸模肩部圆角半径的增大，等效应变最大偏差值减小。

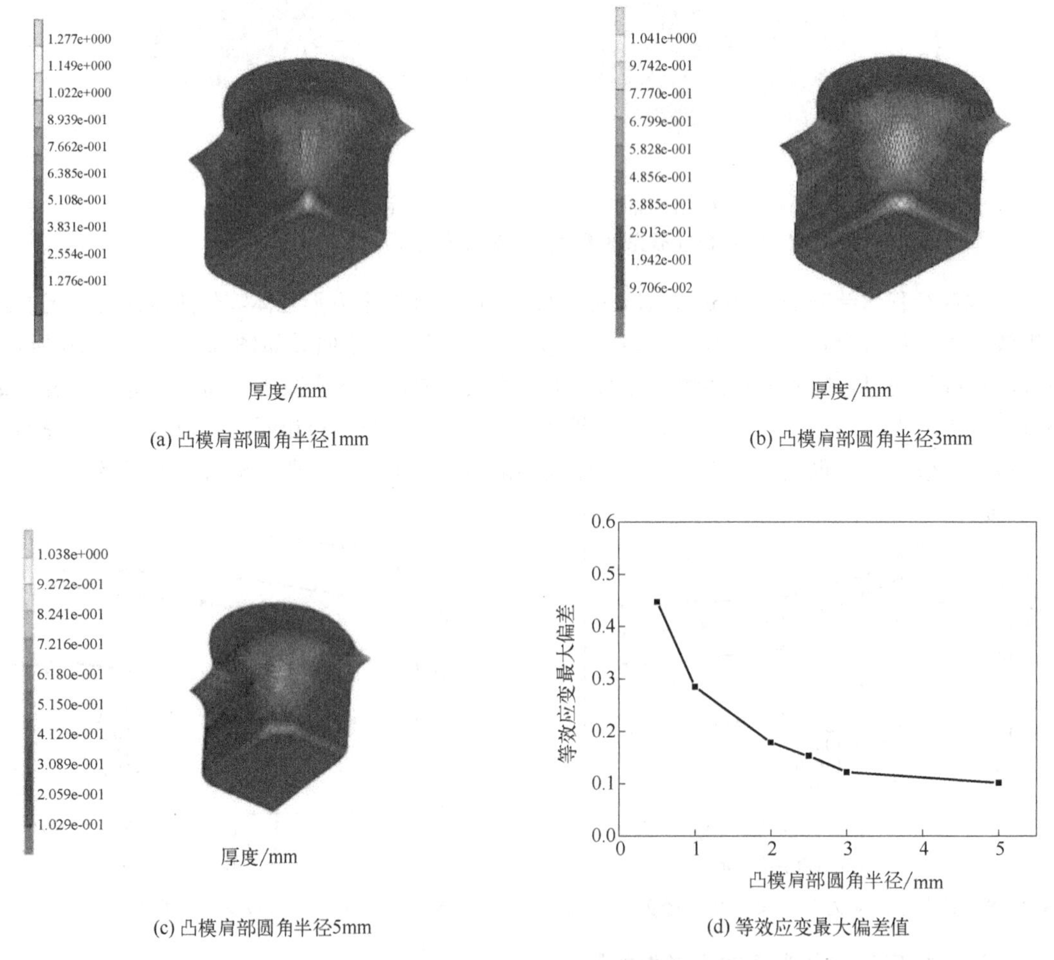

(a) 凸模肩部圆角半径1mm

(b) 凸模肩部圆角半径3mm

(c) 凸模肩部圆角半径5mm

(d) 等效应变最大偏差值

图 3.21 凸模肩部圆角半径对变形区等效应变分布的影响（$S=20$mm）

当拉深行程为 10mm 和 20mm 时，镁合金方形壳体热零件热拉深变形区的最大等效应力、最大等效应变、最小厚度、最大拉深力与凸模肩部圆角半径的变化曲线如图 3.22～图 3.25 所示。结果表明，随着凸模肩部圆角半径的增大，最大等效应力和最大等效应变逐渐减小，最小厚度逐渐增大，即加工件最大减薄率降低，而且随着凸模肩部圆角半径的增大，最大拉深力逐渐减小。

(8) 凸凹模间隙对成形件的影响

板料在拉深成形时会产生板材厚度增大现象，凸凹模间隙（Z）是根据拉深板材厚度确定的，凸凹模间隙的选择应利于材料的塑性流动。

镁合金方形壳体零件热拉深成形温度为 170℃，凸模圆角半径（r_p）为 1.5mm，凹模圆角半径（r_d）为 4mm，凸模肩部圆角半径（r_c）为 2mm，板材初始厚度（t_0）为 0.8mm，摩擦因数为 0.1，凸凹模间隙（Z）分别为 0.8mm、0.85mm、0.9mm、1.0mm、1.5mm。

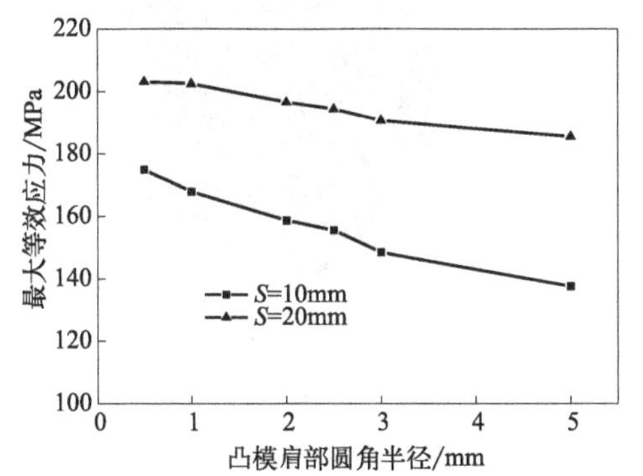

图 3.22　最大等效应力与凸模肩部圆角半径关系

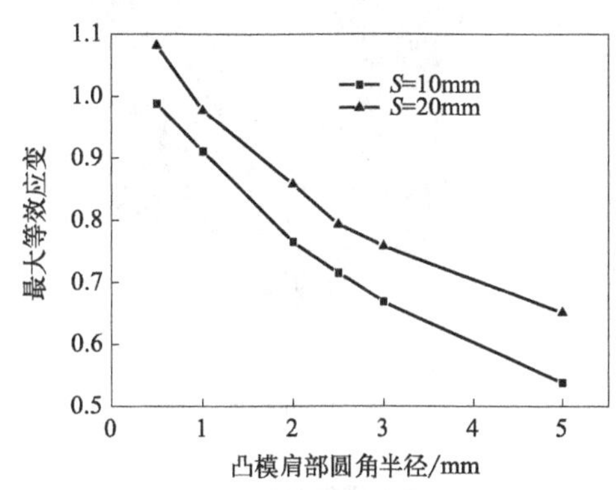

图 3.23　最大等效应变与凸模肩部圆角半径关系

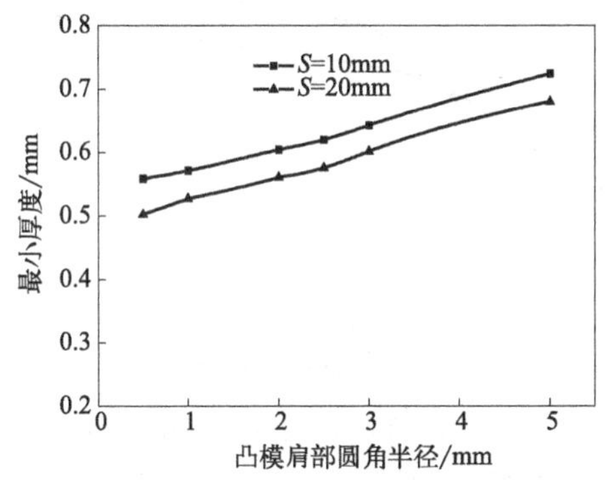

图 3.24　最小厚度与凸模肩部圆角半径关系

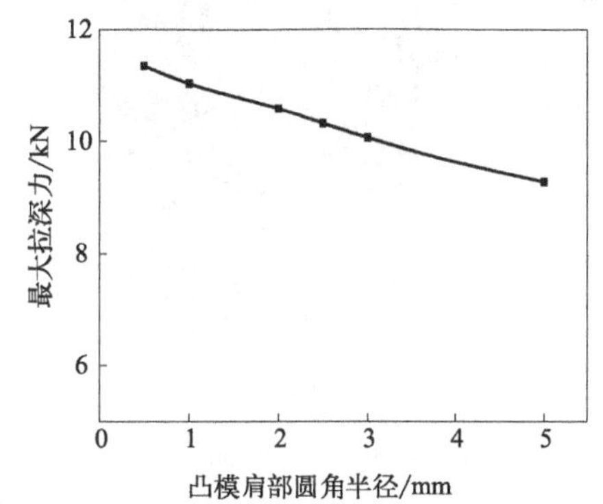

图 3.25　最大拉深力与凸模肩部圆角半径关系

对于不同的凸凹模间隙拉深成形过程，在拉深行程（S）为 20mm 时，镁合金方形壳体零件的最大等效应变与凸凹模间隙的关系如图 3.26 所示。可以看出，随着凸凹模间隙的增大，凹模口附近坯料的等效应变减小，可以有效地防止方形壳体零件在凹模口处破裂。由于凸凹模间隙增大，坯料与凸模的接触减少，减少了凸模圆角处的有益摩擦，致使凸模圆角部分坯料的等效应变增大，此处的板料最小厚度减小，加工件壁厚减薄率提高。而凸凹模间隙值的增大有利于材料的流动，板料的最大等效应力减小。在凸凹模间隙值为 1mm 时，有轻微的内皱出现。当凸凹模间隙为 1.5mm 时，如图 3.26（c）所示，在长边侧壁中部发生堆积而使其发生弯曲变形，这是由于间隙过大使侧壁上部分所受的摩擦阻力较小，从而使侧壁上下部分材料的流动存在差异，在中部产生堆积。因此，合适的凸凹模间隙（Z）为 0.85～0.9mm，一般 $Z=(1.06\sim1.13)t_0$。凸凹模间隙对最大等效应力和最小厚度的影响如图 3.27 所示，随着凸凹模间隙的增大，最大等效应力和最小厚度逐渐减小。

(9) 压边间隙对成形件的影响

压边间隙是影响镁合金方形壳体热零件热拉深成形质量的重要因素之一，通过改变压边间隙控制压边力的大小。随着压边间隙减小，材料在拉深变形向凹模内流动时受到的摩擦阻力增大，拉深力也逐渐增大。若压边间隙过大，则材料在拉深变形过程中容易出现起皱缺陷，影响成形件质量。

镁合金方形壳体零件热拉深成形温度为 170℃，凸模圆角半径（r_p）为 1.5mm，凹模圆角

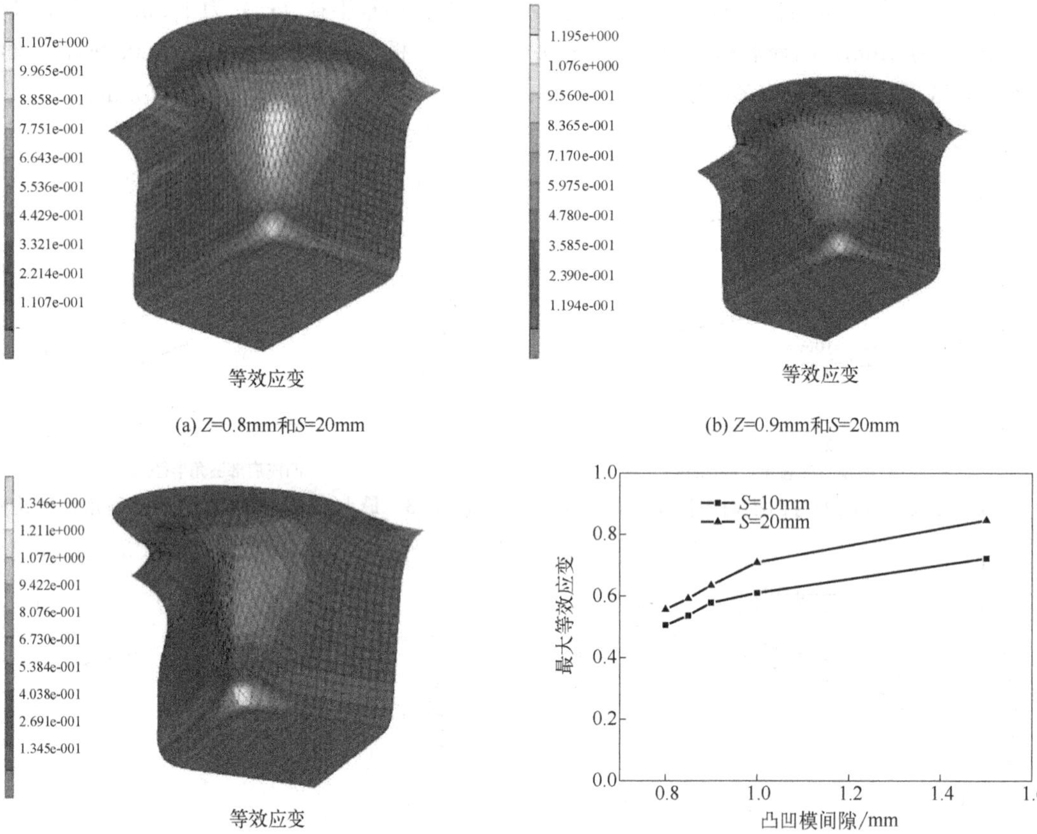

(a) Z=0.8mm和S=20mm

(b) Z=0.9mm和S=20mm

(c) Z=1.5mm和S=20mm

(d) 最大等效应变与凸凹模间隙关系

图 3.26　最大等效应变与凸凹模间隙关系

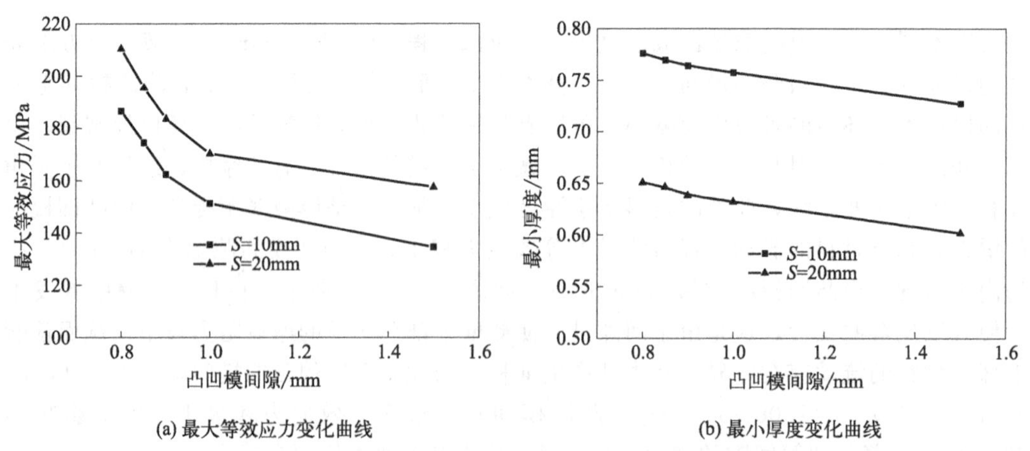

(a) 最大等效应力变化曲线

(b) 最小厚度变化曲线

图 3.27　凸凹模间隙对最大等效应力和最小厚度的影响

半径（r_d）为 4mm，凸模肩部圆角半径（r_c）为 2mm，凸凹模间隙（Z）为 0.8mm，摩擦因数为 0.1，压边间隙（c）分别为 0mm、0.08mm、0.16mm、0.24mm、0.32mm、0.48mm。

当压边间隙为 0mm、拉深行程（S）为 13.8mm 时，在凸模圆角处坯料已发生破裂，并且裂纹已开始向短边扩展，如图 3.28（a）所示。当压边间隙为 0.48mm、拉深行程（S）为 20mm 时，方形壳体零件长边和短边都已发生严重的起皱，如图 3.28（b）所示。

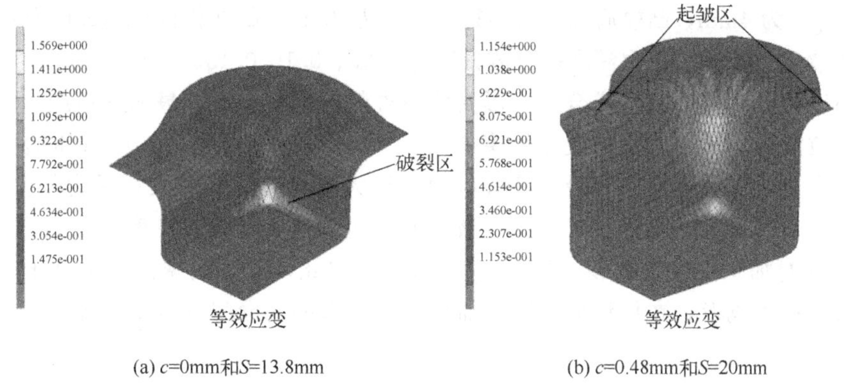

(a) c=0mm和S=13.8mm　　(b) c=0.48mm和S=20mm

图 3.28　不同压边间隙时的等效应变分布

在不同压边间隙、镁合金方形壳体零件热拉深变形时，最大等效应力、最大等效应变、最大拉深力、最小厚度的变化规律如图 3.29 所示。分析可知，随着压边间隙增大，最大等效应力逐渐减小，最大等效应变逐渐增大，最大拉深力逐渐减小，最小厚度逐渐增大，即加工件减薄率逐渐降低。合适的压边间隙（c）为 0.24～0.32mm，如果考虑压边间隙与板料厚度的关系，则镁合金方形壳体零件热拉深成形时的合理压边间隙为 $(0.3\sim0.4)t_0$。

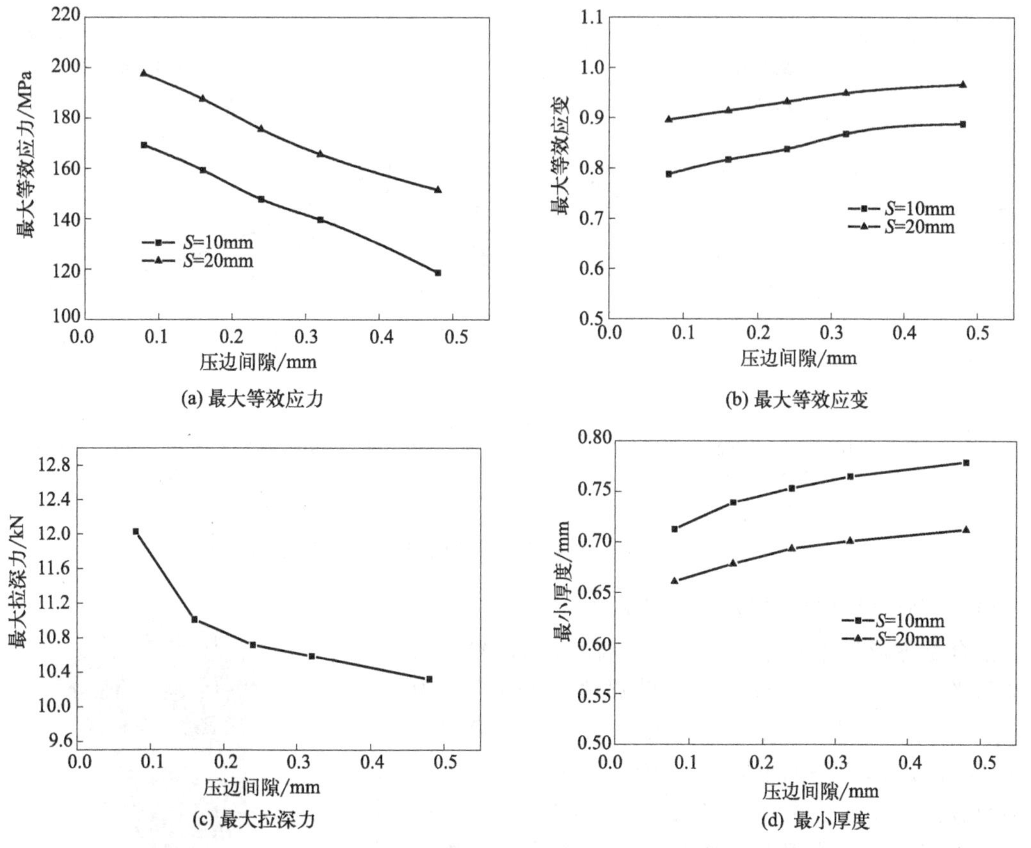

(a) 最大等效应力　　(b) 最大等效应变

(c) 最大拉深力　　(d) 最小厚度

图 3.29　压边间隙对镁合金方形壳体零件热拉深变形的影响

(10) 压边圈摩擦因数对成形件的影响

镁合金方形壳体零件热拉深成形温度为 170℃，凸模圆角半径（r_p）为 1.5mm，凹模圆角半径（r_d）为 4mm，凸模肩部圆角半径（r_c）为 2mm，凸凹模间隙（Z）为 0.8mm，压边间隙（c）为 0.16mm，压边圈摩擦因数分别为 0.05、0.1、0.15、0.2、0.3。

在不同压边圈摩擦因数、镁合金方形壳体零件热拉深变形时，最大等效应力、最大等效应变、最大拉深力、最小厚度的变化规律如图 3.30 所示。结果表明，随着压边圈摩擦因数的增大，镁合金方形壳体零件的最大等效应力、最大等效应变、最大拉深力均呈上升趋势，最小厚度减小，即最大减薄率提高，发生破裂的倾向也越来越大。在摩擦因数为 0.3、拉深行程为 10mm 时加工件发生破裂，如图 3.31 所示。因此，压边圈摩擦力不利于镁合金方形壳体零件的热拉深成形，在拉深成形时，需要施加合适的润滑剂以减小摩擦力，保证拉深成形顺利完成。

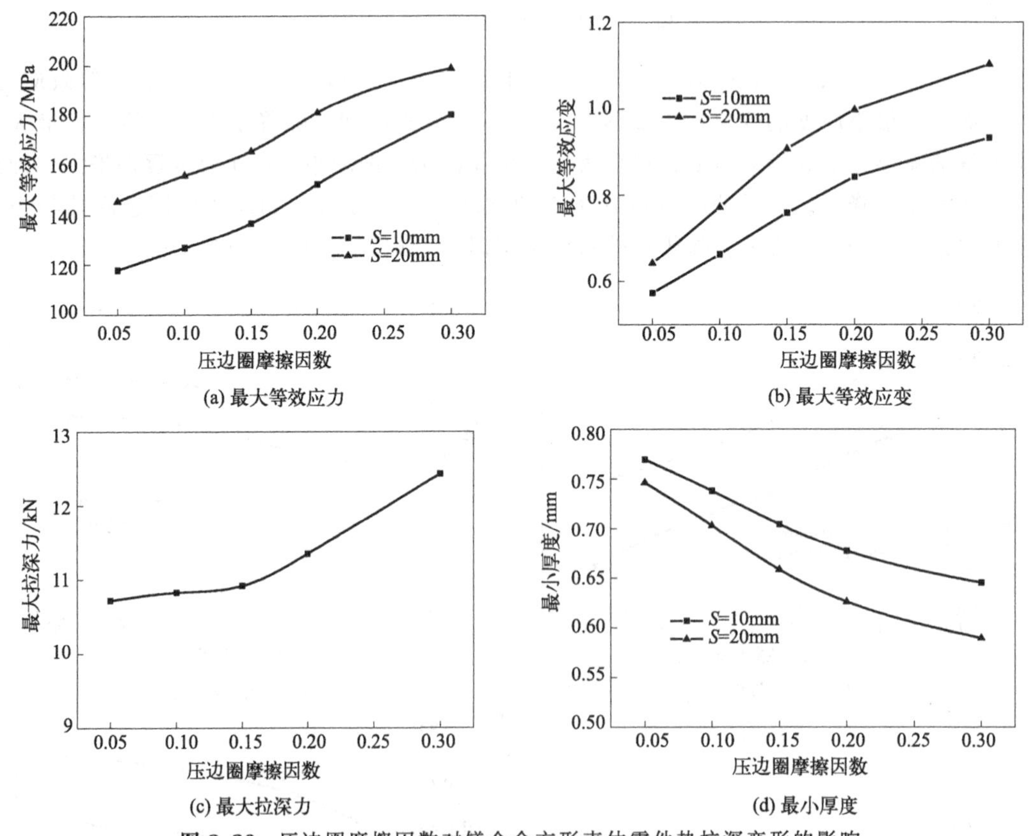

图 3.30 压边圈摩擦因数对镁合金方形壳体零件热拉深变形的影响

(11) 凸模摩擦因数对成形件的影响

镁合金方形壳体零件热拉深成形温度为 170℃，凸模圆角半径（r_p）为 1.5mm，凹模圆角半径（r_d）为 4mm，凸模肩部圆角半径（r_c）为 2mm，凸凹模间隙（Z）为 0.8mm，压边间隙（c）为 0.16mm，凸模摩擦因数分别为 0.05、0.1、0.15、0.2、0.3。

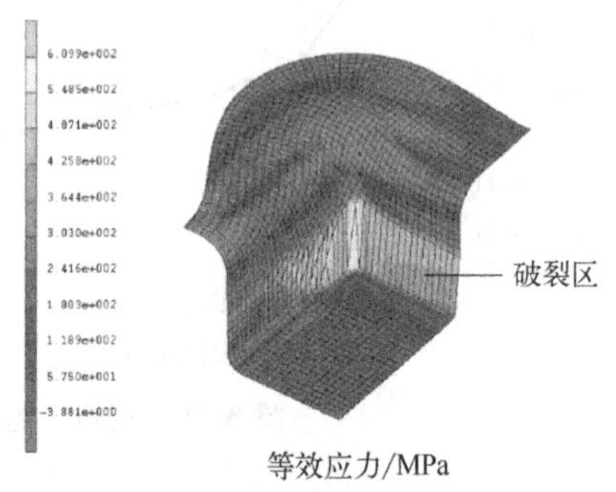

图 3.31 压边圈摩擦因数为 0.3 时的拉深件破裂图

在不同凸模摩擦因数、镁合金方形壳体零件热拉深变形时，最大等效应力、最大等效应变、最大拉深力、最小厚度的变化规律如图 3.32 所示。结果表明，随着凸模摩擦因数增大，镁合金方形壳体零件热拉深变形区的最大等效应力、最大等效应变、最大拉深力逐渐减小，而最小厚度逐渐增大，即最大减薄率降低。

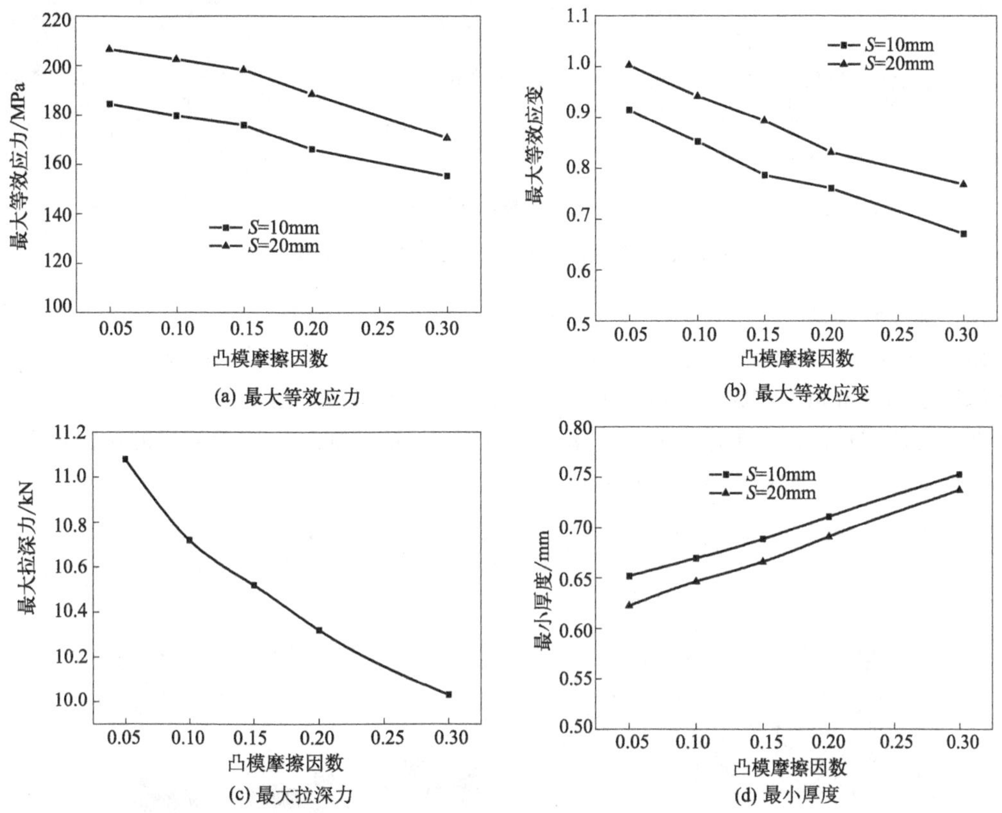

(a) 最大等效应力　(b) 最大等效应变　(c) 最大拉深力　(d) 最小厚度

图 3.32　凸模摩擦因数对镁合金方形壳体零件热拉深变形的影响

研究结果表明，凸模圆角半径、凹模圆角半径、凸模肩部圆角半径、凸凹模间隙、压边间隙、压边圈摩擦因数、凸模摩擦因数对镁合金方形壳体零件热拉深成形具有重要影响。在镁合金方形壳体零件热拉深成形时，凸模圆角半径取 5～8mm，凹模圆角半径取 3～5mm［即（4～6)t_0］，凸模肩部圆角半径取 1～2mm［即（1.25～2.5）t_0］，凸凹模间隙取 0.85～0.9mm［即（1.06～1.13）t_0］，压边间隙取 0.24～0.32mm［即（0.3～0.4)t_0］，拉深成形速度取 6～10mm/min。

3.2.3　镁合金方形壳体零件热拉深成形实验研究

(1) 模具结构及工艺参数

镁合金方形壳体零件热拉深成形模具结构如图 3.33（a）所示。压边方式采用刚性压边方法，通过调整压边间隙来调整压边力。采用电加热棒（电阻棒）加热方法对模具进行预热并保持一定温度，电阻棒在加热板上的分布如图 3.33（b）所示，模具装置及加热装置实物如图 3.33（c）所示。

在镁合金方形壳体零件热拉深成形时，凸模圆角半径为 8mm，凹模圆角半径为 4mm，凸模肩部圆角半径为 2mm，凸凹模间隙为 0.9mm，压边间隙为 0.25mm，板材厚度为 0.8mm，拉深成形温度分别为 150℃、170℃、200℃，拉深速度为 8mm/min。

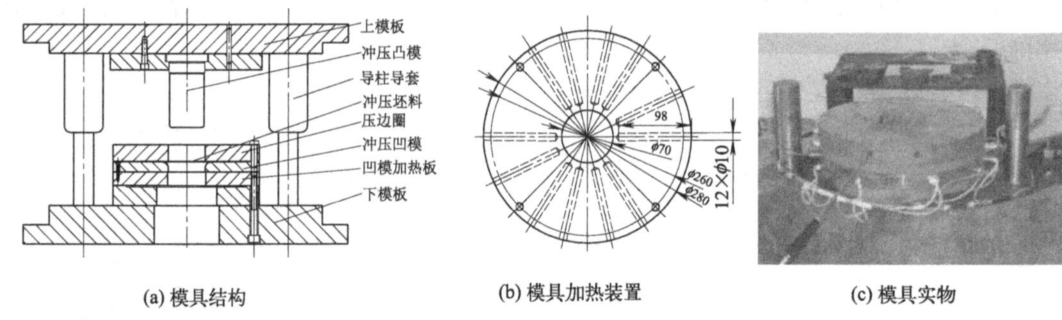

(a) 模具结构　(b) 模具加热装置　(c) 模具实物

图 3.33　镁合金方形壳体零件热拉深成形模具

(2) 加工件质量

图 3.34 所示为加工出的镁合金方形壳体零件，加工件质量很好。在成形温度 150℃时，拉深深度达到 15mm，在成形温度 170℃和 200℃时，拉深深度达到 20mm，可以满足一般电子方形壳体零件的尺寸要求。在成形温度 170℃时，成功加工出质量较好的拉深成形方形壳体零件批量产品，如图 3.34（b）所示。

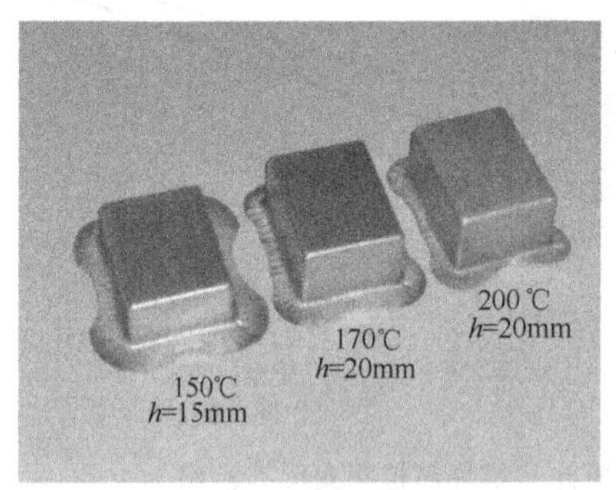

(a) 不同温度下的拉深成形件

(b) 170℃时的拉深成形件

图 3.34　镁合金方形壳体零件

将镁合金方形壳体零件进行冲孔和表面处理，获得合格的某型号镁合金电子产品外壳，如图 3.35 所示，产品外观色泽鲜艳美观，尺寸精度满足要求。

(a) 镁合金壳体拉深件

(b) 镁合金壳体产品件

图 3.35　镁合金 MP3 外壳

3.2.4　实验结果分析

(1) 加工件厚度分布规律

图 3.36 所示为镁合金拉深成形方形壳体零件，成形件厚度分布规律如图 3.37 所示。分析可知，在沿对角线距离盒底中心 32.4mm 处的坯料发生最大减薄，此处为凸模肩部圆角

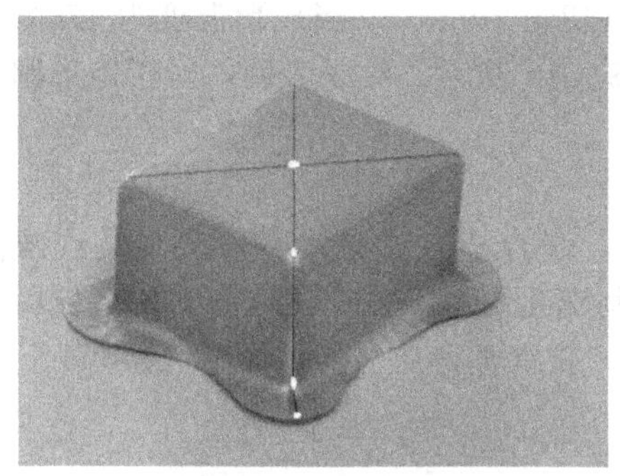
(a) 镁合金方形壳体实验件

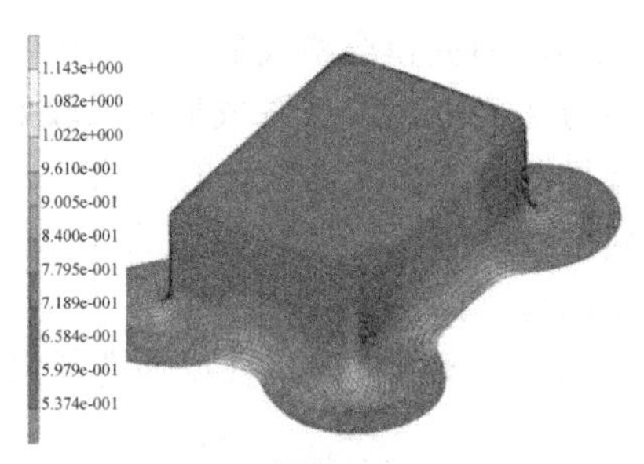

(b) 镁合金方形壳体零件模拟结果

图 3.36　镁合金拉深成形方形壳体零件（$S=20\text{mm}$）

处的坯料，这是由于凸模肩部圆角处的坯料未发生弯曲、反弯曲，而发生接近胀形的两向不等拉深变形。此外，法兰曲边材料向直边扩散流动，使凸模底角部和侧壁材料受到切向拉应力作用，板材厚度急剧减薄。数值模拟减薄率结果与实际拉深件结果相吻合。

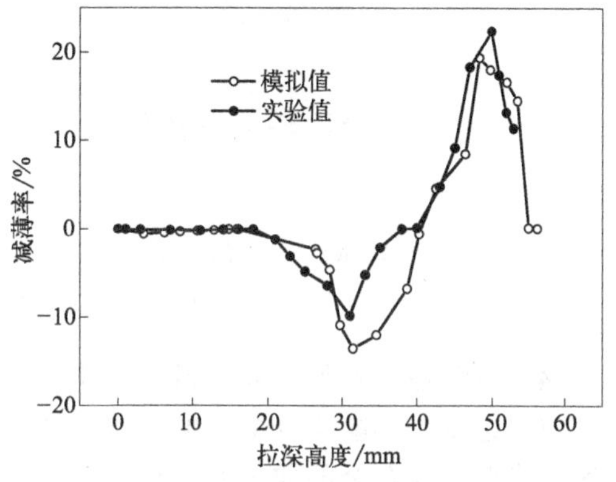

图 3.37　成形件厚度分布规律

(2) 坯料形状对加工件质量的影响

图 3.38 所示为矩形坯料、矩形直线切角坯料、矩形圆弧切角坯料的拉深成形件。对于矩形坯料，当成形温度为室温时，在拉深行程 5mm 时侧壁底部减薄区出现裂纹缺陷，并向直边中心扩展，如图 3.38（a）所示。对于矩形直线切角坯料（切角 25mm），当成形温度为室温时，在拉深行程为 9.8mm 时出现裂纹缺陷，如图 3.38（b）所示。对于矩形直线切角坯料（切角 20mm），当成形温度为 170℃时，在拉深行程为 12mm 时获得合格加工件，

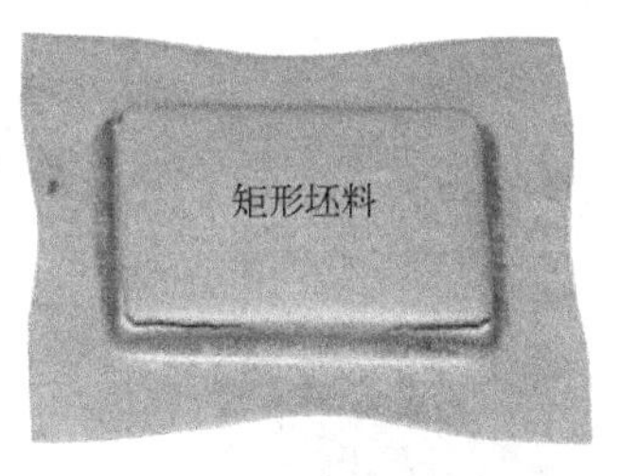

(a) 矩形坯料

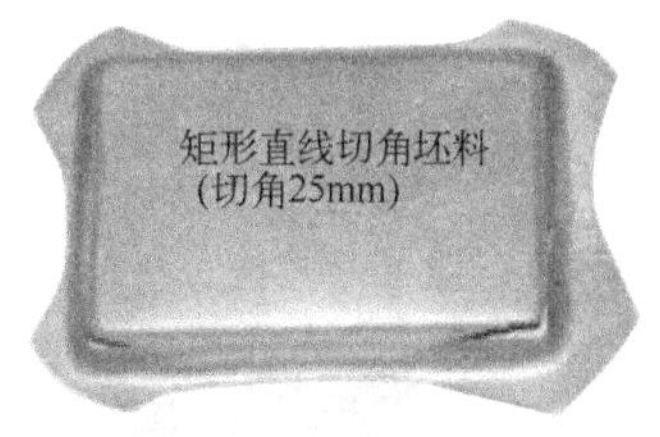

(b) 矩形直线切角坯料(切角25mm)

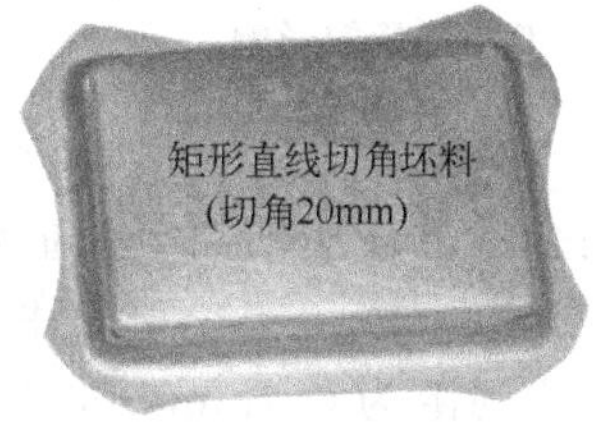

(c) 矩形直线切角坯料(切角20mm)

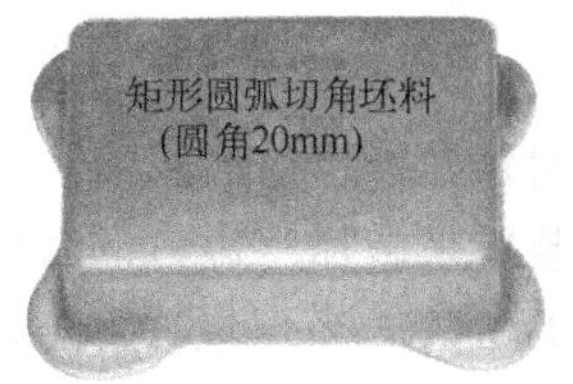

(d) 矩形圆弧切角坯料(切角20mm)

图 3.38　坯料形状对拉深成形件质量的影响

如图 3.38（c）所示。对于矩形圆弧切角坯料（切角 20mm），当成形温度为 170℃时，在拉深行程为 20mm 时获得合格成形件，如图 3.38（d）所示。结果表明，对于矩形圆弧切角坯料，当切角为 20mm 时，拉深成形效果较好。

（3）模具温度对加工件质量的影响

当凸模温度为室温、坯料温度为 170℃时，镁合金方形壳体零件出现裂纹缺陷，如图 3.39（a）所示。当凸模温度为 60～80℃、坯料温度为 170℃时，凸模圆角区板料应变硬化能力较弱，抗拉强度降低，塑性成形性能提高，获得合格加工件，如图 3.39（b）所示。

(a) 凸模温度为室温时加工件裂纹

(b) 凸模温度为70℃时合格加工件

图 3.39　凸模温度对加工件质量的影响

（4）拉深速度对加工件质量的影响

拉深速度是影响镁合金方形壳体零件质量的重要因素之一，对于镁合金板材，随着拉深速度的降低，镁合金的伸长率提高，材料变形抗力减小，有利于提高镁合金加工件质量，如图 3.40 所示。当拉深速度（v）为 25mm/min 时，加工件出现破裂缺陷。当成形温度相同时，随着拉深速度的降低，镁合金板材的拉深性能得到很大改善。其原因是在较低的拉深速度范围内，随着拉深速度的提高，法兰变形区板料应变硬化程度逐渐增强，使变形抗力增大，从而导致凸模圆角附近板材产生破裂缺陷，拉深件的极限拉深比也随之减小。因此，合适的成形温度为 170℃、拉深速度小于 10mm/min。

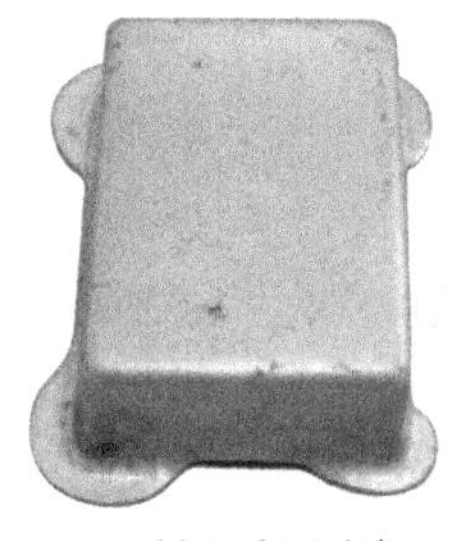

(a) v=6mm/min

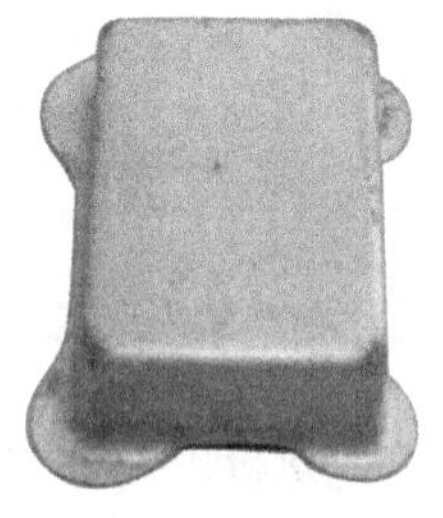

(b) v=8mm/min

(c) v=10mm/min

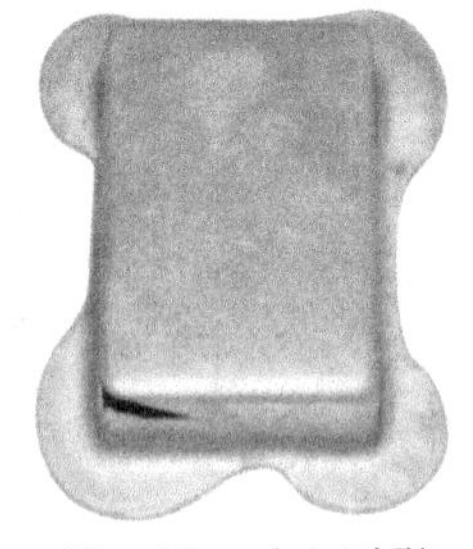

(d) v=25mm/min(破裂)

图 3.40　拉深速度对加工件质量的影响

（5）压边间隙对加工件质量的影响

采用刚性压边装置来施加压边力，因此控制合适的压边间隙至关重要。图 3.41 所示为不同压边间隙时的加工件。当压边间隙（c）为 0～0.15mm 时，加工件出现破裂缺陷，但随着压边间隙的增大，破裂程度有所减轻。当压边间隙为 0.4mm 时，法兰部位出现起皱缺陷。图 3.42 所示为压边间隙为 0.2～0.3mm、拉深速度为 8mm/min 时的加工件，破裂和起皱缺陷得到控制，拉深成形件质量较好。

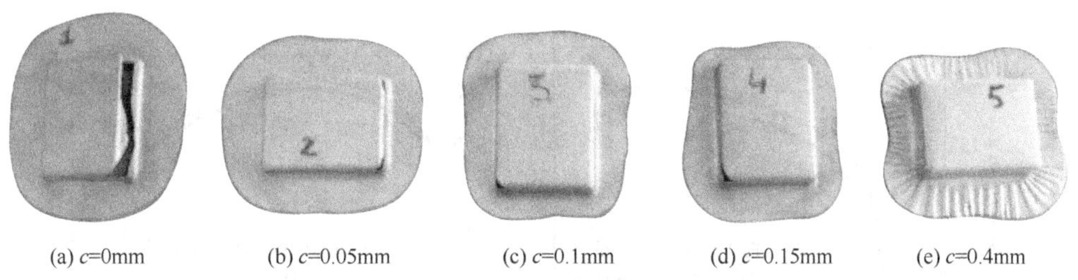

图 3.41　不同压边间隙时的加工件

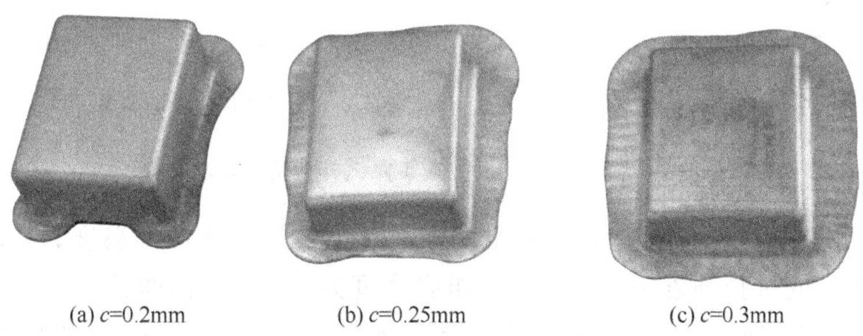

图 3.42　压边间隙为 0.2～0.3mm 时的加工件

3.2.5　加工件力学性能分析

采用单向拉伸实验方法测试镁合金方形壳体零件底部和侧壁的力学性能。单向拉伸试样尺寸和拉伸试样如图 3.43 所示，得到拉伸试样在室温、50℃、100℃和 170℃时的真实应力-应变曲线，拉伸速度为 3mm/min 如图 3.44 所示。在室温条件下，加工件（侧壁试样）的

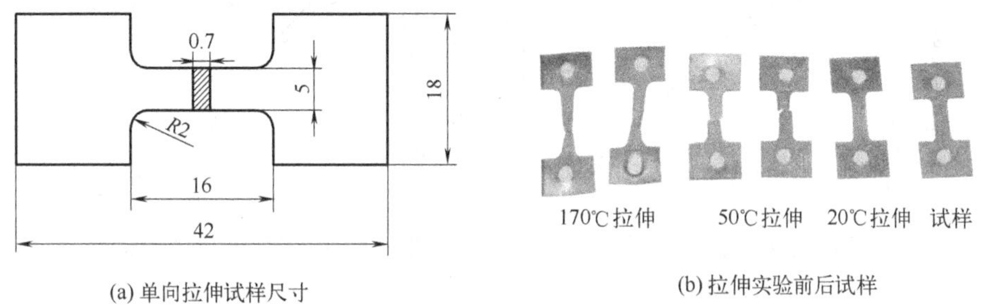

图 3.43　单向拉伸试样尺寸及拉伸试样

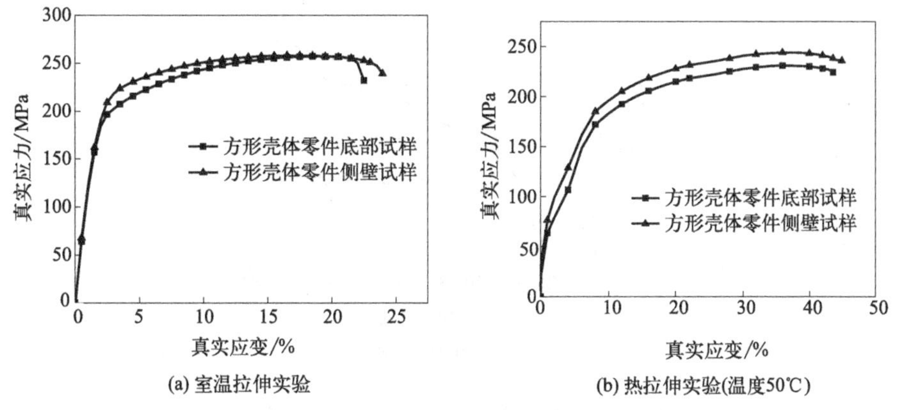

图 3.44

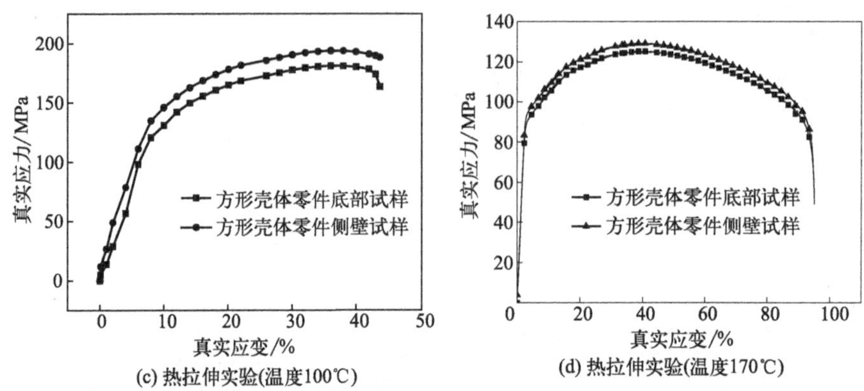

(c) 热拉伸实验(温度100℃)

(d) 热拉伸实验(温度170℃)

图 3.44 镁合金方形壳体零件试样应力-应变曲线

抗拉强度为265MPa，屈服强度为198MPa，伸长率为23%。在拉伸温度为50℃的热拉伸实验条件下，加工件的抗拉强度为252MPa，屈服强度为185MPa，伸长率为38%。在拉伸温度为100℃的热拉伸实验条件下，加工件的抗拉强度为203MPa，屈服强度为134MPa，伸长率为40%。在拉伸温度为170℃的热拉伸实验条件下，加工件的抗拉强度为132MPa，屈服强度为92MPa，伸长率为55%。不同拉伸实验条件下的抗拉强度、屈服强度、伸长率如图3.45所示。屈服强度和抗拉强度随着拉伸温度的升高而减小，而伸长率则随温度的升高而提高。底部试样的力学性能好于侧壁试样的力学性能。

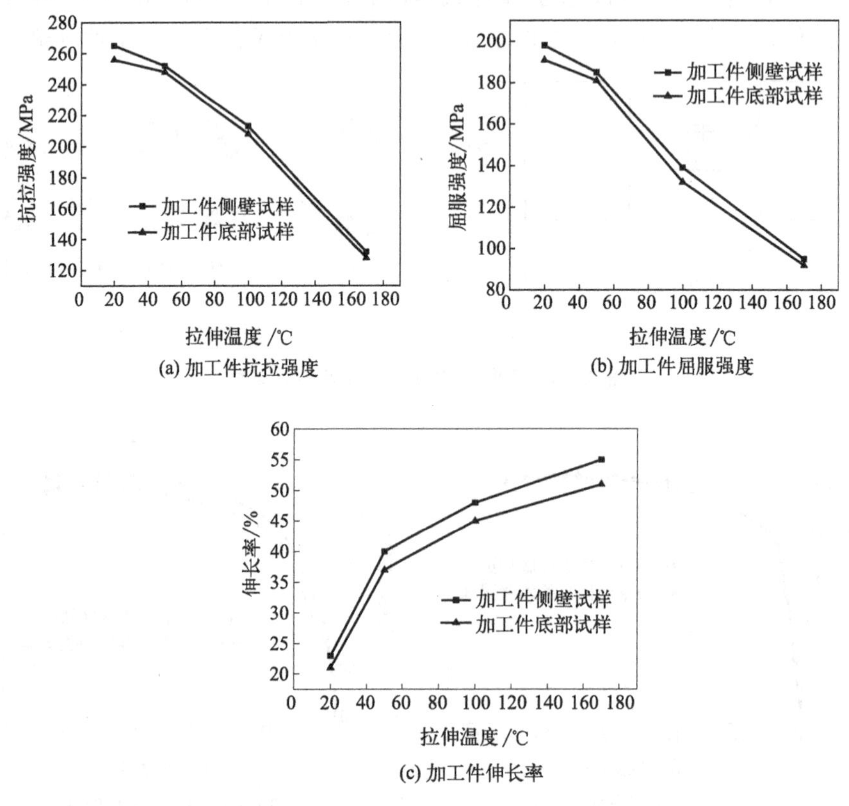

(a) 加工件抗拉强度

(b) 加工件屈服强度

(c) 加工件伸长率

图 3.45 镁合金方形壳体零件的力学性能

3.3 镁合金手机壳体充液拉深成形

3.3.1 镁合金手机壳体充液拉深成形数值模拟

(1) 手机壳体零件尺寸

手机壳体零件及坯料尺寸如图 3.46 所示。手机壳体零件材料为 AZ31 镁合金板材。手机壳体零件底部具有斜面，形成阶梯。底部、棱边圆角半径较小，分别为 $R1.5$ 和 $R2$。由于阶梯形状的存在，采用常规热拉深工艺需要两道次拉深成形，道次间需要退火，并且因多工序加工的累积影响，零件质量差。对于这种带有小圆角的零件，成形难度较大，镁合金室温充液拉深成形技术无法实现。而采用镁合金热充液拉深成形技术，有利于提高镁合金材料成形性能和加工具有小尖角的方形壳体零件。镁合金热充液拉深成形时，成形模具及充液液体温度保持在 100～200℃范围内，获得了预期实验结果。

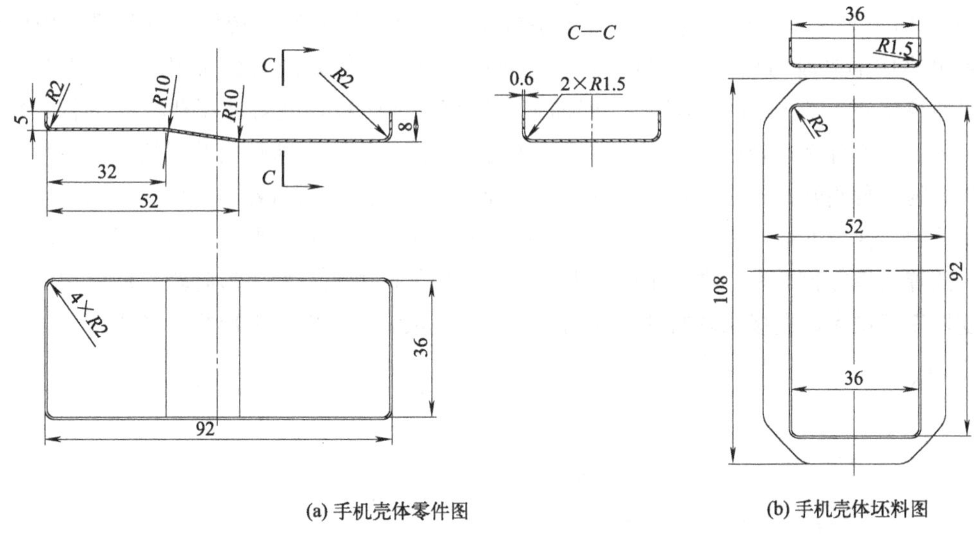

(a) 手机壳体零件图　　(b) 手机壳体坯料图

图 3.46 镁合金手机壳体零件及坯料尺寸

(2) 几何模型建立

镁合金手机壳体是阶梯形的零件，压边圈、冲压凹模和坯料模型等计算模型如图 3.47 (a) 所示。在数值模拟计算时，冲压凸模、压边圈和冲压凹模都被定义为刚体，不发生变形，只有镁合金坯料被定义为变形体。坯料的尺寸为 120mm×75mm，圆角半径为 25mm。一般板材拉深成形时，在加工件底部、侧壁受到单向拉伸应力作用，这种应力状态不利于提高材料成形性能，易于产生拉裂等缺陷。采用充液拉深成形技术加工镁合金手机壳体时，在加工件底部和侧壁的每个质点都产生两向压缩应力和一向拉伸应力作用，有利于提高材料的成形性能。在变形体网格划分时，加工件底部和侧壁部分具有加载液压力部分，坯料法兰部分具有压边力作用部分。采用前沿法和自适用网格划分方法完成变形体网格划分，如图 3.47 (b) 所示。

采用数值模拟方法研究分析镁合金壳体零件充液拉深过程中的温度场、应变场、应力场、变形力、减薄率变化规律，分析工艺参数的影响规律，优化模具结构和工艺参数。根据加工件尺寸确定镁合金坯料尺寸为 120mm×70mm×0.8mm。

确定了镁合金手机壳体充液拉深成形工艺参数，包括成形温度为 170℃，凸模圆角半径

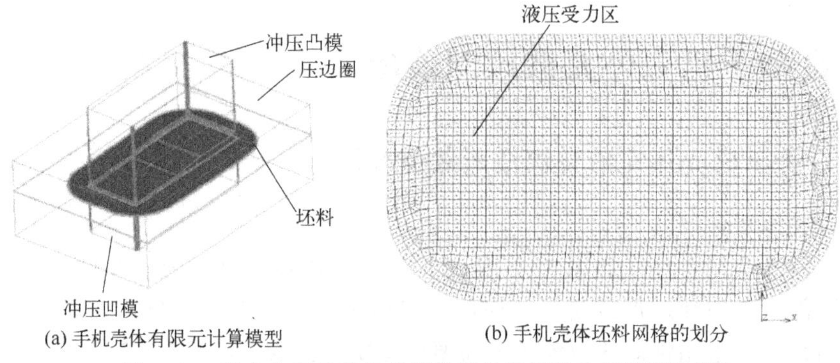

(a) 手机壳体有限元计算模型　　(b) 手机壳体坯料网格的划分

图 3.47　镁合金手机壳体充液拉深几何模型及坯料网格划分

为 1.5mm，凹模圆角半径为 3mm，凸凹模间隙为 0.84mm，摩擦因数为 0.1，冲头速度为 0.275mm/s，液压力为 10MPa，坯料尺寸为 120mm×70mm×0.7mm。

(3) 模拟结果分析

图 3.48～图 3.50 分别显示了镁合金手机壳体充液拉深成形在初始成形阶段、中间成形阶段和最终成形阶段的加工件厚度分布、等效应变分布、等效应力分布图。结果表明，冲压凸模是阶梯形的，在初始成形阶段，即加工件底部成形阶段，随着冲压凸模的下行，冲压凸模坐标较低的部分先接触坯料，同时由于液压力的作用，坯料不断贴模并开始成形，冲压凸模坐标较高的部分刚开始接触坯料，所以在坐标较低部分的凸模圆角处的变形程度最大，靠近凸模圆角处的减薄程度最严重。此时坐标较高部分刚开始成形，其变形程度小，板材厚度变化不明显。随着凸模行程增大，进入中间成形阶段，即加工件侧壁开始成形阶段，坯料在凸模圆角处的变形逐渐增大，先接触坯料的凸模圆角部分变形最大，坯料底部形状已经成形完毕，底部

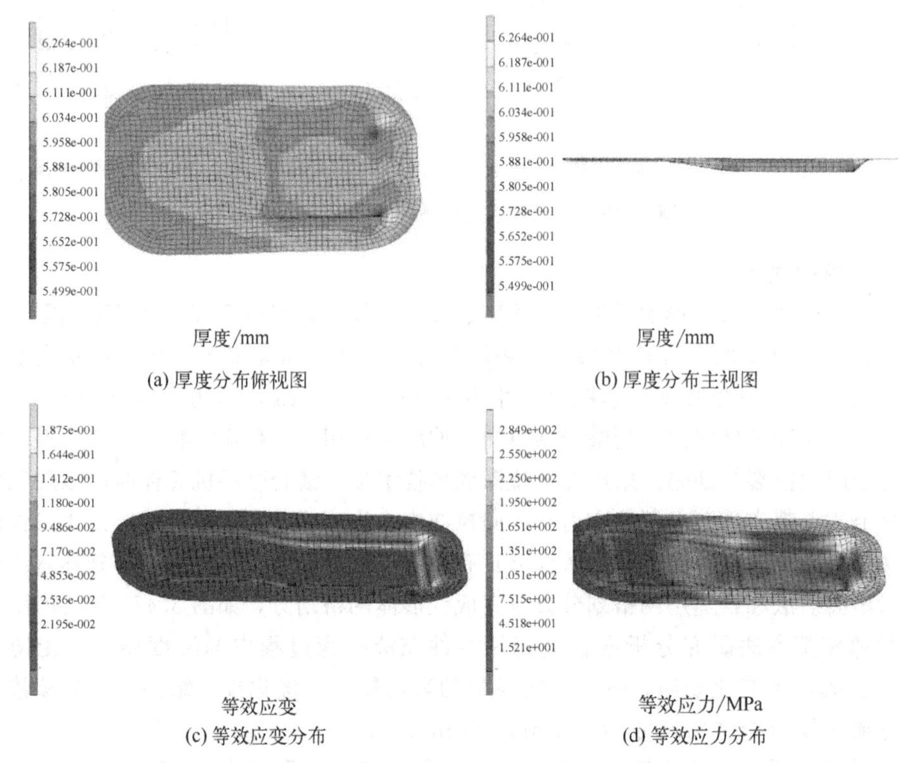

(a) 厚度分布俯视图　　(b) 厚度分布主视图

(c) 等效应变分布　　(d) 等效应力分布

图 3.48　镁合金手机壳体初始成形阶段

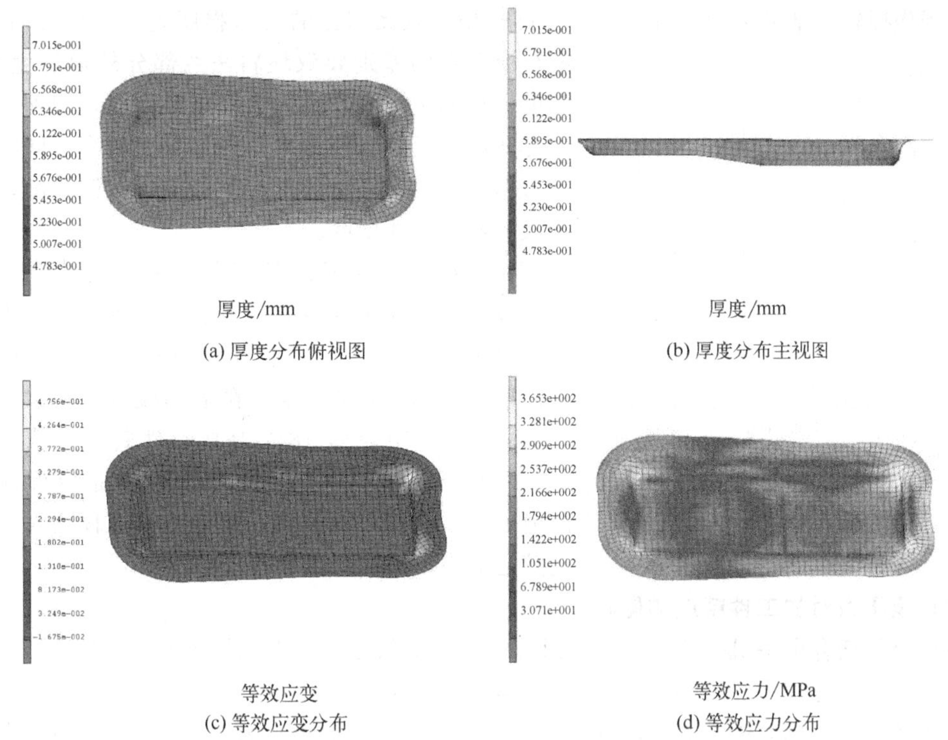

厚度/mm　　厚度/mm

(a) 厚度分布俯视图　　(b) 厚度分布主视图

等效应变　　等效应力/MPa

(c) 等效应变分布　　(d) 等效应力分布

图 3.49　镁合金手机壳体中间成形阶段

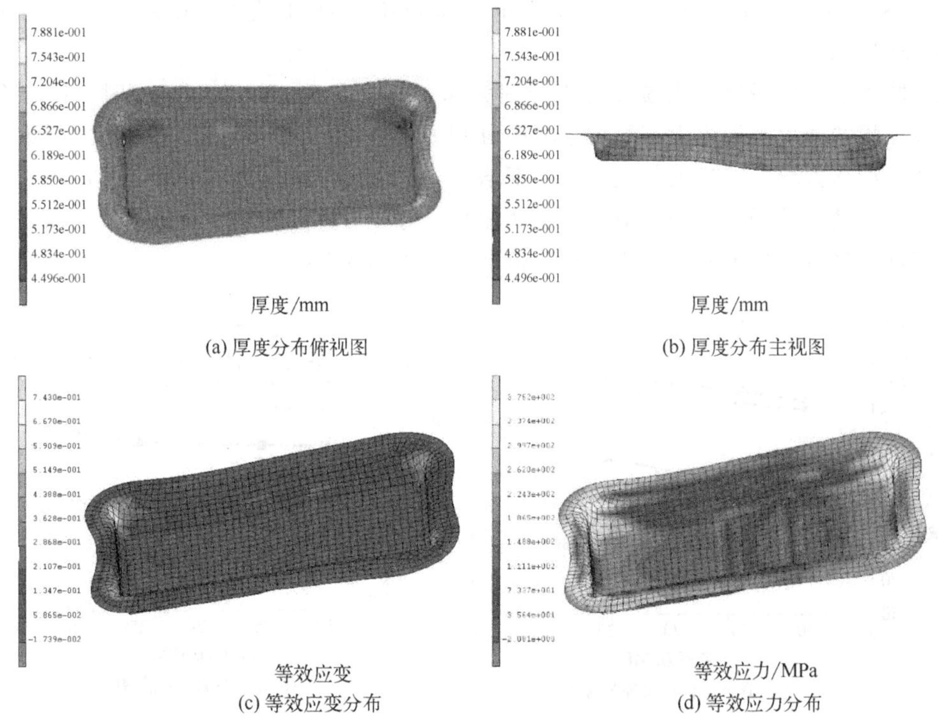

厚度/mm　　厚度/mm

(a) 厚度分布俯视图　　(b) 厚度分布主视图

等效应变　　等效应力/MPa

(c) 等效应变分布　　(d) 等效应力分布

图 3.50　镁合金手机壳体最终成形阶段

厚度减薄现象不明显，在壳体件直壁上部分厚度增大，越接近凹模口部则增厚越大，直壁下部分厚度减小，出现变薄现象，靠近凸模圆角处变薄情况最严重。由于成形件的高度不同，因此冲压凸模坐标较低部分的变形程度比冲压凸模坐标较高部分的变形程度大，材料流动量大。材料流动量的差别导致坯料法兰部分外形发生变化。凸模行程继续增大，进入最终成形阶段，即加工件侧壁与凹模口接触部位成形，变形程度较小，同时在液压力作用下，保证坯料与冲压凸模的贴模程度，以提高成形件的尺寸精度。

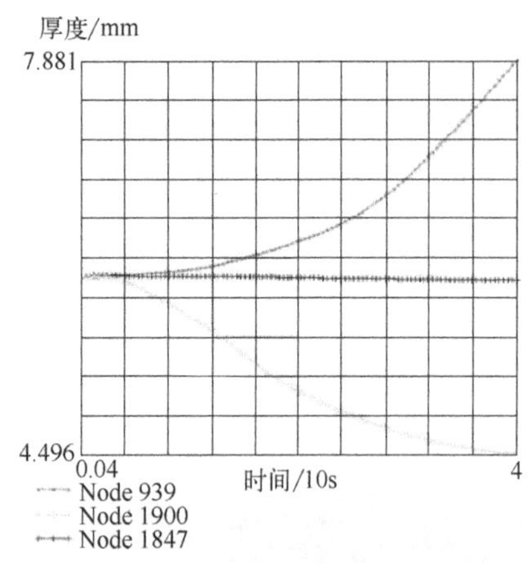

图 3.51 镁合金手机壳体不同区域的厚度变化曲线

在坯料上对应成形件底部区域、成形件圆角区域、成形件口部区域各取一节点，分析变形过程中厚度变化规律，如图 3.51 所示。节点号 939 是接近成形件口部区域所取的节点，随着凸模行程增大，其厚度随之增大。节点号 1847 是成形件底部区域所取的节点，其厚度基本不变。节点号 1900 是成形件靠近凸模圆角区域所取的节点，随着凸模行程增大，其厚度随之减小，出现最大变薄现象。

(4) 液压力对加工件精度的影响

液压力是镁合金手机壳体充液拉深成形的重要参数之一，液压加压方式为匀速加压。分析液压力对成形过程中的影响，确定合适的液压力参数。

确定镁合金手机壳体充液拉深成形工艺参数，包括成形温度为 170℃，凸模圆角半径为 1.5mm，凹模圆角半径为 3mm，凸凹模间隙为 0.84mm，摩擦因数为 0.1，冲头速度为 0.275mm/s，坯料尺寸为 120mm × 70mm × 0.7mm，液压力分别为 10MPa、15MPa、25MPa、30MPa。

在不同液压力作用下，当拉深行程分别为 3.6mm、7.2mm、10.8mm 时，镁合金壳体零件充液拉深的最大等效应力、最大减薄率分别如图 3.52 (a) 和图 3.52 (b) 所示。可以发现，随着液压力增大，最大等效应力逐渐增大，适当增加液压力，有利于提高板材塑性成形性能；随着液压力增大，板材最大减薄率提高，对成形件尺寸精度有影响。所以镁合金方形壳体零件充液拉深成形时，液压力取值范围为 10～20MPa。

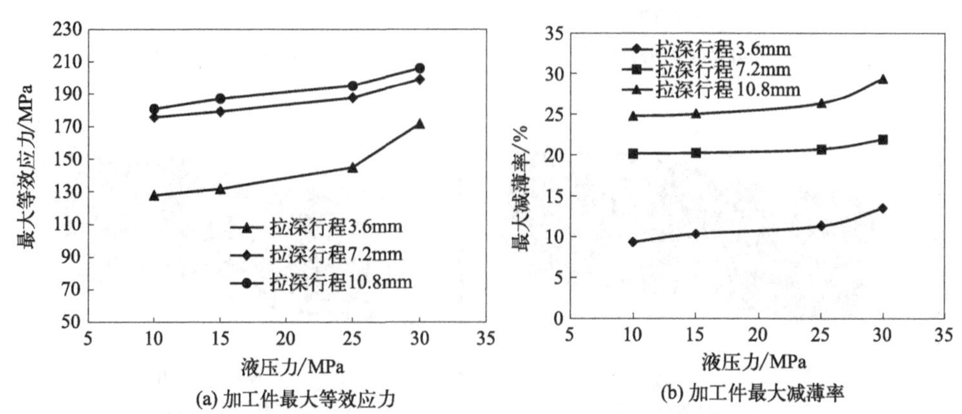

图 3.52 最大等效应力和最大减薄率与液压力关系曲线

(5) 凹模圆角半径对镁合金手机壳体充液拉深成形的影响

确定镁合金手机壳体充液拉深成形工艺参数，包括成形温度为 170℃，凸模圆角半径为

1.5mm，凸凹模间隙为 0.84mm，摩擦因数为 0.1，冲头速度为 0.275mm/s，液压力为 10MPa，坯料尺寸为 120mm×70mm×0.7mm，凹模圆角半径分别为 4mm、3mm、2mm。

采用不同凹模圆角半径时的加工件厚度分布如图 3.53 所示。可以看出，凹模圆角半径为 4mm 与 2mm 时加工件都起皱，但是底部已成形完毕。在凹模圆角半径为 4mm 时起皱较大，在凹模圆角半径为 3mm 时成形效果最好。当凹模圆角半径过大时，坯料与凹模接触面积减小，导致压边面积减小，加工件容易起皱。当凹模圆角半径过小时，板料在通过冲压凹模的边缘并沿着圆角部分滑动时，弯曲变形阻力增大，随着拉深行程增大，由于材料流动阻力增大，坯料流入冲压凹模内愈加困难，导致边缘部分坯料的堆积。

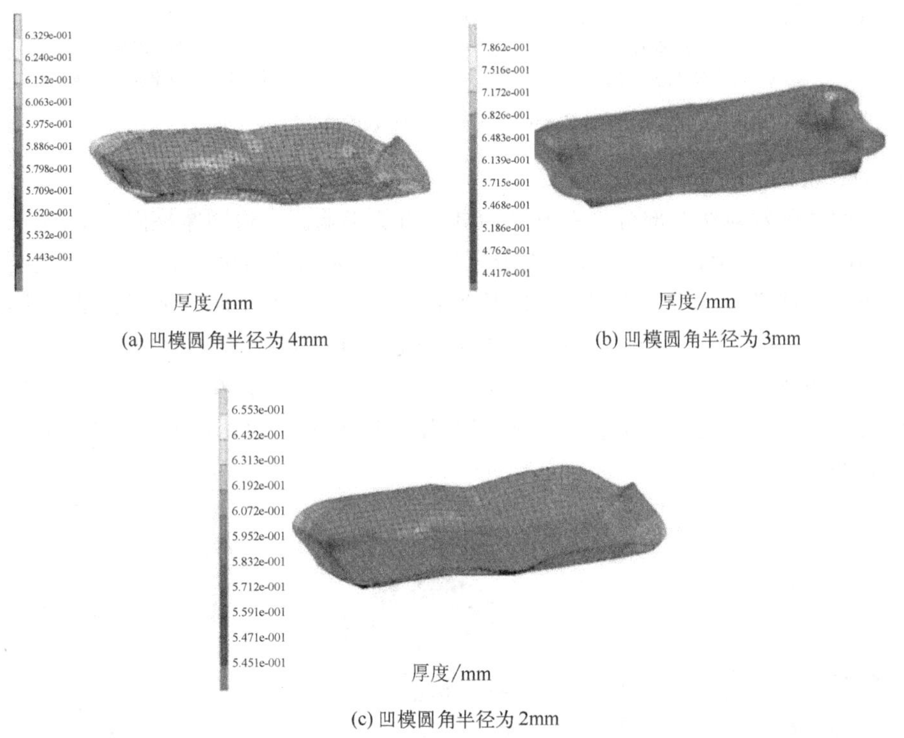

(a) 凹模圆角半径为 4mm　　(b) 凹模圆角半径为 3mm

(c) 凹模圆角半径为 2mm

图 3.53　不同凹模圆角半径时加工件厚度分布

(6) 凸模摩擦因数对成形件的影响

确定镁合金手机壳体充液拉深成形工艺参数，包括成形温度为 170℃，凸模圆角半径为 1.5mm，凹模圆角半径为 3mm，凸凹模间隙为 0.84mm，冲头速度为 0.275mm/s，液压力为 10MPa，坯料尺寸为 120mm×70mm×0.7mm，压边圈摩擦因数为 0.2，凸模摩擦因数分别为 0.1、0.2、0.3。

当拉深行程分别为 3.6mm、7.2mm、10.8mm 时，镁合金拉深件的最大等效应力、最大减薄率随着凸模摩擦因数的变化曲线如图 3.54 所示。镁合金拉深件的最大等效应力、最大减薄率随着凸模摩擦因数的增大而增大，因此，凸模摩擦因数应该尽量降低，以提高材料的塑性成形性能。

(7) 压边圈摩擦因数对成形件的影响

确定镁合金手机壳体充液拉深成形工艺参数，包括成形温度为 170℃，凸模圆角半径为 1.5mm，凹模圆角半径为 3mm，凸凹模间隙为 0.84mm，冲头速度为 0.275mm/s，液压力为 10MPa，坯料尺寸为 120mm×70mm×0.7mm，凸模摩擦因数为 0.2，压边圈摩擦因数

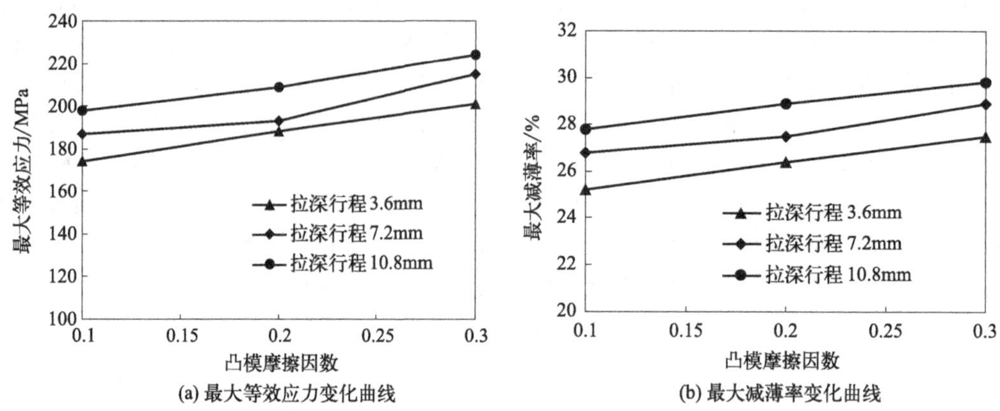

(a) 最大等效应力变化曲线　　(b) 最大减薄率变化曲线

图 3.54　凸模摩擦因数的影响

分别为 0.01、0.05、0.1。

压边圈摩擦因数对法兰部分坯料流动性具有重要影响。压边圈摩擦因数对加工件厚度的影响规律如图 3.55 所示，分析可知，随着压边圈摩擦因数的增大，镁合金板材在凸模圆角部分厚度变薄区域增大。当压边圈摩擦因数为 0.01、0.05、0.1 时，加工件的最小厚度分别为 0.4547mm、0.4496mm、0.4390mm。显然，随着压边圈摩擦因数增大，加工件最小厚度逐渐减小，减薄率提高，加工件发生破裂的倾向增大。因此，在镁合金手机壳体零件充液拉深成形时，可以采用润滑剂方法来尽量减小压边圈摩擦因数，以避免加工件发生破裂缺陷，并提高变形程度。

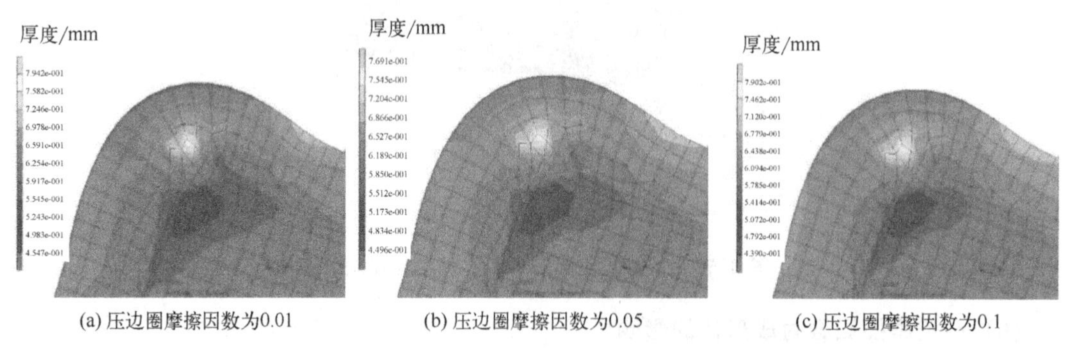

(a) 压边圈摩擦因数为0.01　　(b) 压边圈摩擦因数为0.05　　(c) 压边圈摩擦因数为0.1

图 3.55　压边圈摩擦因数对加工件厚度的影响规律

(8) 拉深速度对成形件质量的影响

确定镁合金手机壳体充液拉深成形工艺参数，包括成形温度为 170℃，凸模圆角半径为 1.5mm，凹模圆角半径为 3mm，凸凹模间隙为 0.84mm，液压力为 10MPa，坯料尺寸为 120mm×70mm×0.7mm，凸模摩擦因数为 0.2，压边圈摩擦因数为 0.05，拉深速度分别为 0.55mm/s、0.275mm/s、0.183mm/s，成形时间分别为 20s、40s 和 60s。

拉深速度是影响镁合金手机壳体充液拉深成形件质量及生产效率的重要因素。不同拉深速度时加工件的厚度变化规律如图 3.56 所示。可以看出，拉深速度对镁合金加工件厚度具有明显影响，随着拉深速度提高，凸模圆角处的坯料厚度（最小厚度）随之减小，即减薄率提高。因此，拉深速度的提高不利于材料拉深成形。但拉深速度太低，则影响生产效率，因此，合适的拉深成形速度为 0.275mm/s。

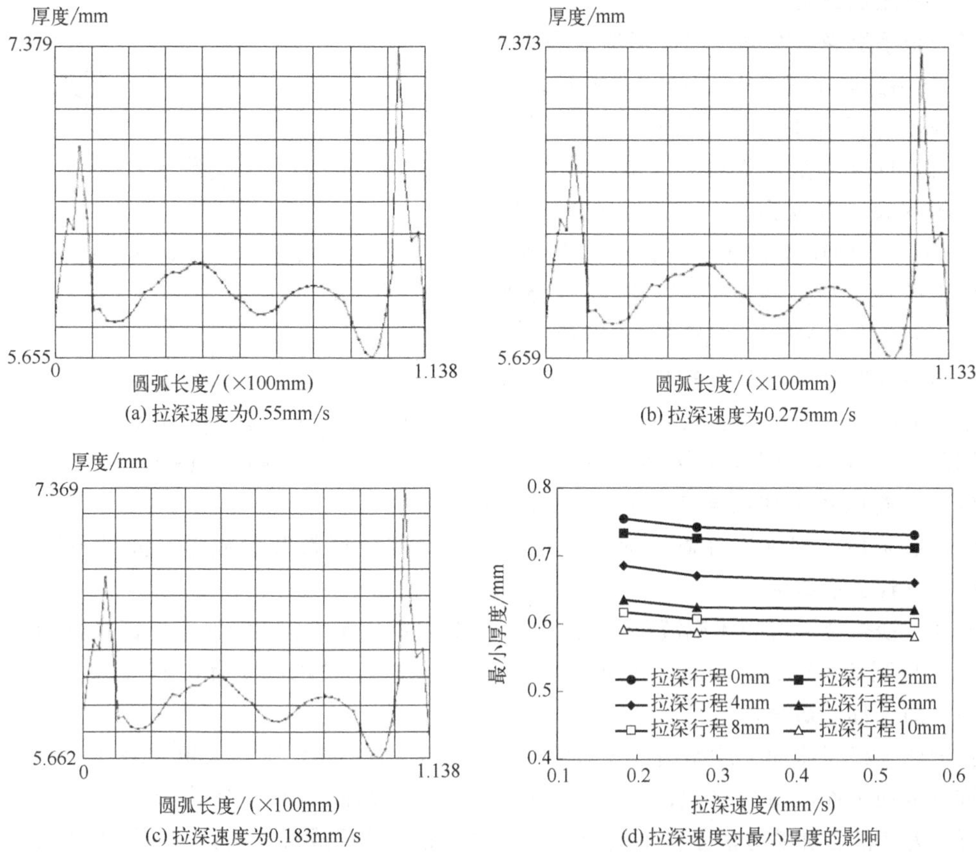

图 3.56　拉深速度对成形件厚度的影响规律

3.3.2　镁合金手机壳体充液拉深成形实验研究

(1) 模具装置

镁合金手机壳体充液拉深成形装置如图 3.57 所示。采用刚性压边装置，通过调整压边圈与拉深凹模之间间隙来调整压边力大小。采用电加热棒对模具进行预热，预定温度一般取 100～150℃。

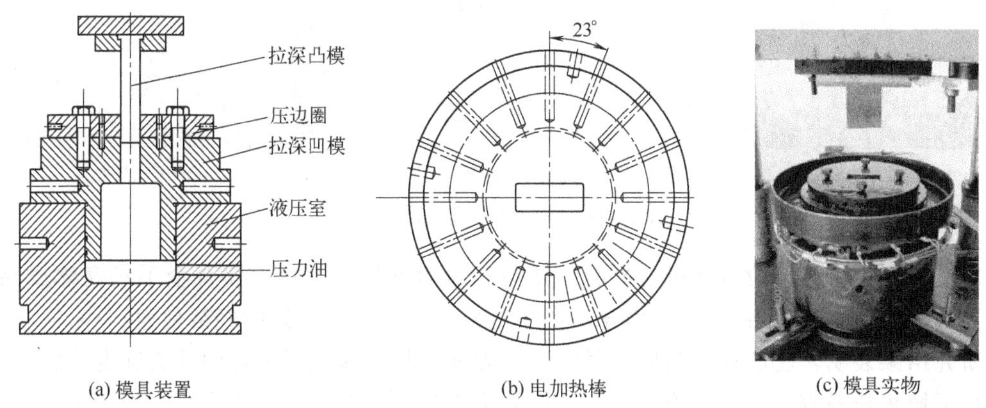

图 3.57　镁合金手机壳体充液拉深成形装置

(2) 液压加载路径

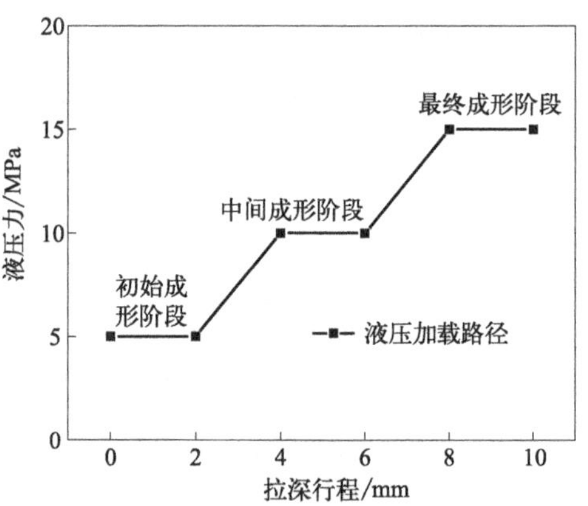

图 3.58 镁合金手机壳体充液拉深成形液压加载路径

镁合金手机壳体充液拉深成形温度为150～200℃，坯料加热方法采用在线加热方法，即成形凹模与坯料保持相同预热温度。确定了成形工艺条件，即坯料成形温度在150～200℃范围内，凸模的表面温度为60～80℃，成形速度为0.1～1mm/s。液压加载路径包括初始成形阶段、中间成形阶段、最终成形阶段，液压力分别为5MPa、10MPa、15MPa，如图3.58所示。在拉深行程初始成形阶段，即凸模开始接触坯料时，液压系统加压至5MPa。在拉深行程中间成形阶段，即凸模底部与坯料完全接触，加工件侧壁开始成形，液压系统加压至10MPa。在拉深行程最终成形阶段，即加工件侧壁成形完毕，凹模口部分坯料开始成形，液压系统加压至15MPa，直到成形结束。

确定了镁合金手机壳体充液拉深成形工艺参数，即成形温度为170℃，凹模圆角半径为3mm，凸模圆角半径为1.5mm，凸凹模间隙为0.84mm，拉深速度为0.27mm/s。

(3) 加工件质量分析

镁合金手机壳体加工件如图3.59所示，其中图3.59 (a) 所示为恒定液压力5MPa条件下镁合金加工件，图3.59 (b) 所示为恒定液压力10MPa条件下镁合金加工件，图3.59 (c) 所示为变液压加载方法条件下镁合金加工件。充液拉深成形方法具有摩擦保持效果和流体润滑效果，抑制了拉深成形加工件的破裂缺陷，有效地提高了板材零件的成形极限。此外，合适的液压力及加载路径是镁合金手机壳体充液拉深成形方法的关键技术参数，当液压力较小时，不能形成有效的摩擦效果来缓解拉深应力，导致凸模圆角处减薄量过大，从而出现零件破裂现象。当液压力较大时，凹模圆角附近的板料就会因为承受过大的径向拉应力和弯曲应力而发生破裂缺陷，当液压力超过20MPa时加工件发生破裂缺陷。因此，镁合金手机壳体充液拉深成形时液压力取值范围为10～20MPa。

(a) 恒定液压力5MPa

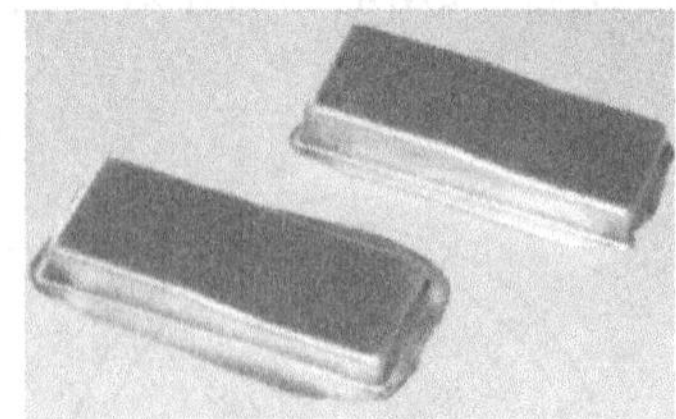

(b) 恒定液压力10MPa

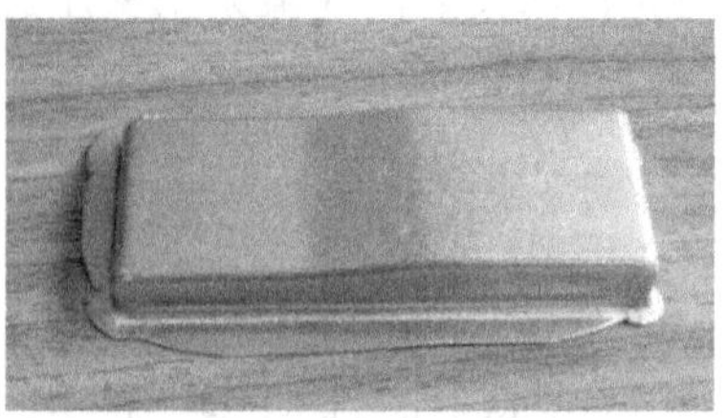

(c) 变液压加载方法

图 3.59 镁合金手机壳体加工件

对镁合金手机壳体拉深件进行冲孔、切边和表面处理后，得到镁合金手机壳体成品件，如图3.60所示，实现了镁合金在电子产品中的应用，获得了很好的经济效益。

研究结果表明：①凸模圆角区域是镁合金壳体零件拉深成形过程中受力和变形较大的区域，该区域板料最容易发生破裂缺陷；②镁合金手机壳体充液拉深成形时，液压力加载方法采用阶梯加载方法有利于提高加工件质量；③对于镁合金手机壳体零件充液拉深成形工艺，

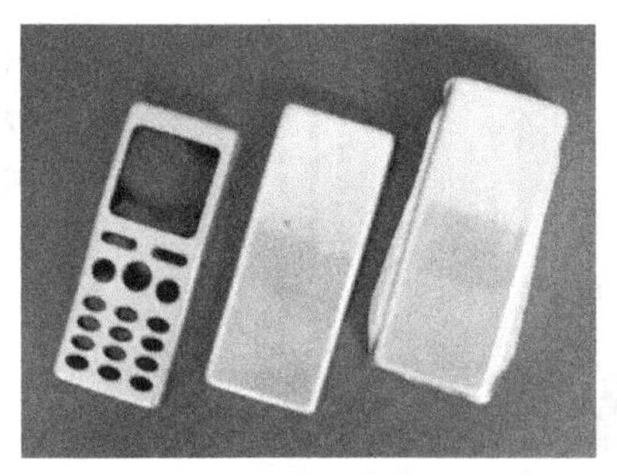

图 3.60　镁合金手机壳体拉深件及成品件

合适的工艺参数为成形温度 160～180℃，拉深速度为 0.2～0.35mm/s，液压力加载路径为 10MPa→15MPa→20MPa，可获得合格的镁合金手机壳体零件。

3.4　镁合金复杂结构壳体零件拉深成形

3.4.1　镁合金复杂结构壳体零件拉深成形数值模拟

(1) 加工件尺寸

复杂结构壳体零件的形状及尺寸如图 3.61 所示。材料为 AZ31 镁合金，厚度为 0.8mm，复杂结构壳体零件外壳形状为复杂的三维空间曲面，表面有波纹和不规则的曲面，以及凹陷和凸起的部位，为典型的复杂结构件。

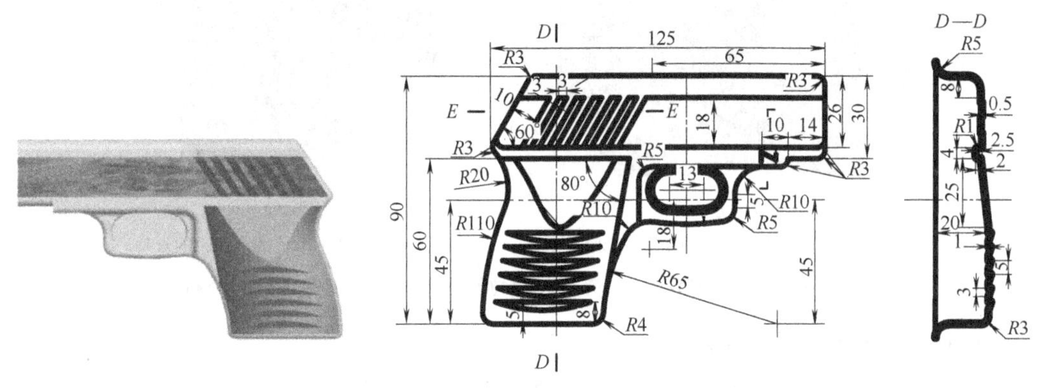

图 3.61　复杂结构壳体零件形状及尺寸

(2) 几何模型建立

采用 UG 软件建立复杂结构壳体零件三维实体几何模型，如图 3.62 所示。

拉深坯料为圆形坯料（ϕ180mm×0.8mm）、方形坯料（180mm×150mm×0.8mm）和不规则的复杂形状坯料。

采用数值模拟方法分析坯料形状、变形工艺参数对镁合金复杂结构壳体零件拉深成形金属流动、温度场、应变场、应力场、成形力的影响规律，优化模具结构及工艺参数。

(3) 加工件等效应力分布

确定了镁合金复杂壳体零件冲压成形参数，即成形温度为 320℃，冲头速度为 0.1mm/s，

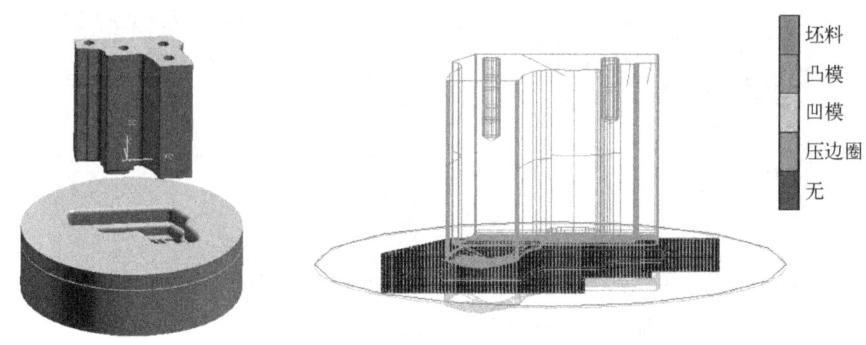

(a) 三维实体几何模型　　(b) 有限元几何模型

图 3.62　复杂结构壳体零件几何模型

凸凹模间隙为 1.0mm，凸模摩擦因数为 0.2，凹模摩擦因数为 0.05，压边圈摩擦因数为 0.05。

图 3.63 所示为镁合金复杂结构壳体零件拉深变形过程中的等效应力分布。分析可知，在初始成形阶段，凸、凹模圆角处是主变形区，等效应力值最大。随着拉深行程的进行，凸、凹模圆角和侧壁拐角部分是应力集中部位，是易于出现缺陷的部位。在中间成形阶段，拉深件底部成形已经结束，法兰部分材料在凸模拉深力作用下，通过凹模口流入加工件侧壁部分，加工件侧壁部分逐渐成形，直到侧壁成形结束，进入最终成形阶段。

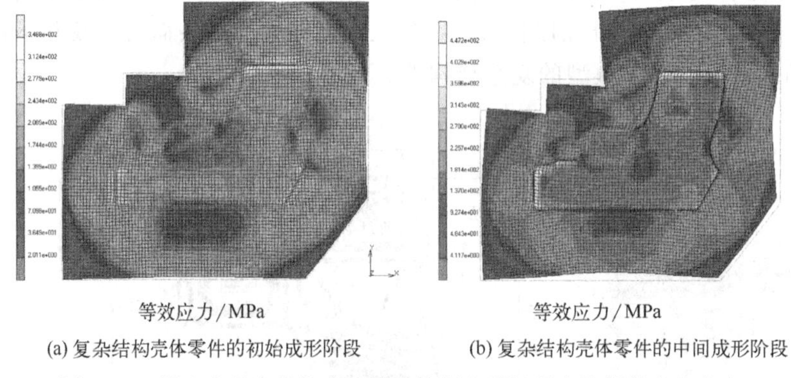

等效应力/MPa　　等效应力/MPa

(a) 复杂结构壳体零件的初始成形阶段　　(b) 复杂结构壳体零件的中间成形阶段

图 3.63　镁合金复杂结构壳体零件拉深变形过程中的等效应力分布

(4) 加工件温度场分布规律

图 3.64 所示为镁合金复杂结构壳体零件温度场分布情况，坯料的初始温度为 320℃，冲压过程中由于接触温度较低的凸模而发生热量损失，因此，与凸模接触的板材温度较与凹模和压边圈接触的板材温度要低。随着拉深行程增大，坯料与凸模的接触面积逐渐增大，而与凹模和压边圈的接触面积逐渐减小，这样板材不断发生热量损失。由于镁合金具有较高的热导率和较低的比热容，坯料散热快，因此坯料温度降低较快。结果表明，温度场分布呈区域化分布，从壳体零件的底部到法兰部分温度逐渐升高，法兰处的温度最高。在拉深成形时，冲压件侧壁温度较低，法兰部分温度较高，有利于拉深成形顺利进行，并且可以提高材料塑性成形性能和变形程度，以满足复杂结构零件的需要。同时，保持法兰部分坯料的温度稳定性，有利于保证等效应力和等效应变分布均匀性，以及避免在凹模圆角部位发生破裂缺陷。

(5) 局部变化规律

在拉深变形过程中，由于加工件的复杂结构，不同节点的材料流动显示不同的规律。为

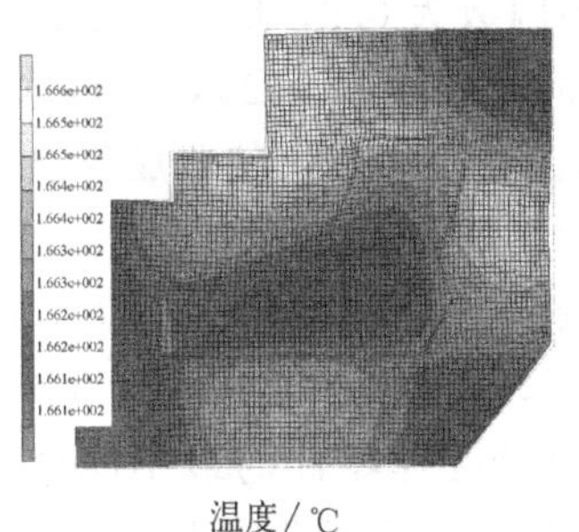

(a) 初始成形阶段

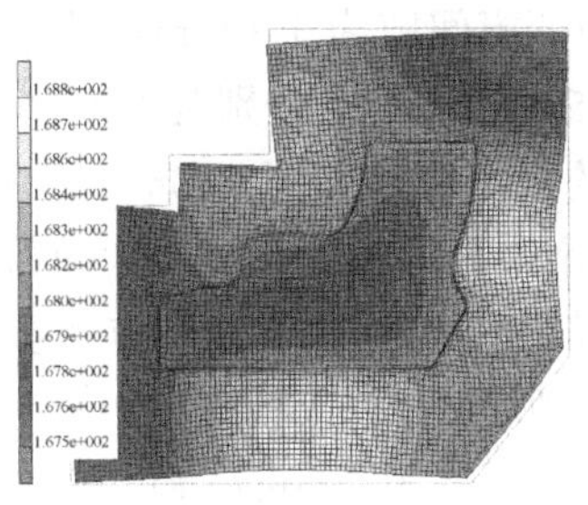

(b) 中间成形阶段

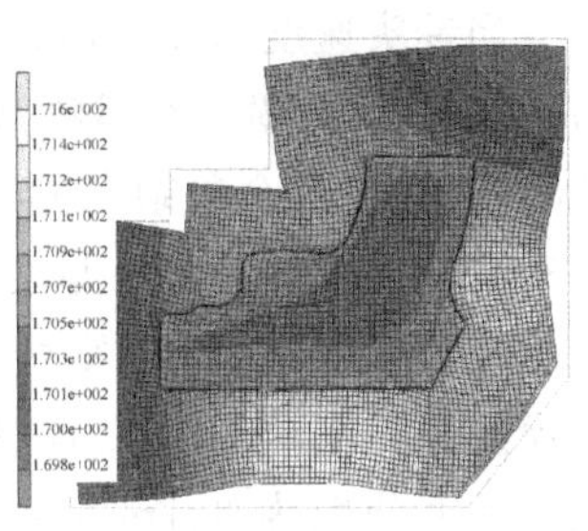

(c) 最终成形阶段

图 3.64　镁合金复杂结构壳体零件温度场分布

了深入分析坯料的变形过程，在坯料上选取三个不同位置的节点，分析等效应变、板材厚度与拉深行程的变化规律，如图 3.65 所示。特征节点包括加工件底部的 2488 节点、加工件侧壁处的 1731 节点和凹模圆角处的 2370 节点。特征节点的等效应变曲线如图 3.65（a）所示，底部的 2488 节点的等效应变分布均匀，因为在复杂壳体零件的底部变形程度很小，等效应力分布也比较均匀。侧壁的 1731 节点处的等效应变分布首先经过一个平缓阶段，然后再迅速上升，因为加工件的侧壁是变形主要区域，变形程度比较大。凹模圆角处的 2370 节点变形程度最大，等效应变变化最明显，等效应力分布不均匀。

特征节点的板材厚度变化曲线如图 3.65（b）所示。结果表明，随着拉深行程的增大，加工件厚度变化很明显，底面的 2488 节点的板材厚度基本不变，效果最好。侧壁处的 1731 节点的厚度随着拉深行程的进行而增大，在初始成形阶段时，厚度不发生变化，进入中间成形阶段时，板材厚度开始减小，减薄率逐渐提高，形成侧壁区的材料由两部分组成，一部分来自凸模圆角部位材料的胀形，另一部分来自法兰部分坯料经过凹模口流入侧壁处。凹模圆角处的 2370 节点的厚度随着拉深行程的增加急剧减小，减薄率急剧提高，也是最容易产生破裂缺陷的部位。

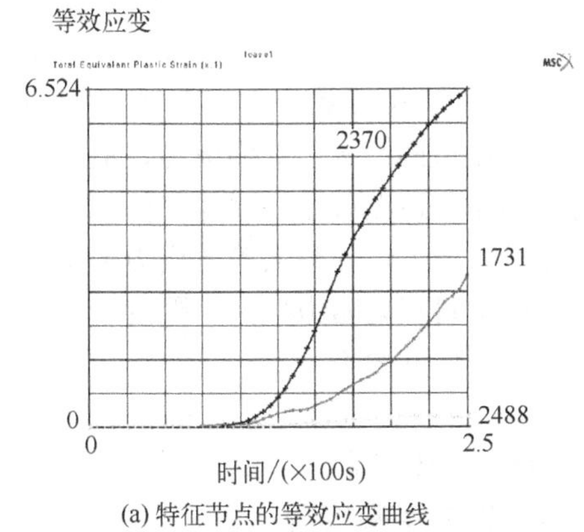

(a) 特征节点的等效应变曲线

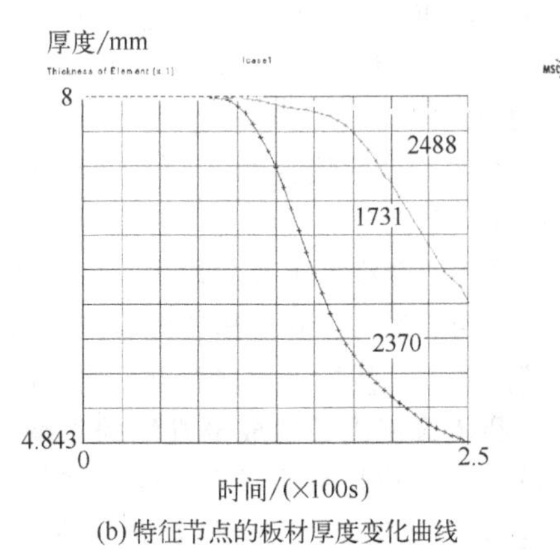

(b) 特征节点的板材厚度变化曲线

图 3.65　特征节点的等效应变和板材厚度变化规律

(6) 成形温度和拉深速度对成形性能的影响

对于镁合金拉深成形，成形温度是最重要工艺参数，镁合金在高温条件下具有很好的塑性，随着成形温度的升高，镁合金的塑性成形性能得到显著提升，镁合金产品的尺寸精度得到明显改善。

当冲头速度为 0.1mm/s，凸凹模间隙为 1.0mm，凸模摩擦因数为 0.2，凹模摩擦因数为 0.05，压边圈摩擦因数为 0.05，成形温度分别为 230℃、260℃、290℃、320℃、350℃、380℃时，镁合金复杂壳体零件的最小厚度如图 3.66（a）所示。结果表明，随着成形温度的升高，加工件的最小厚度逐渐增大，即加工件的最大减薄率逐渐降低。

拉深速度对 AZ31 镁合金复杂壳体零件成形性能有重要影响。当成形温度为 320℃，凸凹模间隙为 1.0mm，凸模摩擦因数为 0.2，凹模摩擦因数为 0.05，压边圈摩擦因数为 0.05，拉深速度分别为 0.1mm/s、0.2mm/s、0.5mm/s 时，镁合金复杂壳体零件的最小厚度如图 3.66（b）所示。结果表明，随着拉深速度的提高，加工件的最小厚度逐渐减小，加工件的最大减薄率逐渐提高。

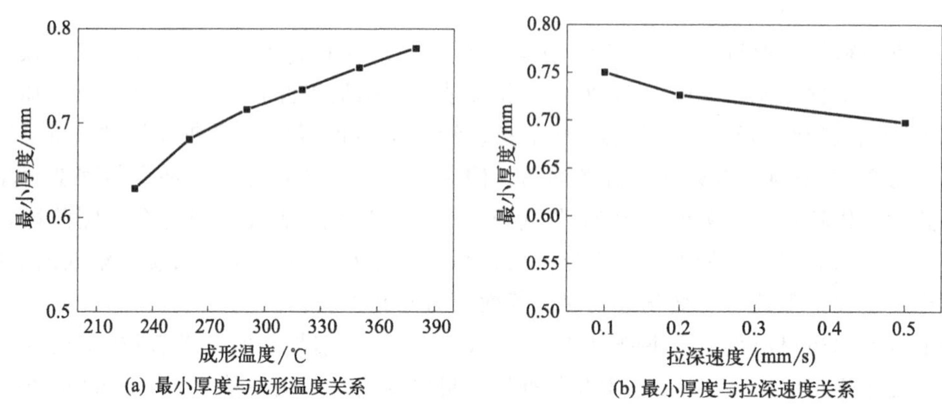

图 3.66 成形温度和拉深速度对成形性能的影响

(7) 压边圈摩擦因数对成形性能的影响

压边圈摩擦因数是控制法兰部分材料流动的重要参数，合适的压边圈摩擦因数可以提高法兰部分材料流动性，以及避免加工件起皱缺陷的产生。

当成形温度为 320℃，冲头速度为 0.2mm/s，凸凹模间隙为 1.0mm，凸模摩擦因数为 0.2，凹模摩擦因数为 0.05，压边圈摩擦因数分别为 0.05、0.1、0.2，拉深行程分别为 15mm、25mm 时，镁合金复杂壳体零件的最大等效应变、最大等效应力和最小厚度与压边圈摩擦因数的关系曲线如图 3.67 所示。结果表明，随着压边圈摩擦因数的增加，最大等效应变略有增加，最大等效应力呈上升趋势，而加工件的最小厚度逐渐减小，即加工件减薄率逐渐提高。随着压边圈摩擦因数的增大，坯料法兰区的摩擦阻力增大，使最大等效应力值增大，从而增大了拉深成形力。随着压边圈摩擦因数增大，法兰区材料流动阻力增大，限制了法兰区材料向凹模内流动，使加工件侧壁部分厚度减小，即提高了壁厚减薄率。

(8) 凸模摩擦因数对成形性能的影响

凸模摩擦因数是影响镁合金壳体零件拉深成形性能的重要因素。

确定镁合金复杂壳体零件拉深成形工艺参数，即成形温度为 320℃，冲头速度为 0.2mm/s，凸凹模间隙为 1.0mm，凹模摩擦因数为 0.05，压边圈摩擦因数为 0.05，凸模摩擦因数分别为 0.1、0.2、0.3。

当拉深行程分别为 15mm、25mm 时，镁合金复杂壳体零件的最大等效应变、最大等效应力、最小厚度随着凸模摩擦因数的变化曲线如图 3.68 所示。结果表明，随着凸模摩擦因数的增大，最大等效应变、最大等效应力减小，加工件的最小厚度增大，即加工件壁厚减薄率降低。

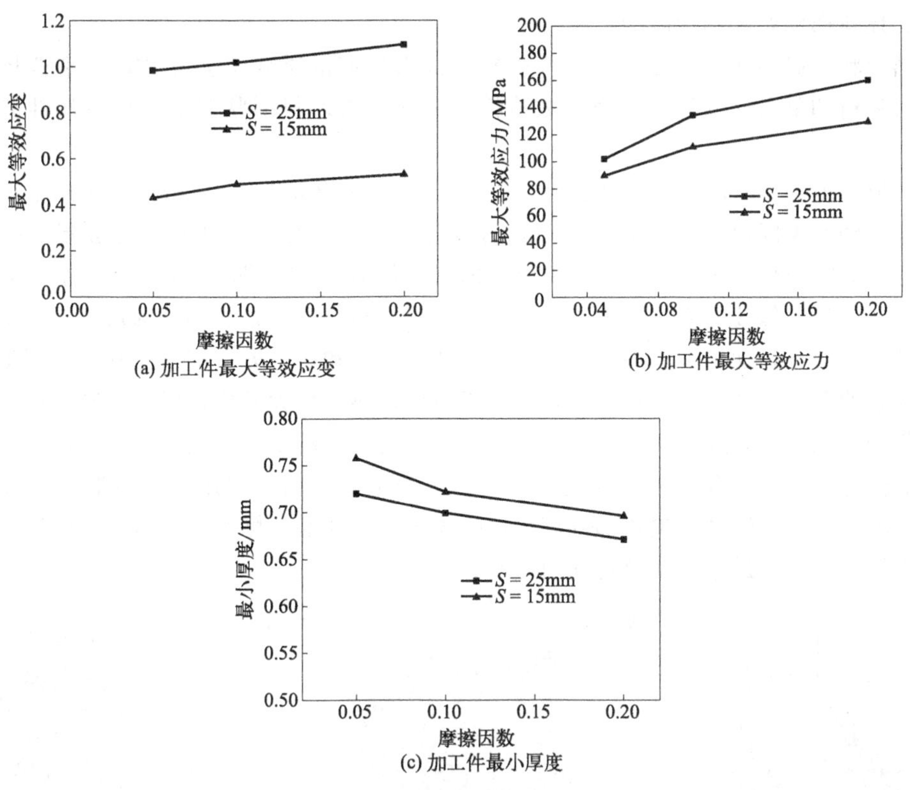

(a) 加工件最大等效应变

(b) 加工件最大等效应力

(c) 加工件最小厚度

图 3.67　压边圈摩擦因数对成形性能的影响

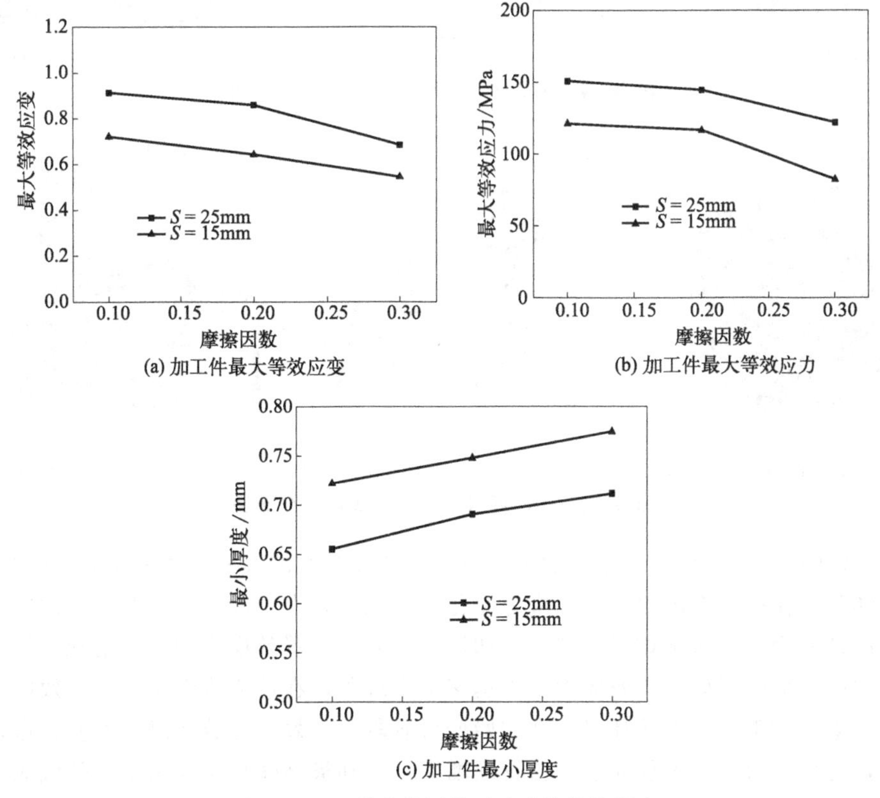

(a) 加工件最大等效应变

(b) 加工件最大等效应力

(c) 加工件最小厚度

图 3.68　凸模摩擦因数对成形性能的影响

（9）坯料形状对成形性能的影响

坯料形状是影响镁合金复杂壳体零件拉深成形性能的重要工艺参数，分别选择圆形坯料、矩形坯料和复杂形状坯料，通过数值模拟方法分析坯料形状对加工件成形性能的影响规律。

当成形温度为 320℃，冲头速度为 0.2mm/s，凸凹模间隙为 1.0mm，凹模摩擦因数为 0.05，压边圈摩擦因数为 0.05，凸模摩擦因数为 0.2 时，坯料形状对镁合金复杂壳体零件拉深成形的等效应变、等效应力、板材厚度的影响如图 3.69～图 3.71 所示。结果表明，对于圆形坯料，最大等效应变、最大等效应力均出现在凸模圆角处、凹模圆角处及复杂壳体零件外壳的侧壁部分，加工件的最小厚度出现在凸模圆角和侧壁处，即壁厚减薄最严重，是产生断裂缺陷的危险部位。对于矩形坯料，由于矩形坯料尖角大面积坯料的牵制作用，法兰圆角区材料变形困难，而且距离凹模入口处越远，材料的流动变形越困难，法兰角端部附近等效应变近似为零，材料几乎不产生变形。对于复杂形状坯料，将矩形坯料形状进行适当优化，去掉不利于材料流动的尖角部分坯料，壳体零件的底部、侧壁、壳体口部的最大等效应变、最大等效应力、最小厚度都得到明显改善。

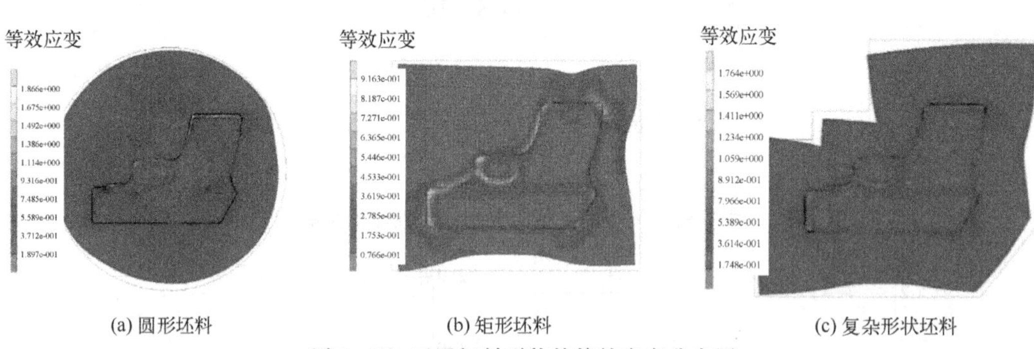

(a) 圆形坯料　(b) 矩形坯料　(c) 复杂形状坯料

图 3.69　不同坯料形状的等效应变分布图

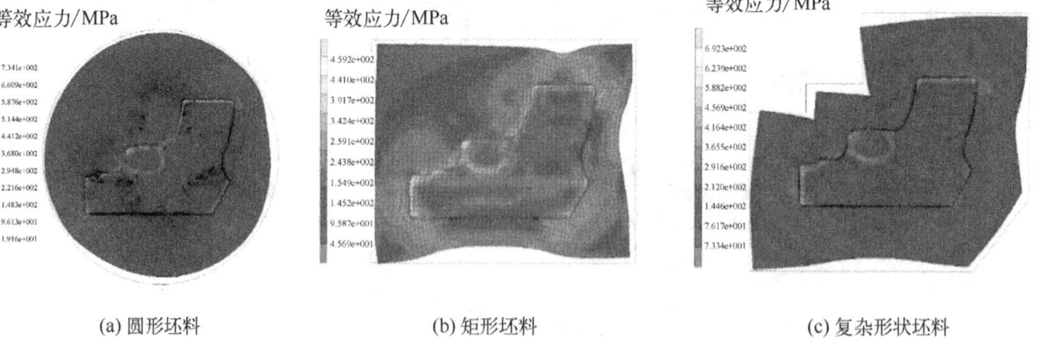

(a) 圆形坯料　(b) 矩形坯料　(c) 复杂形状坯料

图 3.70　不同坯料形状的等效应力分布图

图 3.72 所示为镁合金壳体零件的不同位置上特征节点的等效应力分布曲线。分析可知，对于圆形坯料，在初始变形阶段等效应力变化趋于稳定，在中间变形阶段，等效应力先发生突变，而后缓慢增大。对于矩形坯料，在初始变形阶段，等效应力曲线就出现不稳定变化规律，进入中间变形阶段后，等效应力出现迅速增大现象，在最终变形阶段，等效应力又出现反复突变现象。对于复杂形状坯料，在初始变形阶段，等效应力分布趋于不变，进入中间变形阶段后，等效应力曲线平稳光滑，值逐渐增大，直到最终变形阶段结束，等效应力平稳增大，变形过程均匀性好。

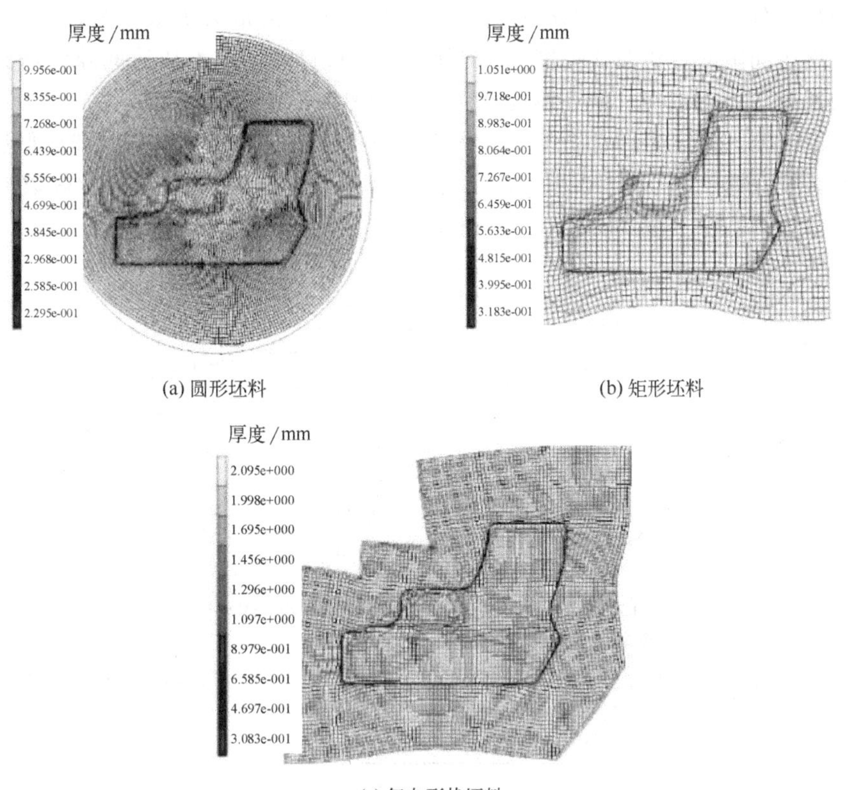

(a) 圆形坯料　(b) 矩形坯料

(c) 复杂形状坯料

图 3.71　不同坯料形状的厚度分布等值线图

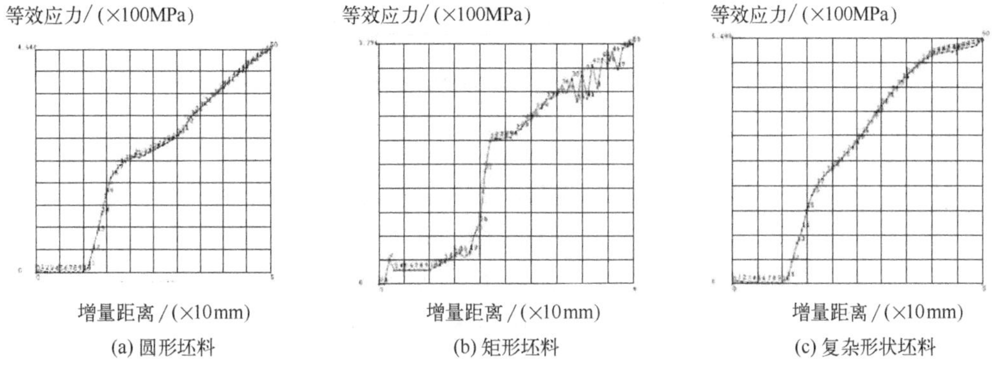

(a) 圆形坯料　(b) 矩形坯料　(c) 复杂形状坯料

图 3.72　坯料形状对特定节点等效应力的影响

(10) 压边间隙的影响

调整压边间隙是控制镁合金壳体零件拉深工艺压边力的重要方法之一，调整压边间隙可以实现压边力的改变，压边间隙越大，压边力越小。压边间隙过小，限制法兰部分材料流动，影响材料塑性变形程度。压边间隙过大，法兰部分材料容易流动到凹模内侧，但在凹模圆角部分易出现起皱缺陷，影响加工件质量及成品率。

确定镁合金复杂壳体零件拉深成形参数，即成形温度为320℃，冲头速度为0.2mm/s，凸凹模间隙为1.0mm，凹模摩擦因数为0.05，压边圈摩擦因数为0.05，凸模摩擦因数为0.2，压边间隙（c）分别为0mm、0.1mm、0.2mm、0.3mm。

当拉深行程分别为 15mm、25mm 时，镁合金加工件的最大等效应变、最大等效应力、最小厚度与压边间隙的变化曲线如图 3.73 所示。分析可知，随着压边间隙的增大，最大等效应变、最大等效应力减小，最小厚度增大，即壁厚减薄率降低。

研究结果表明，确定了镁合金复杂壳体零件拉深成形合理工艺参数，即成形温度范围为 290～350℃，拉深速度为 0.1～0.2mm/s，凸模摩擦因数为 0.2，凹模摩擦因数为 0.05，压边圈摩擦因数为 0.05，压边间隙为 0.2mm。

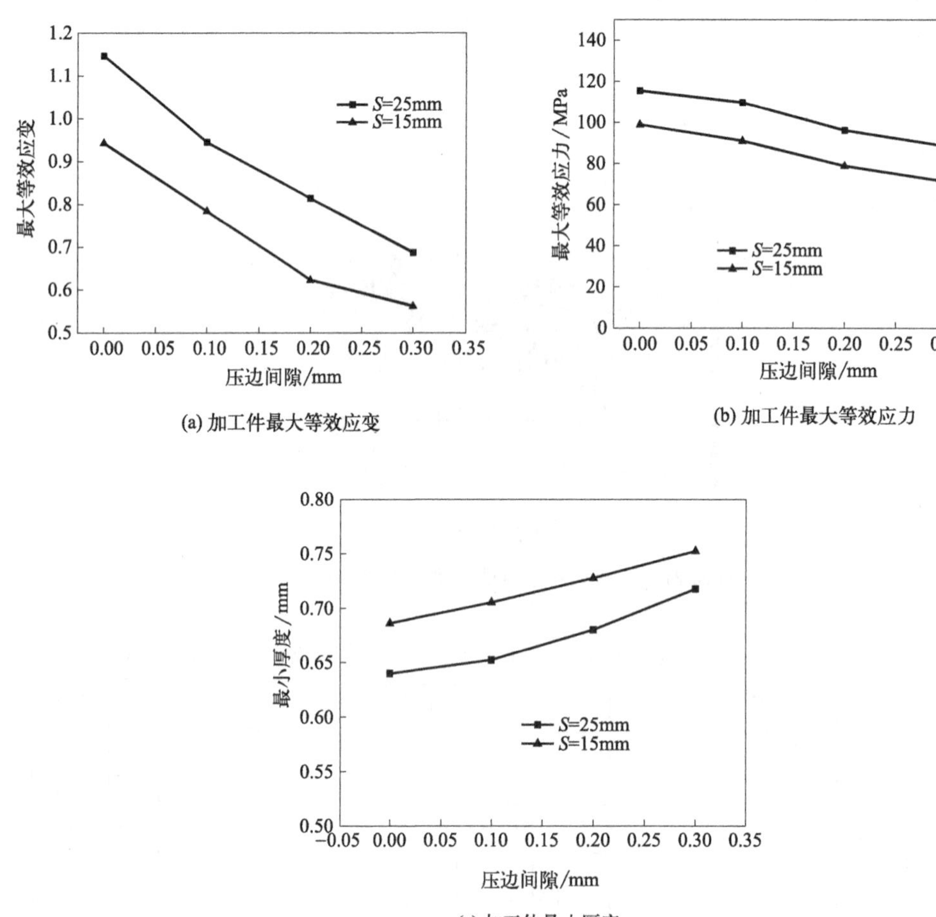

(a) 加工件最大等效应变

(b) 加工件最大等效应力

(c) 加工件最小厚度

图 3.73 压边间隙对成形性能的影响

3.4.2 加工件组织演变规律

(1) 动态再结晶组织演变模型

在拉伸（拉深）变形温度为 250～400℃、应变速率为 0.01～1s^{-1}的条件下，测得 AZ31 镁合金的真实应力-应变曲线，如图 3.74 所示。AZ31 镁合金热拉伸变形时峰值应力变化规律如图 3.75 所示。

AZ31 镁合金在热拉伸变形时，微观组织发生了明显变化，如图 3.76～图 3.79 所示。AZ31 镁合金原始晶粒尺寸为 6.759μm。AZ31 镁合金热拉伸变形时晶粒尺寸与变形工艺参数关系曲线如图 3.80 所示。

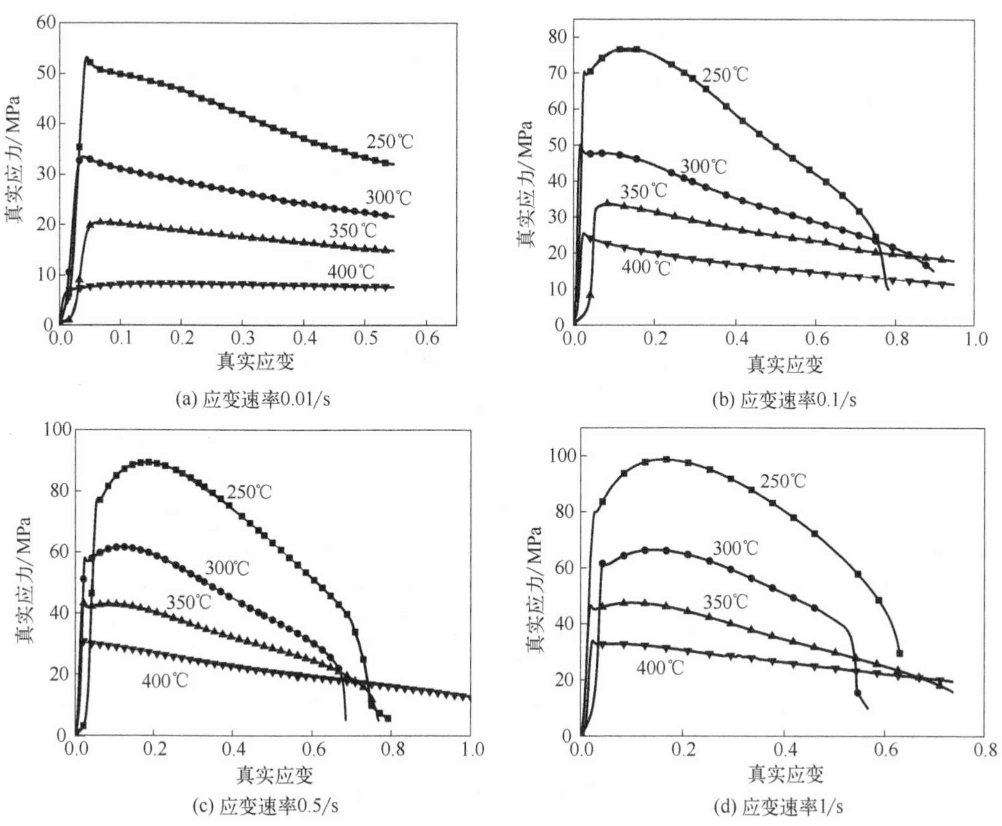

图 3.74　AZ31 镁合金在不同应变速率时真实应力-应变曲线

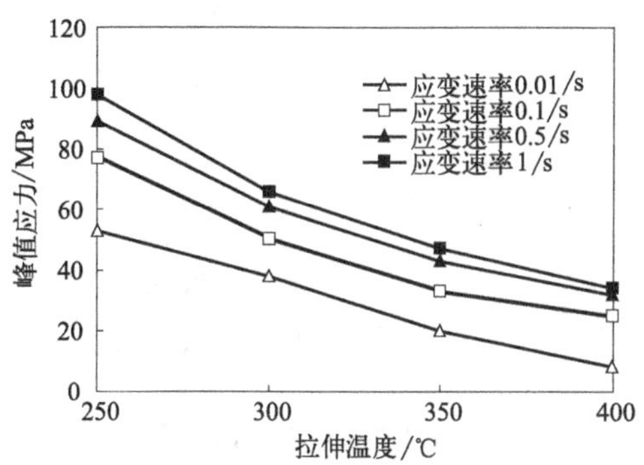

图 3.75　AZ31 镁合金热拉伸变形时峰值应力变化规律

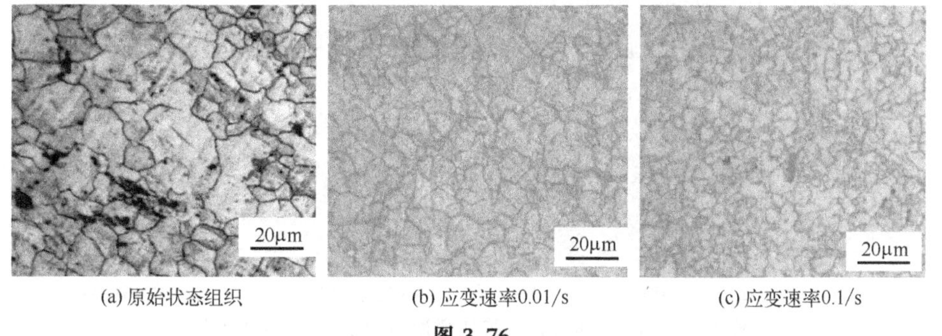

(a) 原始状态组织　(b) 应变速率0.01/s　(c) 应变速率0.1/s

图 3.76

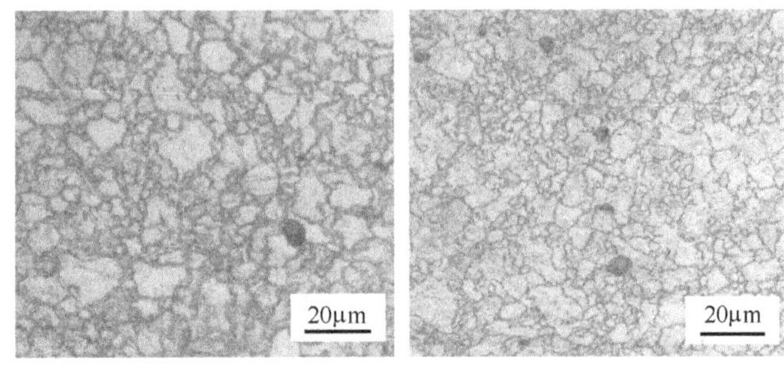

(d) 应变速率0.5/s (e) 应变速率1/s

图 3.76 AZ31 镁合金热拉伸变形时微观组织（250℃）

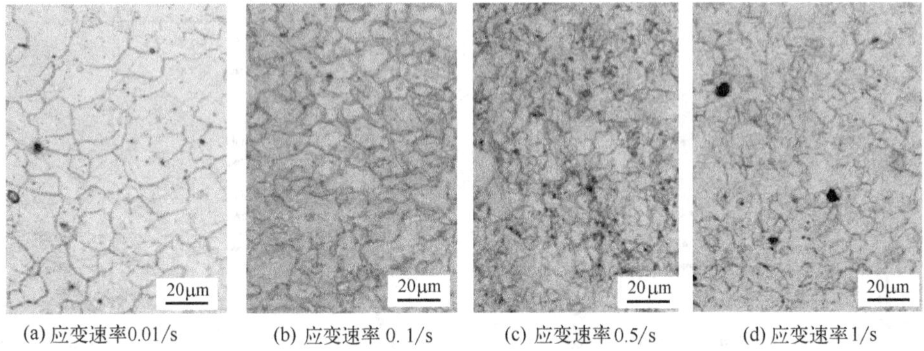

(a) 应变速率0.01/s (b) 应变速率 0.1/s (c) 应变速率0.5/s (d) 应变速率1/s

图 3.77 AZ31 镁合金热拉伸变形时微观组织（300℃）

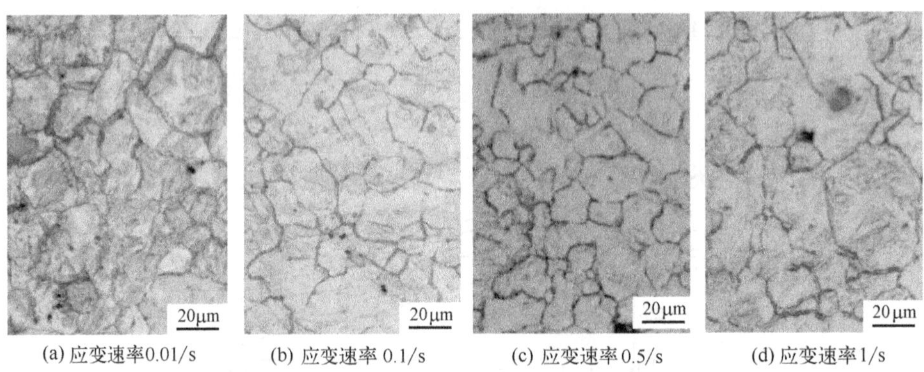

(a) 应变速率0.01/s (b) 应变速率 0.1/s (c) 应变速率0.5/s (d) 应变速率1/s

图 3.78 AZ31 镁合金热拉伸变形时微观组织（350℃）

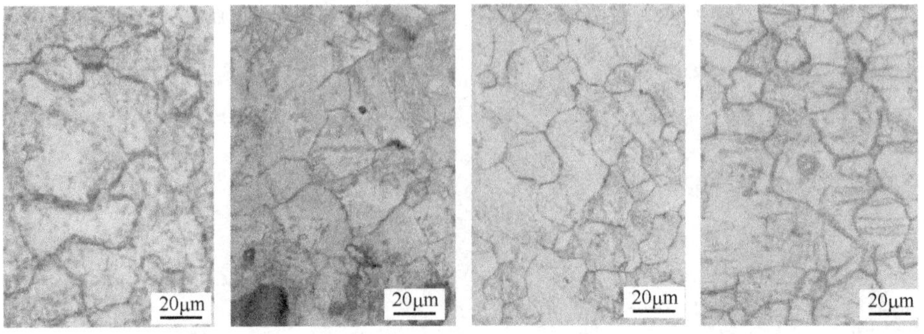

(a) 应变速率0.01/s (b) 应变速率 0.1/s (c) 应变速率0.5/s (d) 应变速率1/s

图 3.79 AZ31 镁合金热拉伸变形时微观组织（400℃）

镁合金在热塑性加工过程中的动态再结晶组织演变模型采用 Yada 模型[34]：

$$\begin{cases} d_{dyn}=d_0 & (\text{当}\ \bar{\varepsilon}<\varepsilon_c) \\ d_{dyn}=C_1\times\dot{\varepsilon}^{-C_2}\times\exp\left(\dfrac{-C_3Q}{RT}\right) & (\text{当}\ \bar{\varepsilon}\geqslant\varepsilon_c) \\ \varepsilon_c=C_4\times\exp\left(\dfrac{C_5}{T}\right) & \end{cases} \tag{3.2}$$

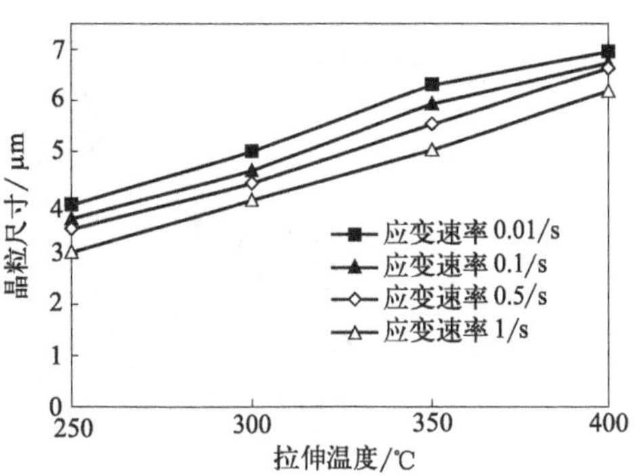

图 3.80　AZ31 镁合金热拉伸变形时晶粒尺寸变化规律

式中，d_{dyn} 为动态再结晶晶粒尺寸，μm；d_0 为原始晶粒尺寸，μm；$\bar{\varepsilon}$ 为等效应变；ε_c 为发生动态再结晶时的临界应变；$\dot{\varepsilon}$ 为应变速率；Q 为热变形激活能，J/mol；T 为绝对温度，K；R 为气体常数，$R=8.31\text{J/(mol}\cdot\text{K)}$。

根据图 3.75 和图 3.80 的实验数据，采用数值逼近方法得到式（3.2）中的 Yada 模型待定系数 C_1、C_2、C_3、C_4 和 C_5，即 $C_1=15744$、$C_2=0.14$、$C_3=0.27$、$C_4=0.000168$ 和 $C_5=2577$。因此得到适用于 AZ31 镁合金热变形的微观组织演变模型。

$$\begin{cases} d_{dyn}=d_0 & (\bar{\varepsilon}<\varepsilon_c) \\ d_{dyn}=15744\times\dot{\varepsilon}^{-0.14}\times\exp\left(\dfrac{-0.27Q}{RT}\right) & (\bar{\varepsilon}\geqslant\varepsilon_c) \\ \varepsilon_c=0.000168\times\exp\left(\dfrac{2577}{T}\right) & \end{cases} \tag{3.3}$$

该模型中 $\varepsilon_c=0.8\varepsilon_p$，$\varepsilon_p$ 是峰值应力相对应的应变值。该模型适用条件为变形温度 250～400℃，应变速率为 $0.01\sim1\text{s}^{-1}$。

(2) 微观组织模拟结果分析

图 3.81 (a) 所示为 AZ31 镁合金复杂壳体零件冲压后晶粒尺寸分布模拟结果。分析可知，经过热变形后，镁合金复杂壳体零件的平均晶粒尺寸分布是不均匀的。在加工件的底部和法兰边缘部分，材料没有发生变形或变形程度很小，因此晶粒尺寸与板料初始晶粒很接近，平均晶粒尺寸为 6.62μm。在加工件的盒底圆角部分，变形程度较大，发生了动态再结晶现象，晶粒得到明显细化，平均晶粒尺寸为 2.939μm。在加工件的侧壁处，由于动态再结晶、静态再结晶的作用，材料晶粒尺寸不断长大，直到成形结束。图 3.81 (b)～(d) 为加工件不同位置时的微观组织实验测试结果，平均晶粒尺寸分别为 4.75μm、3.24μm、5.24μm。分析得到，加工件底部的晶粒尺寸模拟值与实验值相对误差为 15.2%，加工件盒底圆角部分圆角处的晶粒尺寸模拟值与实验值相对误差为 13.9%，加工件侧壁处的晶粒尺寸模拟值与实验值相对误差为 14.1%，模拟结果与实验结果相吻合。

拉深成形温度对镁合金复杂壳体零件微观组织具有重要影响。图 3.82 为不同成形温度下的晶粒尺寸图。在 290～350℃时，变形区的晶粒尺寸很小，发生了完全动态再结晶。随着变形温度的升高，晶粒尺寸增大。其原因是随着变形温度的升高，原子扩散和晶界迁移能力增强，晶粒长大速度明显提高，使晶粒尺寸增大明显。

图 3.83 所示为不同成形温度条件下晶粒尺寸的模拟结果与实验结果对比，模拟结果与实验结果吻合较好，相对误差小于 18%。随着成形温度的升高，晶粒尺寸增大。

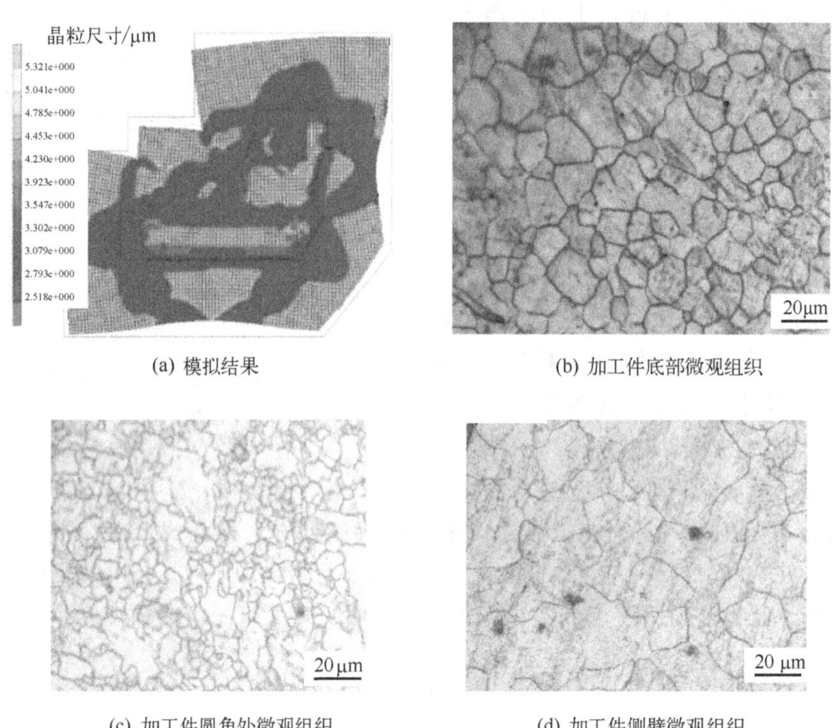

(a) 模拟结果　(b) 加工件底部微观组织

(c) 加工件圆角处微观组织　(d) 加工件侧壁微观组织

图 3.81　AZ31 镁合金复杂壳体加工件微观组织模拟结果与实验结果

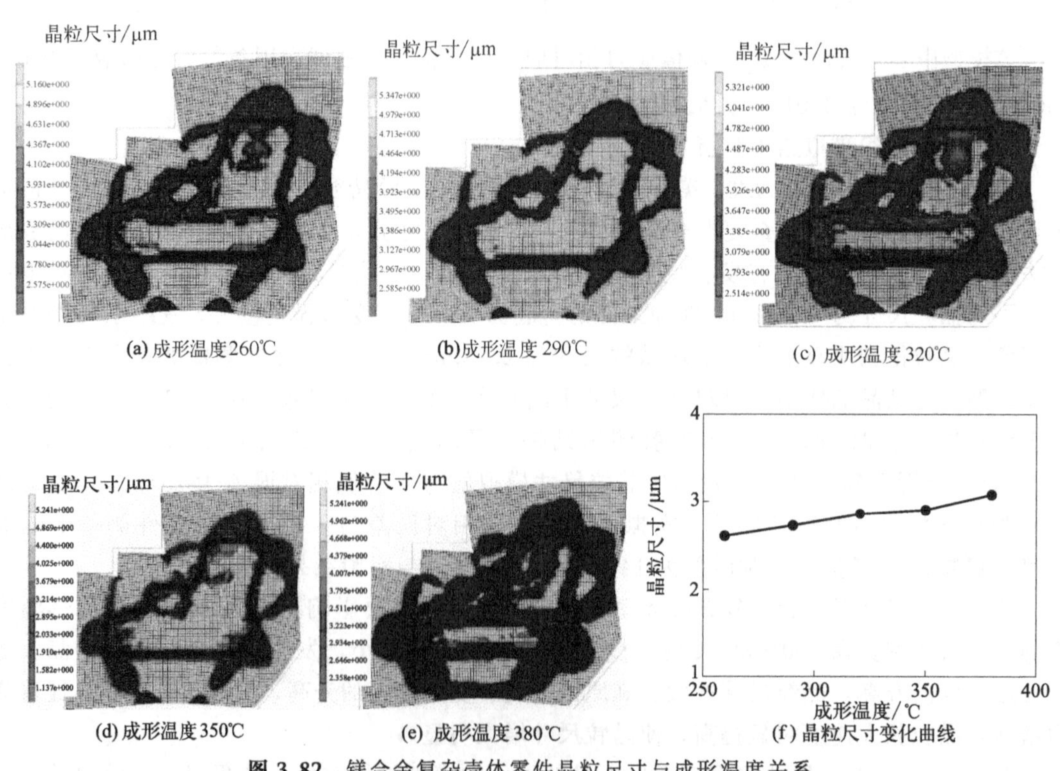

(a) 成形温度260℃　(b)成形温度 290℃　(c) 成形温度 320℃

(d) 成形温度350℃　(e) 成形温度 380℃　(f) 晶粒尺寸变化曲线

图 3.82　镁合金复杂壳体零件晶粒尺寸与成形温度关系

拉深速度对镁合金复杂壳体零件微观组织具有重要影响。图 3.84 所示为不同拉深速度时的镁合金复杂壳体零件微观组织。结果表明，在拉深速度较低时，在加工件侧壁处发生完全动态再结晶，晶粒得到细化，而且分布均匀。当拉深速度较高时，在加工件侧壁处晶粒尺寸增大。当成形温度为 320℃时，随着拉深速度的提高，加工件侧壁处平均晶粒尺寸逐渐增大。

图 3.85 所示为不同拉深速度时的加工件侧壁处平均晶粒尺寸的模拟结果和实验结果，随着拉深速度的提高，晶粒尺寸逐渐增大，模拟结果与实验结果相吻合，最大相对误差为 16.7%。

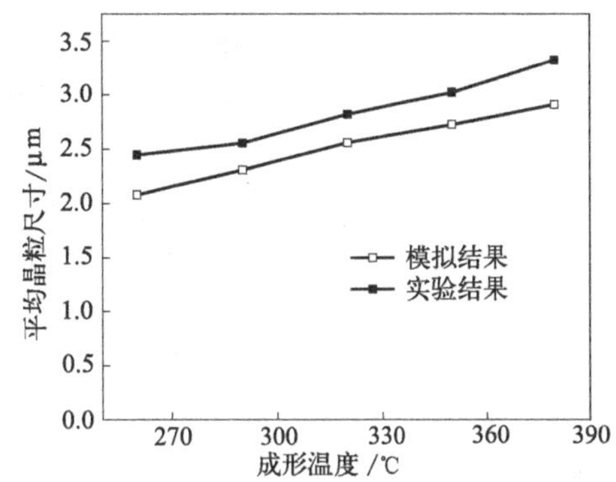

图 3.83　不同成形温度条件下晶粒尺寸的模拟结果与实验结果对比

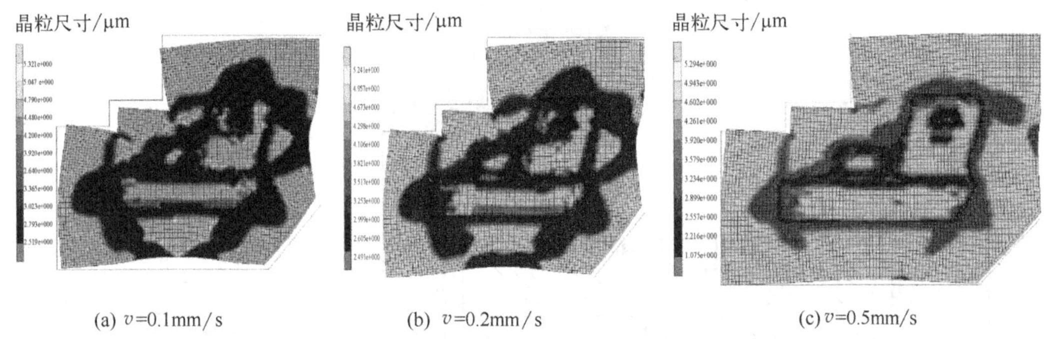

(a) v=0.1mm/s　(b) v=0.2mm/s　(c) v=0.5mm/s

图 3.84　不同拉深速度时的镁合金复杂壳体零件微观组织（成形温度为 320℃）

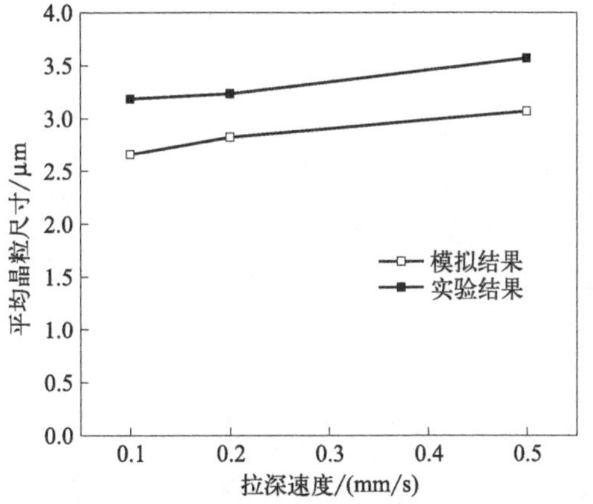

图 3.85　不同拉深速度时的加工件侧壁处平均晶粒尺寸的模拟结果与实验结果

3.4.3　镁合金复杂结构壳体零件拉深成形实验研究

(1) 模具结构

图 3.86 为镁合金复杂壳体零件拉深成形模具结构图。图 3.87 为镁合金复杂壳体零件拉深模具装配图、加热装置、成形模具及设备。在镁合金复杂壳体零件拉深成形过程中，需要将模具预热到一定温度，以保证镁合金拉深成形温度的稳定性。采用内置式加热棒对模具进

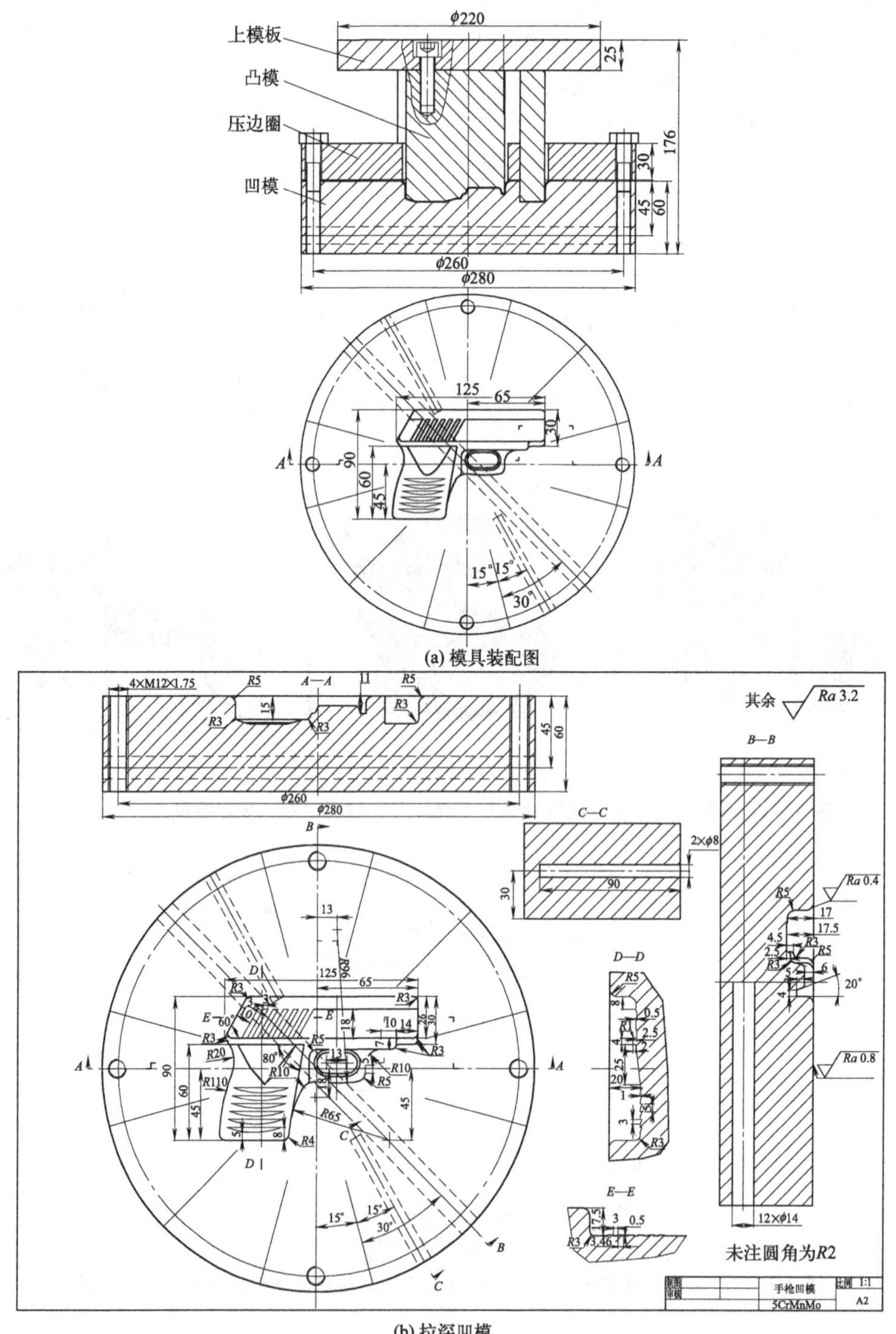

(a) 模具装配图

(b) 拉深凹模

图 3.86 镁合金复杂壳体零件拉深成形模具结构图

行加热，考虑到加工件形状及加热效率，在凸凹模的合理部位设置一定数量的加热棒孔，根据加工件不同变形区的变形程度进行加热棒布局。

(2) 工艺参数确定

材料为 AZ31 镁合金轧制态板材，厚度为 0.8mm，坯料尺寸为 180mm×150mm×

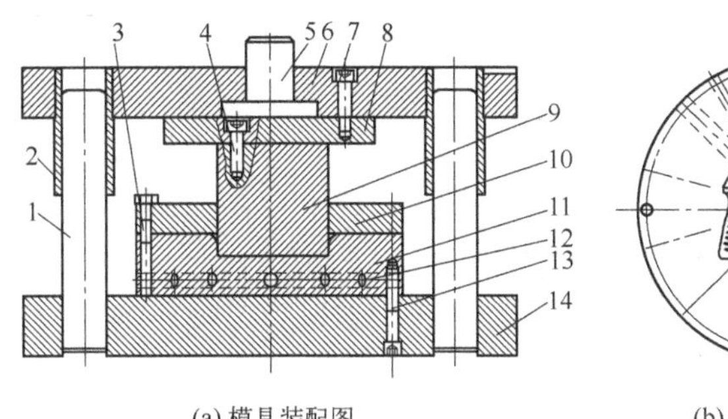

(a) 模具装配图

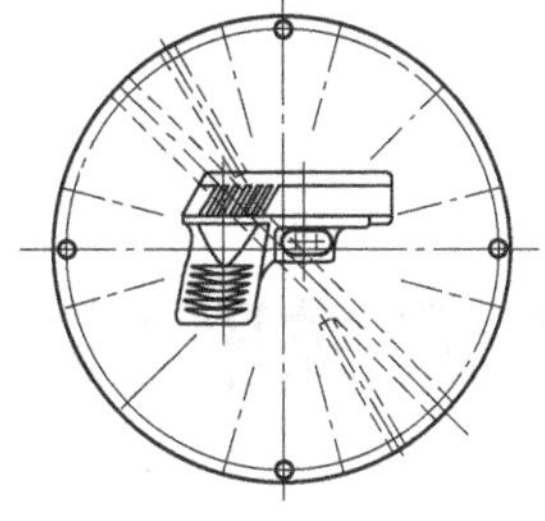
(b) 加热棒布置

(c) 成形模具及设备

图 3.87　镁合金复杂壳体零件拉深模具装配图、加热装置、成形模具及设备

1—导柱；2—导套；3—外六角螺栓；4，7，13—螺栓；5—模柄；6—上模板；8—凸模固板；9—凸模；10—压边圈；11—凹模；12—加热孔；14—下模板

0.8mm，凸凹模间隙为 1.0mm，凸模圆角半径为 4mm，凹模圆角半径为 5mm，最大拉深高度为 25mm，凸模预热温度为 180～240℃，润滑剂采用“二硫化钼＋机油”的混合制剂。成形温度在 230～380℃范围内，即取 230℃、260℃、290℃、320℃、350℃、380℃。拉深速度控制为 0.1～0.5mm/s，即取 0.1mm/s、0.2mm/s、0.5mm/s。

(3) 加工件质量

镁合金坯料分别采用圆形坯料、矩形坯料、复杂形状坯料，镁合金复杂壳体加工件如图 3.88 所示。

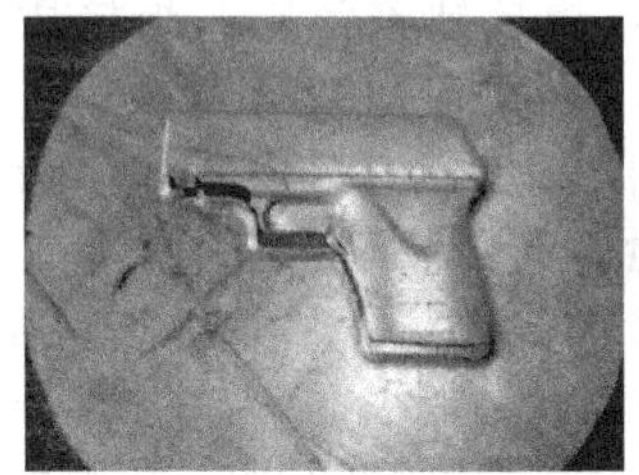
(a) 圆形坯料

(b) 矩形坯料

(c) 复杂形状坯料

图 3.88　镁合金复杂壳体加工件

在成形温度 320℃时，不同拉深速度时的实验结果如图 3.89 所示。分析可知，拉深速度为 0.1mm/s 和 0.2mm/s 时，加工件无破裂缺陷产生。而当拉深速度为 0.5mm/s 时，加工件出现破裂缺陷。其原因是在相同的成形温度条件下，随着拉深速度的提高，法兰部分变形区材料的应变硬化程度逐渐加剧，变形阻力增大，从而导致圆角附近板材产生破裂缺陷。因此，拉深速度为 0.1～0.2mm/s 时，加工件质量效果较好。

(a) 拉深速度0.1mm/s

(b) 拉深速度0.2mm/s

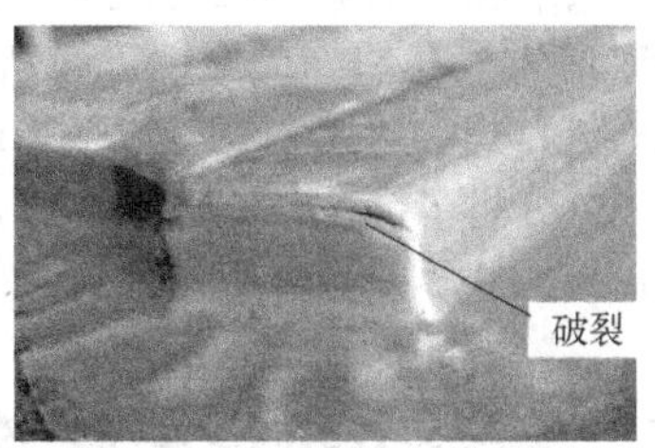

(c) 拉深速度0.5mm/s

图 3.89　不同拉深速度时的镁合金复杂壳体加工件

第4章 镁合金拼焊板拉深成形技术

拼焊板是指拉深成形前将不同厚度或不同材质的平板坯料焊接在一起形成的平板坯料。拼焊板拉深成形就是将拼焊板料整体进行拉深成形得到厚度分布不同或材质分布不同的结构件，即形成梯度厚度或梯度强度的结构件，以达到节材、节能效果，提高工业装备性能和精度。目前，由拼焊板生产的汽车零部件主要有前后车门内板、前后纵梁、侧围、底板、车门内侧的立柱、轮罩、尾门内板等。拼焊板拉深成形技术可以显著提高结构件的性能和精度，具体有以下优点：①拼焊板冲压件是在拉深成形前完成焊接工序，平面板材的焊接性能明显好于冲压件的焊接性能，因此拼焊板拉深成形技术可以明显提高部件焊接性能；②与冲压件焊接方法相比，平面板材的焊接方法简单，焊接应力消除，焊接缺陷消除，焊接质量提高；③拼焊板的梯度厚度或梯度强度可以满足不同条件或不同载荷的装备需要，实现节约材料、降低成本、提高设备性能的现代制造理念；④在保证装备的高性能和高精度条件下，实现不同性能材料的整体化成形，减少装配部件数量，简化装配程序。

关于镁合金板材焊接成形技术方面的研究工作，国内外学者获得了很多研究成果，Mofid等[39] 采用搅拌摩擦焊（FSW）方法和扩散焊（DB）方法制备了AZ31镁合金和5083铝合金的异种拼焊板，搅拌摩擦焊和扩散焊焊缝在相似的峰值和435℃的焊接温度下产生。在扩散焊焊缝的中心有一个不规则形状的区域，搅拌摩擦焊焊缝中有分层界面，与两种母材具有不同的微观结构和硬度。Shigematsu等[40] 采用搅拌摩擦焊工艺制备了AZ31B镁合金和A5052P铝合金拼焊板，拼焊板在塑性变形的早期阶段，在搅拌摩擦焊焊接区断裂，断裂区域附近面积没有显著减小。赵菲等[41] 采用钨极氩弧焊方法制备了镁合金焊接板材，分析了焊接接头深冷前后的微观组织与结构，深冷处理使镁合金焊接接头抗拉强度从212.4MPa提高到246.6MPa。周海等[42] 采用钨极交流氩弧焊方法制备了AZ31镁合金焊接板材，结果表明，焊缝区组织为细小的等轴状-αMg基体相和沿晶界析出的细小-$\beta Al_{12}Mg_{17}$相，热影响区为过热组织。张福全等[43] 研究了AZ31镁合金薄板在钨极交流氩弧焊时产生气孔缺陷的原因，分析了形成机制，并且提出了焊缝气孔的防止措施，包括控制焊接电流、焊接速度、氩气流量，以及进行焊前预热等措施，制定了合适的焊接工艺参数。魏兆中[44] 分析了镁合金的焊接特性，探讨了焊接过程中容易出现的问题，介绍了镁合金材料的几种焊接方法，重点介绍了最常用的钨极氩弧焊，指出了镁合金材料焊接关键技术问题。

4.1 镁合金拼焊板制备

(1) 镁合金焊接方法

镁合金焊接时必须采用惰性气体保护，避免熔池与空气接触，以保证焊缝质量。目前，钨极气体保护电弧焊（TIG）和熔化极气体保护电弧焊（MIG）是镁合金常用的焊接方法。此外，镁合金还可以采用搅拌摩擦焊（FSW）、电阻点焊（RSW）、电子束焊（EBW）和激光焊（LBW）等方法进行焊接。

镁合金由于自身的物理特性，在焊接过程中会产生缺陷问题。①粗晶缺陷，由于具有很高的材料热导率，镁合金焊接成形时需要大功率热源，焊接速度快，导致焊缝和近缝区金属材料过热和晶粒长大。②氧化，由于镁的氧化性极强，在焊接过程中易形成氧化膜即 MgO，而 MgO 熔点高（2500℃）、密度大（312g/cm^3），在焊缝中容易形成夹杂，降低焊缝性能，此外，镁在高温下还容易和空气中的氮化合生成镁的氮化物，使焊接接头性能降低。③蒸发，由于镁合金的沸点低（1100℃），在熔焊的高温条件下，容易产生材料蒸发现象。④烧穿和塌陷，由于镁合金熔点较低，而氧化镁的熔点很高，二者熔合性差，当焊接温度很高时，熔池的颜色也没有显著变化，焊接操作时难以观察焊缝的熔化过程，极易产生烧穿和塌陷现象。⑤气孔，在焊接高温条件下，大量的氢能够溶解，而随着焊接接头冷却，温度下降，氢的溶解度急剧减小。而镁的密度比较小，析出的大量氢气不易逸出，在焊缝凝固过程中会产生气孔缺陷。⑥热应力和热裂纹，镁合金的线膨胀系数较大，在焊接过程中易于变形，产生较大的热应力，易于产生热裂纹。⑦“过烧”现象，当焊接接头温度过高时，在晶界处焊接接头组织中的低熔点化合物会熔化并出现空穴，或产生晶界氧化等，产生所谓的“过烧”现象。在制定镁合金焊接工艺参数时，必须综合考虑以上缺陷问题，以保证镁合金焊接精度和质量。

采用钨极交流氩弧焊方法对 AZ31 和 AZ80 镁合金薄板进行焊接，焊接工艺参数见表 4.1。

表 4.1　镁合金钨极交流氩弧焊焊接工艺参数

焊丝规格 d/mm	焊接电流 I/A	焊接电压 U/V	焊接速度 v/(cm/min)	气体流量 Q/(L/min)	
				正面	背面
2.0	50	9	12～13	7	10

(2) 镁合金拼焊板制备

采用钨极交流氩弧焊方法制备了 AZ31-AZ31、AZ80-AZ80、AZ31-AZ80 三种镁合金拼焊板，如图 4.1 所示。采用大电流、快速焊和刚性固定等措施，可以获得焊接接头性能较好

(a) AZ31-AZ80拼焊板正面

(b) AZ31-AZ80拼焊板背面

(c) AZ31-AZ31拼焊板

(d) AZ80-AZ80拼焊板

图 4.1　采用钨极交流氩弧焊方法制备的镁合金拼焊板

的镁合金拼焊板。在镁合金拼焊板冲压之前，需要对镁合金原始拼焊板表面进行打磨和校正，如图 4.2 所示。

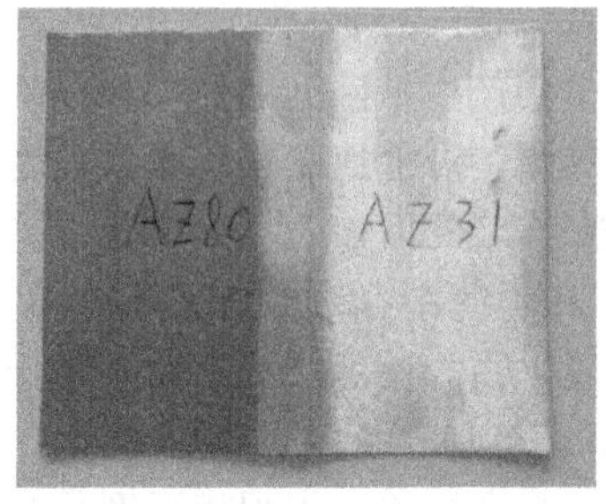

(a) 220mm×180mm×0.8mm

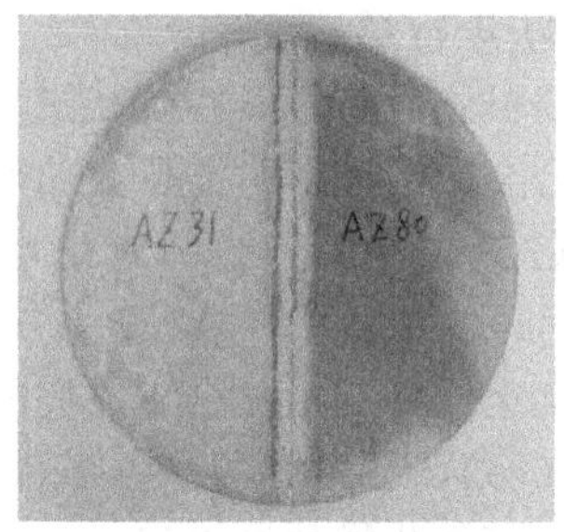

(b) ϕ240mm×0.8mm

图 4.2 打磨、校正后的镁合金拼焊板坯料

(3) 镁合金拼焊板热处理

在镁合金拼焊板拉深成形之前，需要进行退火处理，其目的是消除焊接接头内应力，提高加工件的尺寸稳定性，防止变形和开裂，改善镁合金拼焊板成形性能。镁合金拼焊板的退火工艺参数见表 4.2。

表 4.2 镁合金拼焊板的退火工艺参数

退火温度/℃	退火时间/min			
200	30	60	90	120
300	30	60	90	120
400	30	60	90	120

4.2 镁合金拼焊板组织性能

(1) 镁合金焊接界面微观组织

图 4.3 所示为镁合金拼焊板退火前母材和热影响区的微观组织，图 4.4～图 4.6 所示为

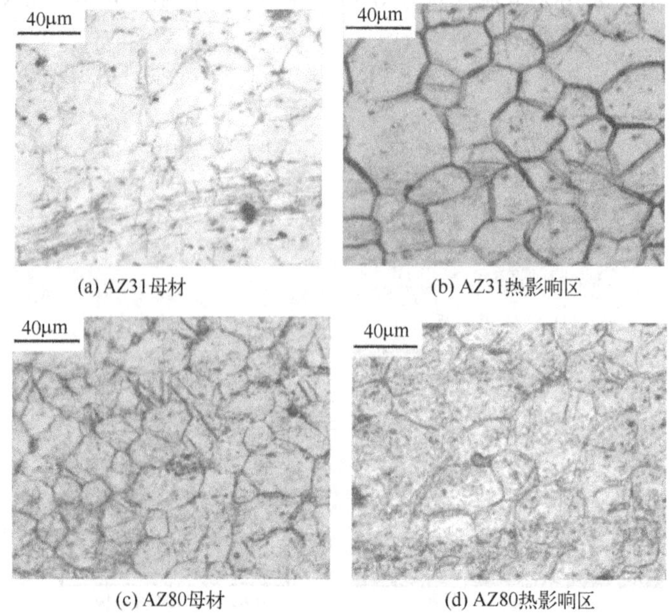

(a) AZ31母材 (b) AZ31热影响区

(c) AZ80母材 (d) AZ80热影响区

图 4.3 退火前的微观组织

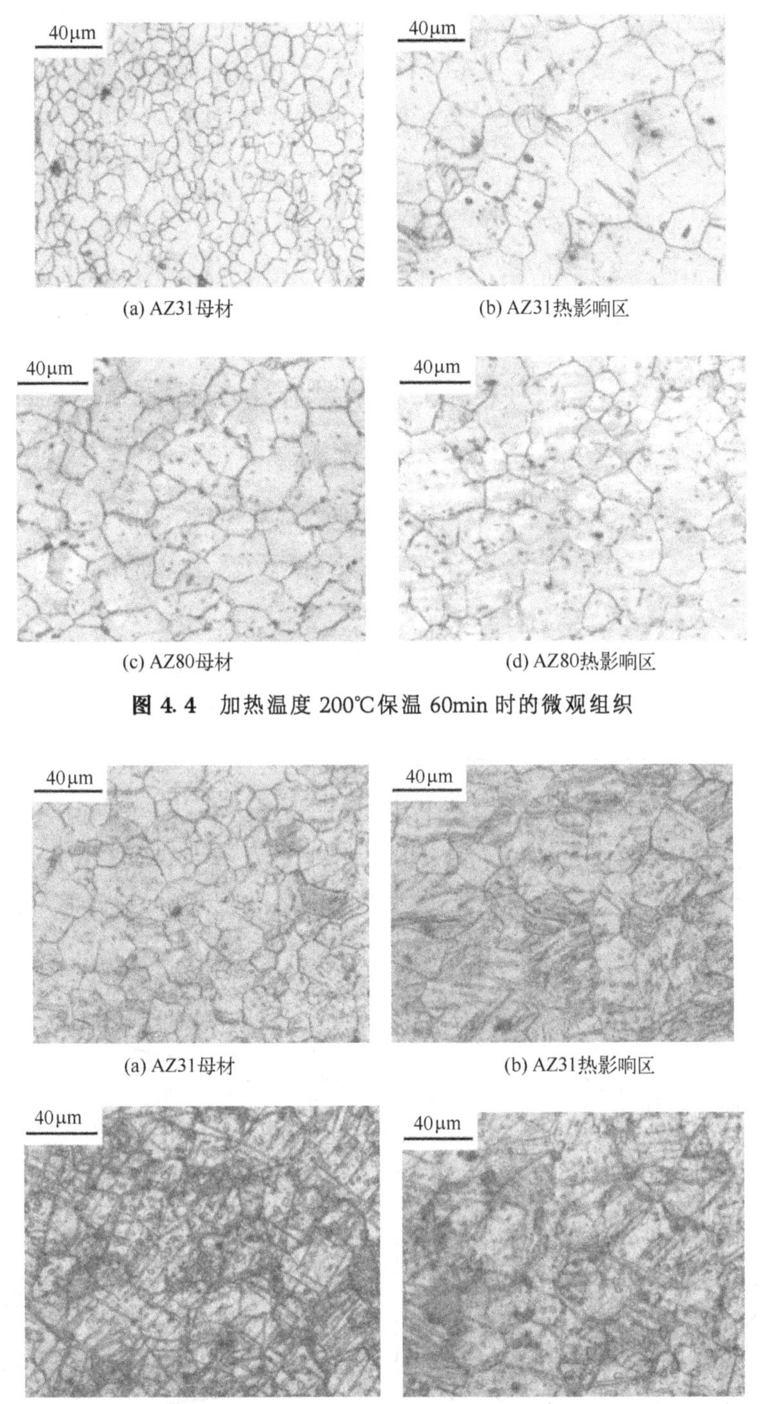

(a) AZ31母材　(b) AZ31热影响区

(c) AZ80母材　(d) AZ80热影响区

图 4.4　加热温度 200℃保温 60min 时的微观组织

(a) AZ31母材　(b) AZ31热影响区

(c) AZ80母材　(d) AZ80热影响区

图 4.5　加热温度 300℃保温 60min 时的微观组织

不同退火工艺条件下，镁合金拼焊板母材和热影响区的微观组织。图 4.7 所示为退火处理后镁合金拼焊板母材和热影响区的晶粒尺寸与退火工艺参数之间的关系曲线。结果表明，退火加热温度为 200℃时，随着退火保温时间延长，焊接接头处不同区域的晶粒尺寸变化趋势为先减小后增大，在退火条件为 200℃、60min 时晶粒尺寸达到最小，平均晶粒尺寸为 17μm。

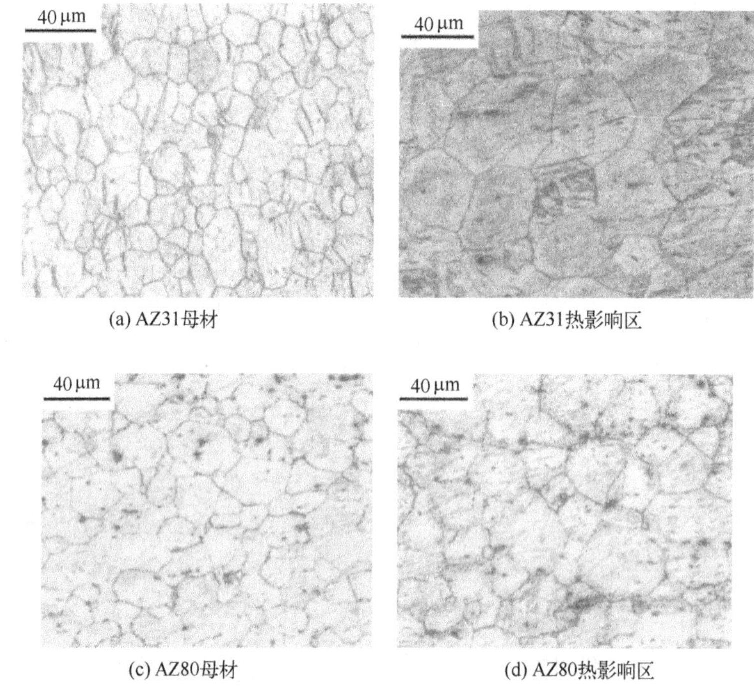

图 4.6 加热温度 400℃保温 60min 时的微观组织

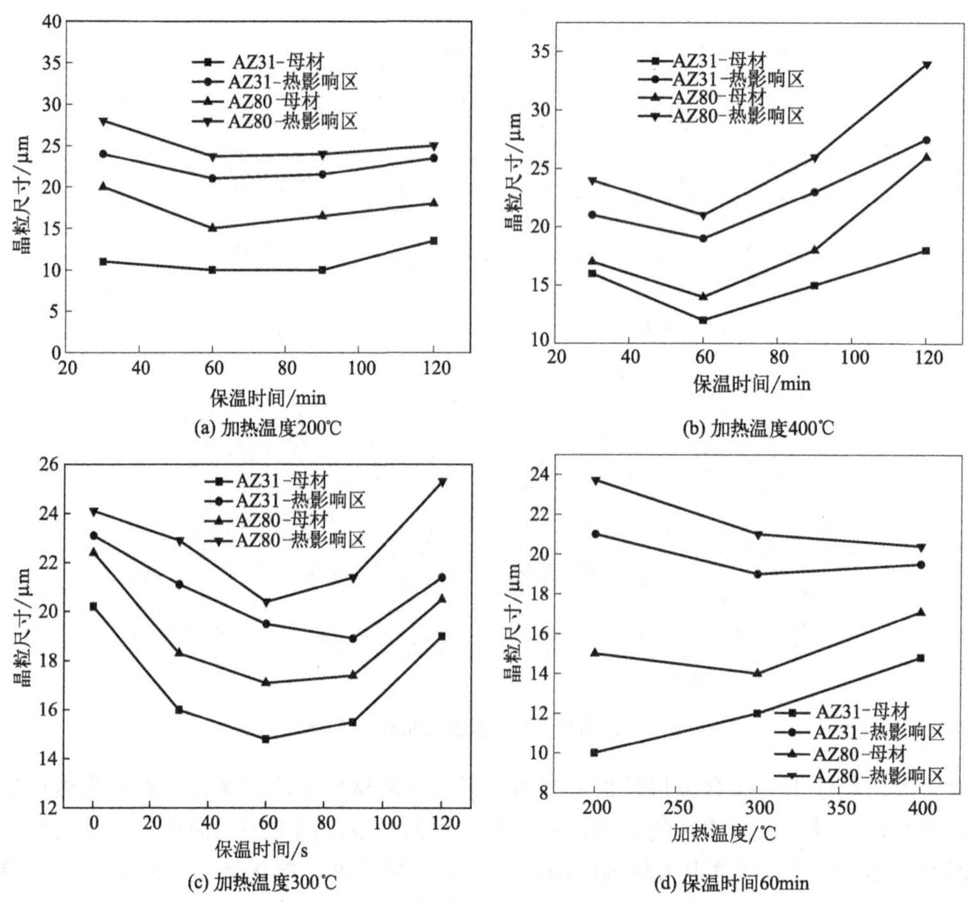

图 4.7 晶粒尺寸与退火工艺参数之间的关系曲线

当退火加热温度为 300℃时，其晶粒尺寸随着退火保温时间的变化为先减小后增大，在 300℃、60min 时晶粒尺寸最小，平均晶粒尺寸为 15.5μm。当退火加热温度为 400℃时，其晶粒尺寸随着退火保温时间的变化显示出类似变化规律，在 400℃、60min 时晶粒尺寸最小，平均晶粒尺寸为 16.5μm。考虑晶粒细化的效果，合适的退火工艺为 300℃、60min，焊接接头平均晶粒尺寸细化程度达到 28%。

(2) 焊接缺陷

图 4.8 所示为 AZ31-AZ80 镁合金拼焊板的焊接缺陷。可以看出，焊接接头产生了气孔和热裂纹。镁合金在焊接过程中出现的气孔缺陷是由于在焊接冷却过程中氢的溶解度急剧减小而引起的，即形成氢气孔。此外，母材中预先存在的微小气孔在焊接过程中发生聚集和扩展，并最后形成一个大的气孔。焊接熔池深度比较大，熔池中的气泡不易上浮析出，容易产生气孔。在镁合金焊接熔池凝固过程中出现的热裂纹缺陷是由于镁合金线膨胀系数较大，导致形成较大的焊接拉伸应力，从而导致镁合金焊缝处容易产生热裂纹缺陷。

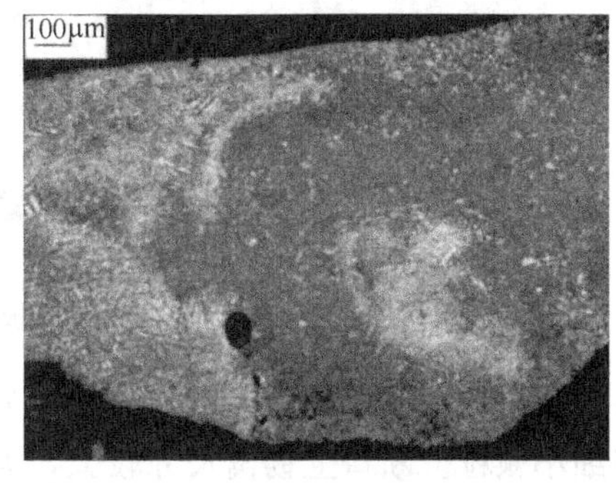

图 4.8　AZ31-AZ80 镁合金拼焊板的焊接缺陷

(3) 断口扫描

图 4.9 所示为镁合金拼焊板试样拉伸变形后的断口扫描照片，与焊缝平行的拉伸试样用 L 表示，与焊缝垂直的拉伸试样用 H 表示。从断口截面可以看到，断口由大量韧窝连接而成，每个韧窝的底部往往存在着第二相质点，第二相质点的尺寸远小于韧窝的尺寸。试样的

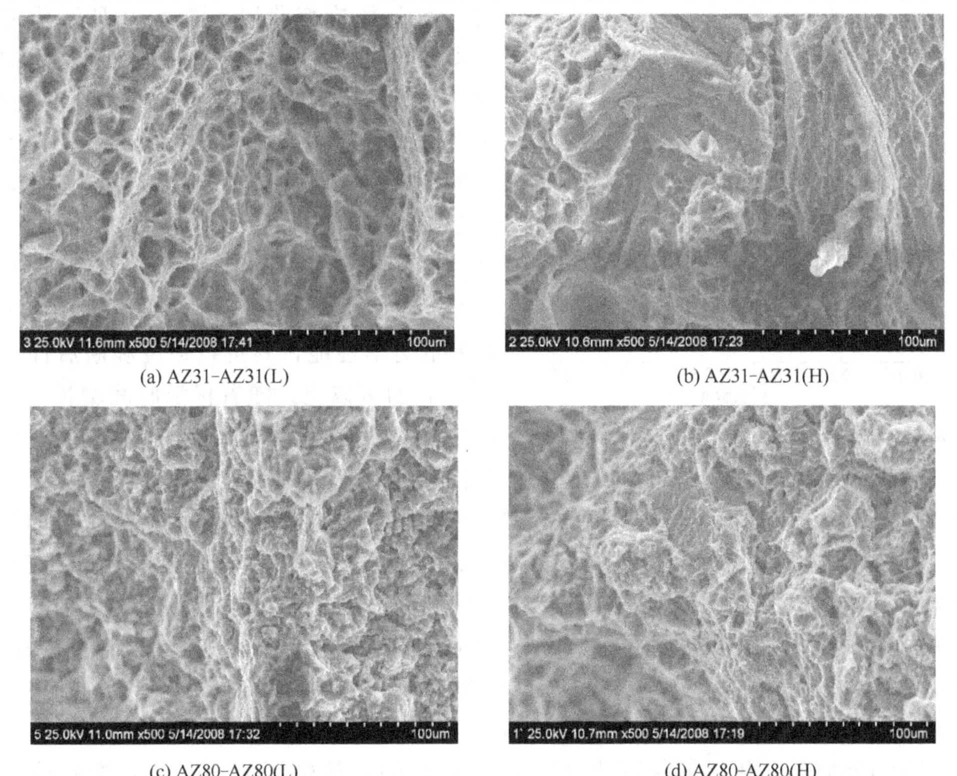

(a) AZ31-AZ31(L)　(b) AZ31-AZ31(H)

(c) AZ80-AZ80(L)　(d) AZ80-AZ80(H)

图 4.9

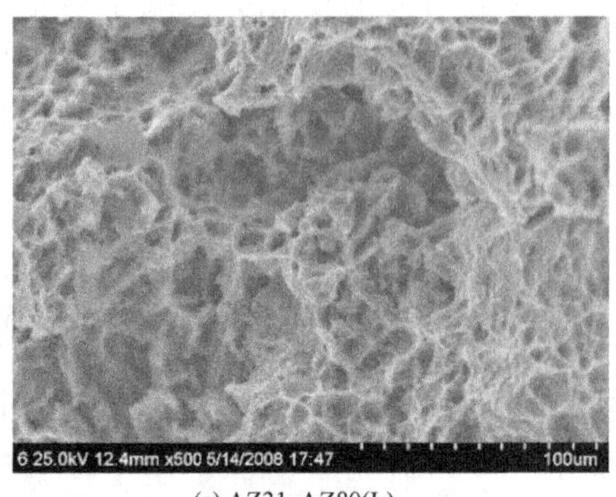

(e) AZ31-AZ80(L)

(f) AZ31-AZ80(H)

图 4.9 镁合金拼焊板试样拉伸变形后的断口照片（×500 倍）

断口截面有一定的穿晶断裂特征，明显呈聚集型断裂，在部分韧窝的底部可以清晰看到有许多细小颗粒。断口上韧窝尺寸较大，大韧窝内有小韧窝，大韧窝之间有小韧窝，韧窝外侧无撕裂棱。对于 AZ31-AZ80 镁合金拼焊板，与焊缝平行的拉伸试样的拉伸断口呈杯锥状，有明显的缩颈现象，故应为韧性断裂，而与焊缝垂直的拉伸试样的拉伸断口没有发生缩颈现象，具有典型脆性断裂特征。

4.3 镁合金拼焊板力学性能

如图 4.10 所示为经过退火处理的 AZ31 镁合金拼焊板在垂直于焊缝方向上的拉伸试样的真实应力-应变曲线。图 4.11 所示为退火工艺参数与镁合金拼焊板抗拉强度和断后伸长率的关系曲线。可以看出，与退火处理前相比，经过退火处理的镁合金拼焊板的抗拉强度和断后伸长率都有明显提高，其中抗拉强度最大提高了 18%，断后伸长率最大提高了 26%。综合考虑其微观组织和力学性能，热处理工艺为 300℃、60min 时，镁合金拼焊板焊接接头具有良好的力学性能，其抗拉强度和断后伸长率都提高了 21%以上。随着保温时间增长，抗拉强度降低，断后伸长率增大。随着加热温度升高，抗拉强度提高，断后伸长率减小。

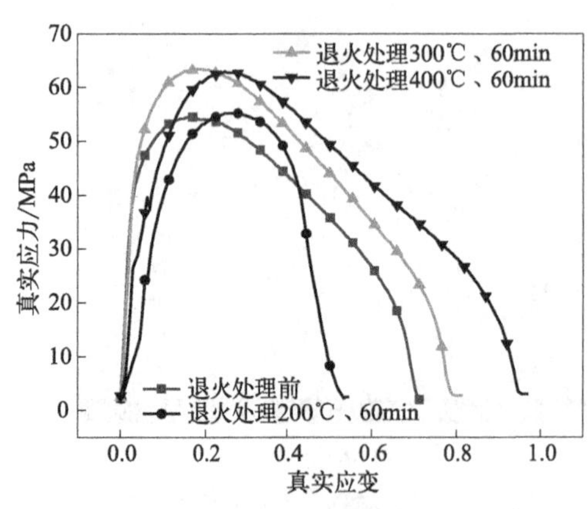

图 4.10 AZ31 镁合金拼焊板拉伸试样的真实应力-应变曲线

图 4.12 所示为不同镁合金拼焊板试样热拉伸变形应力-应变曲线，与焊缝平行的拉伸试样用 L 表示，与焊缝垂直的拉伸试样用 H 表示。对于 AZ31-AZ31 镁合金拼焊板，在热拉伸变形过程中，与焊缝平行的拉伸试样的抗拉强度和断后伸长率都大于与焊缝垂直的拉伸试样。其中，L 试样的抗拉强度为 91MPa，断后伸长率为 20%，H 试样的抗拉强度为 72MPa，断后伸长率为 3%。对于 AZ31-AZ80 镁合金拼焊板，在热拉伸变形过程中，与焊缝平行的拉伸试样的抗拉强度和断后伸长率都大于与焊缝垂直的拉伸试样。其中，L 试样的抗拉强度为 108MPa，断后伸长率为 28%，H 试样的抗拉强度为 95MPa，断后伸长率为 8%。对于 AZ80-AZ80 镁合金拼焊板，在热拉伸变形过程中，与焊缝平行的拉伸试样的抗拉

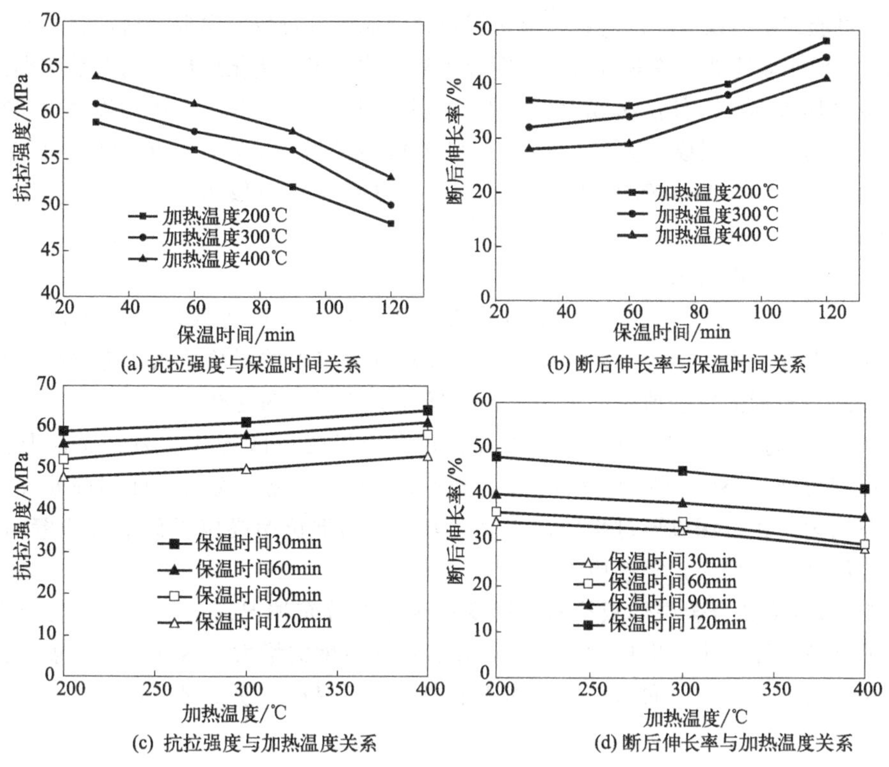

(a) 抗拉强度与保温时间关系　(b) 断后伸长率与保温时间关系

(c) 抗拉强度与加热温度关系　(d) 断后伸长率与加热温度关系

图 4.11　抗拉强度和断后伸长率与退火工艺参数的关系

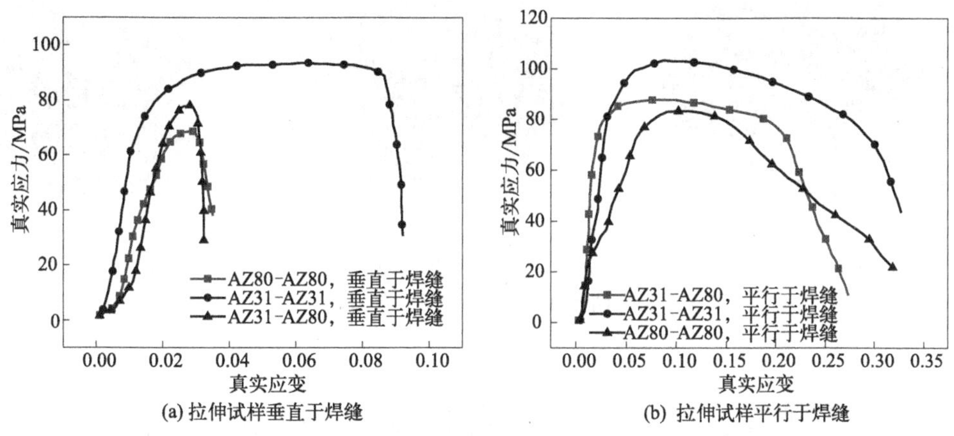

(a) 拉伸试样垂直于焊缝　(b) 拉伸试样平行于焊缝

图 4.12　镁合金拼焊板热拉伸变形应力-应变曲线（热拉伸温度为 200℃）

强度和断后伸长率都大于与焊缝垂直的拉伸试样。其中，L 试样的抗拉强度为 83MPa，断后伸长率为 15%，H 试样的抗拉强度为 78MPa，断后伸长率为 2.5%。

4.4　镁合金拼焊板圆筒形件拉深成形

4.4.1　镁合金拼焊板圆筒形件拉深成形数值模拟

(1) 工艺参数确定

镁合金拼焊板拉深成形时，焊缝处材料性能与母材性能不同，因此在拉深成形时发生变形不均匀，可能产生裂纹缺陷。对镁合金拼焊板拉深成形进行数值模拟分析，目的是分析拉深成形工艺参数对等效应变、等效应力、厚度分布的影响规律，优化成形工艺参数和模具结构。

镁合金拼焊板圆筒形件拉深成形工艺参数包括压边力为 0kN，成形温度为 230℃，冲头速度为 0.05mm/s，凸凹模间隙为 1mm，凸模圆角半径为 10mm，凹模圆角半径为 10mm，凸模摩擦因数为 0.2，凹模摩擦因数为 0.05，压边圈摩擦因数为 0.05，拉深高度分别为 10mm、20mm、30mm。

(2) 等效应力分布规律

图 4.13 所示为 AZ31-AZ80 镁合金拼焊板拉深成形变形区等效应变分布情况。结果表明，在拉深成形过程中，最大等效应变分布在筒形件侧壁处的焊缝位置，随着拉深高度的增大，筒形件圆角附近的应变值逐渐增大，由侧壁到法兰区逐渐递减。

图 4.14 所示为 AZ31-AZ80 镁合金拼焊板拉深成形变形区等效应力分布情况。结果表明，筒形件圆角处 AZ80 一侧的等效应力明显高于 AZ31 一侧，而筒形件侧壁处及法兰处等效应力分布均匀。在拉深成形过程中，等效应力最大的部位始终位于筒形件侧壁的焊缝处，并且随着拉深高度的增大，等效应力值增大。

图 4.15 所示为镁合金拼焊板拉深成形变形区厚度分布情况。结果表明，与凸模圆角处最先接触的部位壁厚减小，出现减薄现象，随着拉深高度的增大，减薄情况扩展到盒形件侧壁处，而法兰处的板料在切向压缩应力作用下产生挤压变形，使壁厚增加。

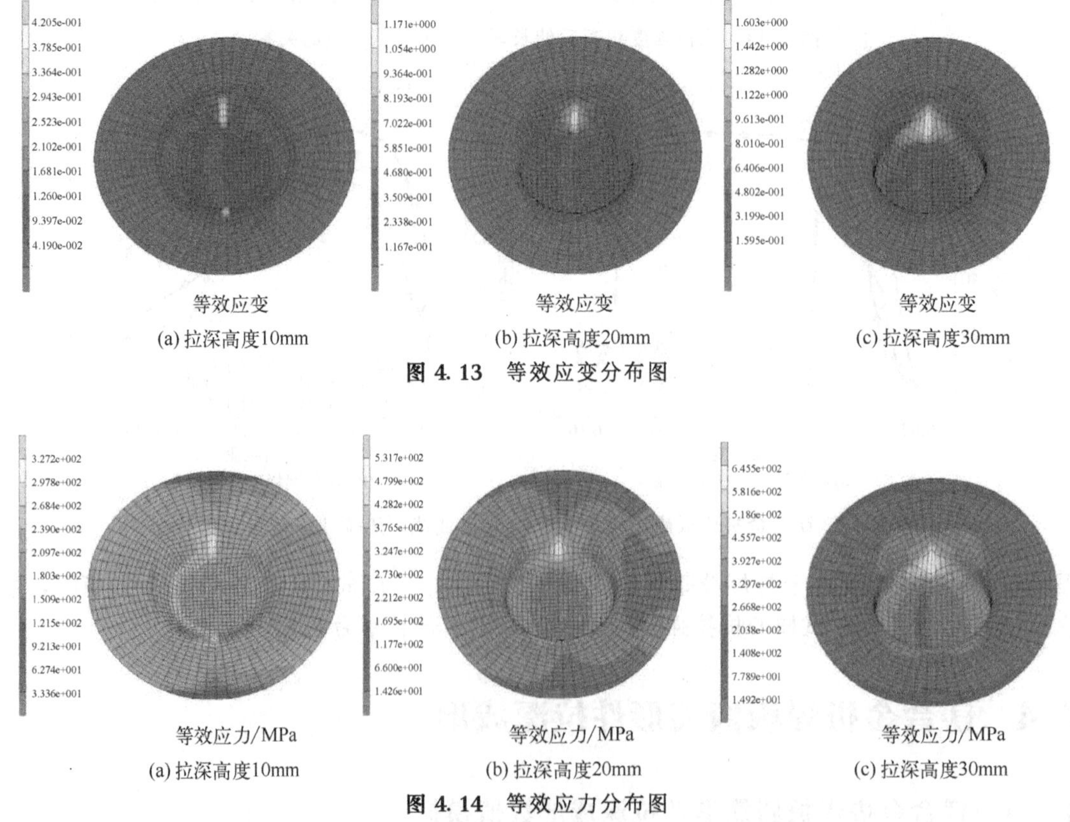

(a) 拉深高度10mm　(b) 拉深高度20mm　(c) 拉深高度30mm

图 4.13　等效应变分布图

(a) 拉深高度10mm　(b) 拉深高度20mm　(c) 拉深高度30mm

图 4.14　等效应力分布图

(3) 焊缝移动规律

图 4.16 所示为 AZ31-AZ80 镁合金拼焊板拉深成形件焊缝移动情况。图中右侧材料为

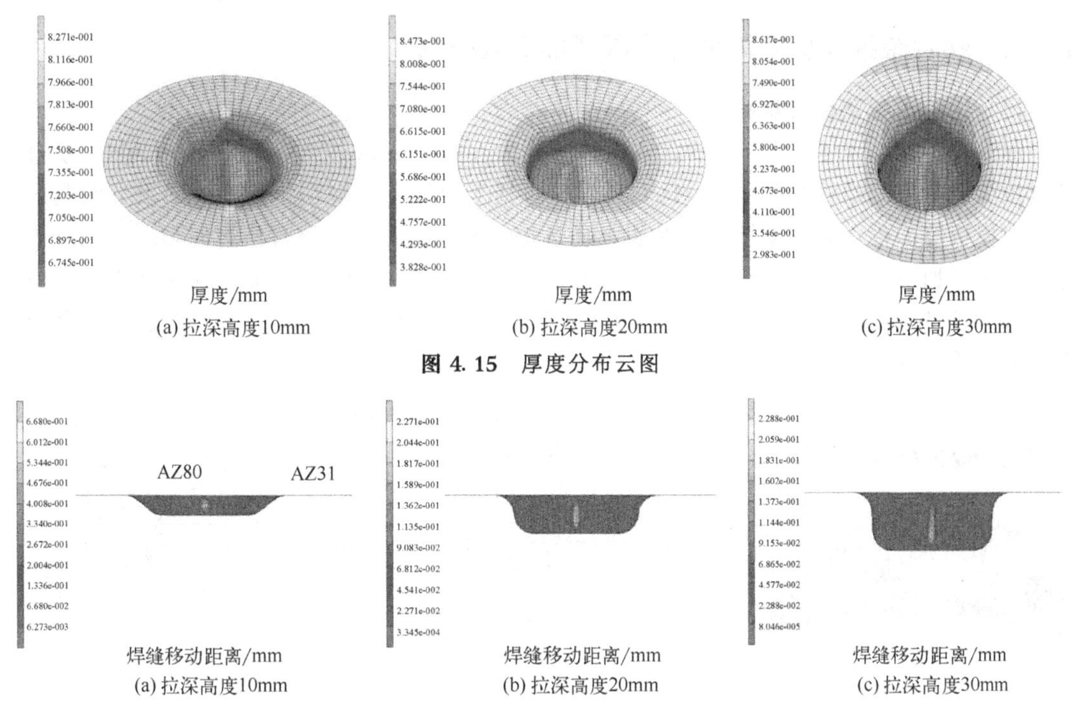

图 4.15　厚度分布云图

图 4.16　镁合金拼焊板拉深成形件焊缝移动情况

AZ31 镁合金，左侧材料为 AZ80 镁合金。结果表明，由于 AZ31 镁合金塑性性能好于 AZ80 镁合金，且流动性差，因此在成形初始阶段，在筒形件底部的焊缝向 AZ80 镁合金一侧移动，而在筒形件侧壁及法兰处的焊缝向 AZ31 镁合金一侧移动。

图 4.17 所示为镁合金拼焊板筒形件拉深成形焊缝移动规律。在拉深成形过程中，随着筒形件拉深高度的增加，焊缝两侧材料并非均匀地向凹模流入，由于 AZ80 镁合金塑性性能较差，在筒形件底部的 AZ31 镁合金易于流动，使筒形件底部焊缝向 AZ80 一侧偏移。而在筒形件侧壁处和法兰处的板料在凸模与压边圈的综合作用下，各自向相反方向移动，即向 AZ31 一侧偏移。筒形件底部焊缝向 AZ80 材料侧偏移，在筒形件底部中心处偏移程度最大，筒形件侧壁及法兰处焊缝向 AZ31 一侧偏移。随着板料拉深高度的增加，焊缝的偏移程度也逐渐增大。

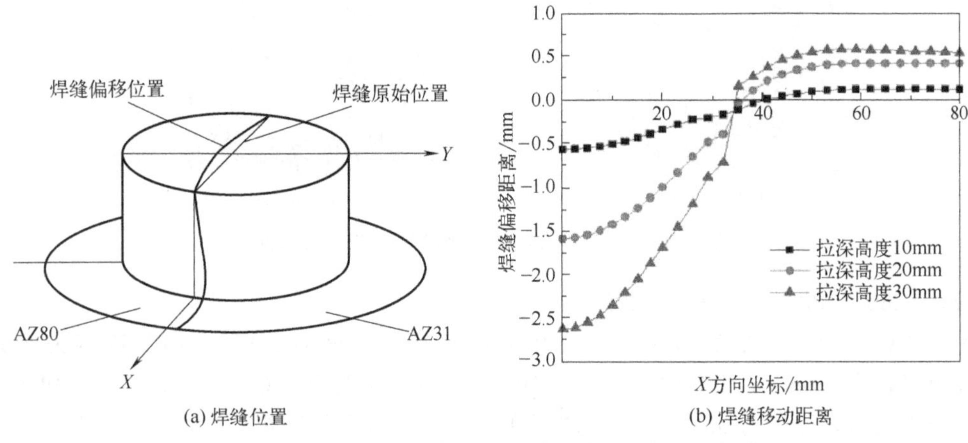

图 4.17　镁合金拼焊板筒形件拉深成形焊缝移动规律

4.4.2 镁合金拼焊板圆筒形件拉深成形实验研究

(1) 实验设备及模具结构

成形设备如图 4.18（a）所示，液压机型号为 Y32-100-1，公称压力为 1000kN。镁合金板材拉深成形模具结构如图 4.18（b）所示，包括上模板、凸模、压边圈、凹模、凹模加热板、下模板等部件。采用刚性压边装置，通过控制螺栓的预紧来调整压边间隙，以调整压边力。采用电加热棒加热方法对模具进行预热，如图 4.18（c）所示，每根电加热棒的功率为 300W，通过控制电加热棒数量及分布可以实现均匀温度场或梯度温度场，以适应镁合金拼焊板零件的拉深成形。

(a) 成形设备

上模板
凸模
导柱导套
坯料
压边圈
凹模
凹模加热板
下模板

(b) 成形模具结构

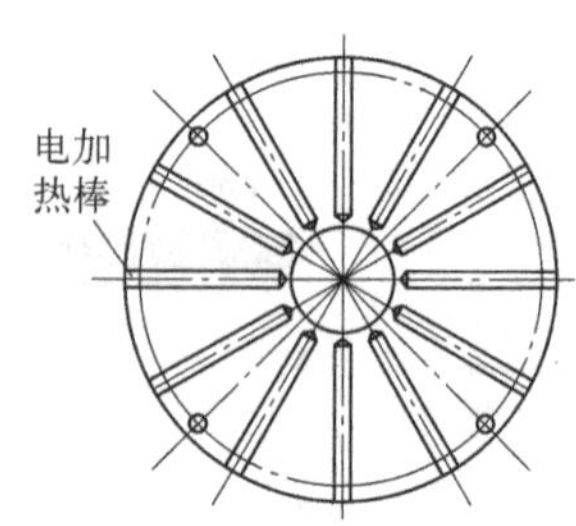

(c) 电加热棒分布

图 4.18 模具结构及加热方法

(2) AZ31-AZ31 拼焊板拉深成形件

AZ31-AZ31 镁合金拼焊板厚度为 0.8mm 和 0.6mm，成形温度为 230℃，拉深高度为 20mm，凸模圆角半径为 10mm，凹模圆角半径为 10mm，拉深速度为 0.05mm/s，加工件如图 4.19 所示。结果表明，对于镁合金拼焊板筒形件拉深成形，厚度为 0.8mm 的拼焊板成形效果较好。对于厚度为 0.6mm 的镁合金拼焊板，由于压边间隙过大，压边力较小，导致法兰区域出现起皱缺陷，因此，压边间隙应该根据板料厚度进行调整。焊缝处于中间位置，未发生偏移。

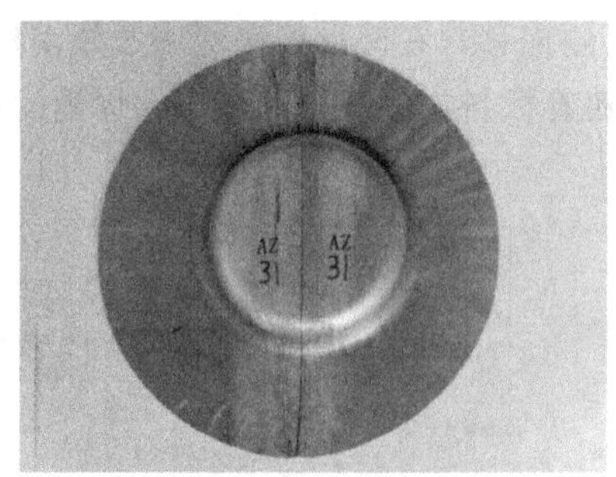

(a) 厚度为0.8mm的筒形件

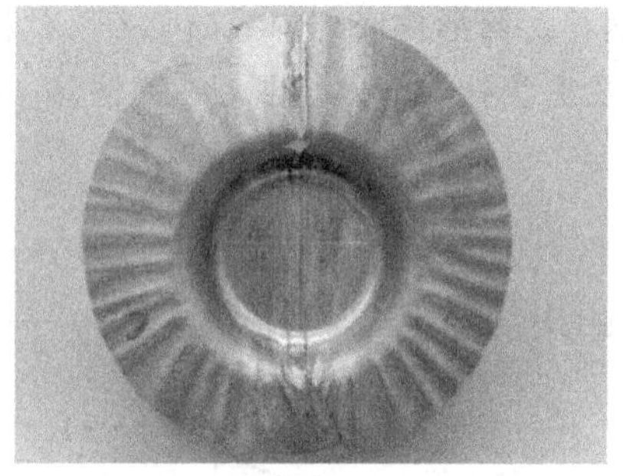

(b) 厚度为0.6mm的筒形件

图 4.19 AZ31-AZ31 镁合金拼焊板拉深成形件

(3) AZ80-AZ80 拼焊板拉深成形件

AZ80-AZ80 镁合金拼焊板厚度均为 0.8mm，成形温度为 230℃，拉深高度为 20mm，凸模圆角半径为 10mm，凹模圆角半径为 10mm，拉深速度为 0.05mm/s，加工件如图 4.20 所示。结果表明，厚度为 0.8mm 的拼焊板在拉深成形时在侧壁焊缝处发生破裂缺陷，并在法兰处发生起皱缺陷，如图 4.20（a）所示，其原因是镁合金拼焊板平整度较差，导致压边间隙不均匀而造成压边力分布不均匀。当压边间隙较小时，加工件在凹模圆角处出现严重破裂缺陷，如图 4.20（b）所示，其原因是压边力增大，导致法兰区材料流动困难而引起断裂。焊缝处于中间位置，未发生偏移。

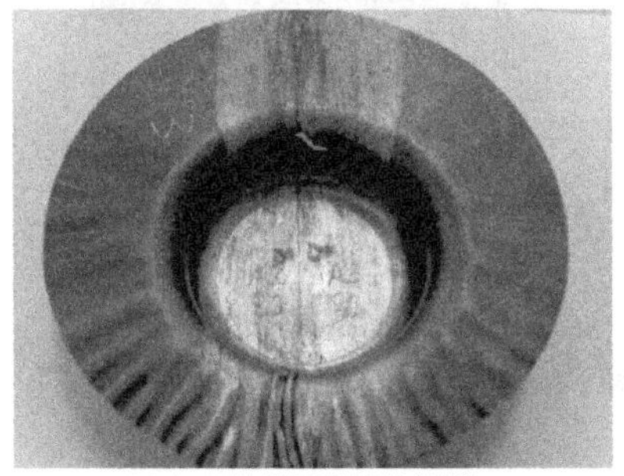

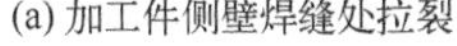

(a) 加工件侧壁焊缝处拉裂

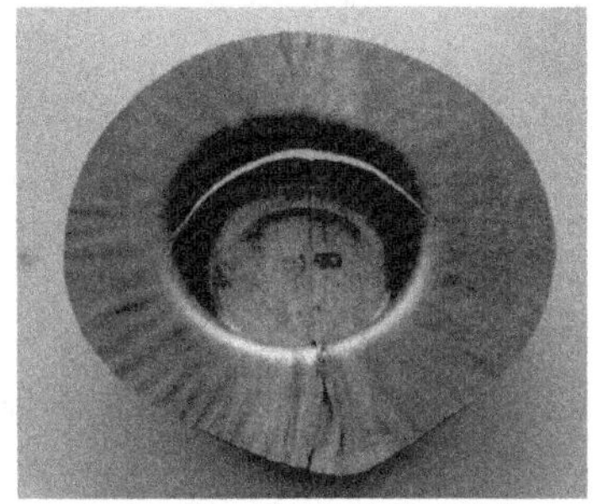

(b) 加工件凹模圆角处严重破裂

图 4.20　AZ80-AZ80 镁合金拼焊板拉深成形件

(4) AZ31-AZ80 异种镁合金拼焊板拉深成形件

AZ31-AZ80 异种镁合金拼焊板的厚度均为 0.8mm，凸模圆角半径为 10mm，成形温度为 230℃，拉深速度为 0.05mm/s，压边圈及凹模摩擦因数均为 0.05，凸模摩擦因数为 0.2，拉深高度分别为 10mm、20mm、30mm 时的加工件如图 4.21 所示。结果表明，AZ31-AZ80 异种镁合金拼焊板的成形件质量较好。由于 AZ31 镁合金的塑性性能优于 AZ80 镁合金，两侧施加相同压边力的情况下，流动性较好，材料容易流入凹模内。筒形件底部的焊缝向塑性较差的 AZ80 一侧偏移，筒形件侧壁及法兰处的焊缝则向 AZ31 一侧偏移，并且随着拉深高度的增大，偏移程度逐渐增大。

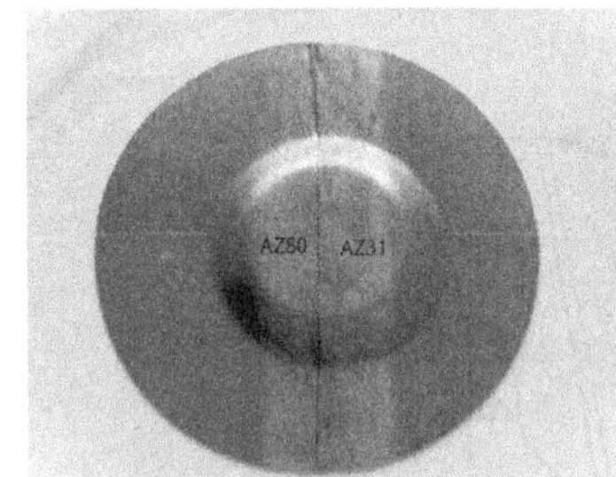

(a) 拉深高度10mm

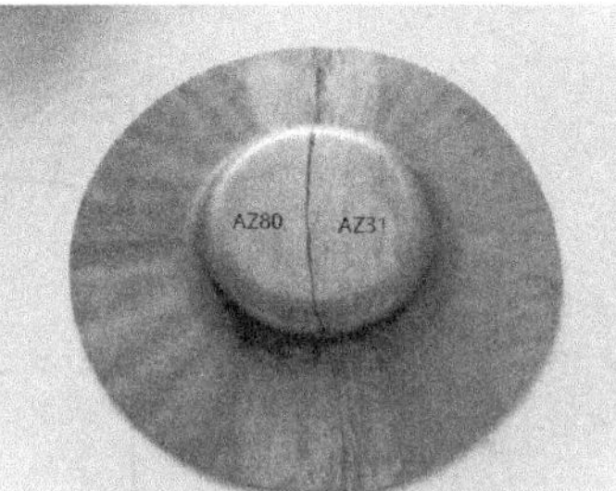

(b) 拉深高度20mm

(c) 拉深高度30mm

图 4.21　AZ31-AZ80 异种镁合金拼焊板拉深成形件

(5) AZ31-AZ80 异种镁合金拼焊板拉深成形件缺陷

图 4.22 所示为 AZ31-AZ80 异种镁合金拼焊板拉深成形件缺陷。缺陷形式主要有沿焊缝方向的破裂和法兰起皱，破裂缺陷是由焊接热影响区材料的塑性性能差而引起的，法兰区起皱缺陷是由压边力较小而引起的。

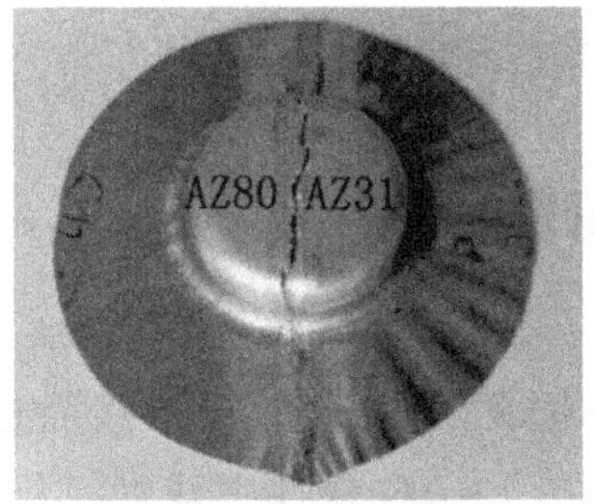

(a) 在AZ31热影响区断裂

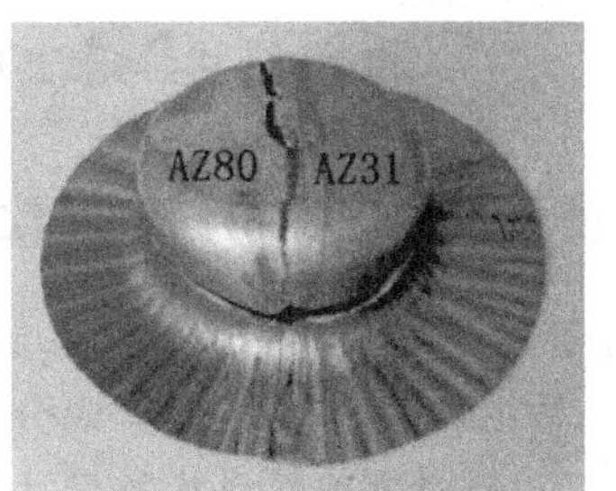

(b) 在AZ80热影响区断裂

图 4.22

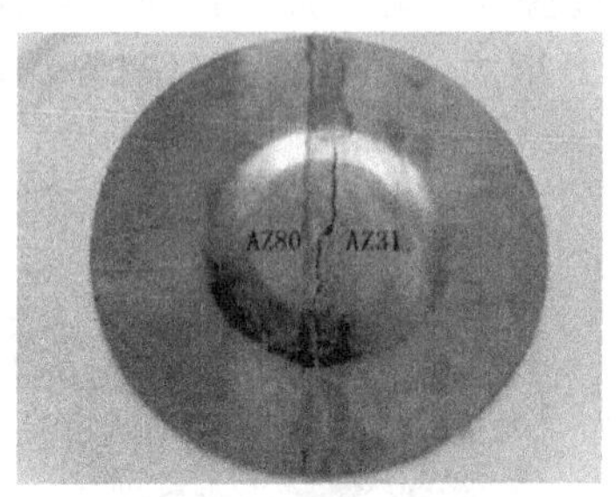

(c) 成形温度170℃

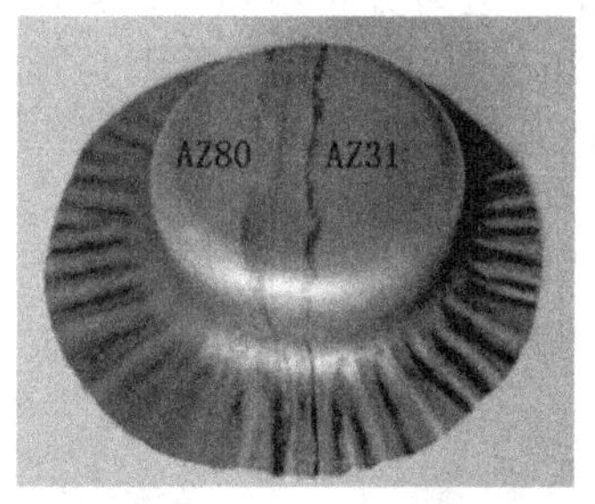

(d) 成形温度200℃

图 4.22 AZ31-AZ80 异种镁合金拼焊板拉深成形件缺陷

4.5 镁合金拼焊板覆盖件拉深成形

4.5.1 零件形状及尺寸

拼焊板覆盖件零件三维模型及尺寸如图 4.23 所示，形状为复杂的三维空间曲面，覆盖件底面为前后截面不同的类波纹曲面，前部向前弯曲倾斜 60°，后部为半径为 175mm 的圆弧。加工件材料厚度为 0.8mm 的 AZ31 与 AZ80 镁合金拼焊板。图 4.24 所示为冲压件的三维模型、尺寸及坯料尺寸。结合“面积相等原则”“基面展开法”及“断面线长展开法”，确定坯料尺寸为 220mm×180mm，如图 4.24（c）所示。

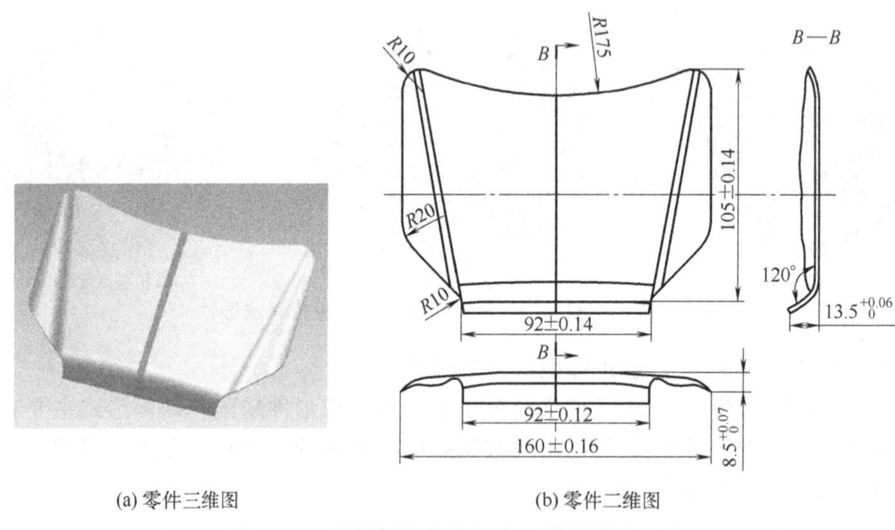

(a) 零件三维图　　(b) 零件二维图

图 4.23 拼焊板覆盖件零件三维模型及尺寸

4.5.2 镁合金拼焊板覆盖件拉深成形数值模拟

(1) 几何模型建立

镁合金拼焊板是由两块厚度相同、成分不同的镁合金薄板焊接而成，材料为 AZ31-AZ80 镁合金拼焊板。针对覆盖件形状及尺寸，在 Pro/E 软件中建立三维模型，再将凸模、凹模、压边圈等导入计算程序，几何模型如图 4.25 所示。在拉深成形过程中，坯料定义为

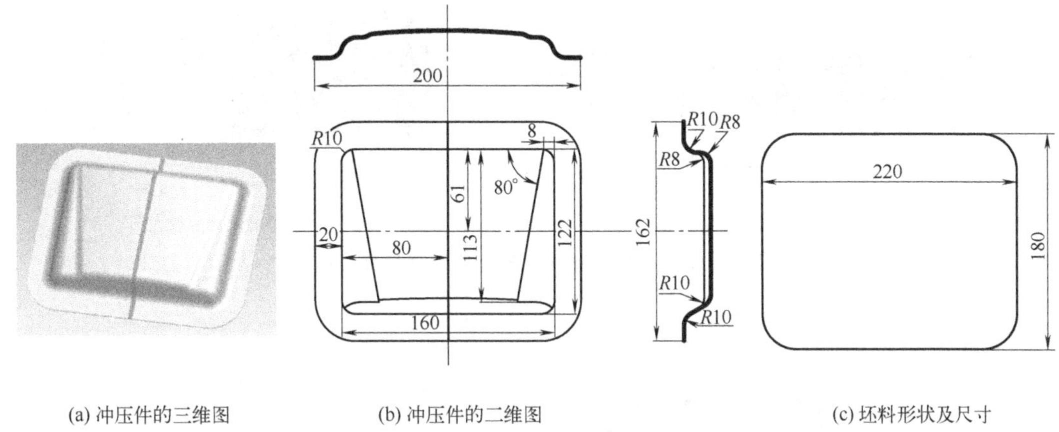

(a) 冲压件的三维图　　(b) 冲压件的二维图　　(c) 坯料形状及尺寸

图 4.24　拼焊板冲压件的三维模型、尺寸和坯料尺寸

变形体，模具部件都定义为刚体，与板料直接接触的有凸模、凹模及压边圈部件，凹模及压边圈的位置固定，通过控制凸模的方向和速度来控制成形过程。

在坯料网格划分时，采用二维壳单元进行分析。对于坯料的焊缝，用中心线上的一排节点来表示，焊缝处的连接拟采用刚性连接，网格的划分如图 4.26 所示。

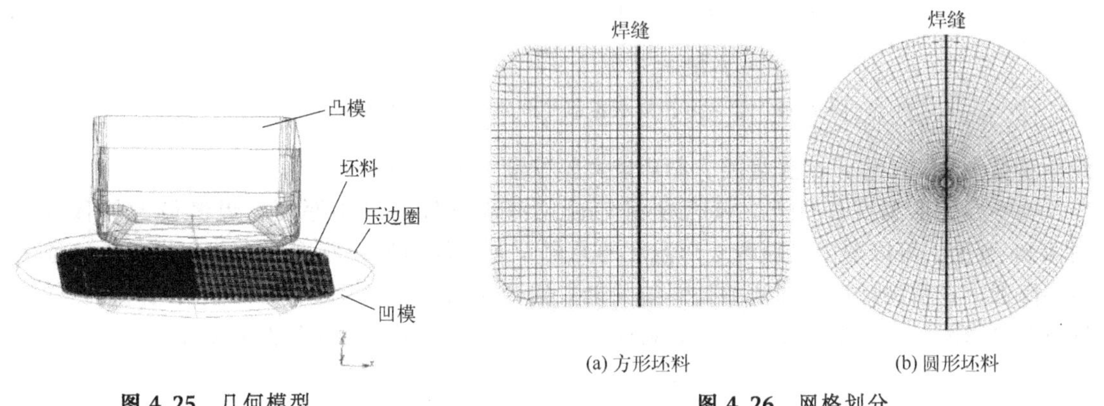

(a) 方形坯料　　(b) 圆形坯料

图 4.25　几何模型　　**图 4.26**　网格划分

(2) 成形温度对加工件的影响

确定镁合金拼焊板覆盖件拉深成形工艺参数，即成形温度分别为 250℃、280℃、310℃、350℃、380℃，拉深速度为 0.2mm/s，凸凹模间隙为 1mm，凸模摩擦因数为 0.2，凹模摩擦因数为 0.1，压边圈摩擦因数为 0.1。

图 4.27 所示为镁合金拼焊板覆盖件焊缝偏移分布，焊缝移动实质上是由板料变形不均匀引起的。焊缝两侧的材料成分或厚度不同，则力学性能或变形性能存在差异，导致材料流动性不同，从而引起焊缝移动。对于 AZ31-AZ80 镁合金拼焊板，由于 AZ80 镁合金与 AZ31 镁合金材料的力学性能和塑性性能存在差异，必然发生焊缝偏移。结果表明，在拉深件底部，焊缝向 AZ80 镁合金一侧偏移，而在加工件侧壁和法兰区的焊缝向 AZ31 镁合金一侧偏移。对于焊缝偏移缺陷，可以采用梯度温度场或梯度压边力方法控制。

图 4.28 所示为成形温度为 310℃时镁合金拼焊板覆盖件焊缝偏移量与焊缝位置的关系曲线。结果表明，在加工件底部区域的焊缝偏移量比较均匀，在加工件侧壁区域的焊缝偏移量有逐渐增大的趋势，由于加工件的对称性，即焊缝偏移曲线的对称性，在加工件底部的焊

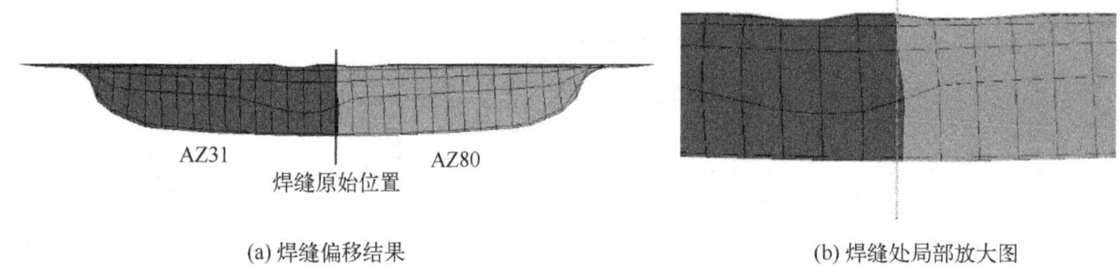

(a) 焊缝偏移结果　　(b) 焊缝处局部放大图

图 4.27 镁合金拼焊板覆盖件焊缝偏移分布

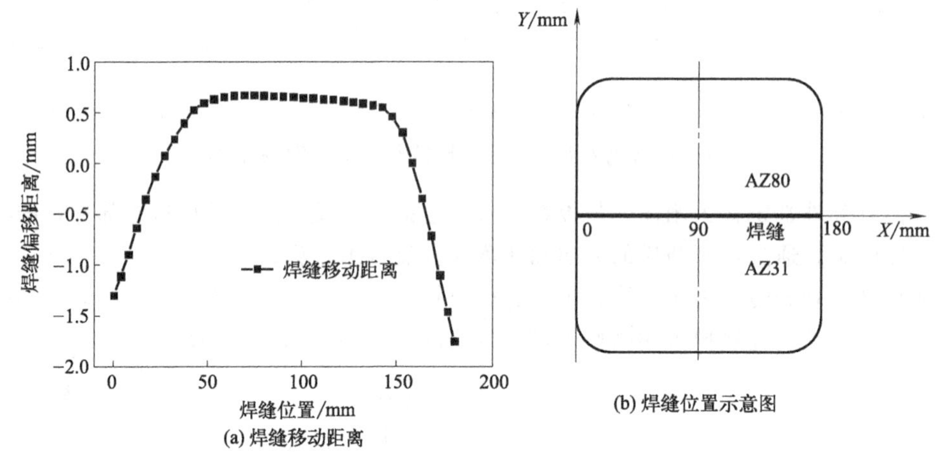

(a) 焊缝移动距离　　(b) 焊缝位置示意图

图 4.28 镁合金拼焊板覆盖件焊缝偏移量与焊缝位置关系

缝偏移量为 0.72mm，在法兰区的焊缝最大偏移量为 1.7mm。

在不同成形温度条件下，镁合金拼焊板拉深成形件的最小厚度、焊缝最大偏移量如图 4.29 所示。可以看出，随着成形温度的升高，加工件的最小厚度增大，即加工件壁厚减薄率降低，在覆盖件底部和法兰处焊缝的最大偏移量减小。因为随着成形温度的升高，焊接母材与热影响区的成形性能提高，材料流动性好，即降低了母材间的性能差异。

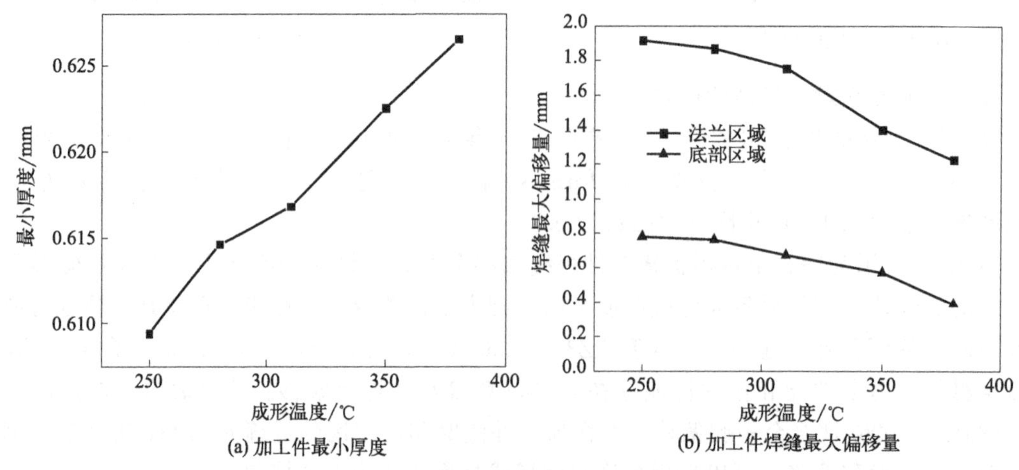

(a) 加工件最小厚度　　(b) 加工件焊缝最大偏移量

图 4.29 镁合金拼焊板覆盖件最小厚度与焊缝最大偏移量

可以采用梯度温度场方法来控制焊缝偏移缺陷产生，即在拼焊板拉深成形时，提高塑性性能差的母材一侧的成形温度，以弥补塑性成形性能差的不足和实现两种母材塑性成形性能的一致性，以及降低焊缝偏移量，提高加工件质量和精度。在拼焊板拉深成形时，AZ31 镁合金一侧成形温度为 250℃，适当提升 AZ80 镁合金一侧的成形温度，焊缝偏移量得到一定控制，焊缝最大偏移量减小，如图 4.30 所示。可以看出，当 AZ31 一侧的成形温度不变，而提高塑性较差的 AZ80 一侧的成形温度后，焊缝偏移量明显减小；当 AZ80 一侧的成形温度比 AZ31 一侧的成形温度高 60～100℃时，覆盖件底部的焊缝基本不发生偏移。

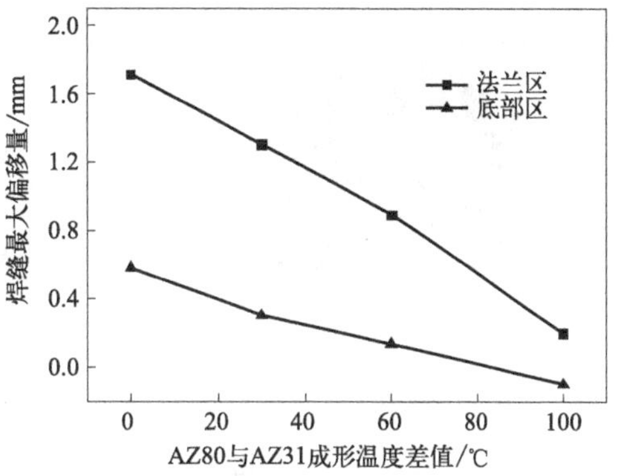

图 4.30　焊缝最大偏移量与母材间温差的关系

(3) 坯料形状对加工件的影响

确定镁合金拼焊板覆盖件拉深成形工艺参数，即成形温度为 310℃，拉深速度为 0.2mm/s，凸凹模间隙为 1mm，凸模摩擦因数为 0.2，凹模摩擦因数为 0.1，压边圈摩擦因数为 0.1，坯料包括矩形坯料、圆形坯料、矩形圆角坯料，尺寸分别为 220mm×180mm×0.8mm、ϕ240mm×0.8mm、220mm×180mm×0.8mm（圆角 30mm）。

图 4.31 所示为不同坯料形状的加工件的等效应变分布图，加工件左侧材料为 AZ80，右侧材料为 AZ31。结果表明，最大等效应变出现在焊缝、凸模圆角及凹模拐角处，采用矩形坯料拉深时，由于方形尖角的牵制作用，法兰圆角区材料流动困难，而且离凹模入口处越远，材料流动越困难。法兰角端附近等效应变近似为零，材料几乎不产生变形，因此会导致直边和圆角交界附近金属流动速度慢、凸模圆角和侧壁极易破裂。对于矩形圆角坯料（圆角为 30mm），成形效果与矩形坯料基本一致，但由于切掉尖角部分材料，没有角端的牵制作用，使角部材料更容易流动，成形性能好于矩形坯料。圆形坯料（圆角为 30mm）在拉深过程中坯料变形相对均匀，等效应力、等效应变分布比较合理，成形性能也很好。图 4.32 所示为不同坯料形状的加工件的等效应力分布图，加工件左侧材料为 AZ80，右侧材料为 AZ31。结果表明，由于两种母材性能的差异，两者的等效应力状态差异很大，这也就导致了焊缝的偏移，而坯料形状对焊缝偏移影响很小。对于圆形坯料，其变形区等效应力分布不均匀。如果施加与矩形坯料相同的压边力，则在直边法兰处外围材料流动困难，而使覆盖件在侧壁处减薄严重，出现破裂缺陷。图 4.33 所示为不同坯料形状的加工件的厚度分布图，加工件左侧材料为 AZ80，右侧材料为 AZ31。结果表明，覆盖件的最小厚度出现在凸模圆角和侧壁处。对于矩形圆角坯料拉深成形，加工件最小厚度值最大，壁厚减薄率最小。对于矩形坯料拉深成形，加工件最小厚度值次之。对于圆形坯料拉深成形，加工件最小厚度值最小，壁厚减薄最严重。综合考虑等效应变分布、等效应力分布、最小厚度分布等因素，采用矩形圆角坯料效果最好。

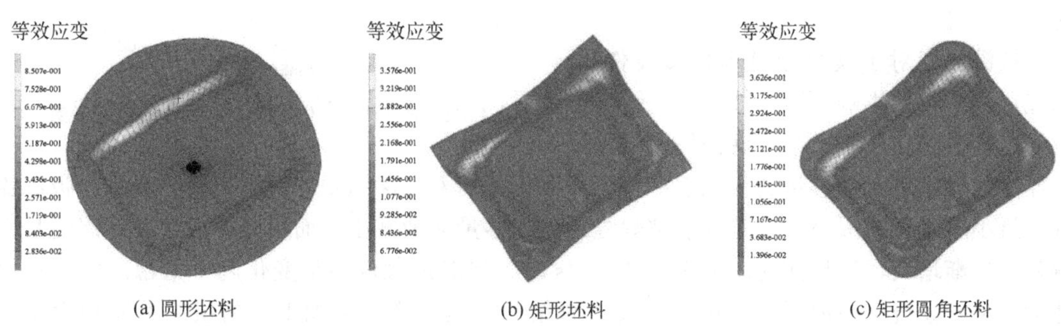

(a) 圆形坯料　(b) 矩形坯料　(c) 矩形圆角坯料

图 4.31　不同坯料形状的加工件等效应变分布

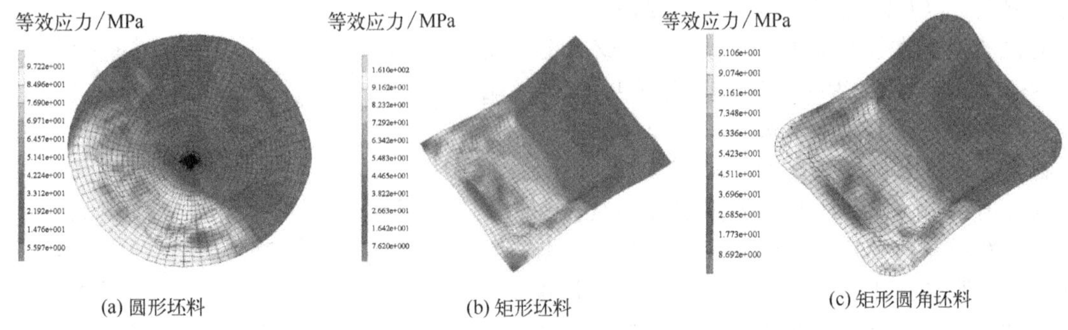

(a) 圆形坯料　　(b) 矩形坯料　　(c) 矩形圆角坯料

图 4.32　不同坯料形状的加工件等效应力分布

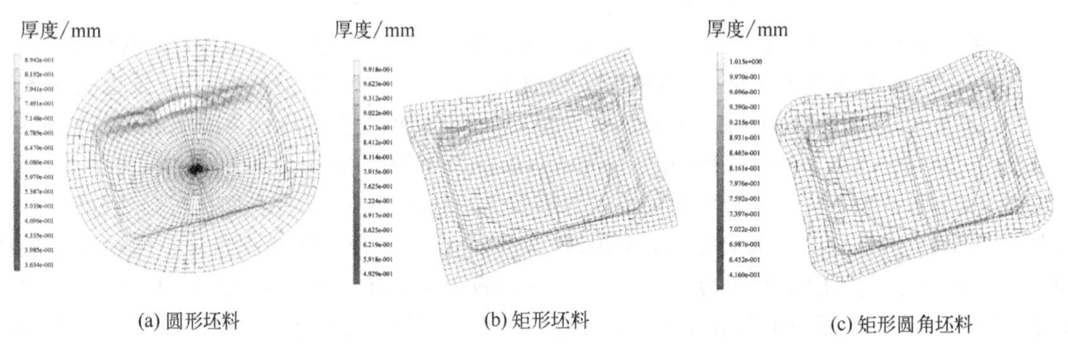

(a) 圆形坯料　　(b) 矩形坯料　　(c) 矩形圆角坯料

图 4.33　不同坯料形状的加工件的最小厚度分布

图 4.34 所示为不同形状坯料的加工件的焊缝偏移量，矩形圆角坯料和矩形坯料的焊缝最大偏移量和偏移量分布很接近，而圆形坯料的焊缝偏移量差异比较明显，焊缝偏移最严重。所以，合适的形状坯料对镁合金拼焊板覆盖件拉深成形性能及其焊缝偏移具有重要影响，考虑焊缝偏移量因素，采用矩形圆角坯料效果最好。

(4) 拉深速度对加工件的影响

确定镁合金拼焊板覆盖件拉深成形工艺参数，即成形温度为 310℃，拉深速度分别为 0.1mm/s、0.2mm/s、0.5mm/s，凸凹模间隙为 1mm，凸模摩擦因数为 0.2，凹模摩擦因数为 0.1，压边圈摩擦因数为 0.1。

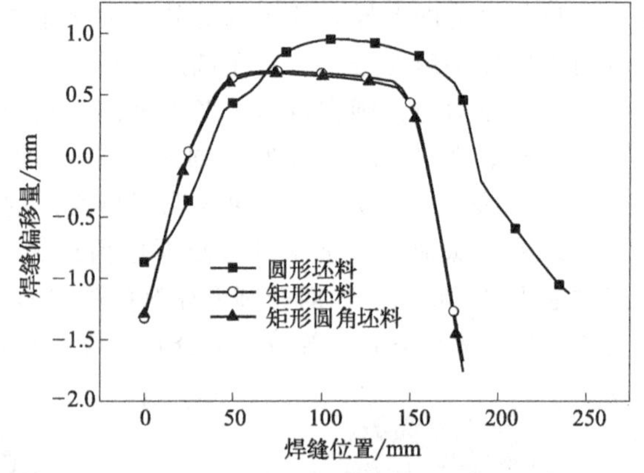

图 4.34　不同形状坯料的加工件的焊缝偏移量

拉深速度对于镁合金拼焊板覆盖件拉深成形具有重要影响，图 4.35 所示为不同拉深速度条件下镁合金拼焊板覆盖件的最小厚度和焊缝最大偏移量的变化规律。可以看出，随着拉深速度的提高，镁合金拼焊板覆盖件的最小厚度迅速减小，覆盖件底部焊缝最大偏移量逐渐减小，而覆盖件法兰处的焊缝最大偏移量逐渐增大，当拉深速度大于 0.2mm/s 时，焊缝最大偏移量变化趋于平稳。低的拉深速度有利于镁合金在成形过程中产生动态再结晶，提高镁合金加工件的组织性能和力学性能，高的拉深速度可以提高加工效率。因此，合适的拉深速度范围为 0.1～0.2mm/s。

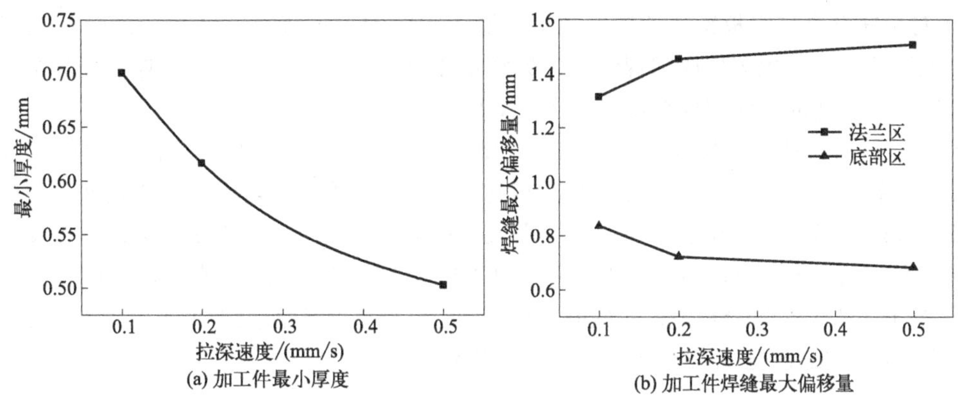

(a) 加工件最小厚度　(b) 加工件焊缝最大偏移量

图 4.35　拉深速度对镁合金拼焊板覆盖件拉深成形影响

(5) 摩擦因数对加工件的影响

确定镁合金拼焊板覆盖件拉深成形工艺参数，即成形温度为 310℃，拉深速度为 0.2mm/s，凸凹模间隙为 1mm，凹模摩擦因数为 0.05、0.1、0.2，凸模摩擦因数分别为 0.05、0.1、0.2，压边圈摩擦因数分别为 0.05、0.1、0.2。

图 4.36 所示为不同凸模摩擦因数时镁合金拼焊板覆盖件的最小厚度和焊缝最大偏移量的变化规律。随着凸模摩擦因数的增大，加工件的最大减薄率、最大等效应力呈增大趋势。随着凸模、凹模、压边圈的摩擦因数增大，在覆盖件底部的焊缝最大偏移量逐渐增大，而在法兰处的焊缝最大偏移量逐渐减小。对于镁合金拼焊板覆盖件拉深成形，合适的凸模摩擦因数为 0.2，合适的凹模、压边圈摩擦因数范围为 0.05～0.1，应尽量降低凹模、压边圈摩擦因数，以有利于提高镁合金拼焊板覆盖件的质量和成品率。

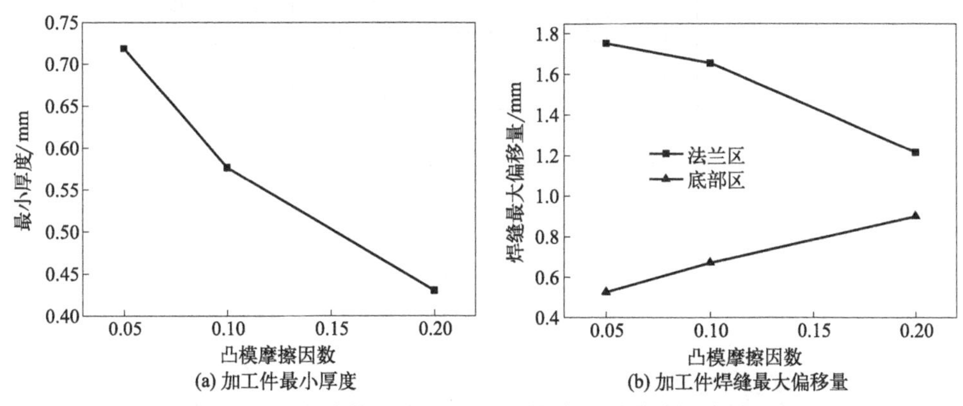

(a) 加工件最小厚度　(b) 加工件焊缝最大偏移量

图 4.36　凸模摩擦因数对镁合金拼焊板覆盖件拉深成形影响

研究总结：

① 对于镁合金拼焊板覆盖件拉深成形，随着成形温度的升高，加工件的最小厚度逐渐增大，加工件壁厚减薄率降低，在覆盖件底部和法兰处焊缝的最大偏移量逐渐减小。

② 对于镁合金拼焊板覆盖件拉深成形，覆盖件的最小厚度出现在凸模圆角和侧壁处。对于矩形圆角坯料拉深成形，加工件最小厚度值最大，壁厚减薄率最小。对于矩形坯料拉深成形，加工件最小厚度值次之。对于圆形坯料拉深成形，加工件最小厚度值最小，壁厚减薄最严重。综合考虑等效应变分布、等效应力分布、最小厚度分布等因素，采用矩形圆角坯料效果最好。

③ 对于镁合金拼焊板覆盖件拉深成形，随着拉深速度的提高，镁合金拼焊板覆盖件的最小厚度迅速减小，覆盖件底部焊缝最大偏移量逐渐减小，而覆盖件法兰处的焊缝最大偏移量逐渐增大，合适的拉深速度范围为 0.1～0.2mm/s。

④ 对于镁合金拼焊板覆盖件拉深成形，随着凸模摩擦因数的增大，加工件的最大减薄率、最大等效应力逐渐增大。随着凸模、凹模、压边圈摩擦因数增大，在覆盖件底部的焊缝最大偏移量逐渐增大，而在法兰处的焊缝最大偏移量逐渐减小。对于镁合金拼焊板覆盖件拉深成形，合适的凸模摩擦因数为 0.2，合适的凹模、压边圈摩擦因数范围为 0.05～0.1。

⑤ 对于 AZ31-AZ80 镁合金拼焊板，提高 AZ80 侧的成形温度能明显减小焊缝偏移量，模拟结果表明，AZ80 与 AZ31 的最佳温差范围为 60～100℃。

4.5.3 镁合金拼焊板覆盖件拉深成形实验研究

(1) 拉深成形模具装置

镁合金拼焊板覆盖件拉深成形装置如图 4.37 所示，模具结构包括导柱、导套、模柄、上模板、凸模固定板、凸模、压边圈、凹模、加热孔、固定螺栓、下模板等。凸模和凹模的三维模型如图 4.38 所示。

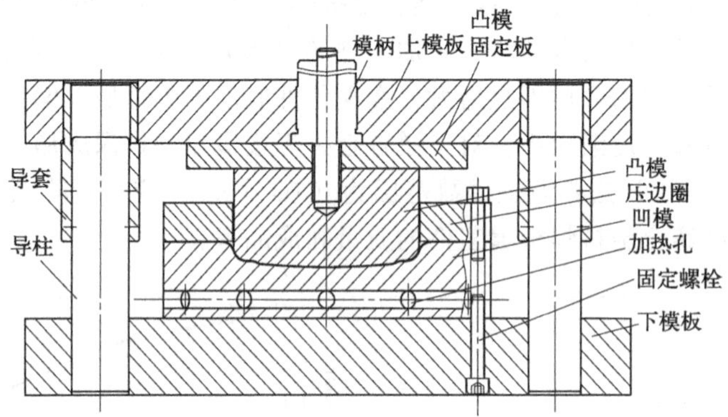

图 4.37 镁合金拼焊板覆盖件拉深成形装置

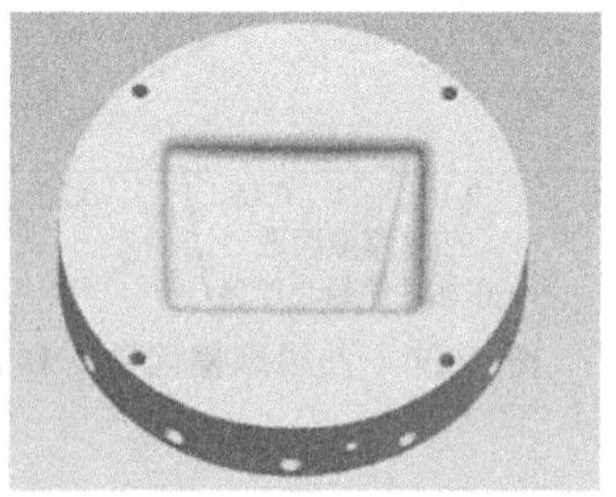

图 4.38 凸凹模三维模型

采用电加热棒加热方法预热成形模具，在凹模及压边圈上分布若干个电加热棒，拉深装置及电加热棒分布如图 4.39 所示。

(2) 镁合金拼焊板覆盖件

当成形温度为 300～380℃时，获得了表面无缺陷、质量良好的镁合金拼焊板覆盖件，如图 4.40 所示。加工件焊缝偏移量很小，得到有效控制。

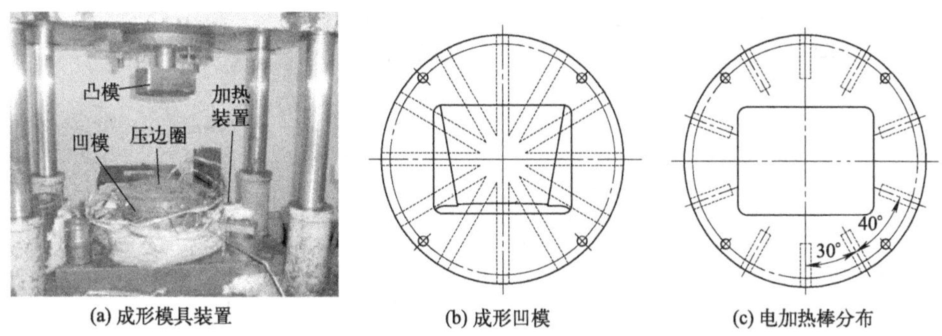

(a) 成形模具装置　　(b) 成形凹模　　(c) 电加热棒分布

图 4.39　成形模具装置及加热棒分布

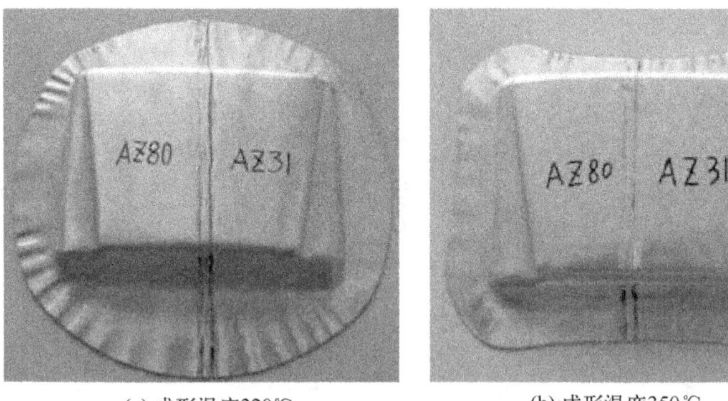

(a) 成形温度320℃　　(b) 成形温度350℃

图 4.40　AZ31-AZ80 镁合金拼焊板覆盖件

(3) 镁合金拼焊板覆盖件组织性能

图 4.41 和图 4.42 所示分别为成形温度为 320℃和 380℃时镁合金拼焊板覆盖件的微观组织，可以看出，当成形温度为 320℃时加工件的晶粒尺寸小于成形温度为 380℃时加工件的晶粒尺寸。

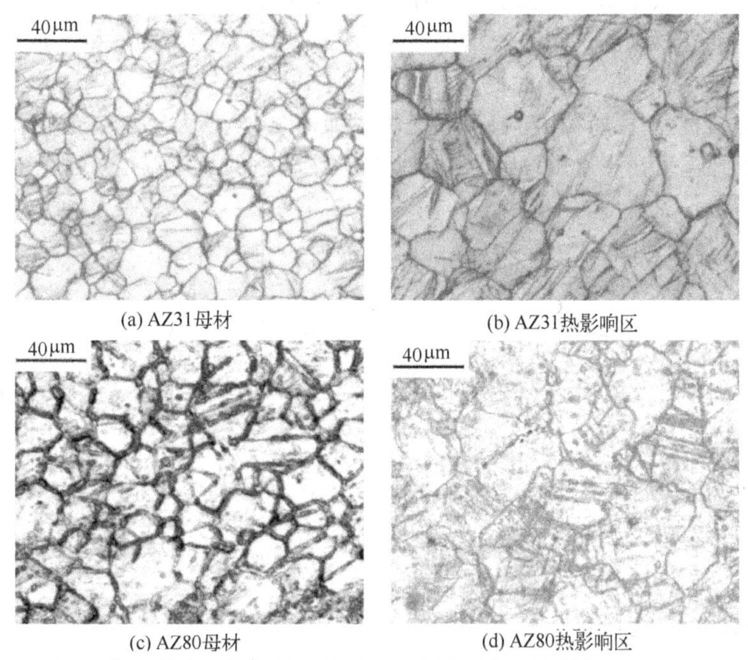

(a) AZ31母材　　(b) AZ31热影响区

(c) AZ80母材　　(d) AZ80热影响区

图 4.41　镁合金拼焊板覆盖件组织性能（成形温度为 320℃）

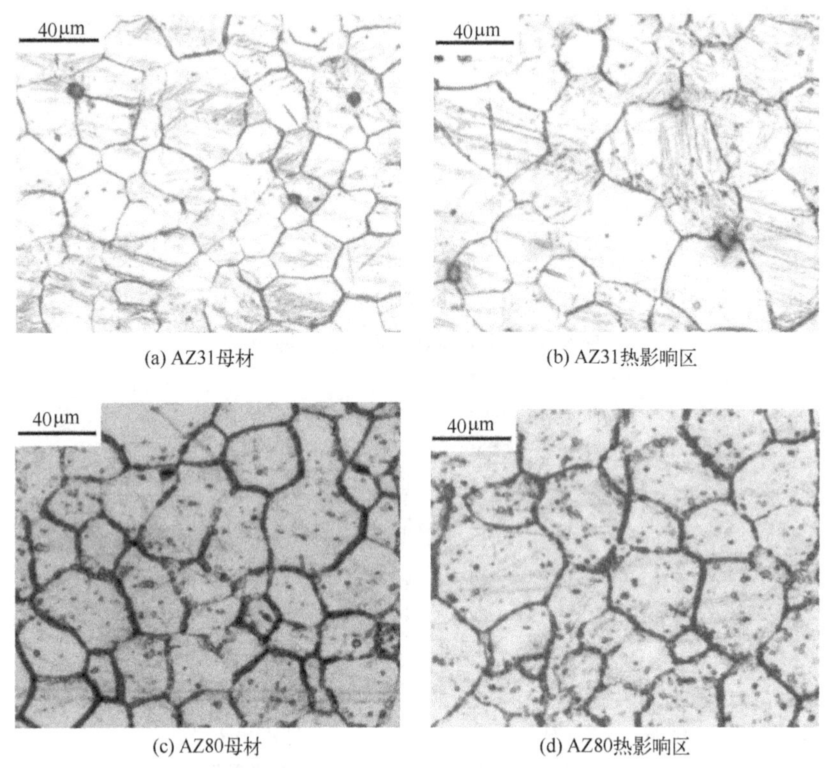

(a) AZ31母材 (b) AZ31热影响区

(c) AZ80母材 (d) AZ80热影响区

图 4.42 镁合金拼焊板覆盖件组织性能（成形温度为 380℃）

镁合金拼焊板覆盖件晶粒尺寸与成形温度关系如图 4.43 所示。可以看出，随着成形温度升高，晶粒尺寸增大，在成形温度为 350℃以上时，晶粒尺寸急剧增大。随着成形温度的升高，镁合金中原子热振动及扩散速率增加，位错的滑移、攀移、交滑移及位错节点脱锚比低温时更容易，动态再结晶的形核率增加，同时晶界迁移能力增强，因此成形温度的升高使加工件晶粒尺寸减小。

镁合金拼焊板覆盖件拉深力与成形温度关系如图 4.44 所示，随着成形温度的升高，拉深力减小，当成形温度高于 350℃后，拉深力增大。合适的成形温度范围为 300～350℃。

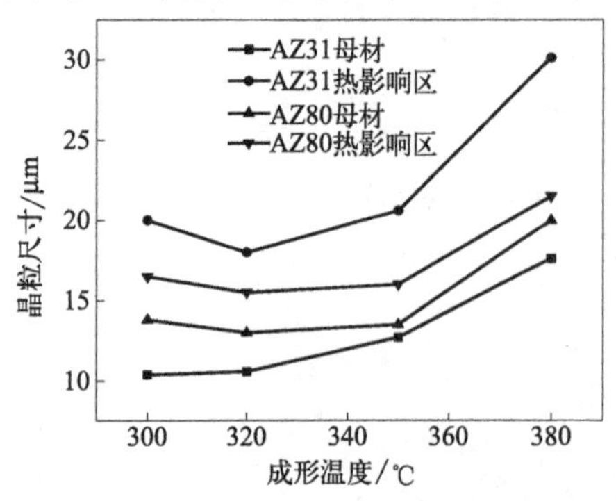

图 4.43 加工件晶粒尺寸与成形温度关系

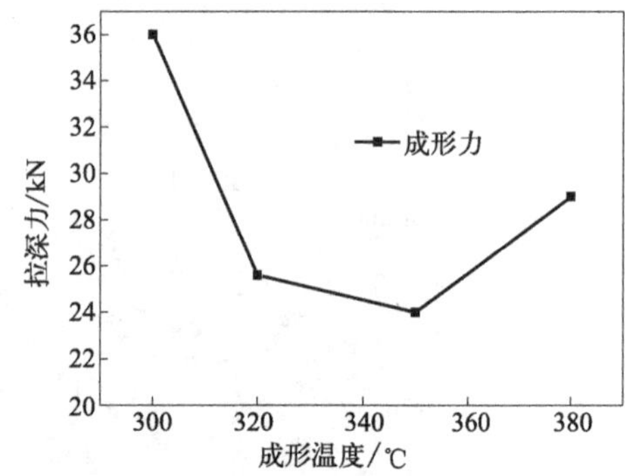

图 4.44 拉深力与成形温度关系

(4) 压边间隙对加工件的影响

通过调整压边间隙实现对压边力的调整，压边间隙对加工件的影响如图 4.45 所示。如果压边间隙过大，在拉深行程中，法兰区域的材料容易发生起皱缺陷，如图 4.45（a）所示，随着拉深行程的进行，起皱愈加严重。如果压边间隙过小，则压边力会增大，材料在拉深行程中，法兰区材料向凹模内的流动摩擦阻力增大，阻碍了材料流动性，同时必然增大拉深力。当变形区等效应力最大值超过坯料的强度极限时，材料就发生破坏，如图 4.45（b）所示。因此，在制定镁合金拼焊板拉深成形工艺参数时，压边间隙是不可忽视的工艺参数。

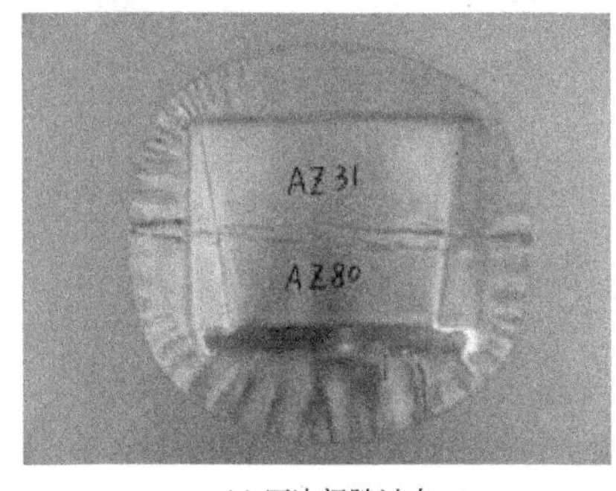

(a) 压边间隙过大

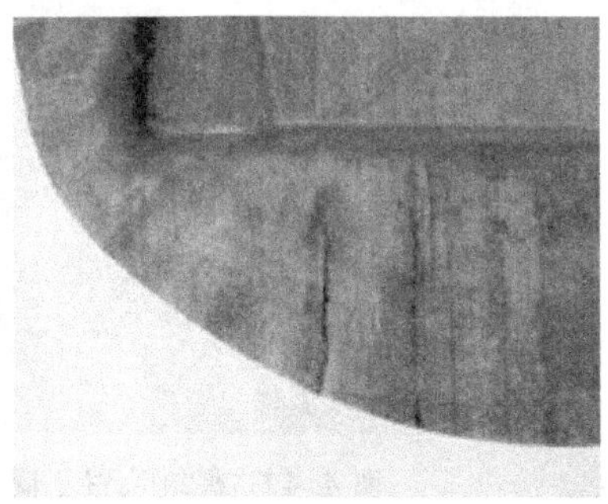

(b) 压边间隙过小

图 4.45　压边间隙对加工件的影响

(5) 坯料形状对加工件的影响

当成形温度为 250℃和 300℃时，坯料形状对镁合金拼焊板覆盖件的影响如图 4.46 所示。可以看出，当成形温度为 250℃时，圆形坯料加工件比矩形坯料加工件的拉裂缺陷程度更严重，其裂纹已经从覆盖件边缘扩展到对称中心线部位。其原因是圆形坯料尺寸大，使法兰区域的变形程度分布不均匀，从而发生裂纹缺陷，导致塑性较差的 AZ80 镁合金一侧在凸模圆角处发生严重拉裂。当成形温度为 300℃时，在相同条件下，加工出了合格的镁合金拼焊板覆盖件。

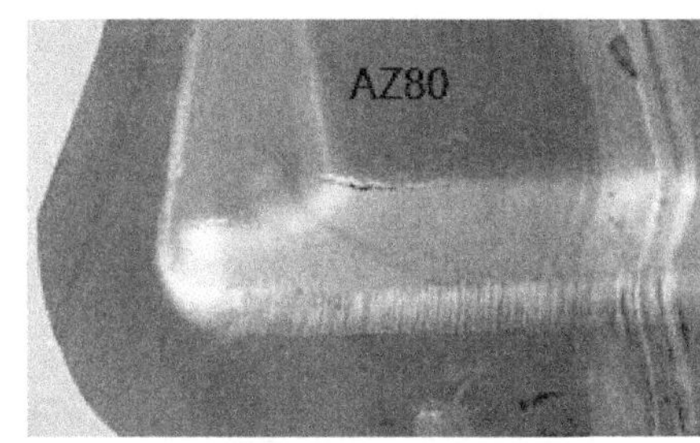

(a) 矩形坯料(成形温度250℃)

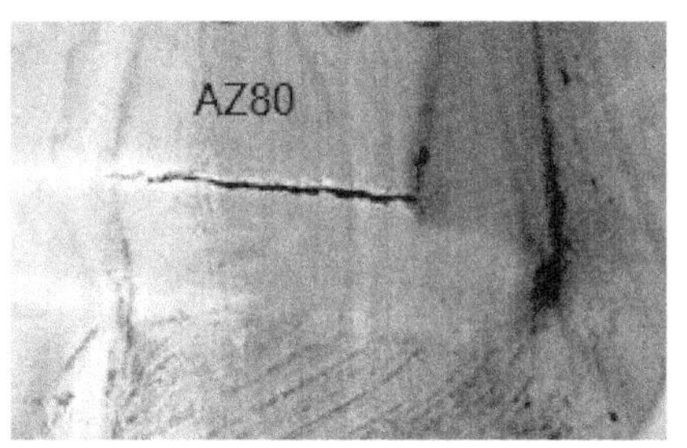

(b) 圆形坯料(成形温度250℃)

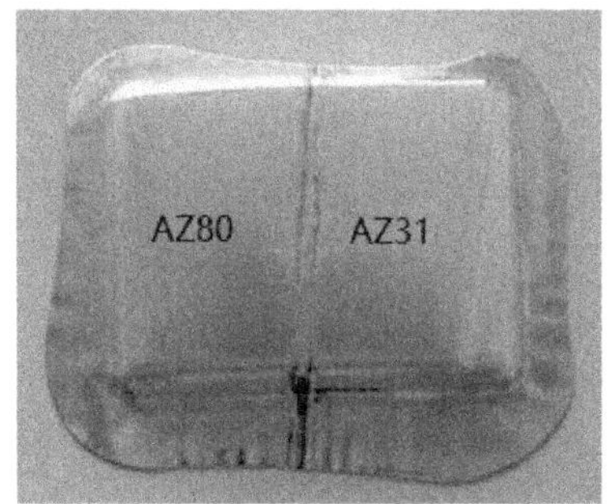

(c) 矩形坯料(成形温度300℃)

(d) 圆形坯料(成形温度300℃)

图 4.46　不同坯料形状的镁合金拼焊板覆盖件（AZ31-AZ80）

(6) **焊缝位置对加工件的影响**

对于对称形状的覆盖件，当焊缝位置位于对称轴中心线或垂直于对称轴中心线时，焊缝位置对镁合金拼焊板覆盖件的影响如图 4.47 所示，通过合理控制工艺参数获得合格的加工件。

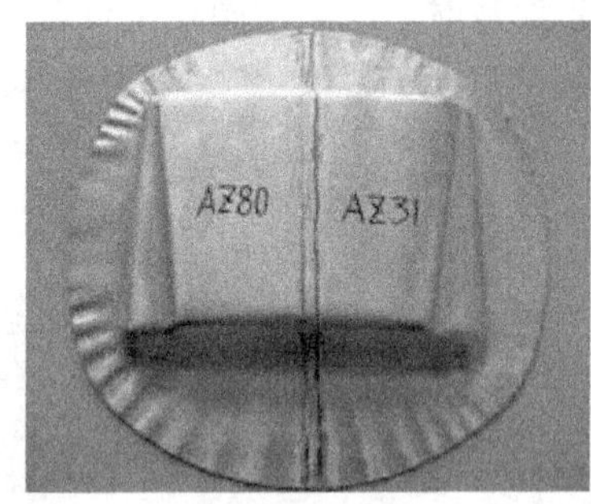

图 4.47 焊缝位置不同时的镁合金拼焊板覆盖件

研究结果表明：①镁合金拼焊板覆盖件拉深成形时，在加工件底部焊缝向塑性较差的 AZ80 一侧偏移，在加工件侧壁及法兰处焊缝则逐渐向 AZ31 一侧偏移；②镁合金拼焊板覆盖件拉深成形时，加工件的晶粒尺寸得到明显细化，力学性能得到提高；③合适的工艺参数为成形温度为 350～380℃，拉深速度为 0.1～0.2mm/s；④采用矩形圆角坯料时，加工件的质量及精度效果较好。

第 5 章 镁合金整体壁板压弯成形技术

5.1 壁板压弯成形技术特征

5.1.1 壁板压弯成形原理

整体壁板是飞机、火箭、卫星、导弹等各种航空航天飞行器上非常重要的大型壳体部件。整体壁板按照在飞机上的位置及作用分为机翼壁板、机身壁板、尾翼壁板；按照曲率形状不同分为柱形壁板、锥形壁板、凸峰壁板、马鞍形壁板和折弯壁板。高筋条网格式整体壁板在国外发达国家的飞行器上得到了非常广泛的应用。目前，常用的整体壁板材料有高强度铝合金和钛合金。由于铝、钛轻金属资源逐年减少，急需开发新的适用于大型壁板的材料，以替代传统材料在各种航空航天飞行器上的大型壳体部件的应用。

镁合金材料的刚度、强度、密度等物理性能指标正是航空航天装备中壁板部件所需要的重要性能指标，因此，镁合金材料将是未来航天器中钛合金、铝合金的重要替代材料，拓宽了镁合金材料的重要应用领域。此外，金属镁的资源多于铝和钛，镁合金壁板的开发应用对于节约资源、降低成本、造福人类等具有重要意义。

对于大型尺寸的变曲率复杂结构镁合金整体壁板类部件，采用级进压弯成形技术，经过连续多次压弯成形，实现大型壁板压弯成形加工。每次压弯成形时的变形区宽度称为进给量或增量，压弯增量经过叠加可以产生大曲率大尺寸的壁板弯曲件，产品的质量取决于增量值。级进压弯成形技术包括等增量级进压弯成形技术、变增量级进压弯成形技术。等增量级进压弯成形技术用于等曲率整体壁板加工，变增量级进压弯成形技术用于变曲率整体壁板加工。其作用是采用小型模具或装置，经过多次小变形累加后产生大的变形，实现大尺寸整体壁板的加工。

涉及的基本理论包括变曲率复杂结构镁合金整体壁板级进压弯成形技术及力学特征、缺陷形式及孪晶晶体学形成机理、缺陷控制方法、产品表面尺寸精度评价方法、微观组织结构与缺陷形成机理之间的内在联系等。

关于大型壁板零件加工技术的研究工作获得了很多成果。Edek 等[45] 研究了某型号飞机在飞行载荷作用下的纵梁翼板的破坏形式，分析了裂纹扩展机制。朱丽[46] 采用钛合金整体化等温热成形技术，将钛合金拼焊蒙皮组合件作为一个大型零件直接进行一次等温热成形，替代原有的多次热成形和焊接流程，实现了超大型钛合金蒙皮的无焊缝整体成形。唐涛等[47]采用拉深成形技术实现了航空大型蒙皮零件的精确成形，优化了工艺参数及模具结构，缩短了零件生产周期，并节约了零件加工成本。祝世强等[48]分析了航天某型号薄壁曲母线回转体蒙皮部件的结构特点，制定了分瓣热成形后再热校形的成形工艺，制造的蒙皮产品尺寸精度达±0.3mm。

张敏等[49]提出了铝合金机翼整体壁板压弯成形形状控制方法，建立了基于弹塑性变形理论的压弯成形解析预测模型。Lv等[50]研究了铝合金材料的整体壁板成形性能，得到了两种整体壁板成形的荷载-应变曲线。

5.1.2 壁板曲率半径确定方法

镁合金壁板级进压弯成形工艺原理如图5.1（a）所示。级进压弯变形工艺参数包括凹模宽度（s）、压下高度（h）、网格宽度（b）、进给量（Δu），其中$s=2nb$，$\Delta u=mb$，m和n均为正整数。凹模宽度和压下高度控制弯曲件的形状和尺寸，进给量控制弯曲件的尺寸精度和生产效率。弯曲变形系数（C）定义为$C=h/s$。板材原始厚度t_0、弯曲件曲率半径r如图5.1（b）所示，其中AB$=s$，CD$=h$，DF$=2r$。

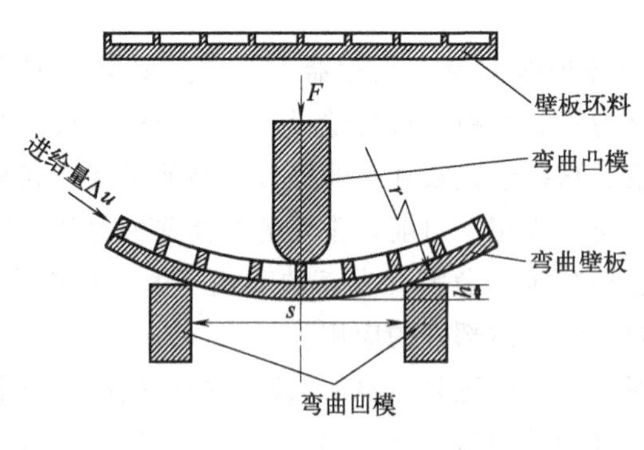

(a) 级进压弯成形工艺原理

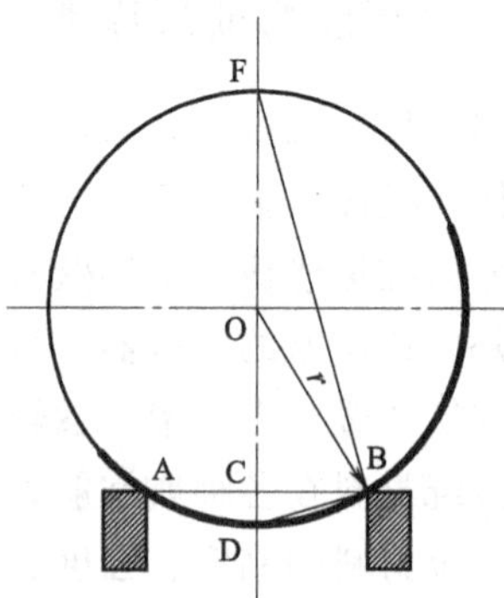

(b) 级进压弯弯曲件曲率半径

图5.1 镁合金壁板级进压弯成形原理及几何模型

根据图5.1（b）的几何关系，得到弯曲件曲率半径与凹模宽度和压下高度之间的关系式：

$$r=\frac{s^2}{8h}+\frac{h}{2} \tag{5.1}$$

$$\text{或}\ h=r-\sqrt{r^2-s^2/4} \tag{5.2}$$

式中，r为镁合金壁板曲率半径；s为级进压弯凹模宽度；h为级进压弯压下高度。

压弯变形切向变形程度表征方法：

$$\varepsilon_t=\frac{1}{1+2r/t_0} \tag{5.3}$$

式中，ε_t为切向变形程度；t_0为弯曲板材初始厚度；r为镁合金壁板曲率半径。

压弯-压平复合变形时变形程度表征方法：

$$\varepsilon = C\varepsilon_t = \frac{h}{s(1+2r/t_0)} \tag{5.4}$$

式中，r 为压弯零件曲率半径；t_0 为弯曲板材原始厚度；s 为凹模宽度；h 为压下高度；C 为弯曲变形系数，$C=h/s$。

对于镁合金壁板级进压弯成形件的曲率半径，式（5.1）的理论计算值与实验值相吻合，最大相对误差为 3.4%，如图 5.2 所示。

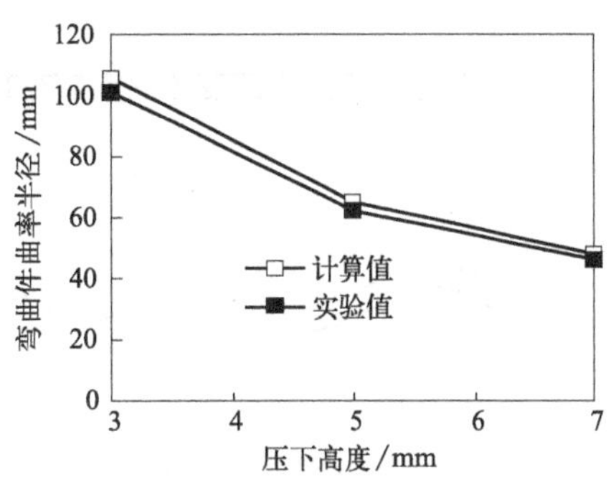

图 5.2　镁合金壁板级进压弯成形件曲率半径理论计算值与实验值

5.1.3　壁板压弯成形力能参数

图 5.3 所示为壁板压弯成形受力分析模型，塑性变形是由剪切应力（τ）引起的。压弯成形工艺参数包括压下高度（h）、凹模宽度（s）、压弯成形锥半角（θ）。

根据受力分析，得到

$$N_1 = Kt_0B = 0.5t_0B\sigma_s \tag{5.5}$$

式中，N_1 为模具支撑力；K 为最大剪切应力，$K=0.5\sigma_s$；σ_s 为屈服极限，MPa；t_0 为板材原始厚度，mm；B 为板材宽度，mm。

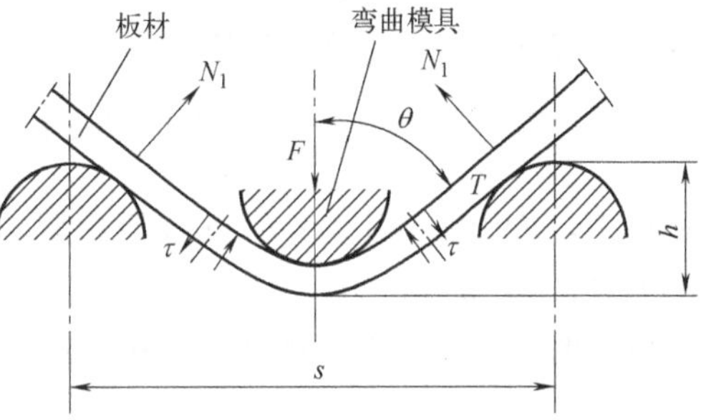

图 5.3　壁板压弯成形受力分析模型

因此，弯曲压力：

$$F = 2N_1\sin\theta = \sigma_s t_0 B\sin\theta \tag{5.6}$$

显然，随着压下高度增大，压弯成形锥半角（θ）减小，因此弯曲压力减小。当压弯成形锥半角（θ）为 90°时，即压弯变形开始时，弯曲压力为最大值：

$$F_{max} = \sigma_s t_0 B \tag{5.7}$$

压弯变形时，弯曲压力计算模型：

$$F = \sigma_s t_0 B\sqrt{\frac{1}{1+4C^2}} \tag{5.8}$$

式中，F 为弯曲压力；σ_s 为屈服极限；t_0 为板材原始厚度；B 为板材宽度；C 为弯曲变形系数，$C=h/s$。

图 5.4 所示为壁板弯曲压力计算值与实验值比较，计算值与实验值的相对误差小于 6.7%。

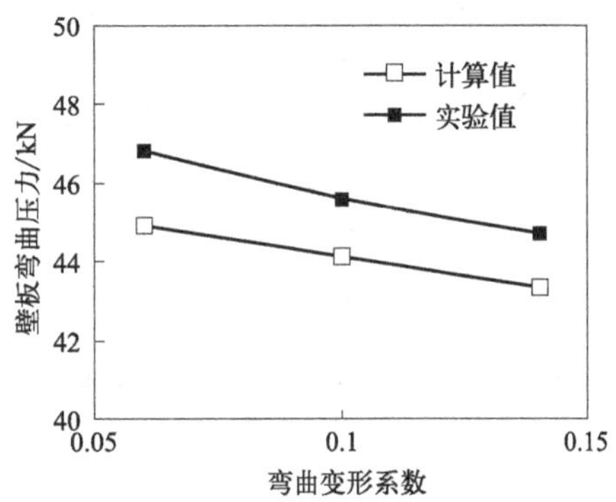

图 5.4　壁板弯曲压力计算值与实验值比较

5.1.4　波形壁板压弯成形力能参数

图 5.5 所示为波形壁板弯曲原理及模具结构，控制壁板弯曲件尺寸的工艺参数包括压下高度（h）和凹模宽度（s）。图 5.6 所示为波形壁板压弯变形受力分析模型，塑性变形是由拉伸（T）引起的，其中拉伸（T）的产生是由波形弯曲时相邻波形弯曲变形区引起的。根据受力平衡，得到

$$F = 2T\cos\theta \tag{5.9}$$

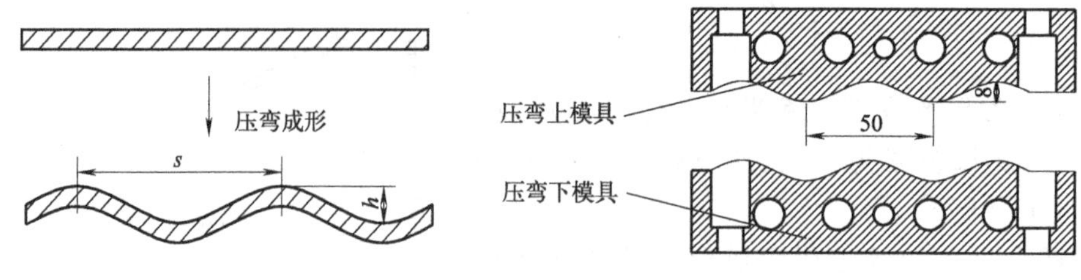

(a) 波形壁板弯曲原理　　(b) 波形壁板弯曲模具结构

图 5.5　波形壁板弯曲原理及模具结构

而根据材料屈服条件，得到 $T=\sigma_s t_0 B$，因此

$$F=2T\cos\theta=2\sigma_s t_0 B\cos\theta \tag{5.10}$$

当 $\theta=90°$时，$F=0$；当 $\theta=0°$时，$F=F_{max}=2\sigma_s t_0 B$，即压弯过程开始时，弯曲压力最小。所以，压弯变形时，弯曲压力为

$$F=2T\cos\theta=4\sigma_s t_0 B\frac{C}{\sqrt{1+4C^2}} \tag{5.11}$$

式中，F 为弯曲压力；σ_s 为屈服极限；t_0 为板材原始厚度；B 为板材宽度；C 为弯曲变形系数，$C=h/s$。

波形壁板弯曲压力计算值与实验值相吻合，如图 5.7 所示，相对误差小于 15.4%。

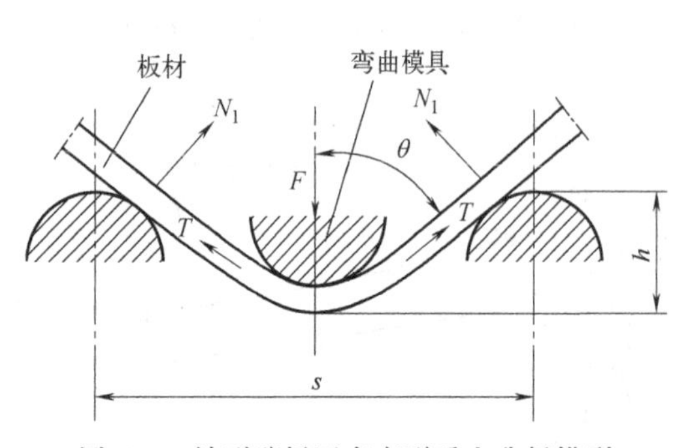

图 5.6　波形壁板压弯变形受力分析模型

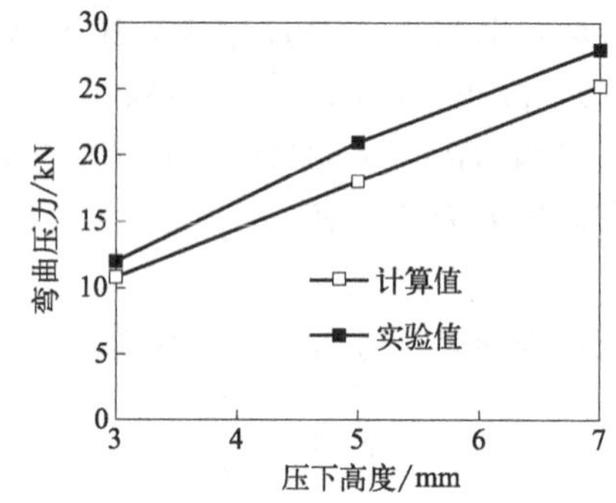

图 5.7　波形壁板弯曲压力计算值与实验值

5.2　镁合金波形壁板压弯成形

5.2.1　镁合金波形壁板压弯成形数值模拟

(1) 有限元模拟研究方案

有限元模拟分析分成四个阶段，即几何模型建立、前处理、模拟求解和后处理。几何模型建立是通过建模软件对零件、模具等进行三维建模，即对镁合金壁板及成形模具进行三维造型。前处理是对模型进行处理，设置镁合金壁板弯曲变形参数。后处理则是对模拟结果进行分析，包括应力场变化、应变场变化、损伤系数分布、位移总量分析、温度场变化分析、模具失效分析。

模拟方案：①建立镁合金壁板及模具三维模型；②进入有限元计算软件前处理模块，输入模拟参数，设置模拟条件；③进入有限元计算软件模拟处理器界面进行模拟计算；④进入有限元计算软件后处理模块分析模拟结果。

模拟步骤：①使用 UG 软件建立镁合金壁板三维模型，将模型导入到计算软件中，对壁板进行网格划分；②在材料库中新建 AZ31 镁合金材料，输入 AZ31 镁合金材料性能参数；③设置壁板成形温度范围为 310～400℃，设置上模具压下速度为 1mm/s；④设定数值模拟总步数为 20，每两步保存，每步向下移动 0.4mm，总压下高度为 8mm；⑤调整壁板及模具的空间位置，使它们互相接触，并且让壁板移动到中间位置；⑥设定壁板的外表面为传热边界，设置摩擦因数为 0.12、热传递因数为 0.002；⑦检查无误后生成数据库文件，进入模拟处理器模块，进行数值模拟计算；⑧进入后处理模块，分析数值模拟结果，包括位移总量、温度场、应力场、应变场、损伤系数分布等。

(2) 有限元模拟几何模型

建立镁合金壁板压弯成形几何模型及模具三维模型。AZ31 镁合金壁板结构包括网格式壁板和筋条式壁板，如图 5.8 所示。其中，网格式壁板尺寸为 200mm×100mm×7mm，槽深（h_1）为 3.5mm，网格槽宽度为 20mm，网格宽度（b）为 25mm，网格筋条肩部宽度为 5mm；筋条式壁板尺寸为 200mm×100mm×7mm，槽深（h_1）为 3.5mm，筋条槽宽度为 20mm，筋条间距（b）为 25mm，筋条肩部宽度为 5mm。压弯成形工艺参数为凹模宽度（s）为 50mm，压下高度（h）为 8mm。

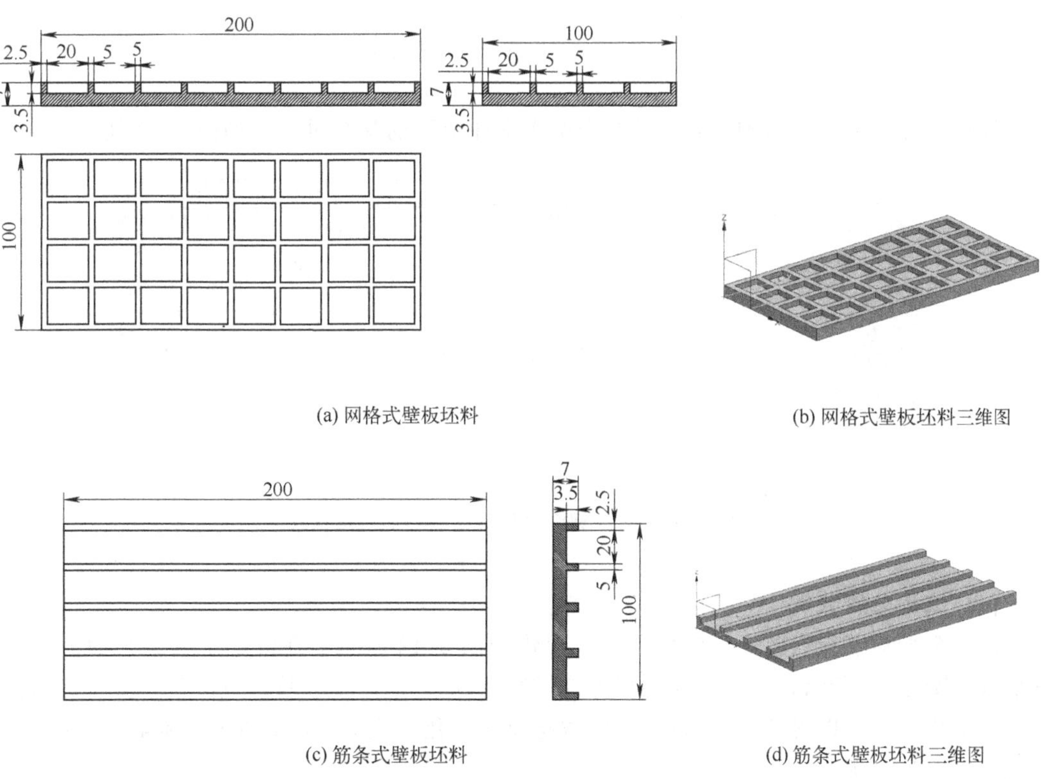

图 5.8　AZ31 镁合金壁板坯料结构

波形壁板压弯成形模具结构及几何模型如图 5.9 所示。

对镁合金壁板进行网格划分，默认值采用 32000，网格式壁板网格划分如图 5.10 所示。

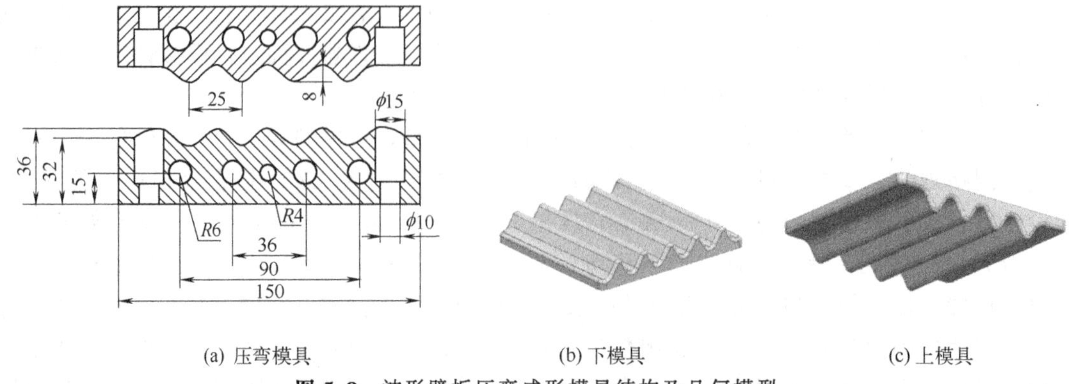

(a) 压弯模具　　(b) 下模具　　(c) 上模具

图 5.9　波形壁板压弯成形模具结构及几何模型

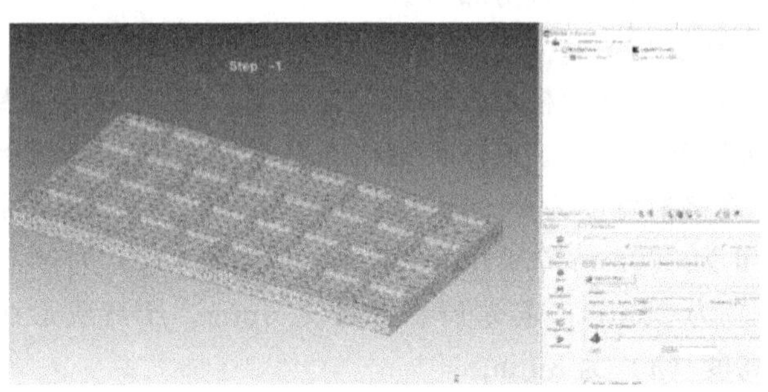

图 5.10　网格式壁板网格划分

模拟计算结束后，得到 AZ31 镁合金壁板弯曲成形的整个过程，如图 5.11 所示。

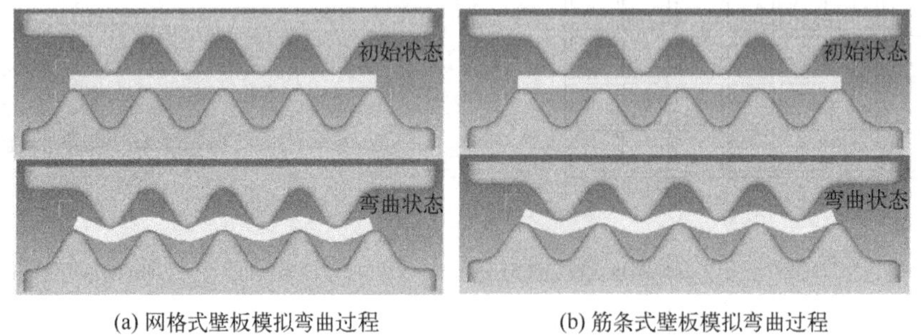

(a) 网格式壁板模拟弯曲过程　　(b) 筋条式壁板模拟弯曲过程

图 5.11　AZ31 镁合金波形壁板弯曲成形状态

(3) 位移总量分析

镁合金变形壁板弯曲成形的位移总量变化如图 5.12 所示。在同一个 XY 平面上，选取特征点如图 5.13 所示，然后对这些特征点进行追踪，分析 11 个特征点的位移变化。选择最后一个工步，就可以得到 11 个特征点的位移总量变化。成形温度为 310℃和 400℃时，壁板弯曲位移总量如图 5.14 所示。

根据图 5.14 可以看出，每个特征点的位移总量不同，通过对位移总量进行分析，可以得到特征点的位移数值，绘制网格式壁板特征点位移变化曲线，如图 5.15 所示。可以看出在壁板边缘位置，特征点的位移较大，在壁板中间位置，位移量分布均匀。

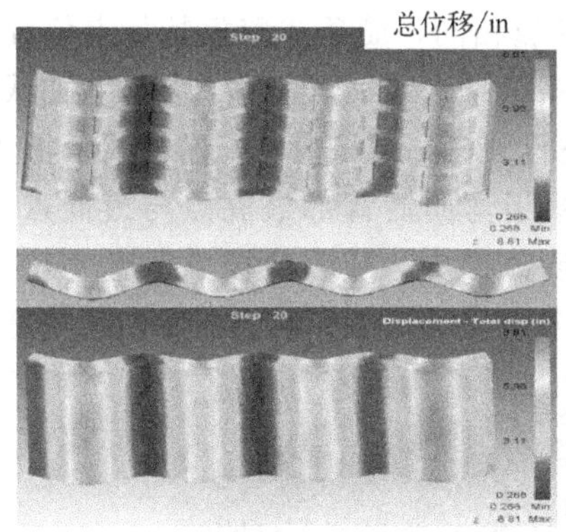

(a) 网格式壁板位移总量

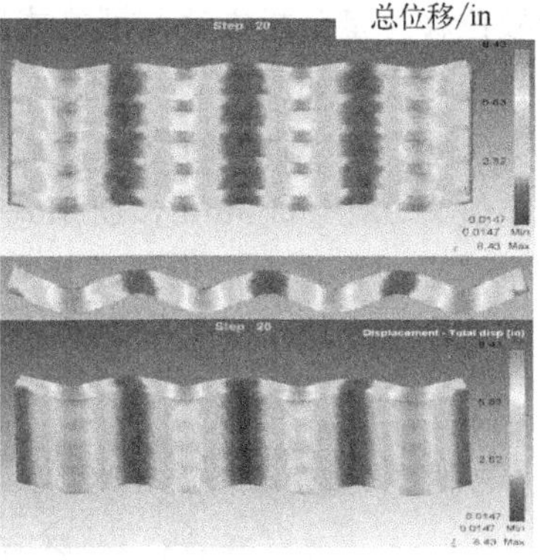

(b) 筋条式壁板位移总量

图 5.12　镁合金变形壁板弯曲成形的位移总量变化

图 5.13　网格式壁板特征点位置

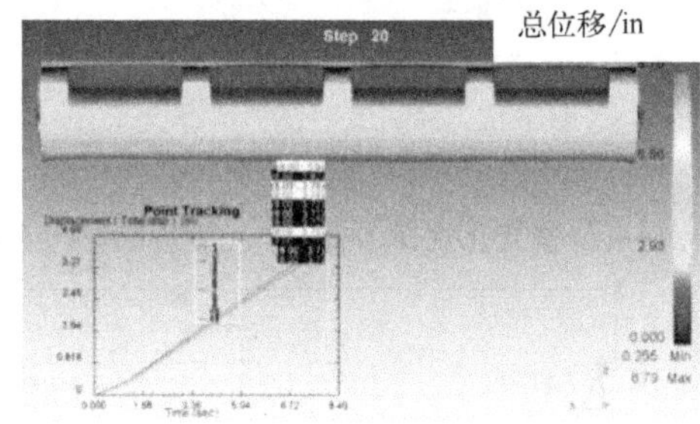

(a) 成形温度310℃

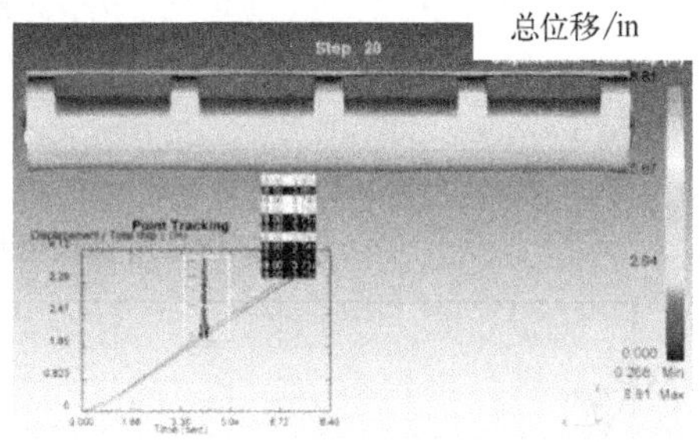

(b) 成形温度400℃

图 5.14　壁板弯曲位移总量

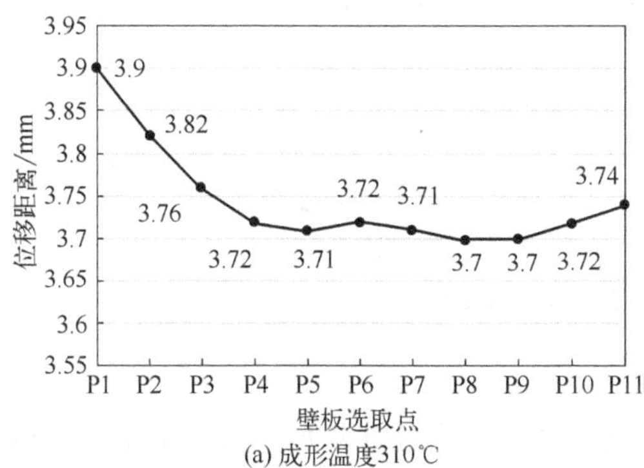

(a) 成形温度310℃

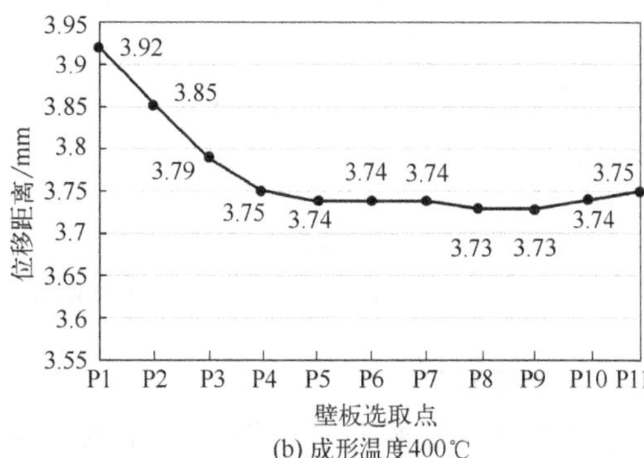

(b) 成形温度400℃

图 5.15　网格式壁板特征点位移变化曲线

筋条式壁板位移总量分析方法与网格式壁板相同，筋条式壁板特征点位置如图 5.16 所示，特征点位移变化规律如图 5.17 所示。筋条式壁板特征点位移总量变化曲线如图 5.18 所示。对 AZ31 镁合金壁板弯曲后的位移总量进行分析，结果表明，网格式壁板弯曲后背部最高点与最低点差值为 0.1～0.3mm，筋条式壁板弯曲后背部最高点与最低点差值为 0.4～0.7mm。不同的弯曲成形温度对位移总量有明显影响，随着壁板成形温度升高，位移总量呈增大趋势，当成形温度从 310℃升高到 400℃时，特征点位移总量数值平均增大 0.02mm。

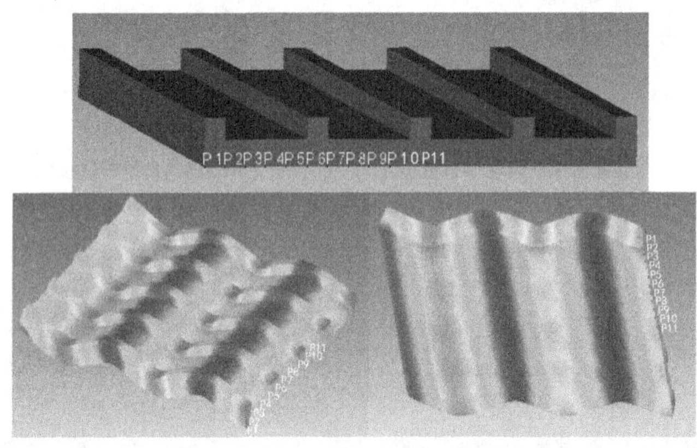

图 5.16　筋条式壁板特征点位置

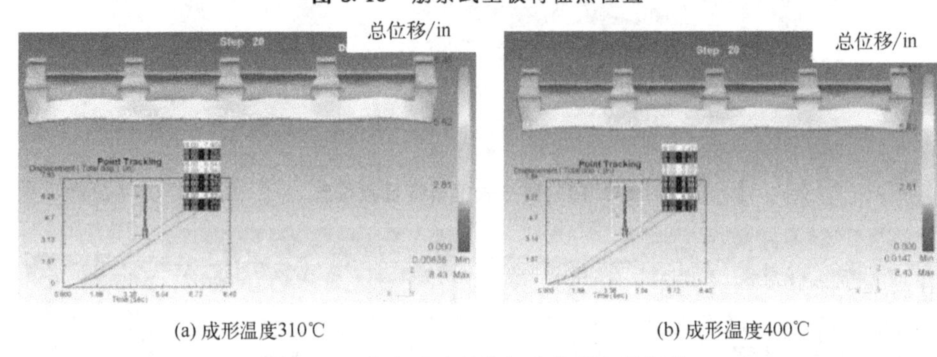

(a) 成形温度310℃　　(b) 成形温度400℃

图 5.17　筋条式壁板特征点位移变化规律

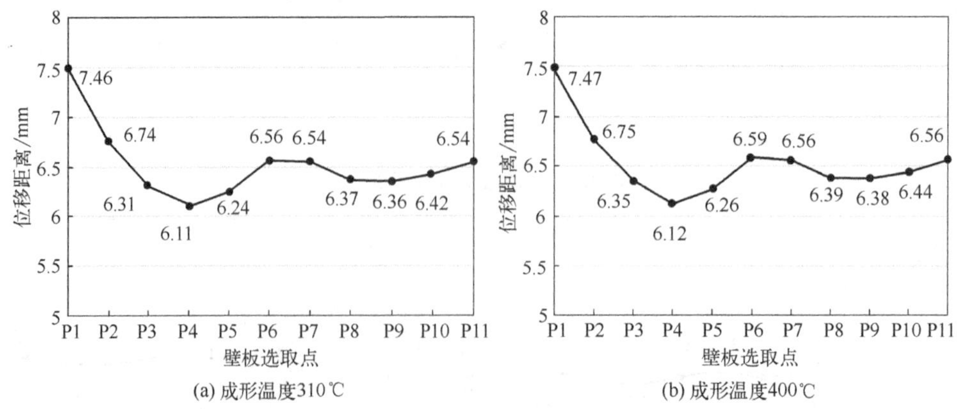

(a) 成形温度310℃　　(b) 成形温度400℃

图 5.18　筋条式壁板特征点位移总量变化曲线

(4) 损伤系数分布

损伤系数是表示加工件被破坏的指标参数，损伤系数最大处就是加工件可能被破坏的部位，最大损伤系数值越小，而且分布均匀性越好，加工件越不易损坏。当波形壁板弯曲成形温度为 310℃、340℃、370℃、400℃时，网格式壁板损伤系数分布如图 5.19 所示，筋条式壁板损伤系数分布如图 5.20 所示。

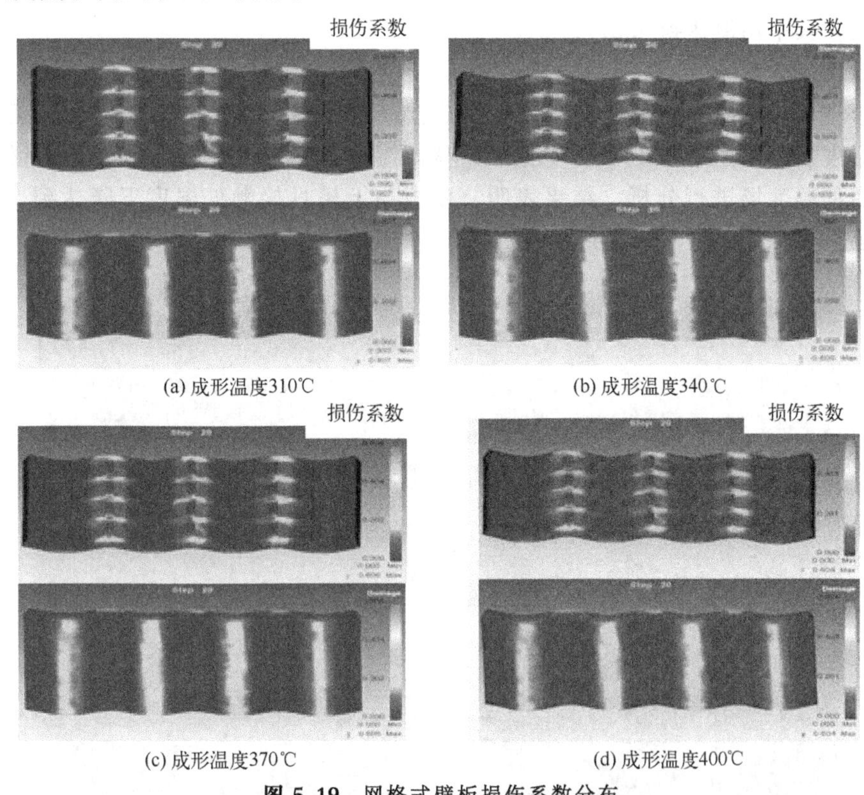

(a) 成形温度310℃　(b) 成形温度340℃
(c) 成形温度370℃　(d) 成形温度400℃

图 5.19　网格式壁板损伤系数分布

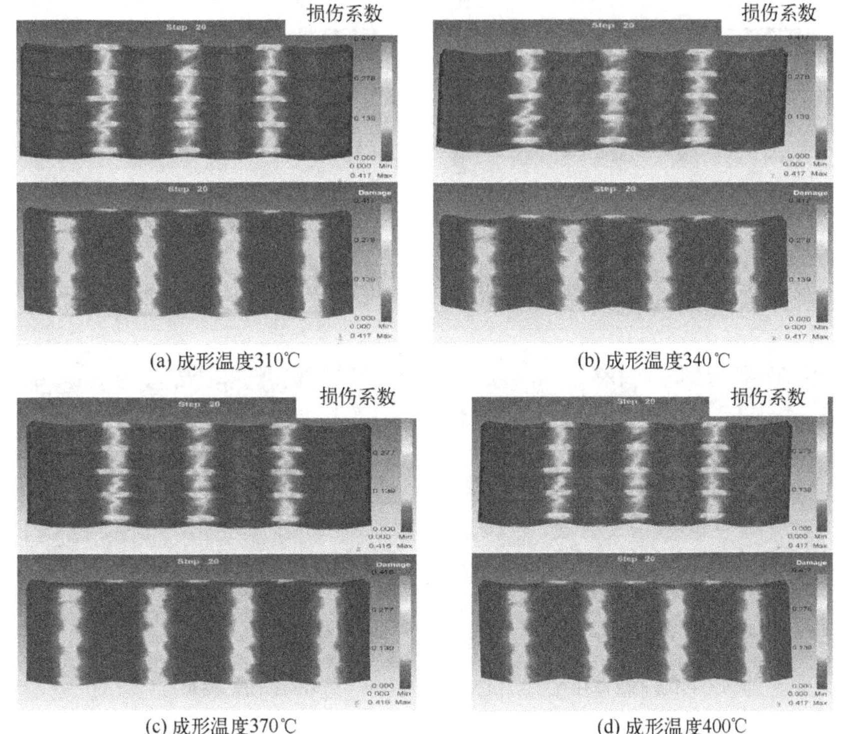

(a) 成形温度310℃　(b) 成形温度340℃
(c) 成形温度370℃　(d) 成形温度400℃

图 5.20　筋条式壁板损伤系数分布

对 AZ31 镁合金波形壁板弯曲后的损伤系数进行分析，结果表明：①对于网格式壁板，在筋条凸起处损伤系数最大，其平均值达到 0.202；②对于筋条式壁板，在筋条凸起部位损伤系数较大，其平均值达到 0.277。

(5) 温度场分析

当波形壁板弯曲成形温度为 310℃、340℃、370℃、400℃时，AZ31 镁合金网格式壁板变形区的温度场分布如图 5.21 所示，筋条式壁板温度场分布如图 5.22 所示。对镁合金波形壁板弯曲后的温度场进行分析，结果表明，壁板与上模具接触处温度下降达到 70～90℃，壁板与下模具接触处温度下降达到 30～40℃。

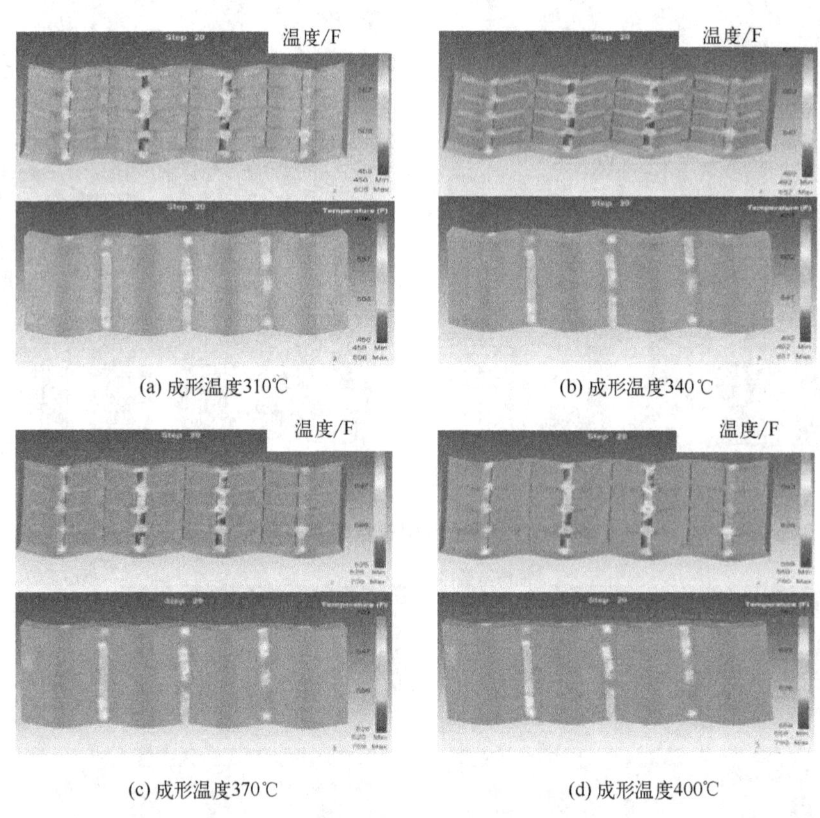

(a) 成形温度310℃　(b) 成形温度340℃

(c) 成形温度370℃　(d) 成形温度400℃

图 5.21　网格式壁板成形温度场分布

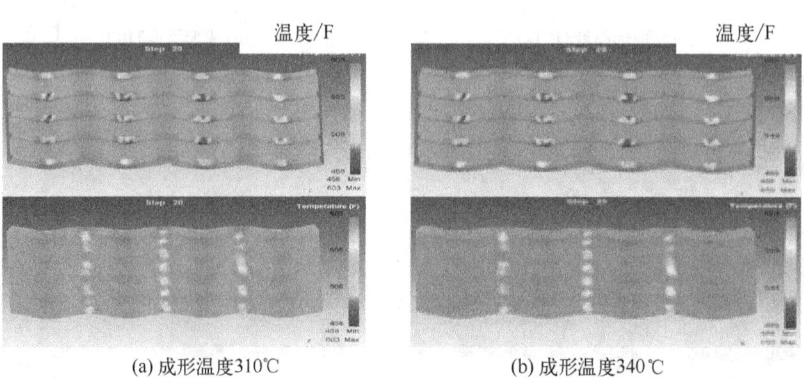

(a) 成形温度310℃　(b) 成形温度340℃

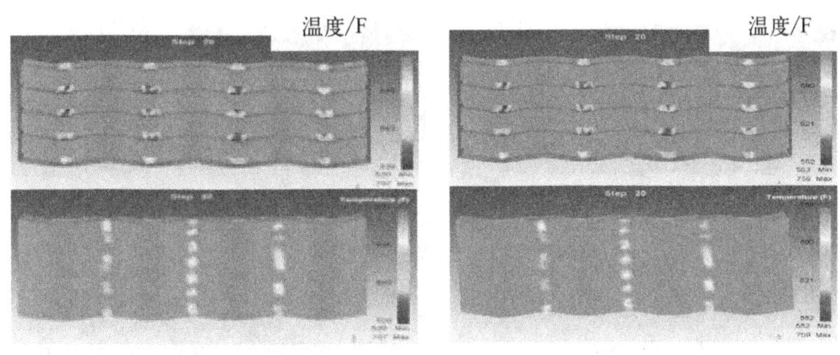

(c) 成形温度370℃　　(d) 成形温度400℃

图 5.22　筋条式壁板温度场分布

(6) 应变场分析

当波形壁板弯曲成形温度为 310℃、340℃、370℃、400℃时，AZ31 镁合金网格式壁板等效应变场分布如图 5.23 所示，筋条式壁板等效应变场分布如图 5.24 所示。分析可知，网格式壁板等效应变分布较均匀，其等效应变平均值为 0.195，在横向筋板和纵向筋板交汇处，等效应变值最大，达到 0.389。筋条式壁板等效应变平均值为 0.283，在筋条肩部等效应变值最大，达到 0.566。

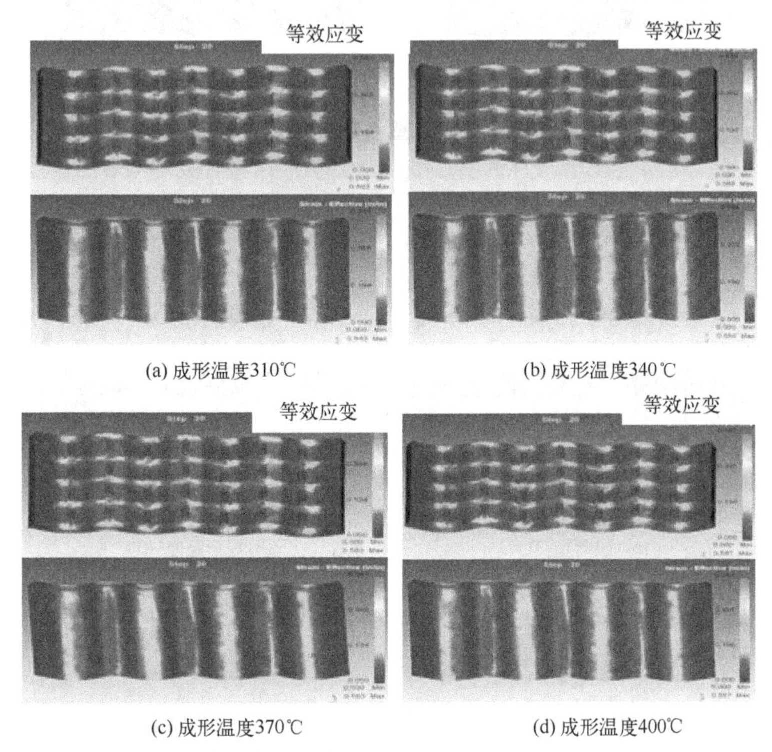

(a) 成形温度310℃　　(b) 成形温度340℃

(c) 成形温度370℃　　(d) 成形温度400℃

图 5.23　网格式壁板等效应变场分布

(7) 应力场分析

当波形壁板弯曲成形温度为 310℃、340℃、370℃、400℃时，AZ31 镁合金网格式壁板等效应力场分布如图 5.25 所示，筋条式壁板等效应力场分布如图 5.26 所示。有限元计算软件中单位采用英制单位，应力的单位为 ksi，其换算关系为 1ksi＝6.84MPa。

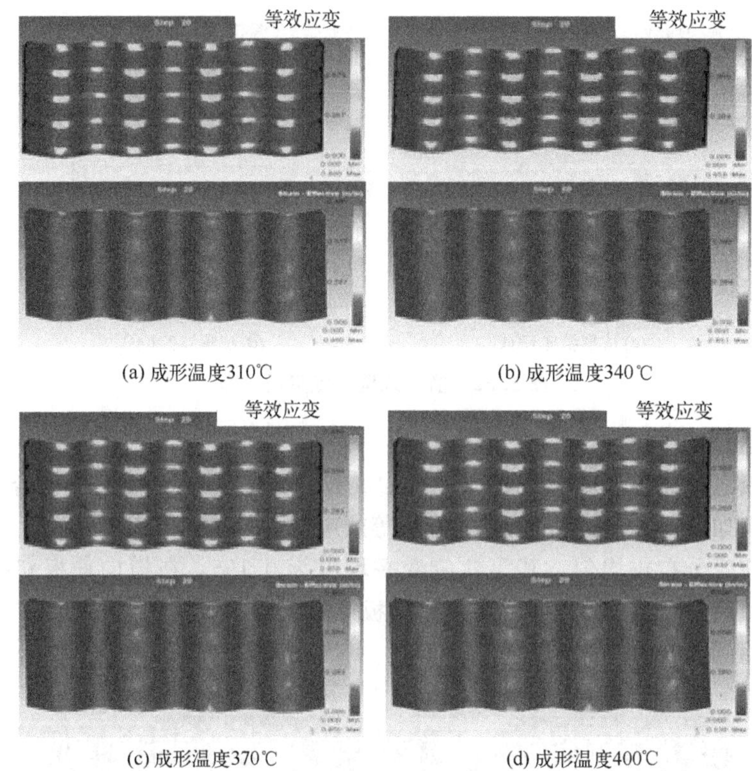

(a) 成形温度310℃　(b) 成形温度340℃

(c) 成形温度370℃　(d) 成形温度400℃

图 5.24　筋条式壁板等效应变场分布

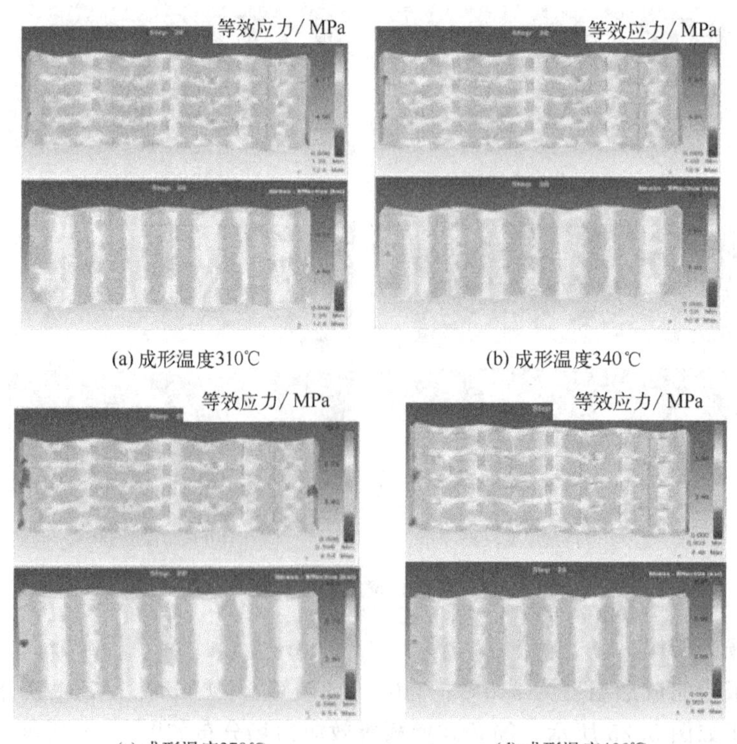

(a) 成形温度310℃　(b) 成形温度340℃

(c) 成形温度370℃　(d) 成形温度400℃

图 5.25　网格式壁板等效应力场分布

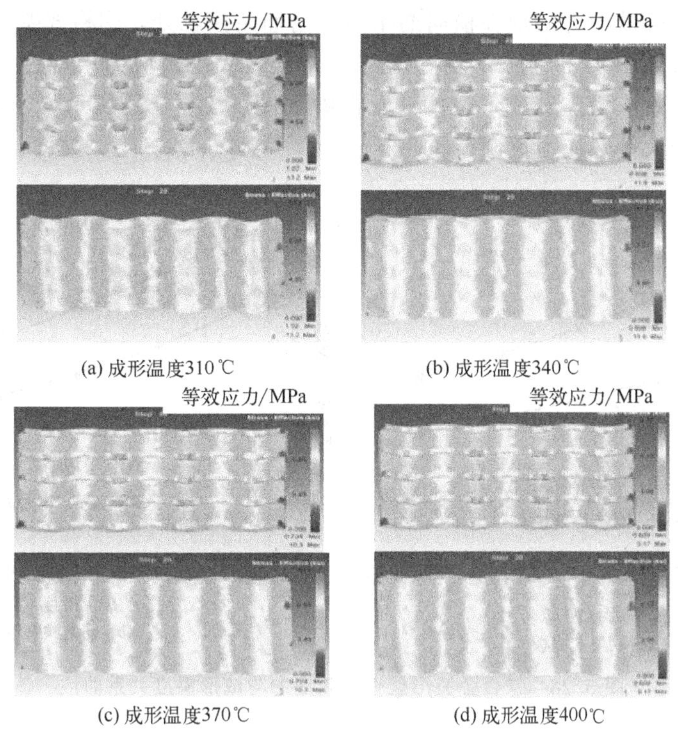

(a) 成形温度310℃　(b) 成形温度340℃
(c) 成形温度370℃　(d) 成形温度400℃

图 5.26　筋条式壁板等效应力场分布

最大损伤系数、最大等效应变、最大等效应力、最高温度与成形温度的关系曲线如图 5.27 所示，随着成形温度的升高，最大损伤系数减小，变化趋势比较平缓，最大等效应变增大，最大等效应力减小，最高温度升高。

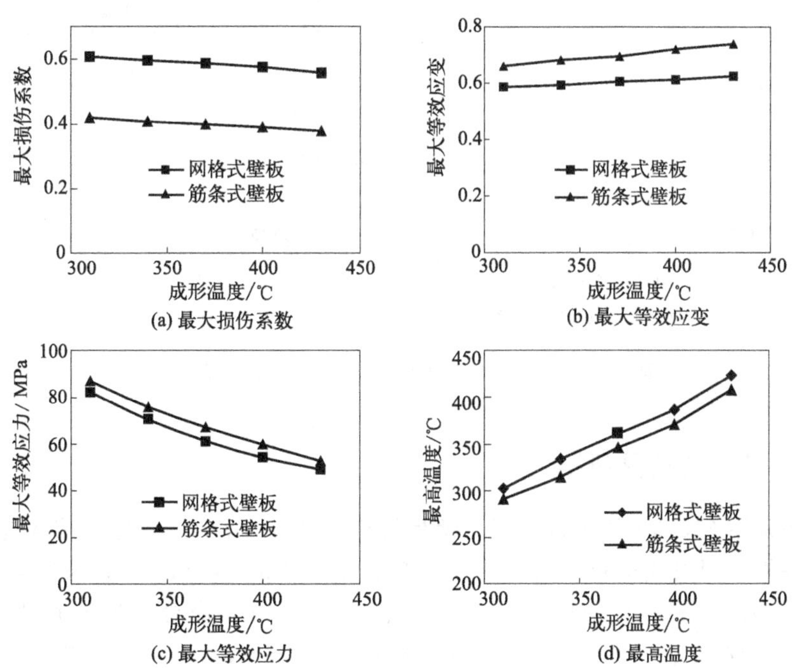

(a) 最大损伤系数　(b) 最大等效应变
(c) 最大等效应力　(d) 最高温度

图 5.27　AZ31 镁合金波形壁板数值模拟结果

波形壁板最大等效应力出现在横向筋条与纵向筋条接触处，网格式壁板等效应力随着成形温度的变化曲线如图 5.28（a）所示。筋条式壁板最大等效应力出现在上表面与模具接触处，筋条式壁板等效应力随着成形温度变化曲线如图 5.28（b）所示。随着成形温度升高，平均等效应力和最大等效应力逐渐减小。

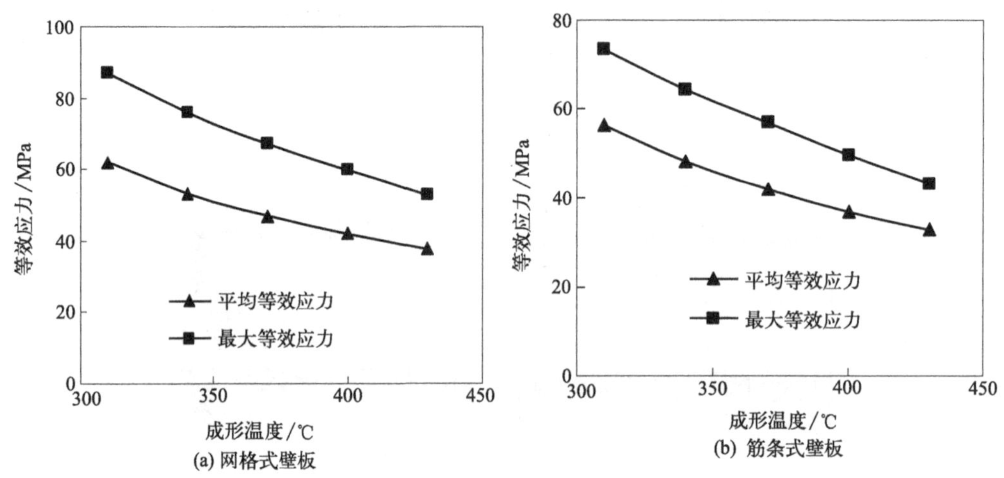

图 5.28　镁合金波形壁板等效应力与成形温度关系曲线

（8）模具载荷分析

AZ31 镁合金网格式壁板压弯成形时载荷如图 5.29（a）所示，筋条式壁板压弯成形时载荷如图 5.29（b）所示。图中单位为 klbf，英制单位，换算关系为 1lbf＝4.45N。随着压下高度的增大，载荷也逐渐增大。

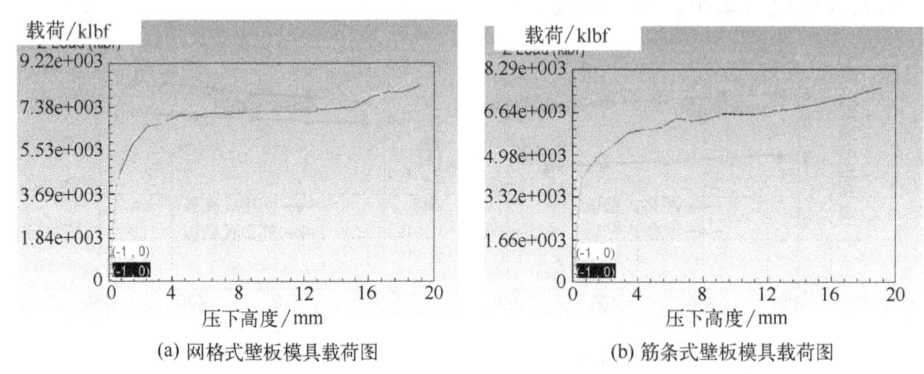

图 5.29　AZ31 镁合金波形壁板压弯成形载荷分布

5.2.2　实验设备及模具研制

成形设备采用 3150kN 万能液压机，壁板材料为 AZ31 镁合金，壁板结构包括网格式壁板和筋条式壁板。网格式壁板坯料尺寸为 200mm×100mm×7mm，槽深为 4mm。筋条式壁板坯料尺寸为 200mm×100mm×7mm，槽深为 4mm。镁合金壁板成形温度分别为 310℃、340℃、370℃、400℃、430℃，压弯模具 s＝50mm，h＝8mm。模具及加热装置如图 5.30 所示。

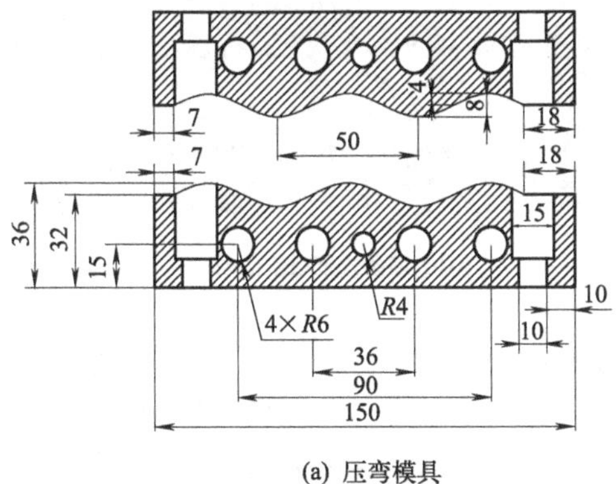

(a) 压弯模具

(b) 模具及加热装置

图 5.30　波形壁板压弯成形模具结构及加热装置

压弯成形工序：①调试设备，模具安装、调试，模具预热到预定温度；②将 AZ31 镁合金壁板坯料加热到预定温度，并且保温 10min；③取出镁合金壁板坯料，在成形设备中完成压弯成形，并保持模具闭合，时间为 2min；④取出 AZ31 镁合金波形壁板部件，观察成形件尺寸及质量。

5.2.3　实验结果分析

成形温度分别为 310℃、340℃、370℃、400℃、430℃时，成功加工出 AZ31 镁合金波形壁板部件，如图 5.31 所示。

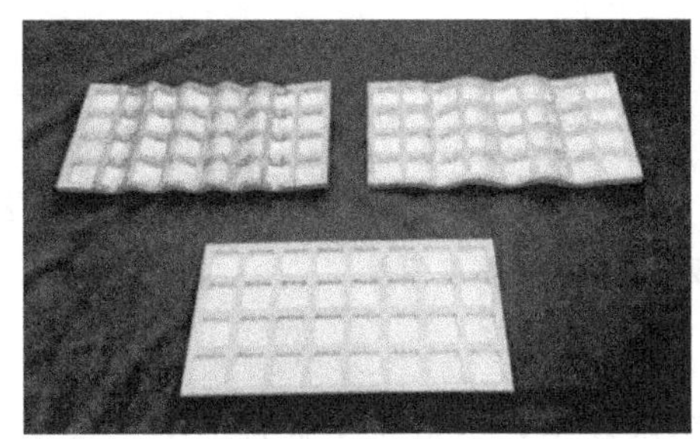

(a) 网格式壁板实验件

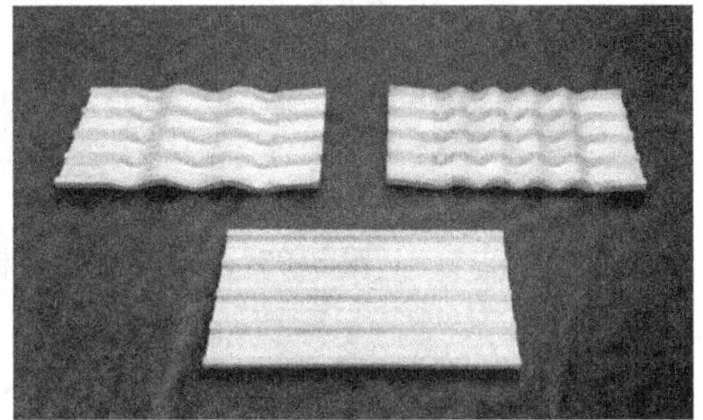

(b) 筋条式壁板实验件

图 5.31　镁合金壁板实验件

在镁合金壁板压弯变形过程中，壁板背部出现凹陷、不平整的现象。图 5.32 (a) 为网格式壁板剖面图，在壁板背部明显出现凹陷缺陷。图 5.32 (b) 为筋条式壁板剖面图，在壁板背部呈现曲线形状。图 5.32 (c) 所示为网格式壁板零件背部形状曲线，图 5.32 (d) 所示为筋条式壁板零件背部形状曲线。采取有效措施控制镁合金壁板背部凹陷缺陷是背部加工关键技术问题之一。镁合金壁板零件背部出现凹陷缺陷，其原因是在壁板压弯成形过程中，由于壁板厚度不同，产生的变形程度不同，壁厚较薄的部位在厚度方向上的变形程度大于壁厚较厚的部位，由于筋条的存在限制了筋条根部材料的流动，而远离筋条根部的材料流动性好，因此在无筋条凹槽的中心部位发生的变形量最大，导致壁板背部凹陷明显。

波形壁板背部平整度最大误差和最大相对误差的测试结果如图 5.33 所示，波形壁板背部平整度最大误差为 0.35，数值模拟结果与实验结果最大相对误差小于 10%。

(a) 网格式壁板剖面图

(b) 筋条式壁板剖面图

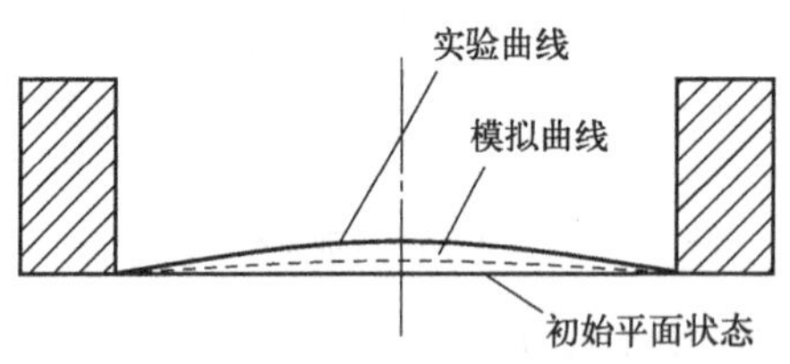

(c) 网格式壁板零件背部形状曲线

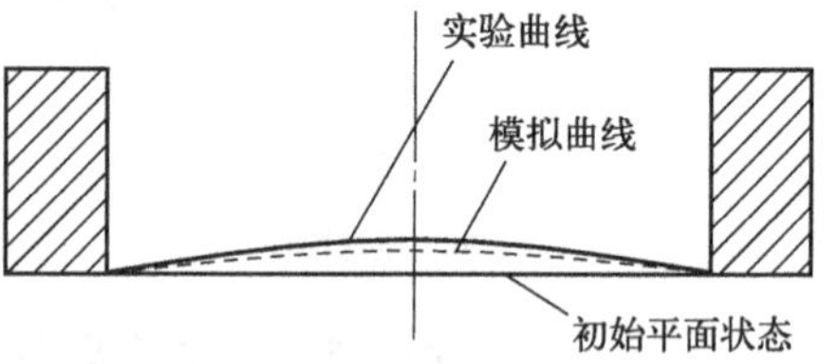

(d) 筋条式壁板零件背部形状曲线

图 5.32　镁合金波形壁板零件背部形状

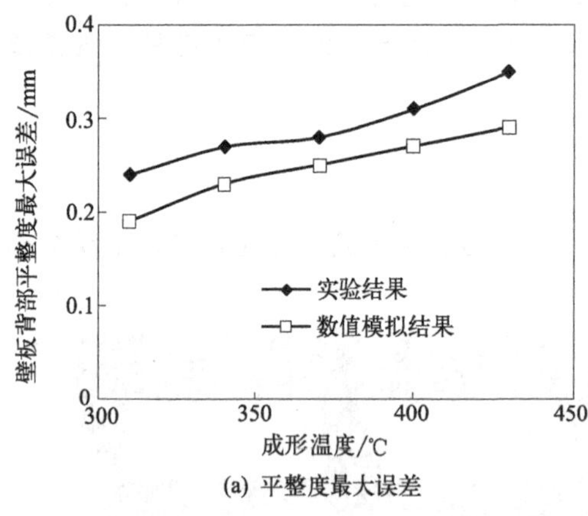

(a) 平整度最大误差

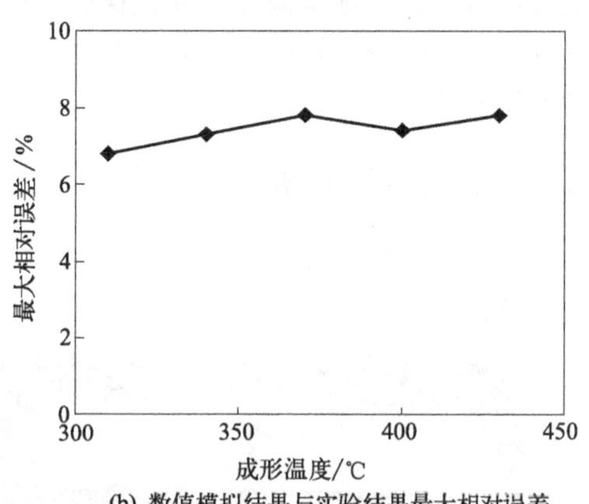

(b) 数值模拟结果与实验结果最大相对误差

图 5.33　镁合金波形壁板零件背部平整度偏差

研究结果表明：

① 对于 AZ31 镁合金波形壁板零件，实验结果表明，网格式壁板背面不平整度为 $\delta=\Delta h/b=0.014$（$\Delta h=0.35$mm），筋条式壁板背面不平整度为 $\delta=\Delta h/b=0.011$（$\Delta h=0.27$mm）。模拟结果表明，网格式壁板背面不平整度为 $\delta=\Delta h/b=0.0116$（$\Delta h=0.29$mm），筋条式壁板背面不平整度为 $\delta=\Delta h/b=0.0096$（$\Delta h=0.24$mm）。

② 研制了镁合金网格式壁板压弯成形模具装置，获得了合格的镁合金网格式壁板弯曲件，镁合金网格式壁板零件背面平整度的模拟结果与实验结果相吻合，最大相对误差小于 10%。

5.3　镁合金网格式壁板压弯成形

5.3.1　镁合金网格式壁板压弯成形数值模拟

(1) 几何模型建立

AZ31 镁合金网格式壁板坯料结构及尺寸如图 5.34（a）所示，尺寸为 200mm×

100mm×7mm，槽深（h_1）为 4mm，网格槽宽度为 20mm，网格宽度（b）为 25mm，网格筋条肩部宽度为 5mm。

镁合金网格式壁板压弯成形数值模拟几何模型如图 5.34（c）所示。镁合金网格式壁板零件几何模型如图 5.35 所示。

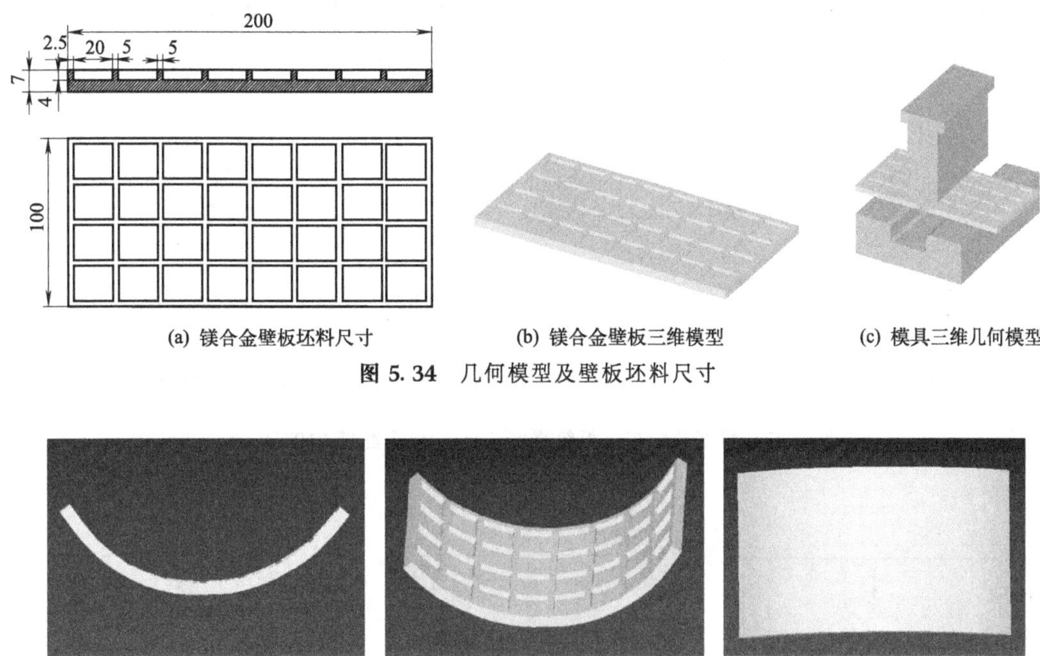

(a) 镁合金壁板坯料尺寸　(b) 镁合金壁板三维模型　(c) 模具三维几何模型

图 5.34　几何模型及壁板坯料尺寸

(a) 厚度方向　(b) 壁板筋条侧　(c) 壁板蒙皮面

图 5.35　镁合金网格式壁板零件几何模型

镁合金壁板压弯成形过程数值模拟的计算步骤为：①输入壁板结构尺寸，建立 AZ31 镁合金壁板压弯成形三维几何模型，进行网格划分；②输入材料物理性能参数，建立 AZ31 镁合金材料数据库；③设置镁合金壁板级进压弯成形工艺参数；④设定数值模拟的相关参数，如总步数、步长和总压下高度等；⑤设定镁合金壁板的外接触表面相关条件；⑥进入模拟处理器模块，进行数值模拟计算；⑦进入后处理模块，整理数值模拟计算结果，包括损伤系数分布、应力场分布、应变场分布和温度场分布等。损伤系数是表示材料损伤的物理量，损伤系数越大，表明材料损伤的可能性越大。

(2) 初始条件

确定镁合金网格式壁板级进压弯成形工艺参数，包括成形温度分别为 210℃、240℃和 270 ℃，模具预热温度为 100℃，压下高度（h）分别为 3mm、5mm 和 7mm，凹模宽度（s）为 50 mm，则弯曲变形系数（$C=h/s$）分别为 0.06、0.10 和 0.14。级进压弯进给量为 25 mm，压下速度为 0.5 mm/s。

在分析镁合金网格式壁板零件的温度场、应力场、应变场时，在网格式壁板坯料上的一个网格内选取 4 个特征点进行分析，特征点的

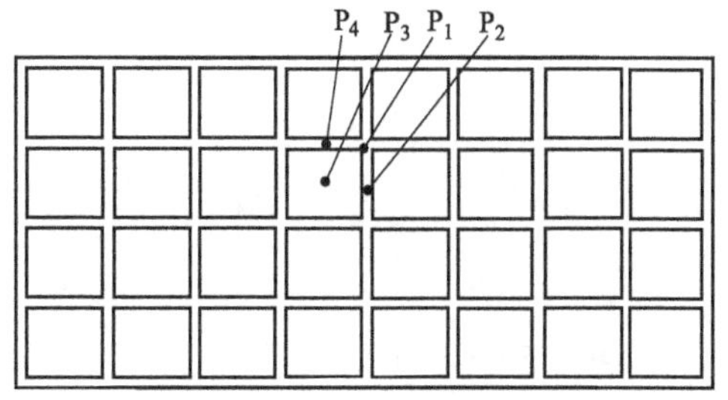

图 5.36　镁合金网格式壁板特征点位置

选取如图 5.36 所示。特征点 P_1 是横向和纵向筋条相交的点，特征点 P_2 是横向（与坯料进给方向垂直）筋条上的中点，特征点 P_3 是处于网格中心的点，特征点 P_4 是纵向（坯料进给方向）筋条上的中点。

(3) 温度场分析

对于厚度为 7mm 的镁合金壁板，当成形温度为 210℃时，变形区温度场的分布如图 5.37 和图 5.38 所示，压下高度分别为 3mm、5mm、7mm。

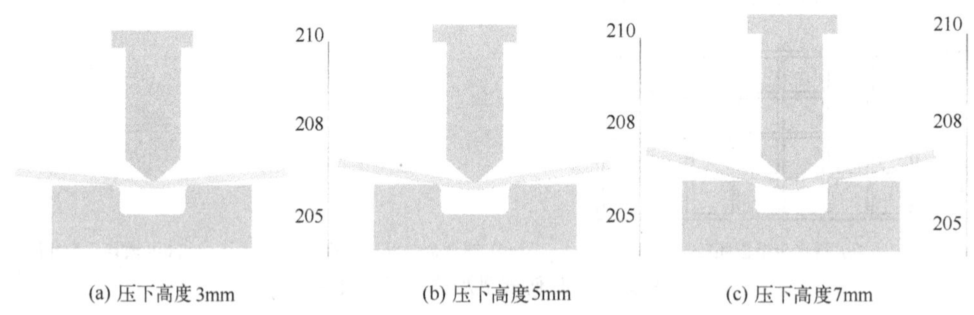

图 5.37 温度场分布（板料厚度 7mm，成形温度 210℃）

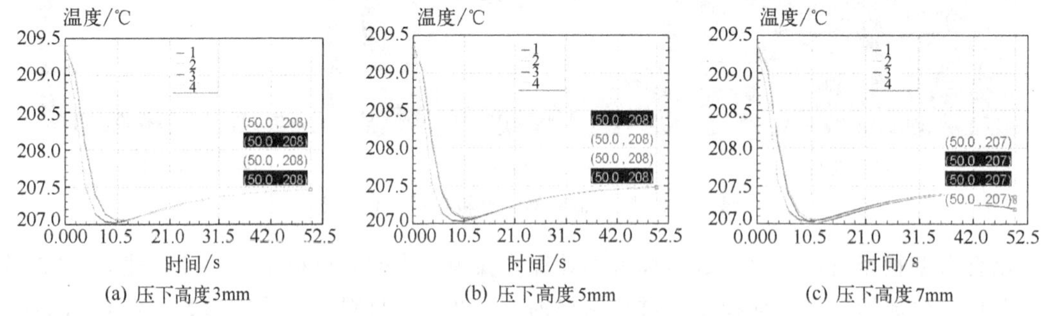

图 5.38 温度场变化曲线（板料厚度 7mm，成形温度 210℃）

对于厚度为 7mm 的镁合金壁板，当成形温度为 240℃时，变形区温度场的分布如图 5.39 和图 5.40 所示，压下高度分别为 3mm、5mm、7mm。

对于厚度为 7mm 的镁合金壁板，当成形温度为 270℃时，变形区温度场的分布如图 5.41 和图 5.42 所示，压下高度分别为 3mm、5mm、7mm。

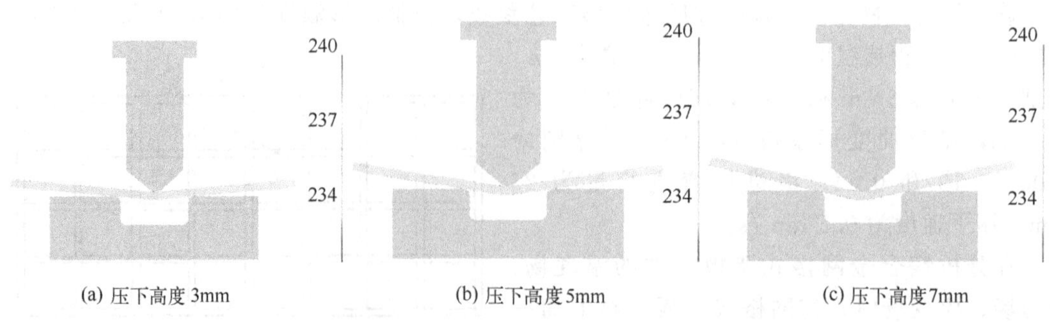

图 5.39 温度场分布（板料厚度 7mm，成形温度 240℃）

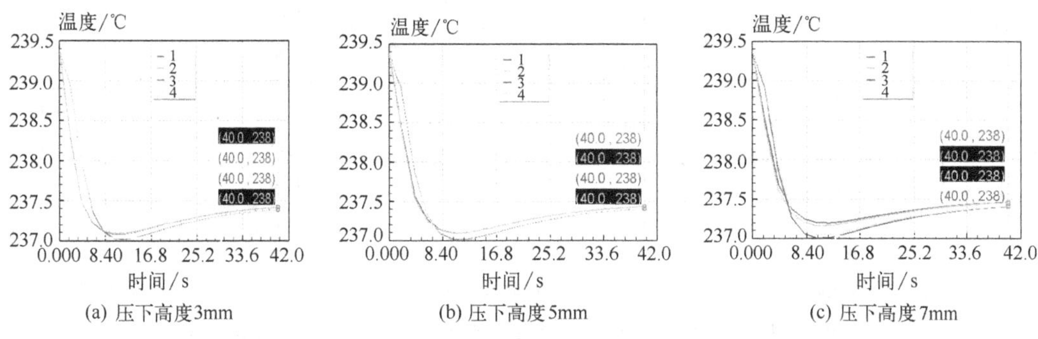

图 5.40　温度场变化曲线（板料厚度 7mm，成形温度 240℃）

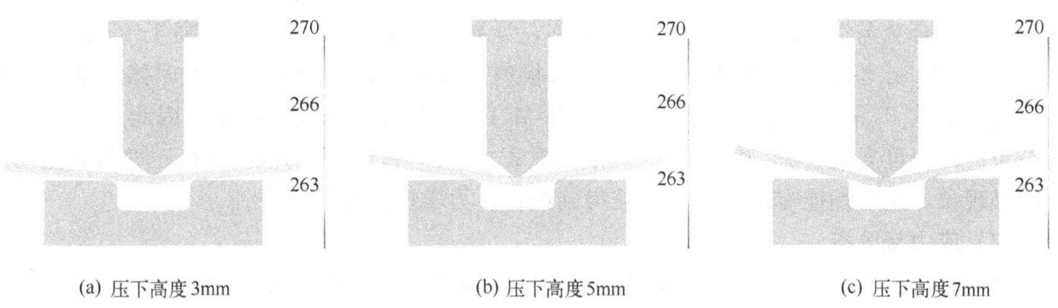

图 5.41　温度场分布（板料厚度 7mm，成形温度 270℃）

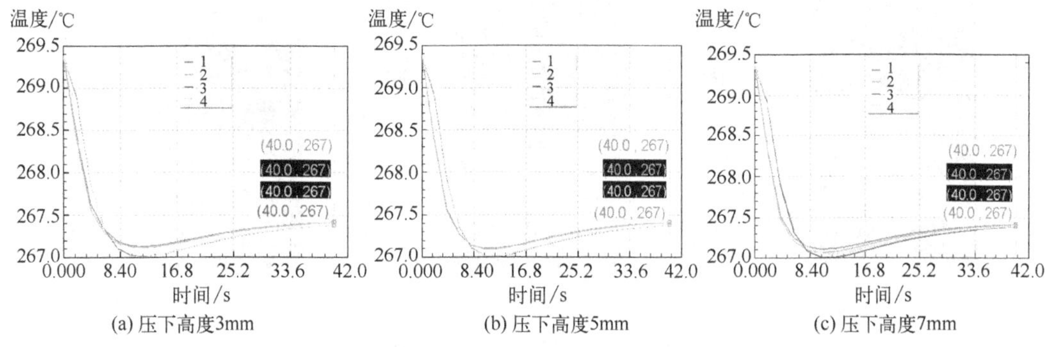

图 5.42　温度场变化曲线（板料厚度 7mm，成形温度 270℃）

镁合金网格式壁板压弯成形过程中，最低温度及成形结束时特征点温度分布规律如图 5.43 和图 5.44 所示。分析可知，特征点 P_1 和 P_2 的温度下降幅度小于特征点 P_3 和 P_4，

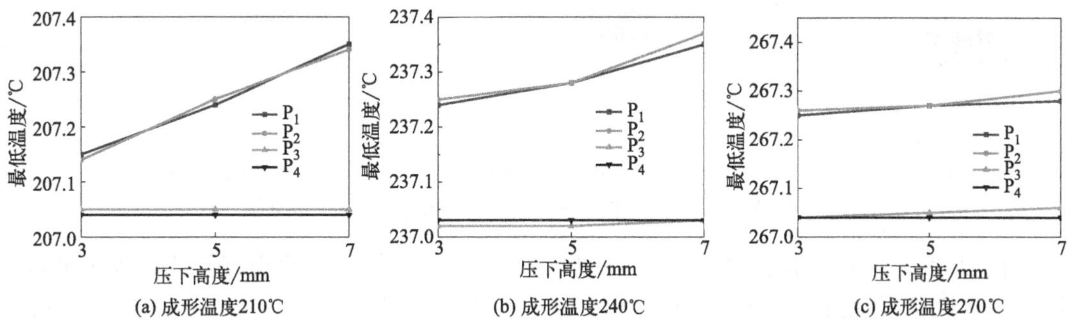

图 5.43　最低温度与成形温度及压下高度的关系曲线

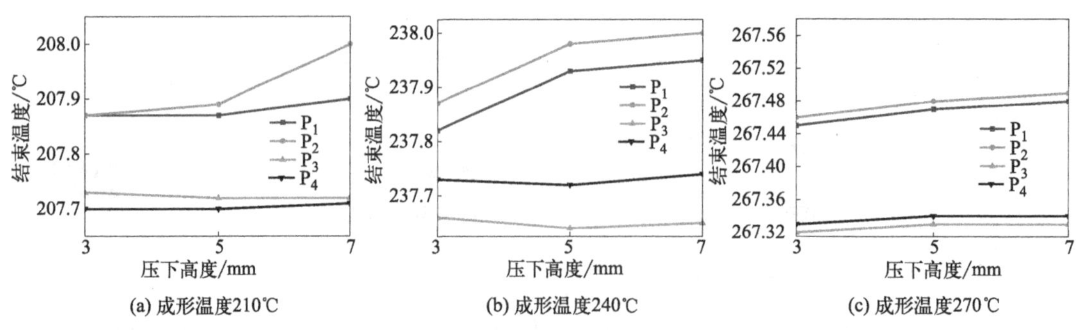

(a) 成形温度210℃　(b) 成形温度240℃　(c) 成形温度270℃

图 5.44 成形结束时特征点温度与成形温度及压下高度关系曲线

在板料弯曲成形过程中，由于 P_1 和 P_2 点与凸模接触，镁合金板料与模具接触时热量散失速率小于镁合金与空气之间的热量散失速率，导致 P_1 和 P_2 点处温度要高于 P_3 和 P_4 点。由于 P_1 和 P_2 点位于凸模行程上，当凸模与板料接触时，部分动能转变为摩擦热能并作用于板料上导致 P_1 和 P_2 点的温度升高，而 P_3 和 P_4 点未与凸模直接接触，因此 P_1 和 P_2 点在结束时的温度要高于 P_3 和 P_4 点。在成形过程中，P_1 和 P_2 点的温度较高，容易发生动态再结晶现象，组织性能有所改善，晶粒得到细化，力学性能有所提升。

(4) 应力场分析

对于厚度为 7mm 的镁合金壁板，当成形温度为 210℃时，镁合金网格式壁板级进压弯成形变形区应力场的分布规律如图 5.45 和图 5.46 所示，压下高度分别为 3mm、5mm、7mm。

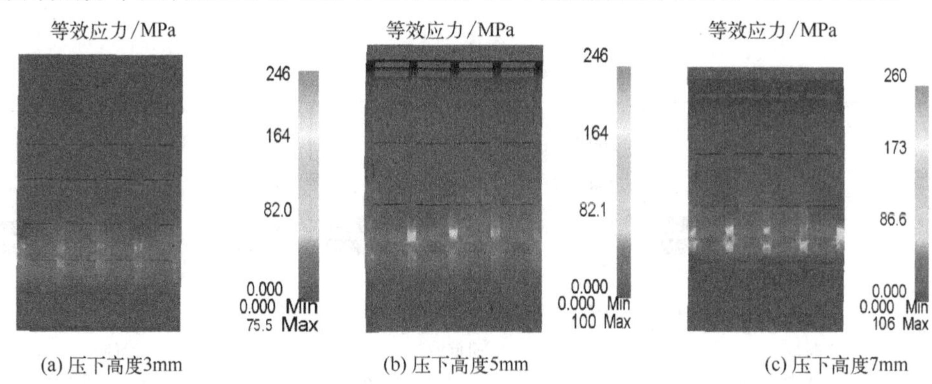

(a) 压下高度3mm　(b) 压下高度5mm　(c) 压下高度7mm

图 5.45 应力场分布（板料厚度 7mm，成形温度 210℃）

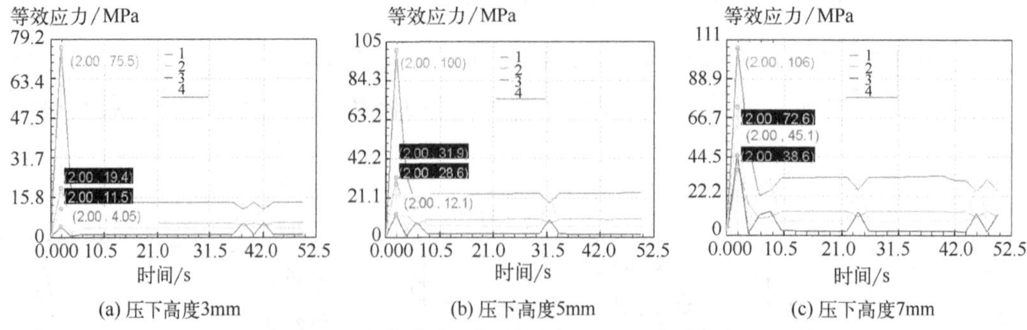

(a) 压下高度3mm　(b) 压下高度5mm　(c) 压下高度7mm

图 5.46 应力场变化曲线（板料厚度 7mm，成形温度 210℃）

对于厚度为 7mm 的镁合金壁板，当成形温度为 240℃时，镁合金网格式壁板级进压弯成形变形区应力场的分布规律如图 5.47 和图 5.48 所示，压下高度分别为 3mm、5mm、7mm。

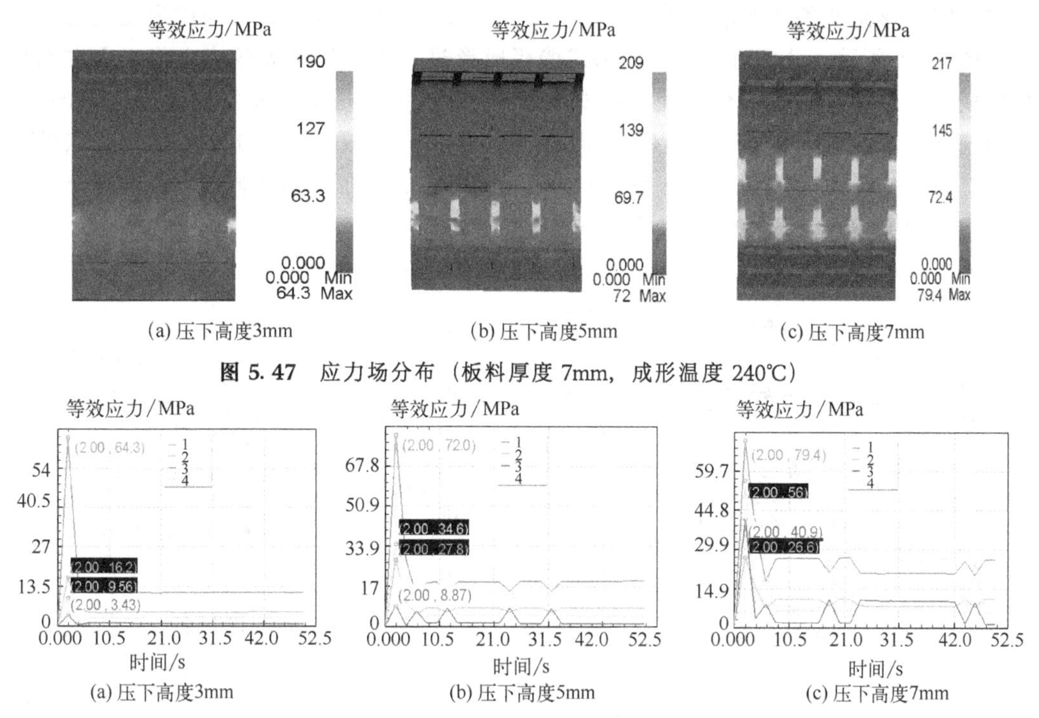

(a) 压下高度3mm　(b) 压下高度5mm　(c) 压下高度7mm

图 5.47　应力场分布（板料厚度 7mm，成形温度 240℃）

(a) 压下高度3mm　(b) 压下高度5mm　(c) 压下高度7mm

图 5.48　应力场变化曲线（板料厚度 7mm，成形温度 240℃）

对于厚度为 7mm 的镁合金壁板，当成形温度为 270℃时，镁合金网格式壁板级进压弯成形变形区应力场的分布规律如图 5.49 和图 5.50 所示，压下高度分别为 3mm、5mm、7mm。

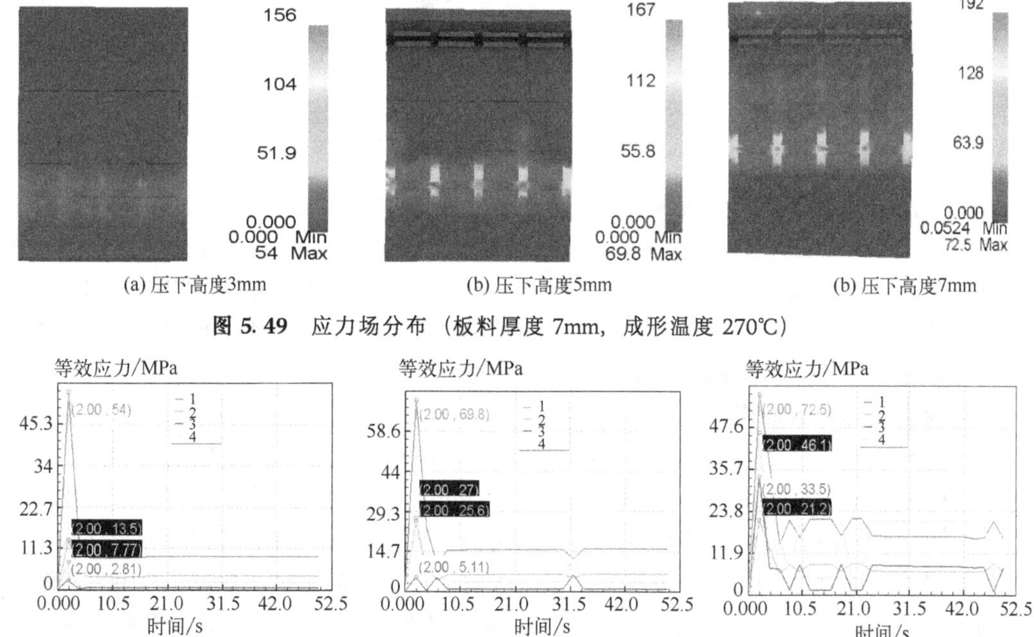

(a) 压下高度3mm　(b) 压下高度5mm　(b) 压下高度7mm

图 5.49　应力场分布（板料厚度 7mm，成形温度 270℃）

(a) 压下高度3mm　(b) 压下高度5mm　(c) 压下高度7mm

图 5.50　应力场变化曲线（板料厚度 7mm，成形温度 270℃）

在不同成形温度条件下，特征点 P_1、P_2、P_3、P_4 的最大等效应力与成形工艺参数关系曲线如图 5.51 所示。分析可知，在网格式壁板成形过程中，最大等效应力值出现在网格式壁板的横向筋条和纵向筋条交界处，即发生在 P_1 点，该点是最容易发生破损缺陷的位置。当成形温度为 210℃、压下高度为 5mm 时，P_1 点的最大等效应力为 107MPa。P_3 点的变形量较小，该点的最大等效应力值也是最小，不易损坏。在成形温度相同时，随着压下高度的增加，变形程度增大，各特征点的最大等效应力增加。

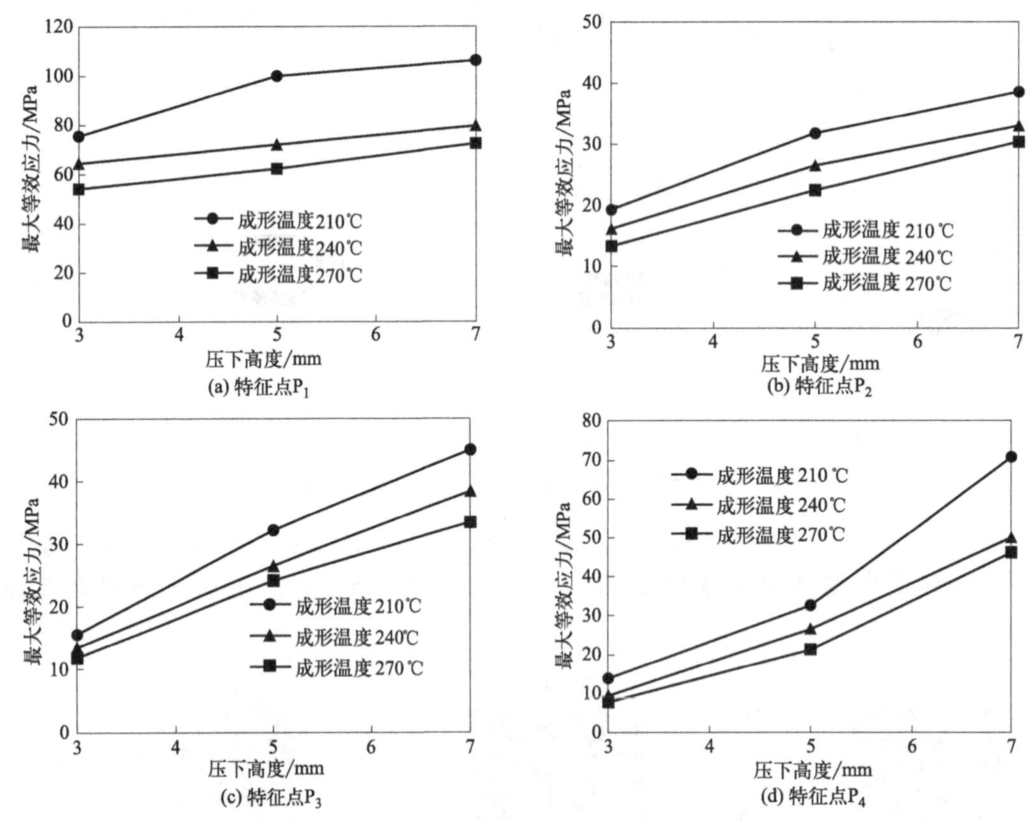

图 5.51 特征点的最大等效应力与成形工艺参数关系曲线

在不同压下高度条件下，板料各特征点的最大等效应力与成形温度关系曲线如图 5.52 所示。分析可知，当压下高度相同时，随着成形温度升高，各特征点最大等效应力逐渐减小，其原因是在壁板成形过程中材料发生动态再结晶，材料组织性能得到改善，晶粒细化，并且分布均匀。此外，随着成形温度升高，可移动位错数量增加而使材料塑性成形性能得到提高，导致最大等效应力值减小，成形力也随之减小。

(5) 弯曲变形系数的影响

AZ31 镁合金网格式壁板级进压弯成形，当成形温度（T）分别为 210℃、240℃、270℃，压下高度（h）分别为 3mm、5mm、7mm，弯曲变形系数（C）分别为 0.06、0.10、0.14。损伤系数、等效应变场、等效应力场、温度场分布如图 5.53 所示（成形温度 210℃）。最大损伤系数、最大等效应变、最大等效应力、最高温度与成形温度和弯曲变形系数之间的关系曲线如图 5.54 所示。结果表明，随着成形温度的升高，最大损伤系数、最大等效应变、最大等效应力减小，最高温度升高。随着弯曲变形系数的增大，最大损伤系数、最大等效应变、最大等效应力减小，最高温度升高。

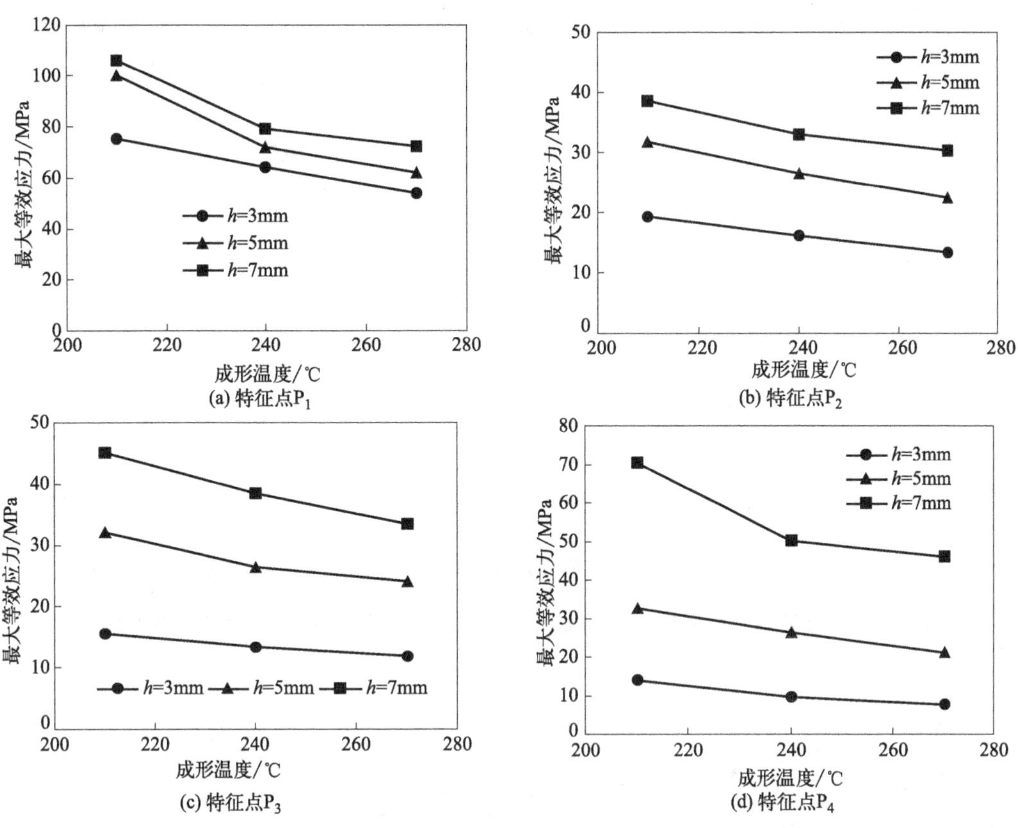

图 5.52　特征点的最大等效应力与成形温度关系曲线

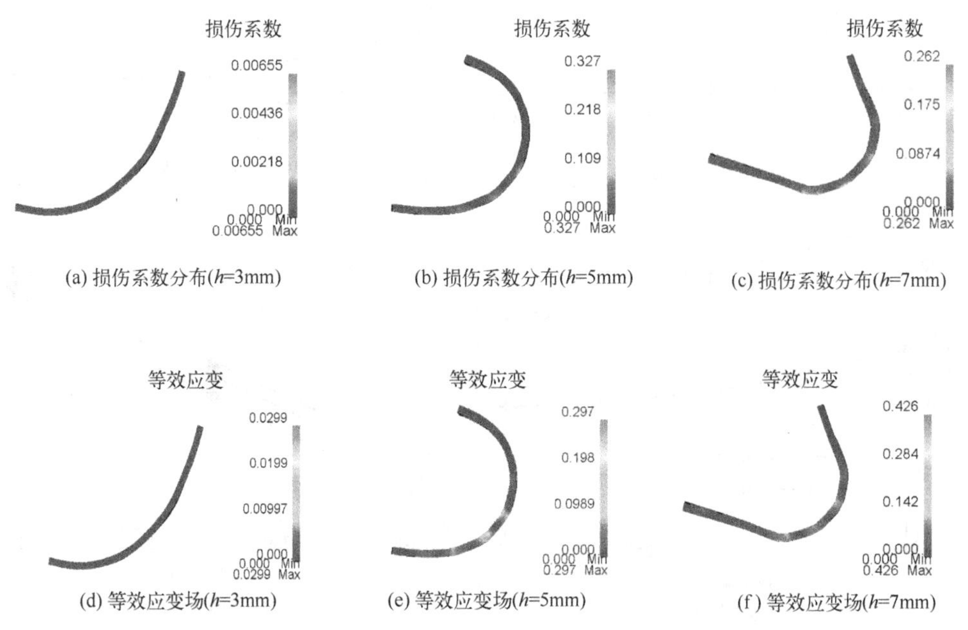

图 5.53

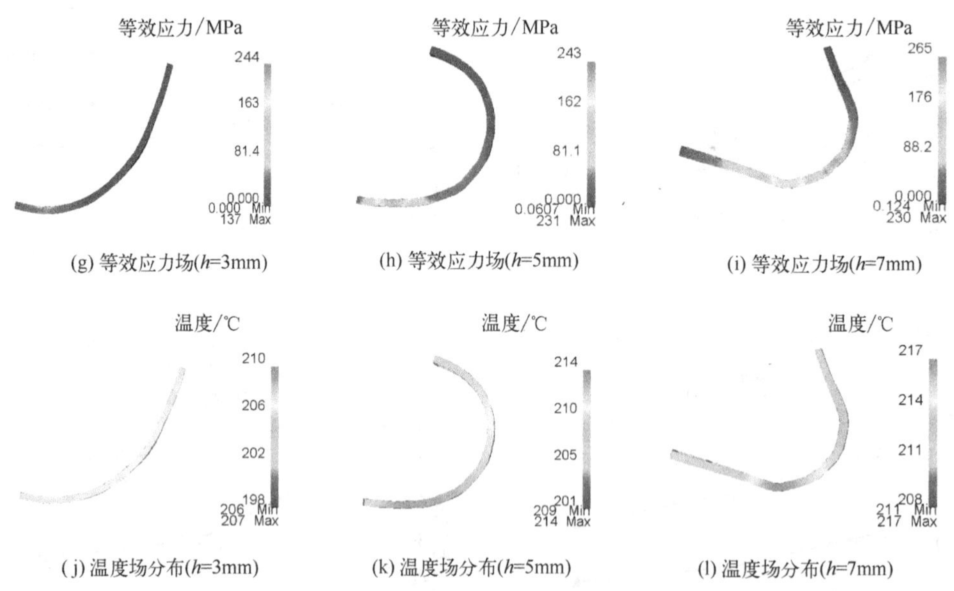

(g) 等效应力场(h=3mm)　(h) 等效应力场(h=5mm)　(i) 等效应力场(h=7mm)

(j) 温度场分布(h=3mm)　(k) 温度场分布(h=5mm)　(l) 温度场分布(h=7mm)

图 5.53　AZ31 镁合金网格式壁板级进压弯成形数值模拟结果（成形温度 210℃）

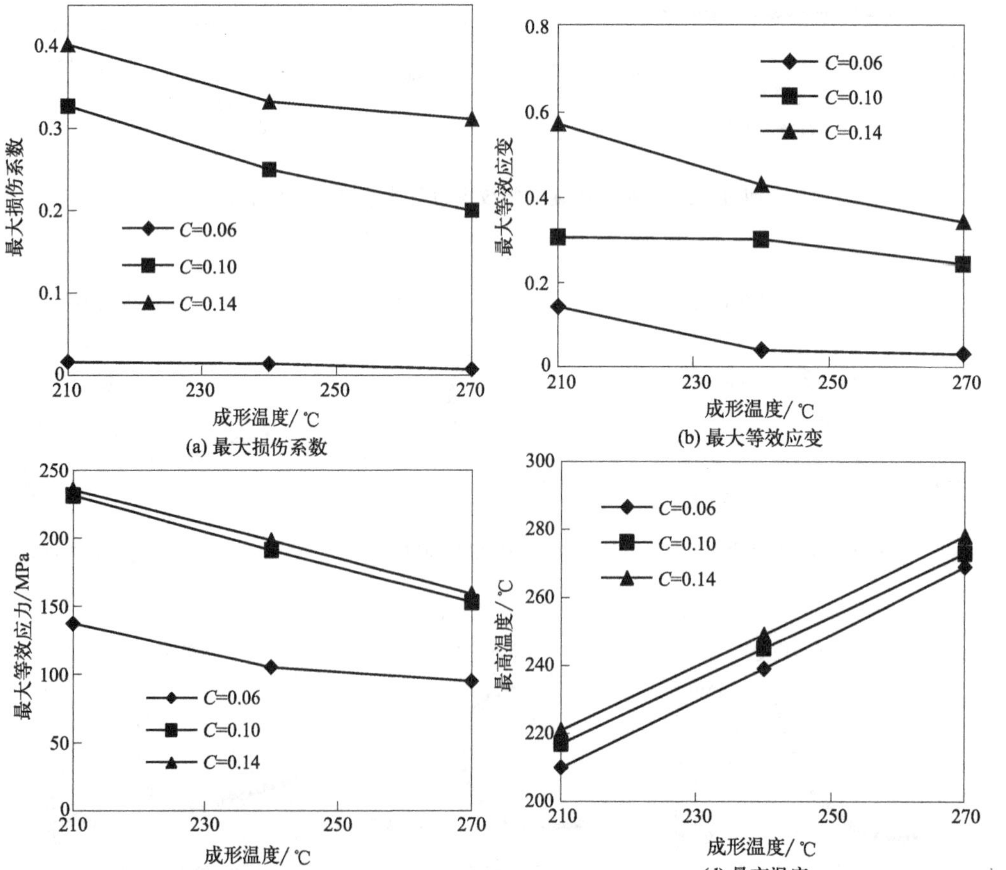

(a) 最大损伤系数　(b) 最大等效应变

(c) 最大等效应力　(d) 最高温度

图 5.54　变形区力学性能参数与成形工艺参数关系曲线

5.3.2 镁合金网格式壁板零件尺寸分析

采用三点定圆方法确定镁合金网格式壁板零件的曲率半径，在凹模宽度为 50mm、板料厚度为 7mm 条件下，压下高度分别为 3mm、5mm、7mm 时的壁板零件曲率半径如图 5.55～图 5.57 所示。

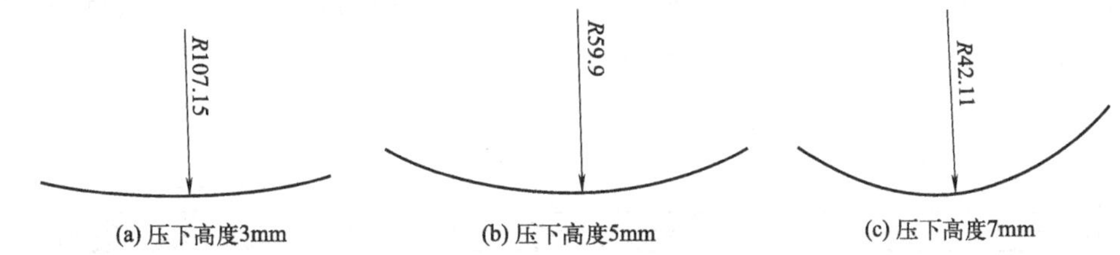

图 5.55 曲率半径测量（成形温度 210℃）

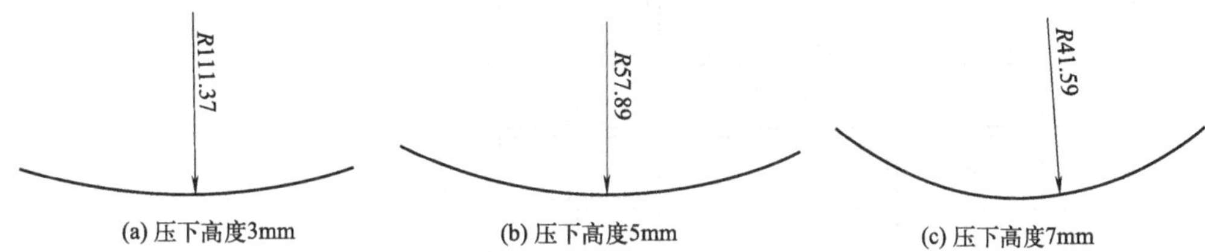

图 5.56 曲率半径测量（成形温度 240℃）

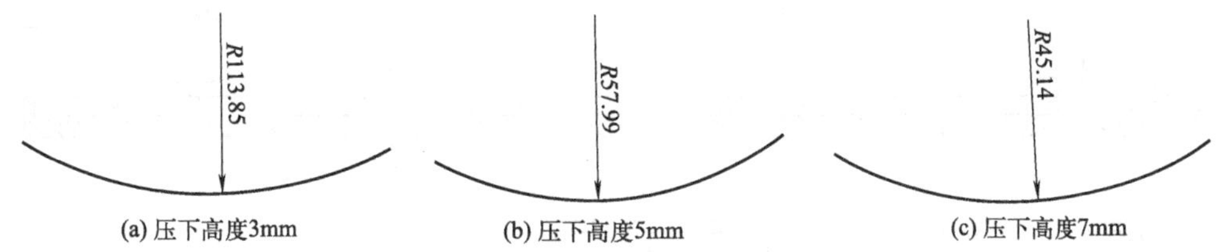

图 5.57 曲率半径测量（成形温度 270℃）

镁合金整体壁板零件曲率半径与成形温度、弯曲变形系数及压下高度的关系曲线如图 5.58 所示。结果表明，壁板零件曲率半径与弯曲变形系数有关，而与成形温度无关，与壁板厚度也无关。

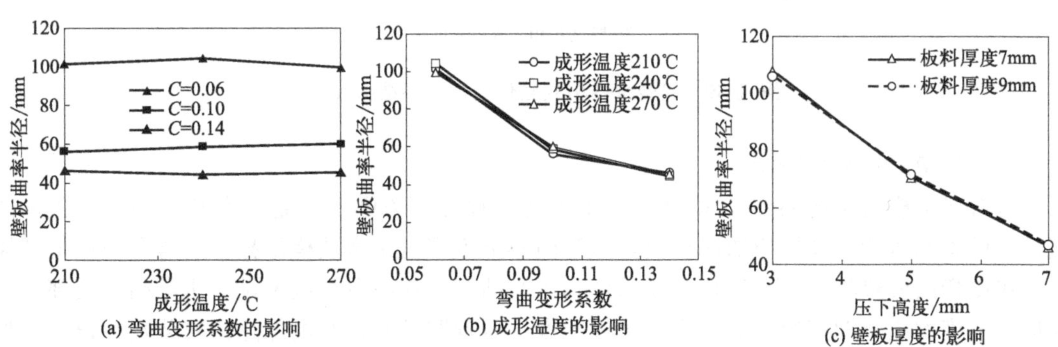

图 5.58 壁板零件曲率半径与成形工艺参数关系曲线

5.3.3 镁合金网格式壁板压弯成形模具研制

(1) 壁板坯料尺寸

AZ31镁合金网格式整体壁板坯料结构及尺寸如图5.59所示。镁合金壁板坯料规格有两种，一种是壁板尺寸为205mm×105mm×7mm，壁板坯料厚度为7mm，筋条高度为4mm，筋条宽度为5mm。另一种是壁板尺寸为205mm×105mm×9mm，壁板坯料厚度为9mm，筋条高度为4.5mm，筋条宽度为5mm。

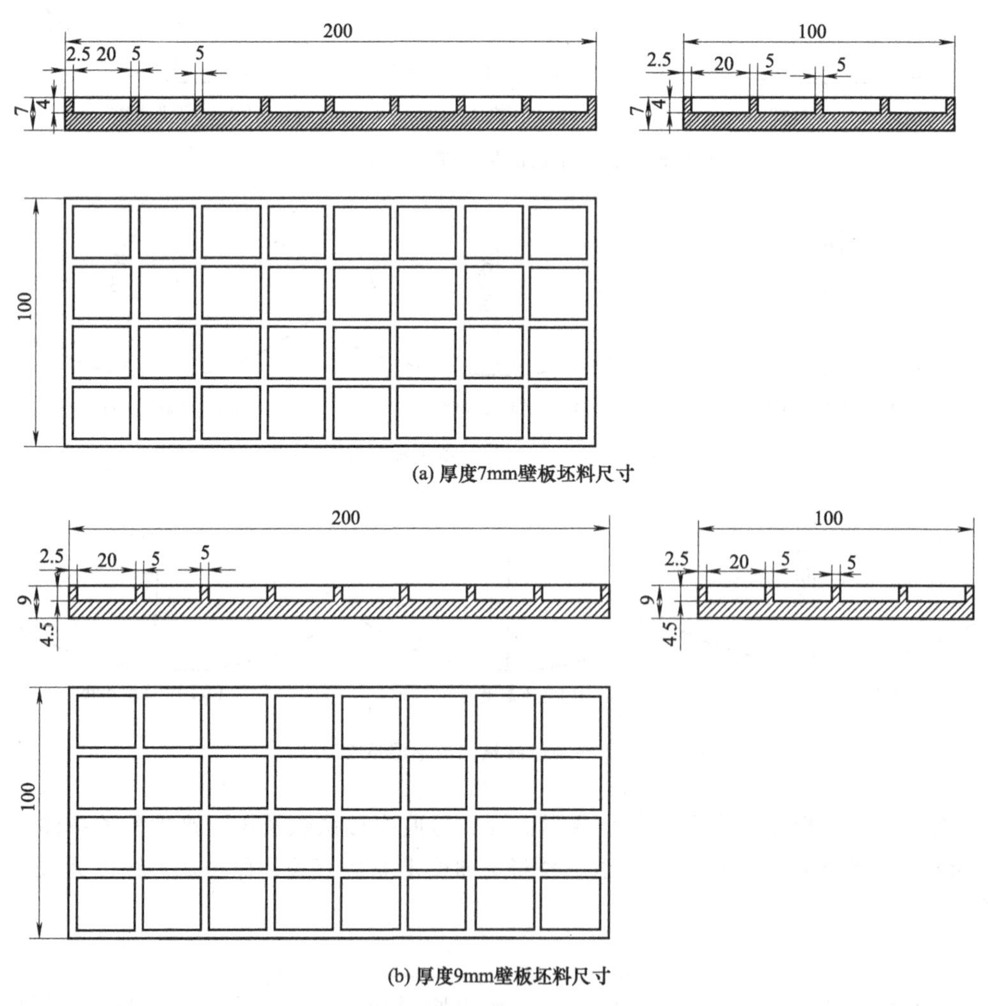

(a) 厚度7mm壁板坯料尺寸

(b) 厚度9mm壁板坯料尺寸

图5.59 镁合金网格式整体壁板坯料结构及尺寸

(2) 压弯成形模具研制

压弯成形模具结构如图5.60所示，上模的上模板下方螺栓固定压弯凸模垫板，压弯凸模顶部设置在压弯凸模垫板的凹槽内，压弯凸模下方穿过压弯凸模压板，压弯凸模压板螺栓固定在压弯凸模垫板下方。压弯凸模凸台和压弯凸模压板凸台对应卡设。压弯凸模底部为半球形。下模的压弯凹模螺栓固定在下模板上方。压弯凹模开设有电加热棒安装孔并设置电加热棒，作为加热装置。压弯凹模开设有热电偶安装孔并设置热电偶，作为温度传感器。压弯凹模有U形的成形槽，成形槽内设置压弯凹模组件。压弯凹模组件可以选择不同尺寸。U

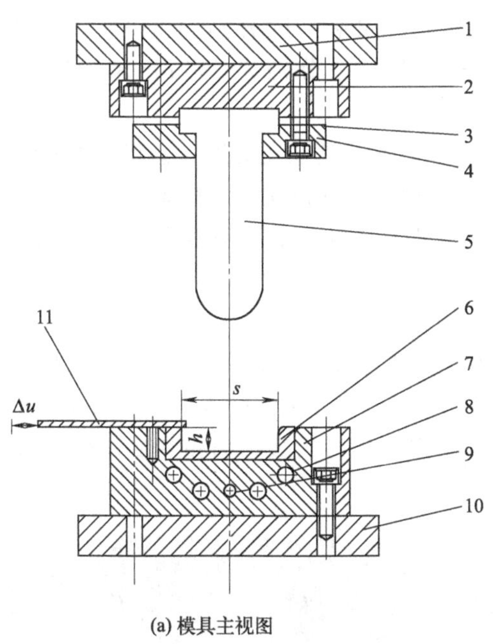

(a) 模具主视图

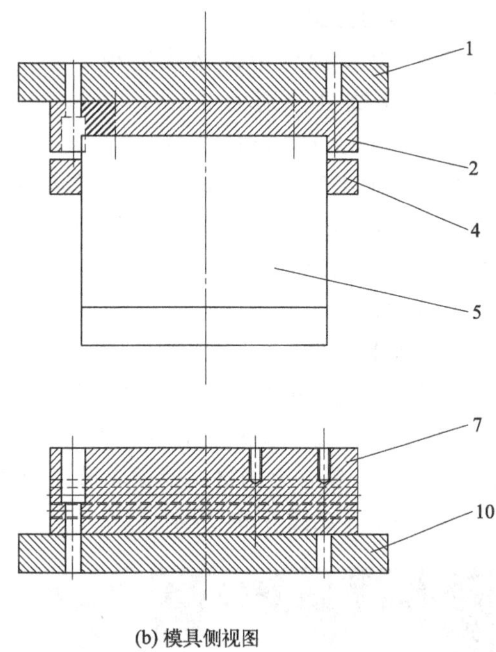

(b) 模具侧视图

图 5.60　压弯成形模具结构

1—上模板；2—压弯凸模垫板；3—凸模固定螺栓；4—压弯凸模压板；5—压弯凸模；6—压弯凹模组件；7—压弯凹模；8—电加热棒安装孔；9—热电偶安装孔；10—下模板；11—工件

形压弯模具及加热装置如图 5.61 所示。

5.3.4　镁合金网格式壁板压弯成形实验研究

(1) 实验设备

AZ31 镁合金整体壁板级进压弯成形设备选用 3150kN 四柱液压机，如图 5.62（a）所示。模具预热采用电加热棒加热方法，适当控制电加热棒的分布和数量，即可控制变形区温度场的分布。压弯成形生产现场如图 5.62（b）所示。

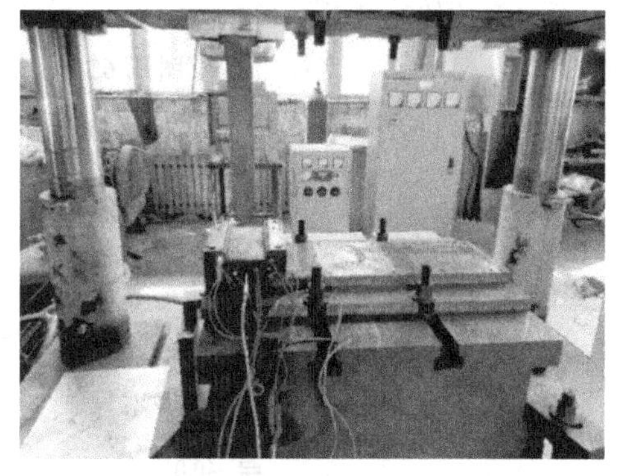

图 5.61　U 形压弯成形模具及加热装置

(a) 四柱液压机

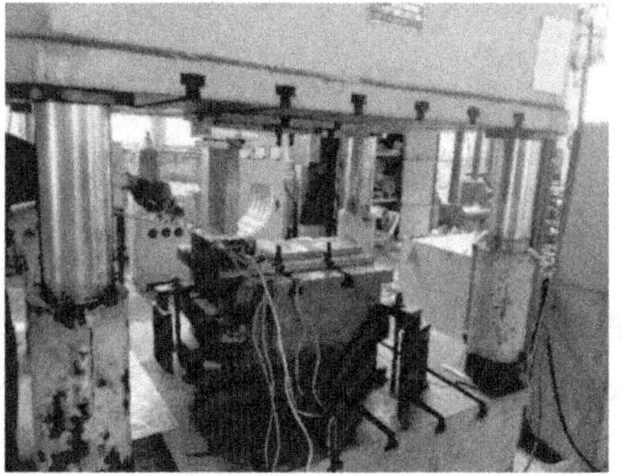
(b) 生产现场

图 5.62　成形设备及生产现场

(2) 实验方案

确定 AZ31 镁合金网格式壁板压弯成形工艺参数，成形温度分别为 210℃、240℃、270℃，压下高度分别为 3mm、5mm、7mm。壁板坯料尺寸分别为 205mm×105mm×7mm、205mm×105mm×9mm。

压弯成形工序：①调试设备，模具安装、调试，模具预热到预定温度；②将 AZ31 镁合金壁板坯料加热到预定温度，并且保温 10min；③取出镁合金壁板坯料，在成形设备中完成压弯成形，并保持模具闭合，时间为 2min；④取出 AZ31 镁合金波形壁板部件，观察成形件尺寸及质量。

(3) 实验结果

镁合金网格式壁板级进压弯成形件如图 5.63 所示，成形温度（T）为 210℃，压下高度（h）分别为 3mm、5mm 和 7mm，凹模宽度（s）为 50mm，网格间距（b）为 25mm，筋条高度为 4mm。镁合金网格式壁板成形件的曲率半径模拟结果与实验结果相吻合，最大相对误差为 6.5%，如图 5.64 所示。

(a) 压下高度3mm

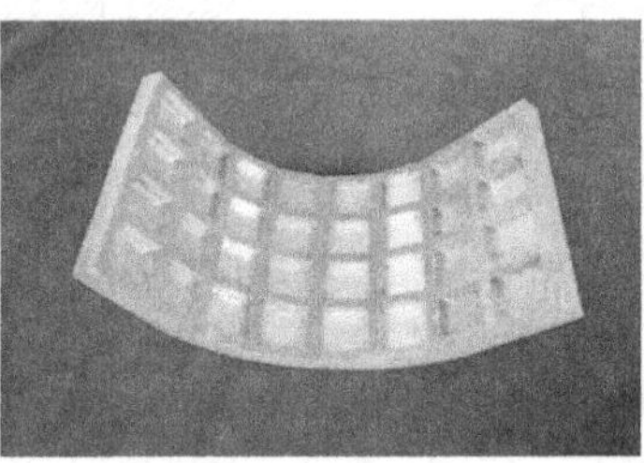
(b) 压下高度5mm

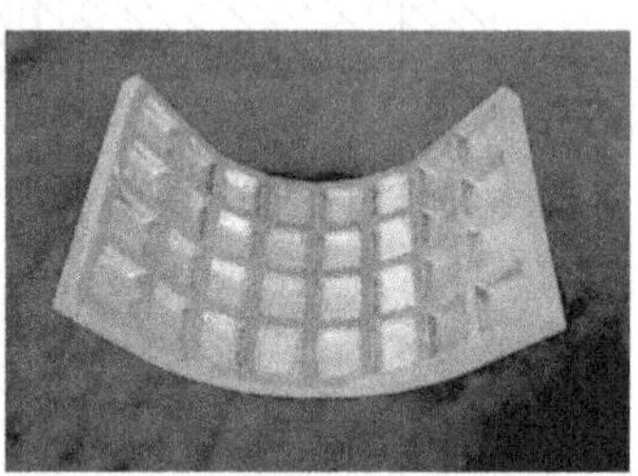
(c) 压下高度7mm

图 5.63 AZ31 镁合金网格壁板零件

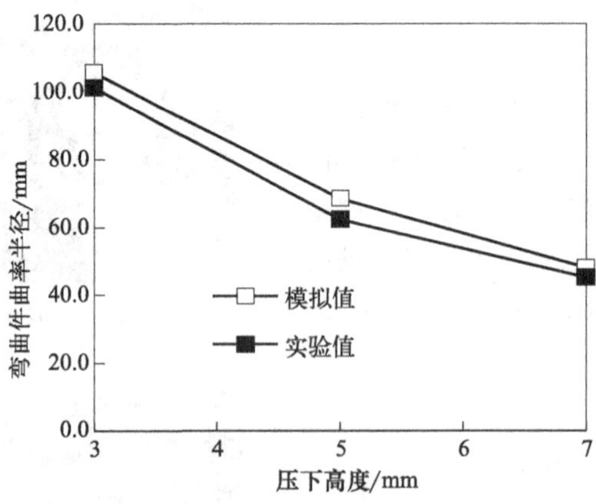

图 5.64 镁合金网格式壁板零件曲率半径

根据制定的镁合金壁板成形工序，加工出了镁合金内网格式壁板和外网格式壁板，如图 5.65 所示。

(4) 壁板零件曲率半径

采用三点法确定镁合金网格式整体壁板零件的曲率半径，如图 5.66 所示。

对图 5.66 (b) 所示的数据进行曲线拟合，得到镁合金壁板曲率半径与压下高度的关系模型：

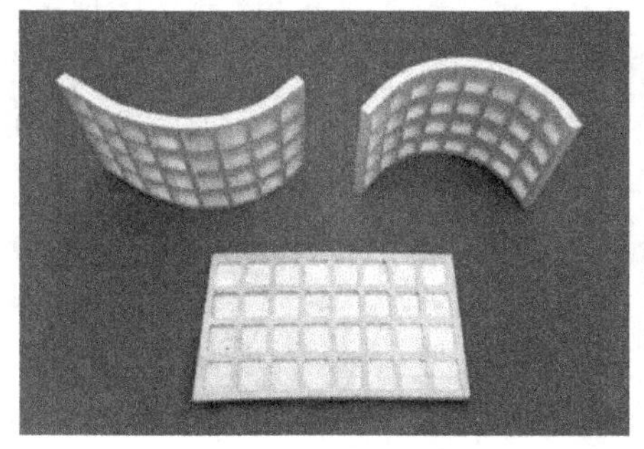

(a) 变曲率镁合金壁板　　(b) 镁合金壁板表面

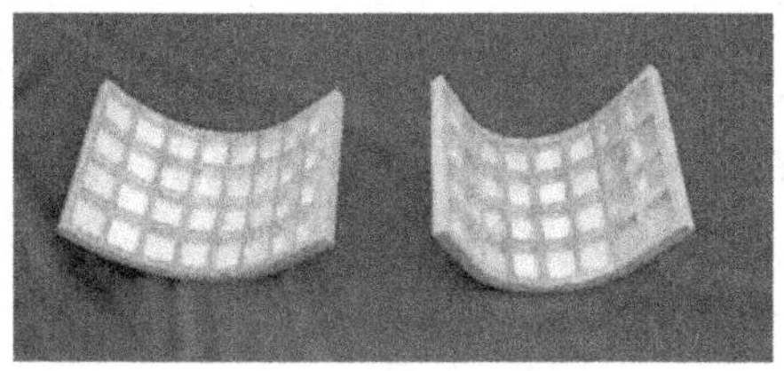

(c) 不同曲率半径的镁合金壁板零件

图 5.65　镁合金网格式壁板弯曲件

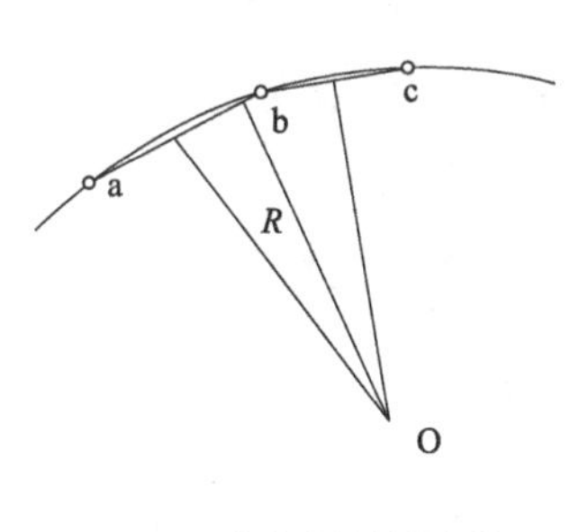

(a) 曲率半径测量方法

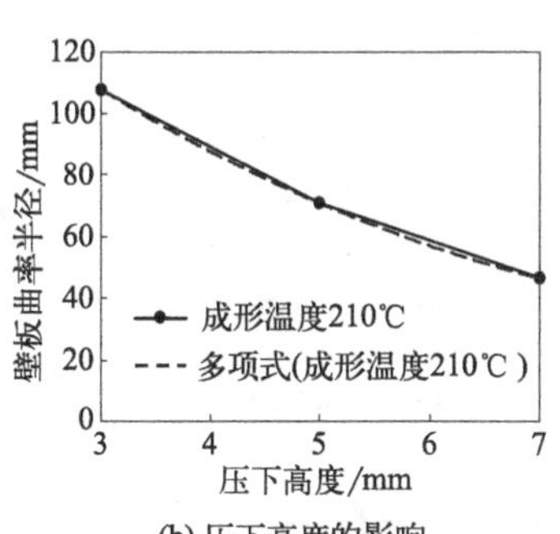

(b) 压下高度的影响

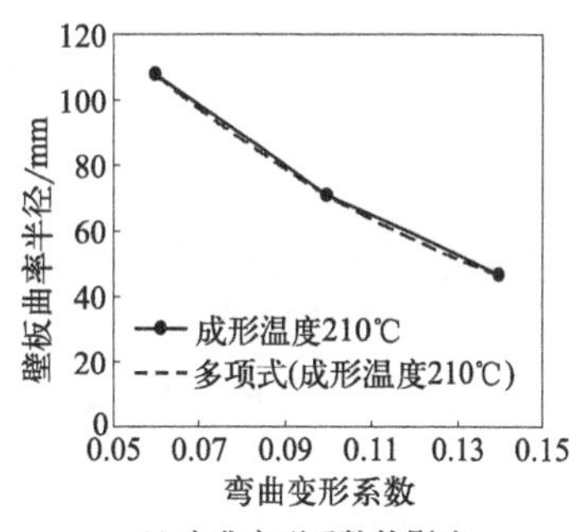

(c) 弯曲变形系数的影响

图 5.66　镁合金网格式壁板曲率半径与成形工艺参数关系（凹模宽度=50mm）

$$r=2.3575h^2-39.73h+208.83 \tag{5.12}$$

式中，r 为壁板曲率半径，mm；h 为压下高度，mm。

对图 5.66（c）所示的数据进行曲线拟合，得到镁合金壁板曲率半径与弯曲变形系数的关系模型：

$$r=3990.6C^2-1565.8C+187.53 \tag{5.13}$$

式中，r 为壁板曲率半径，mm；C 为弯曲变形系数。

5.3.5　壁板零件组织性能分析

(1) 压下高度对微观组织的影响

在镁合金壁板压弯成形过程中，加工件的微观组织性能得到改善。当成形温度为 210℃、壁板厚度为 7mm 时，镁合金网格式壁板零件的微观组织如图 5.67 所示。分析可知，当压下高度为 3mm 时，由于变形量较小，动态再结晶现象不明显，只有少量的动态再结晶组织。当压下高度为 5mm 时，动态再结晶体积分数增大，晶粒得到细化且分布均匀。当压下高度为 7mm 时，动态再结晶程度急剧增大，晶粒细化程度显著。

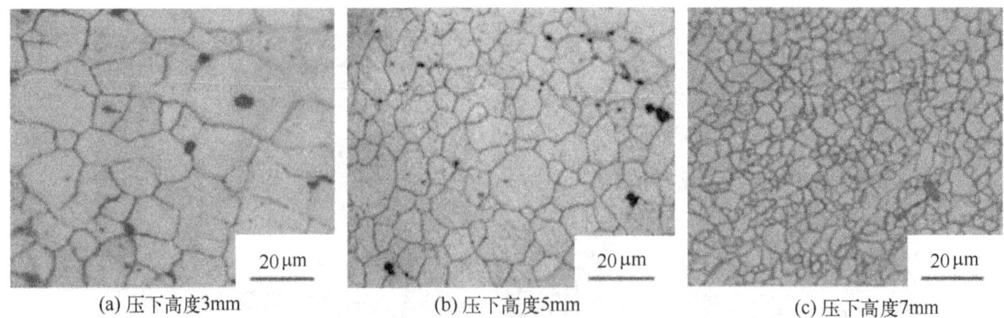

(a) 压下高度3mm (b) 压下高度5mm (c) 压下高度7mm

图 5.67 镁合金网格式壁板零件微观组织（T=210℃，t_0=7mm）

当成形温度为 240℃时，镁合金网格式壁板零件的微观组织如图 5.68 所示。分析可知，在压下高度为 3mm 时，晶粒粗大，且分布不均匀。当压下高度为 5mm 时，壁板零件的晶粒得到细化，发生不完全动态再结晶，微观组织得到改善。当压下高度为 7mm 时，发生完全动态再结晶，晶粒得到明显细化。

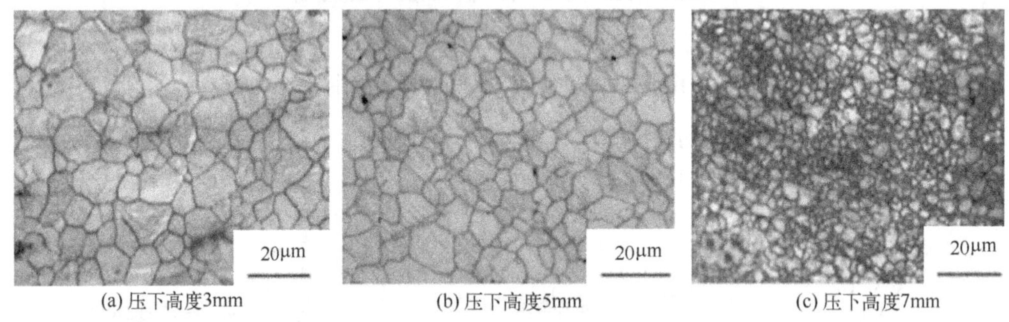

(a) 压下高度3mm (b) 压下高度5mm (c) 压下高度7mm

图 5.68 镁合金网格式壁板零件微观组织（T=240℃，t_0=7mm）

当成形温度为 270℃时，镁合金网格式壁板零件微观组织如图 5.69 所示。分析可知，随着压下高度的增大，材料发生动态再结晶现象，微观组织性能得到改善，晶粒细化且分布均匀。

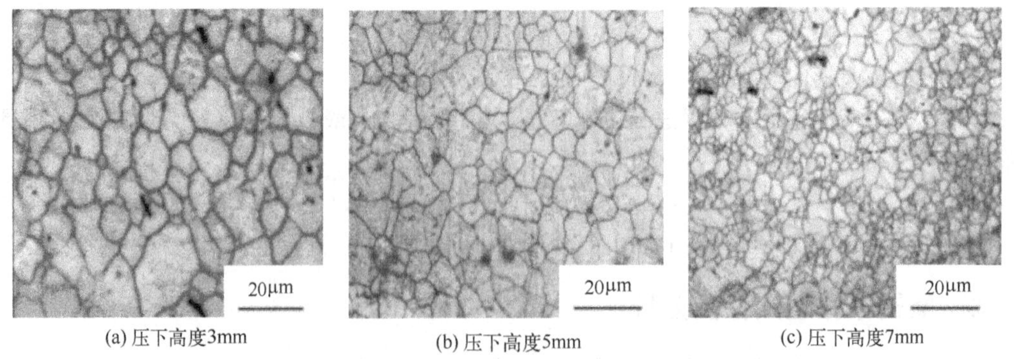

(a) 压下高度3mm (b) 压下高度5mm (c) 压下高度7mm

图 5.69 镁合金网格式壁板零件微观组织（T=270℃，t_0=7mm）

(2) 成形温度对微观组织的影响

当压下高度为 3mm、壁板坯料厚度为 7mm 时，在成形温度 210℃、240℃、270℃条件下的镁合金网格式壁板零件的微观组织如图 5.70 所示。分析可知，当压下高度较小时，在成形温度为 210℃时动态再结晶晶粒数目稀少，原始晶粒较大。当成形温度为 240℃时，在

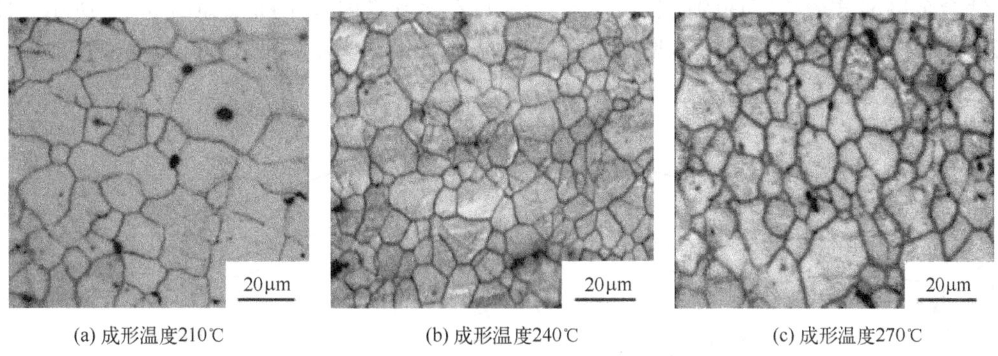

(a) 成形温度210℃　(b) 成形温度240℃　(c) 成形温度270℃

图 5.70　镁合金网格式壁板零件微观组织（$h=3mm$，$t_0=7mm$）

晶界处的动态再结晶数量开始增多，晶粒得到细化。当成形温度为 270℃时，动态再结晶晶粒开始长大，晶粒粗大且不均匀。

当压下高度为 5mm、壁板厚度为 7mm 时，不同成形温度条件下镁合金网格式壁板零件微观组织如图 5.71 所示。分析可知，当成形温度为 210℃时，动态再结晶晶粒数目较少。当成形温度为 240℃时，发生完全动态再结晶，晶粒得到细化，且分布均匀。当成形温度达到 270℃时，动态再结晶晶粒开始长大，晶粒尺寸开始增大。

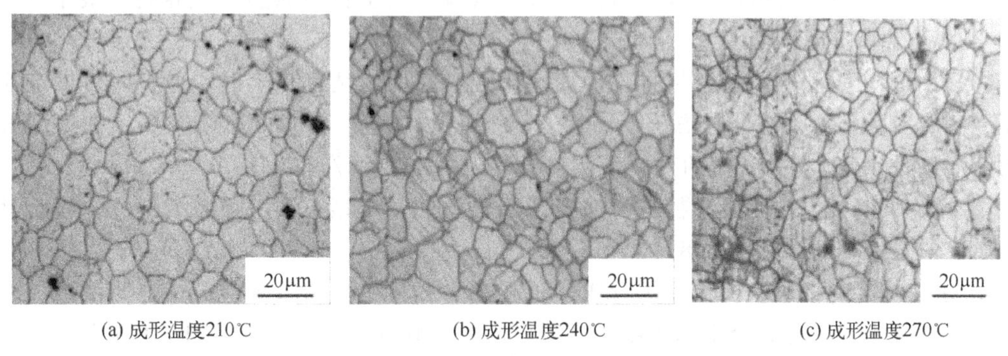

(a) 成形温度210℃　(b) 成形温度240℃　(c) 成形温度270℃

图 5.71　镁合金网格式壁板零件微观组织（$h=5mm$，$t_0=7mm$）

当压下高度为 7mm、壁板厚度为 7mm 时，不同成形温度时的镁合金网格式壁板零件微观组织如图 5.72 所示。分析可知，在成形温度 210℃时，在晶界处产生的动态再结晶数量较多。当成形温度为 240℃时，发生完全动态再结晶，微观组织性能得到改善。当成形温度达到 270℃时，动态再结晶晶粒开始长大。

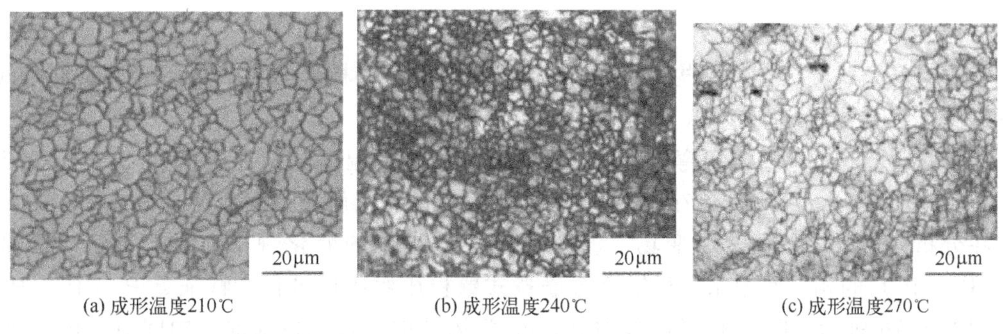

(a) 成形温度210℃　(b) 成形温度240℃　(c) 成形温度270℃

图 5.72　镁合金网格式壁板零件微观组织（$h=7mm$，$t_0=7mm$）

镁合金网格式壁板零件的晶粒尺寸与成形工艺参数之间关系曲线如图 5.73 所示，随着成形温度升高，加工件晶粒尺寸增大。随着弯曲变形系数增大，加工件晶粒尺寸减小。

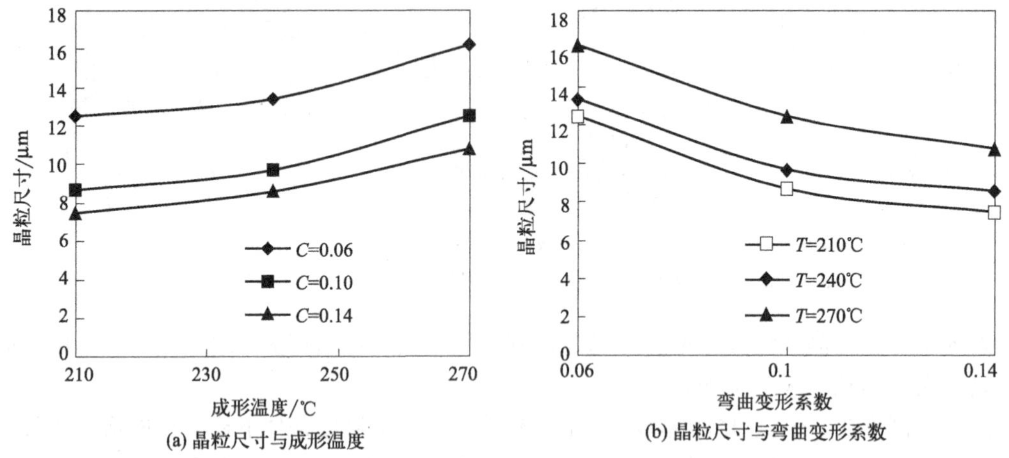

图 5.73 镁合金网格式壁板零件的晶粒尺寸与成形工艺参数之间关系

研究结果表明：

① 镁合金网格式壁板压弯成形时，最大等效应力发生在横纵筋条交界处，最小等效应力发生在网格中心处。

② 采用“三点法”测量壁板零件的曲率半径，在凹模宽度一定时，壁板零件曲率半径与压下高度有关。如果综合考虑压下高度（h）和凹模宽度（s）的影响，壁板曲率半径与弯曲变形系数（C）有关，弯曲变形系数（C）定义为 $C=h/s$。

③ 确定了壁板零件曲率半径与弯曲变形系数的关系模型，相关系数 $R^2=1$，模型计算值与实验值最大相对误差为 0.8%。

④ 在镁合金网格式壁板级进压弯成形过程中，壁板零件的微观组织性能得到改善。由于在变形过程中，发生完全动态再结晶现象，晶粒得到细化，且分布均匀，有利于提高镁合金壁板零件的力学性能。

5.4 镁合金筋条式壁板压弯成形

5.4.1 镁合金筋条式壁板压弯成形数值模拟

(1) 几何模型及工艺参数

镁合金筋条式壁板坯料结构及尺寸如图 5.74 所示，壁板弯曲成形几何模型及筋条式壁板零件三维模型如图 5.75 所示。

确定镁合金筋条式壁板压弯成形工艺参数，包括成形温度分别为 210℃、240℃、270℃，压下高度分别为 3mm、5mm、7mm，凹模宽度为 50mm，接触摩擦因数定义为 0.2。

在分析变形区应力场、应变场、温度场等变形参数的变化规律时，选取三个特征点（P_1、P_2、P_3）的相关参数来分析镁合金筋条式壁板压弯成形过程。特征点 P_1、P_2、P_3 的位置如图 5.76 所示，P_1 为筋条肩部中点，P_2 为沟槽中心到筋条根部的中间点，P_3 为沟槽中心点。

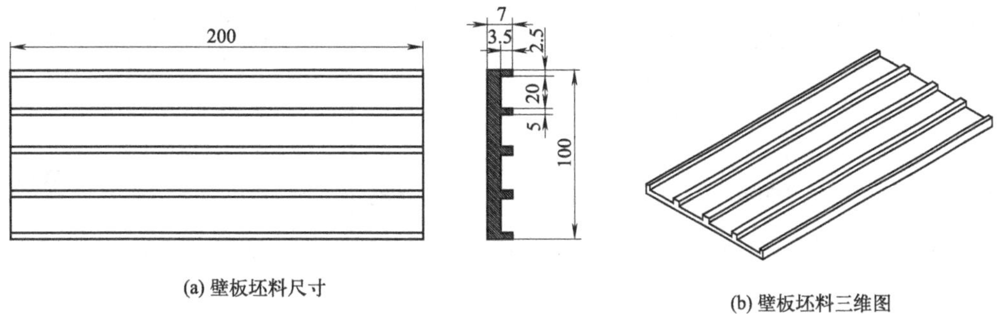

(a) 壁板坯料尺寸

(b) 壁板坯料三维图

图 5.74　镁合金筋条式壁板坯料结构及尺寸

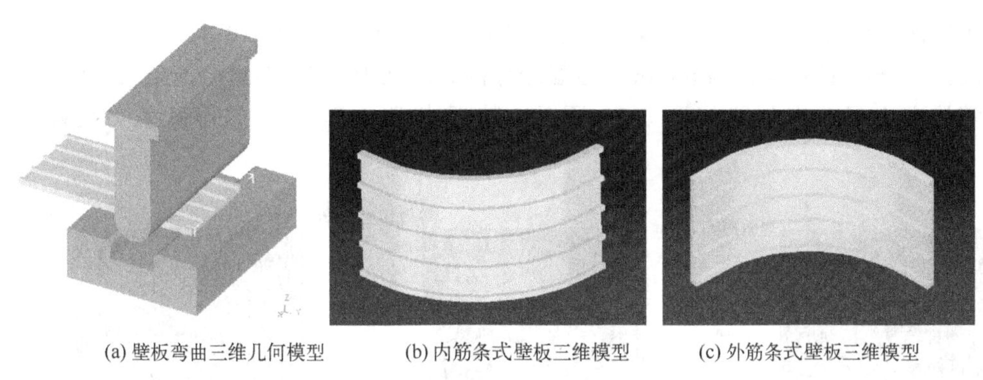

(a) 壁板弯曲三维几何模型　(b) 内筋条式壁板三维模型　(c) 外筋条式壁板三维模型

图 5.75　壁板弯曲成形几何模型及筋条式壁板零件三维模型

(2) 应力场分析

确定镁合金筋条式壁板压弯成形工艺参数，包括成形温度为 270℃，压下高度分别为 3mm、5mm、7mm，凹模宽度为 50mm，接触摩擦因数定义为 0.2。镁合金筋条式壁板变形区的等效应力场分布如图 5.77 所示，特征点 P_1、P_2、P_3 的等效应力变化曲线如图 5.78 所示。

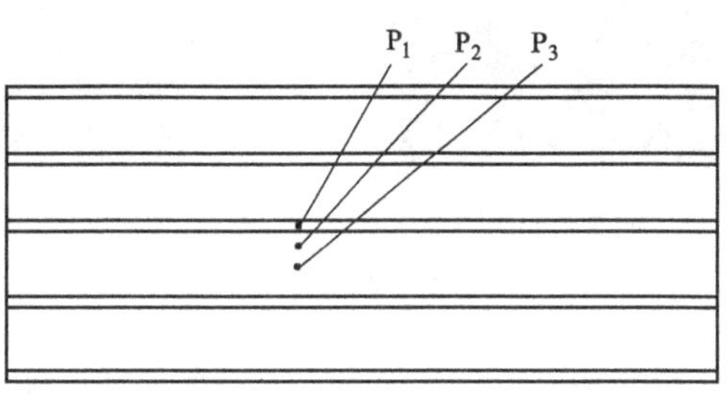

图 5.76　特征点 P_1、P_2、P_3 的位置

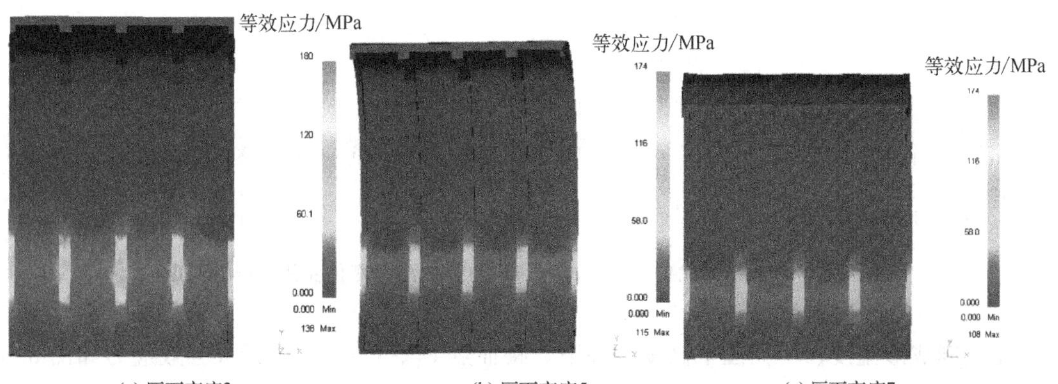

(a) 压下高度3mm　(b) 压下高度5mm　(c) 压下高度7mm

图 5.77　镁合金筋条式壁板变形区的等效应力场分布（T=270℃）

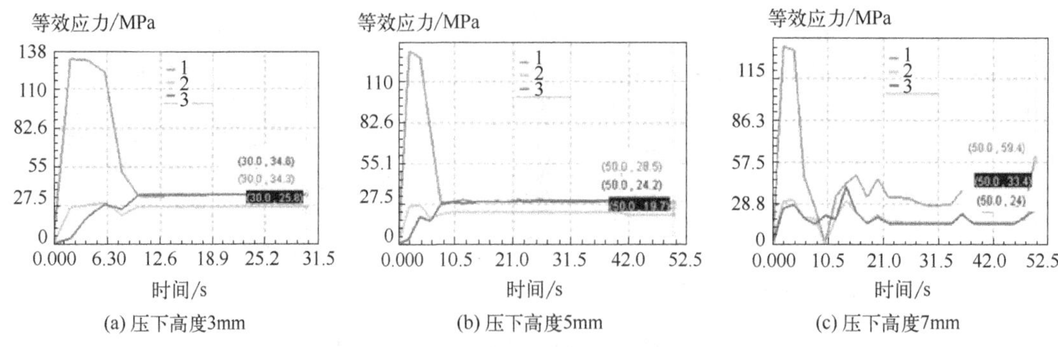

(a) 压下高度3mm (b) 压下高度5mm (c) 压下高度7mm

图 5.78 镁合金筋条式壁板压弯成形特征点等效应力变化曲线（T=270℃）

确定镁合金筋条式壁板压弯成形工艺参数，包括成形温度为 210℃、240℃、270℃，压下高度为 3mm，凹模宽度为 50mm，接触摩擦因数定义为 0.2。镁合金筋条式整体壁板变形区的等效应力场分布规律如图 5.79 所示，特征点 P_1、P_2、P_3 的等效应力变化曲线如图 5.80 所示。

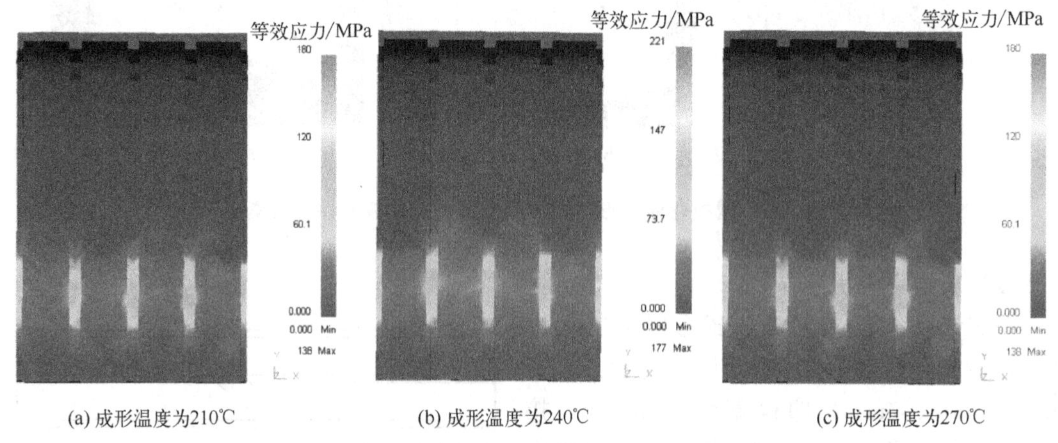

(a) 成形温度为210℃ (b) 成形温度为240℃ (c) 成形温度为270℃

图 5.79 镁合金筋条式壁板变形区的等效应力场分布（h=3mm）

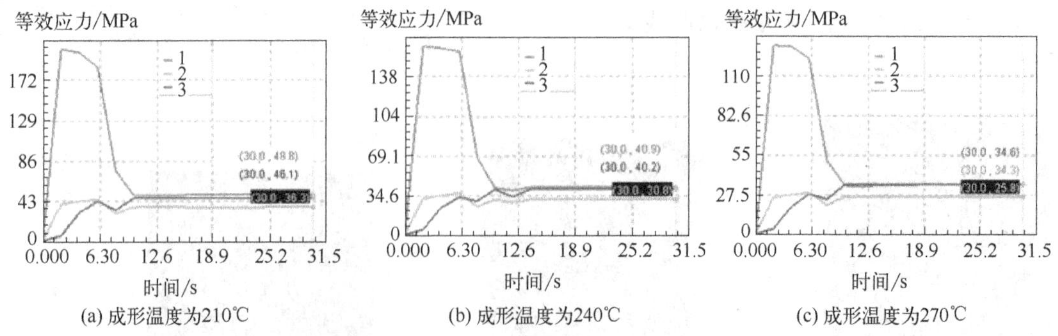

(a) 成形温度为210℃ (b) 成形温度为240℃ (c) 成形温度为270℃

图 5.80 镁合金筋条式壁板压弯成形特征点等效应力变化曲线（h=3mm）

在不同成形温度、不同压下高度条件下，特征点 P_1、P_2、P_3 的最大等效应力如图 5.81 所示。分析可知，随着成形温度的升高，最大等效应力减小。随着压下高度的增大，最大等效应力增大。

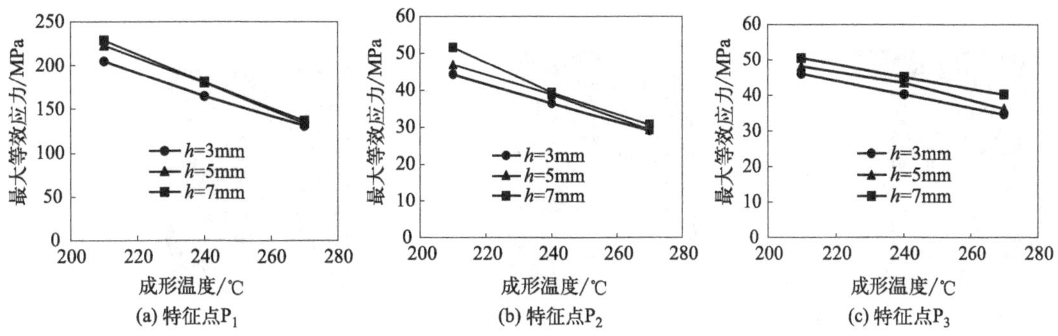

图 5.81　镁合金筋条式壁板压弯成形特征点的最大等效应力变化曲线

(3) 应变场分析

确定镁合金筋条式壁板压弯成形工艺参数，包括成形温度为 210℃，压下高度分别为 3mm、5mm、7mm，凹模宽度为 50mm，接触摩擦因数定义为 0.2，镁合金筋条式壁板零件的等效应变场分布如图 5.82 所示。在不同成形温度、不同压下高度条件下，特征点 P_1、P_2、P_3 的等效应变变化曲线如图 5.83 所示。

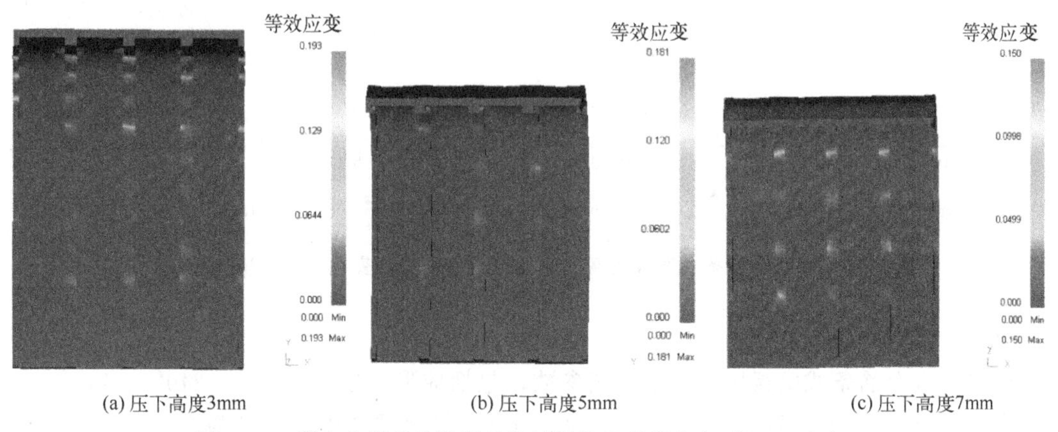

图 5.82　镁合金筋条式壁板零件的等效应变场分布（T=210℃）

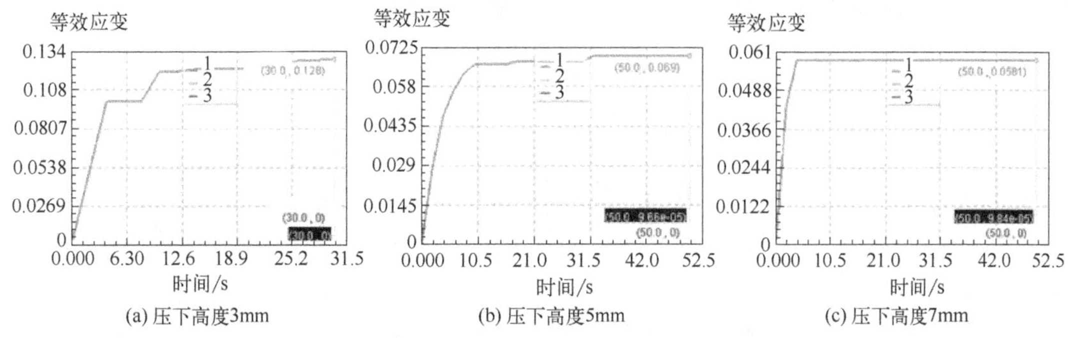

图 5.83　镁合金筋条式壁板压弯成形特征点等效应变变化曲线（T=210℃）

确定镁合金筋条式壁板压弯成形工艺参数，包括成形温度分别为 210℃、240℃、270℃，压下高度为 7mm，凹模宽度为 50mm，接触摩擦因数定义为 0.2，镁合金筋条式壁板压弯成形等效应变场分布如图 5.84 所示。

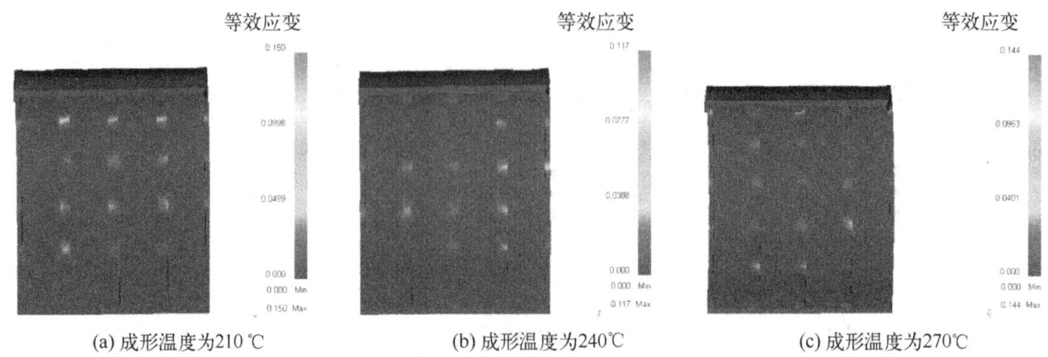

(a) 成形温度为210℃　(b) 成形温度为240℃　(c) 成形温度为270℃

图 5.84 镁合金筋条式壁板压弯成形等效应变场分布（h=7mm）

在不同成形温度、不同压下高度条件下，镁合金筋条式壁板压弯成形过程中，特征点 P_1、P_2、P_3 的等效应变变化曲线如图 5.85 所示。分析可知，特征点 P_1 等效应变变化明显，特征点 P_2、P_3 等效应变很小。

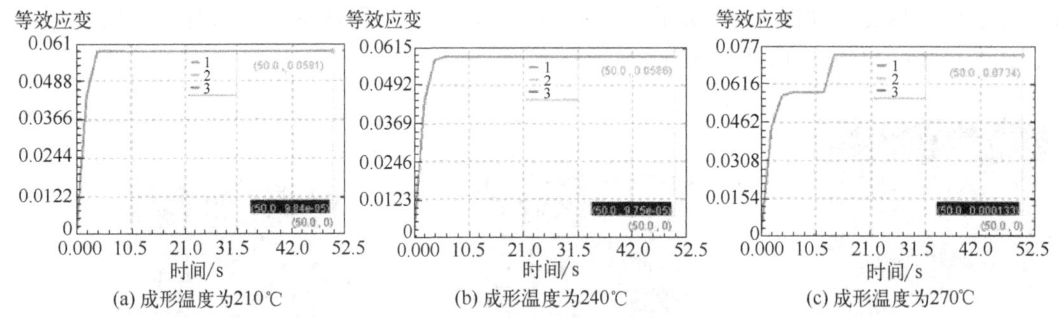

(a) 成形温度为210℃　(b) 成形温度为240℃　(c) 成形温度为270℃

图 5.85 镁合金筋条式壁板压弯成形特征点等效应变变化曲线（h=7mm）

(4) 温度场分析

确定镁合金筋条式壁板压弯成形工艺参数，包括成形温度为 210℃、240℃、270℃，压下高度为 3mm、5mm、7mm，凹模宽度为 50mm，接触摩擦因数定义为 0.2，镁合金筋条式壁板变形区温度场分布如图 5.86～图 5.88 所示。随着压下高度的增大，变形区最高温度逐渐升高。随着成形温度的升高，变形区最高温度逐渐升高。

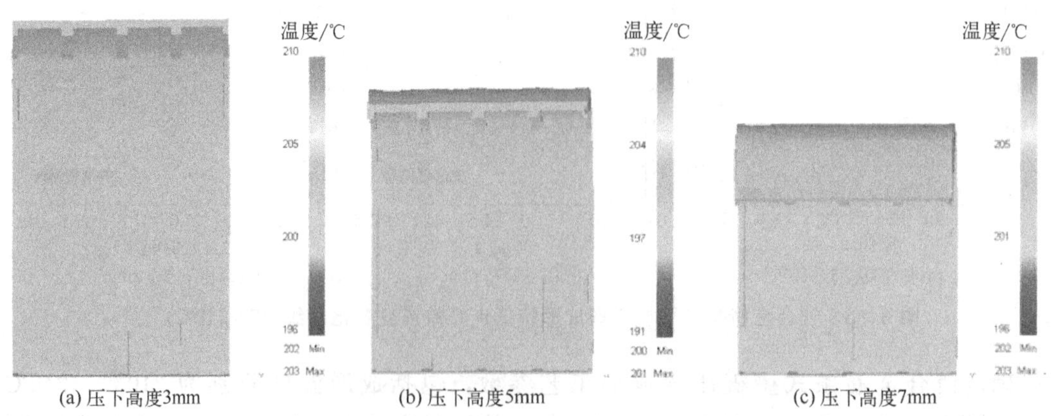

(a) 压下高度3mm　(b) 压下高度5mm　(c) 压下高度7mm

图 5.86 镁合金筋条式壁板变形区温度场分布（T=210℃）

(a) 压下高度3mm　(b) 压下高度5mm　(c) 压下高度7mm

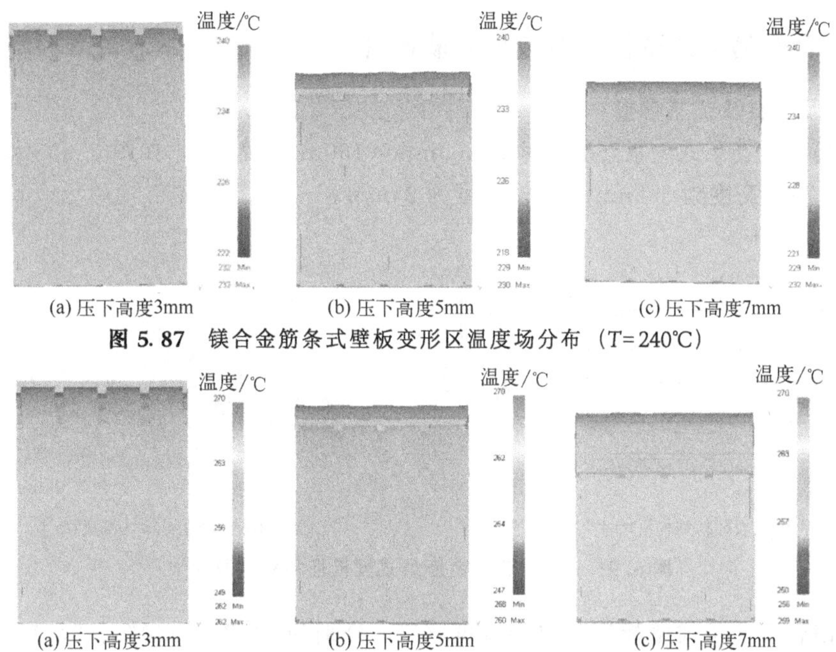

图 5.87　镁合金筋条式壁板变形区温度场分布（T=240℃）

(a) 压下高度3mm　(b) 压下高度5mm　(c) 压下高度7mm

图 5.88　镁合金筋条式壁板变形区温度场分布（T=270℃）

在不同成形温度、不同压下高度条件下，镁合金筋条式壁板压弯成形的特征点 P_1、P_2、P_3 的最高温度变化曲线如图 5.89 和图 5.90 所示，特征点 P_1、P_2、P_3 最高温度变化趋势相同。在整个压弯过程中，温度曲线呈降低趋势。应变的增大导致温度降低的程度减小。这是由于模具与板料接触时摩擦产生了大量热量，应变越大，产生的热量越多，甚至在压弯过程最后还出现了小幅度的温度回升现象。

(a) 成形温度为210℃　(b) 成形温度为240℃　(c) 成形温度为270℃

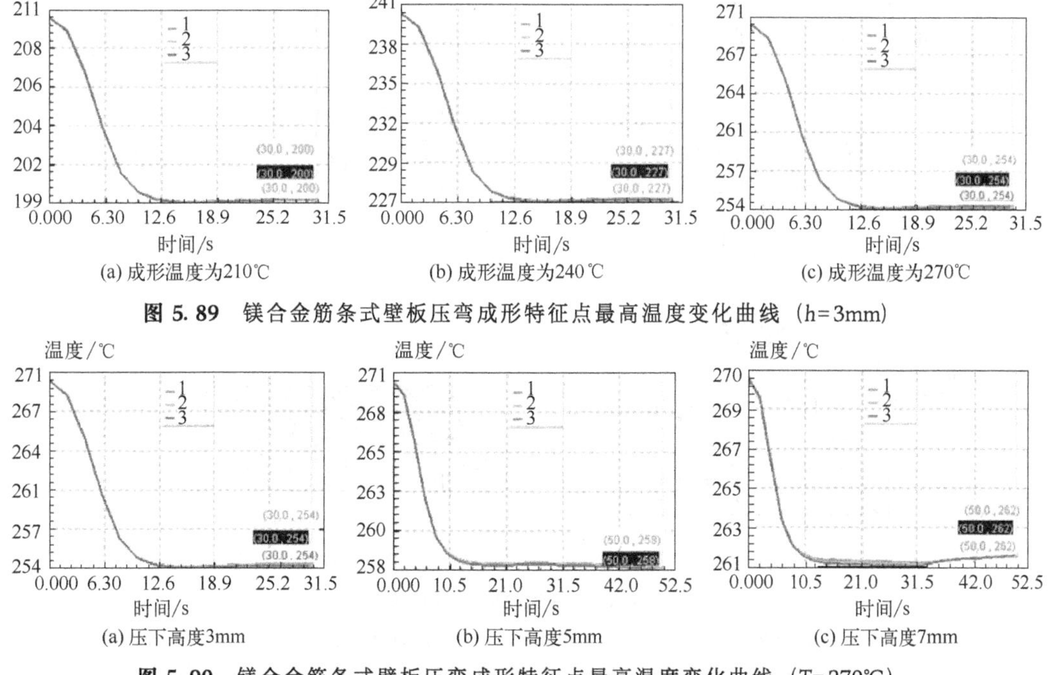

图 5.89　镁合金筋条式壁板压弯成形特征点最高温度变化曲线（h=3mm）

(a) 压下高度3mm　(b) 压下高度5mm　(c) 压下高度7mm

图 5.90　镁合金筋条式壁板压弯成形特征点最高温度变化曲线（T=270℃）

5.4.2 镁合金筋条式壁板压弯成形实验研究

(1) 壁板坯料及工艺参数

AZ31 镁合金筋条式壁板坯料尺寸为 200mm×100mm×7mm，如图 5.91 所示，板材厚度为 7mm，筋条高度为 3.5mm，沟槽宽度为 25mm。

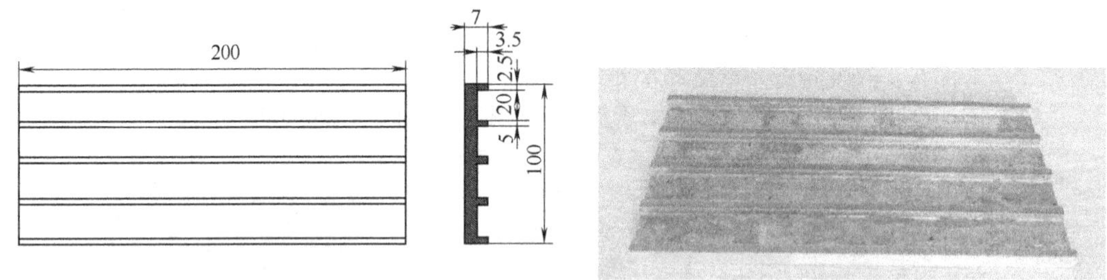

(a) 壁板坯料结构及尺寸　　(b) 镁合金壁板坯料实物

图 5.91　AZ31 镁合金筋条式壁板坯料结构及尺寸

AZ31 镁合金筋条式壁板压弯成形温度（T）分别为 210℃、240℃、270℃，压下高度（h）分别为 3mm、5mm、7mm，则弯曲变形系数（C）分别为 0.06、0.10、0.14。

(2) 实验装置

图 5.92 所示为压弯成形模具结构。上模的上模板下方螺栓固定压弯凸模垫板，压弯凸模顶部设置在压弯凸模垫板的凹槽内，压弯凸模下方穿过压弯凸模压板，压弯凸模压板螺栓固定在压弯凸模垫板下方。压弯凸模凸台和压弯凸模压板凸台对应卡设。压弯凸模底部为 V 形。下模的压弯凹模螺栓固定在下模板上方。压弯凹模开设有电加热棒安装孔并设置电加热棒，作为加热装置。压弯凹模开设有热电偶安装孔并设置热电偶，作为温度传感器。压弯凹模有 V 形的成形槽，成形槽角度为 90°。压弯凹模的成形槽内设置凹模垫块。凹模垫块上表面可以为平面或者下凹的弧形。

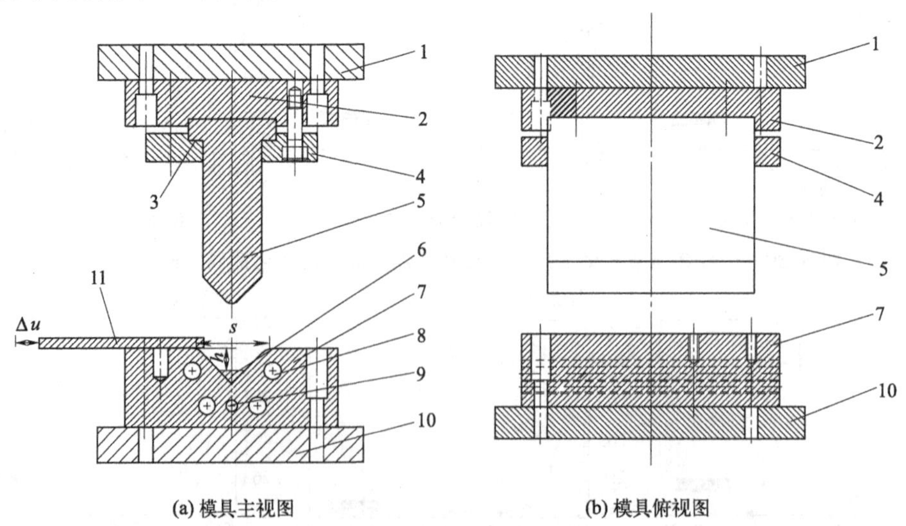

(a) 模具主视图　　(b) 模具俯视图

图 5.92　压弯成形模具结构

1—上模板；2—压弯凸模垫板；3—压弯凸模压板凸台；4—压弯凸模压板；5—压弯凸模；6—凹模垫块；7—压弯凹模；8—电加热棒安装孔；9—热电偶安装孔；10—下模板；11—工件

图 5.93（a）所示为筋条式镁合金整体壁板压弯过程采用的设备——3150kN 四柱液压机。采用电阻加热棒插在模具通孔内的方式对模具进行加热，防止在实验过程中镁合金壁板温度流失过快造成实验误差，模具装配如图 5.93（b）所示。由于在实验过程中需要进行模具预热和监测，模具预热装置如图 5.93（c）所示。

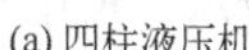
(a) 四柱液压机

(b) 成形模具实物

(c) 模具预热装置

图 5.93　成形设备及模具装置

(3) 实验结果

在确定的成形工艺参数条件下，成功加工出不同曲率半径的镁合金筋条式壁板零件，如图 5.94 所示。不同曲率半径的镁合金筋条式壁板加工件如图 5.95 所示。

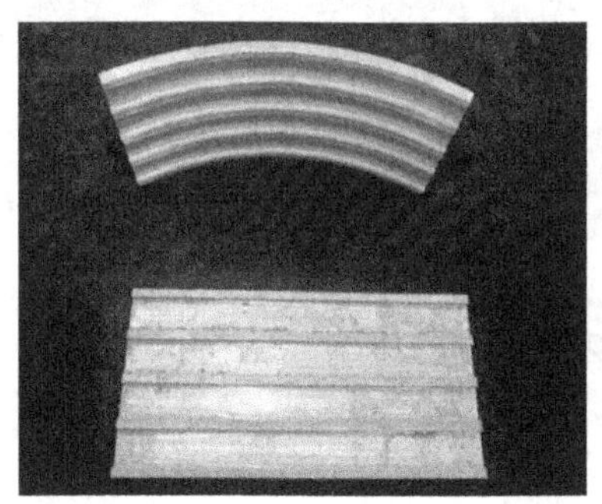
(a) 压下高度3mm

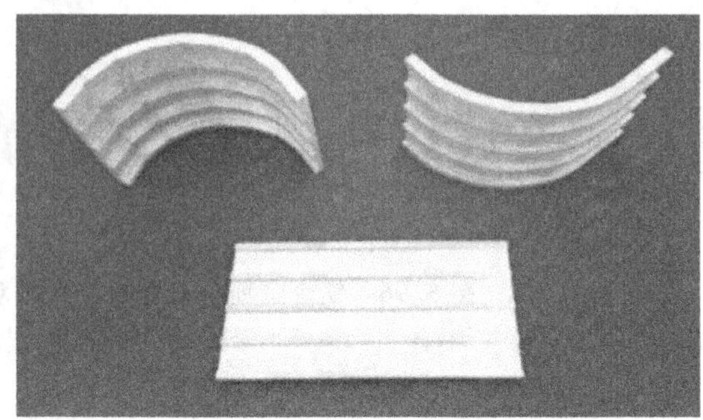
(b) 压下高度5mm

图 5.94　镁合金筋条式壁板零件

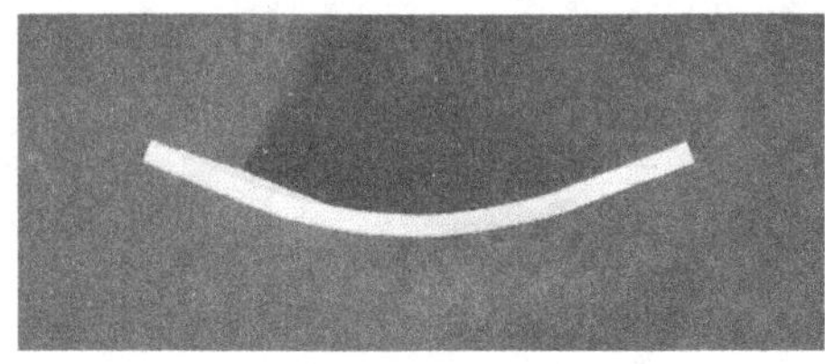
(a) 压下高度3mm

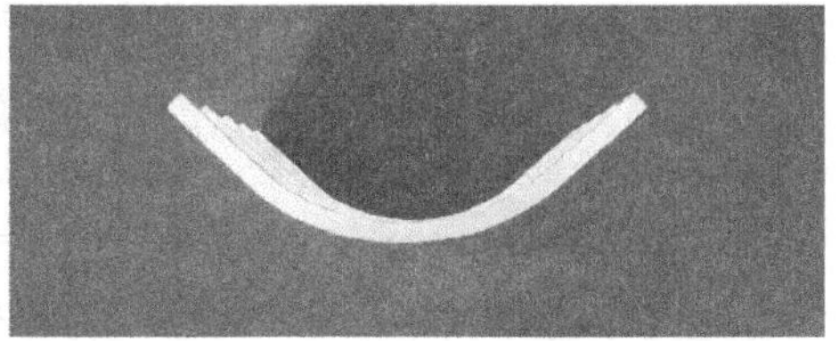
(b) 压下高度5mm

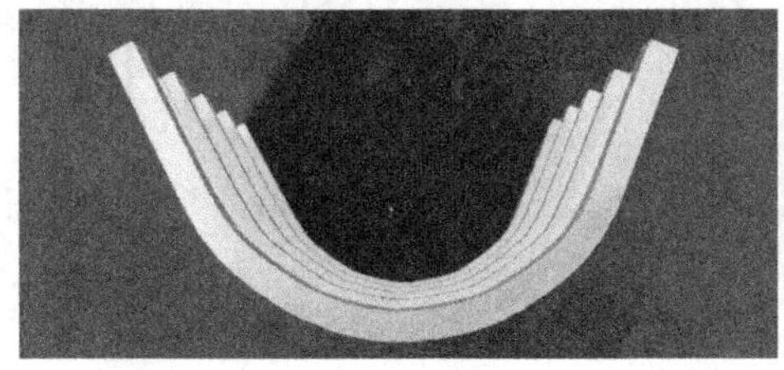
(c) 压下高度7mm

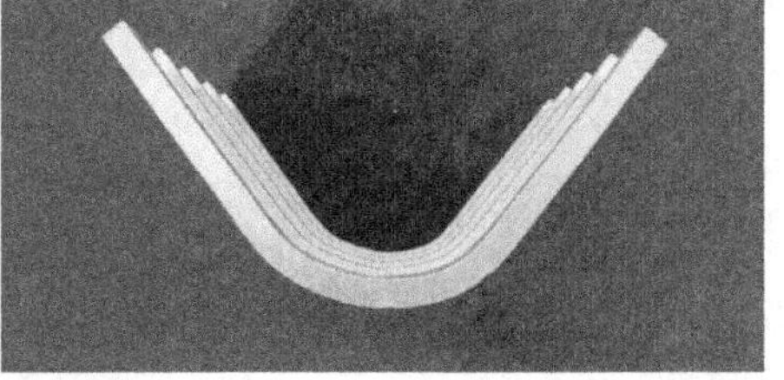
(d) 压下高度9mm

图 5.95　不同曲率半径的镁合金筋条式壁板加工件（凹模宽度 50mm）

5.4.3 壁板零件组织性能分析

在不同成形温度、不同压下高度条件下，镁合金筋条式壁板零件的微观组织如图 5.96～图 5.98 所示。在成形温度 210℃时，在压下高度 3mm 时的加工件微观组织发生动态再结晶现象，在原始晶粒晶界处产生新晶粒。在压下高度为 5mm 时，新晶粒逐渐长大。当压下高度为 7mm 时，动态再结晶新生晶粒数量显著增多，晶粒得到细化。在成形温度 240℃、压下高度为 3mm 时，板料内部组织动态再结晶行为不突出。当压下高度为 5mm 时，动态再结晶现象显著出现，新生晶粒在晶界处大量出现，动态再结晶组织明显增加。当压下高度为 7mm 时，动态再结晶的新生晶粒数量增多，动态再结晶体积分数增大。在成形温度为 270℃、压下高度为 3mm 时，原始晶粒边界处出现少量动态再结晶晶粒。当压下高度为 5mm 时，动态再结晶新生晶粒数量明显增多，平均晶粒尺寸减小。当压下高度为 7mm 时，动态再结晶现象更加明显，动态再结晶体积分数增大。

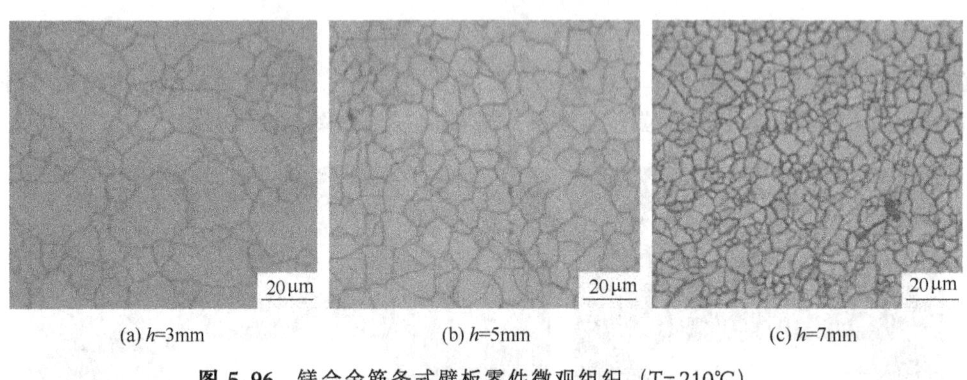

(a) h=3mm (b) h=5mm (c) h=7mm

图 5.96 镁合金筋条式壁板零件微观组织（T=210℃）

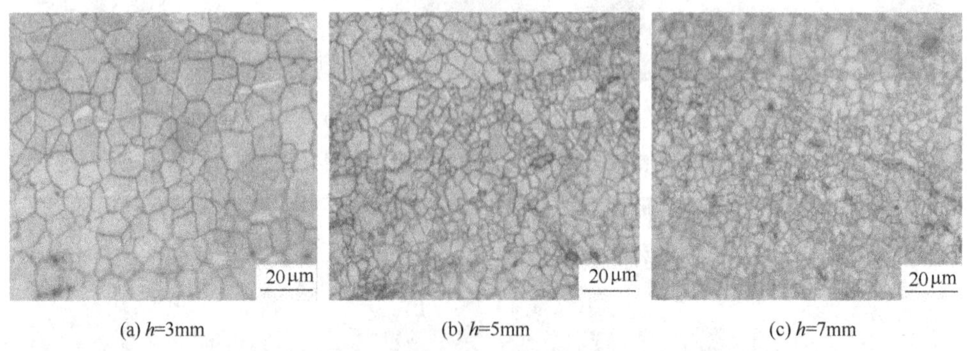

(a) h=3mm (b) h=5mm (c) h=7mm

图 5.97 镁合金筋条式壁板零件微观组织（T=240℃）

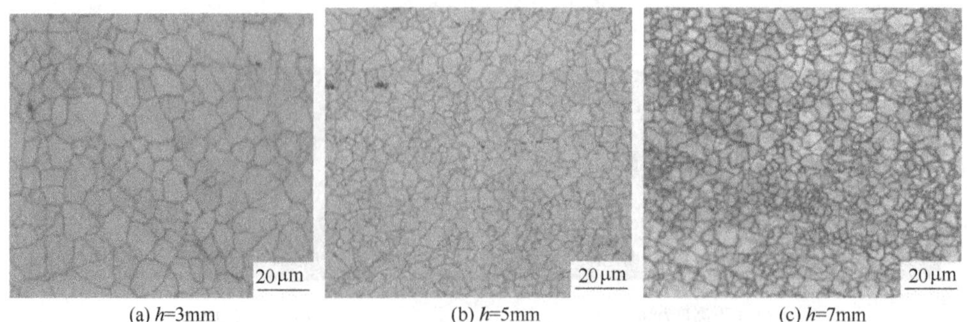

(a) h=3mm (b) h=5mm (c) h=7mm

图 5.98 镁合金筋条式壁板零件微观组织（T=270℃）

镁合金筋条式壁板零件的晶粒尺寸与成形工艺参数之间的关系曲线如图 5.99 所示，随着成形温度升高，加工件晶粒尺寸增大。随着弯曲变形系数增大，加工件晶粒尺寸减小。

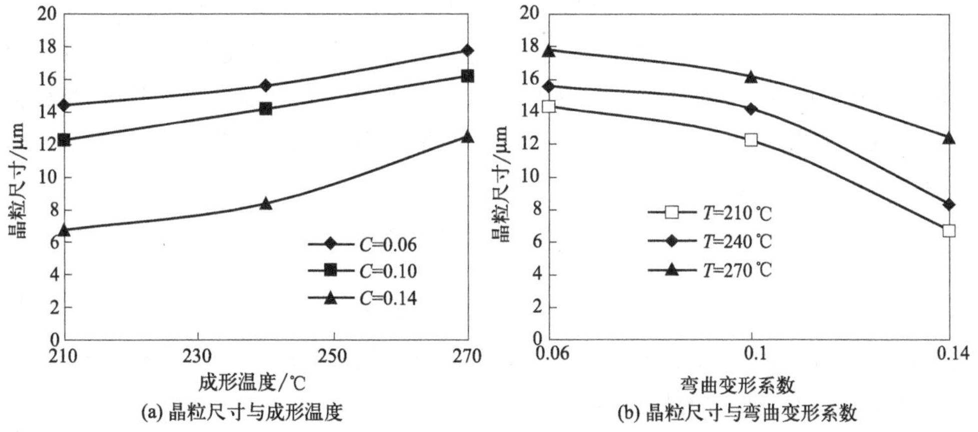

图 5.99　镁合金筋条式壁板零件的晶粒尺寸与成形工艺参数之间的关系曲线

5.4.4　镁合金筋条式壁板压弯成形微观组织模拟

(1) 元胞自动机有关模型

① 位错密度模型。元胞自动机法（CA 法）主要用于模拟材料的组织演变过程，如位错理论知识、动态再结晶等，镁合金复合变形属于热加工过程，镁合金热塑性变形过程中存在加工硬化和软化机制，镁合金层错能较低，软化机制中的动态回复不强，位错密度主要产生在塑性变形过程中积累的变形位错。在数值模拟计算时，采用位错密度模型：

$$d\rho_i=(h-r\rho_i)d\varepsilon \tag{5.14}$$

$$h=h_0\left(\frac{\dot{\varepsilon}}{\dot{\varepsilon}_0}\right)^m\exp\frac{mQ_b}{RT} \tag{5.15}$$

$$r=r_0\left(\frac{\dot{\varepsilon}}{\dot{\varepsilon}_0}\right)^{-m}\exp\frac{-mQ_b}{RT} \tag{5.16}$$

式中，ρ_i 为元胞的位错密度；h 为应变硬化参数；r 为回复参数；ε 为应变；m 为应变速率敏感系数（一般取 0.2）；h_0 为硬化常数；r_0 为回复常数；$\dot{\varepsilon}$ 为应变速率；$\dot{\varepsilon}_0$ 为应变速率校准常数；Q_b 为激活能；R 为气体常数，$R=8.314\text{J}/(\text{mol}\cdot\text{K})$；$T$ 为镁合金板材初始温度，K。

② 形核模型。镁合金动态再结晶的形核与位错密度有关。随着应变速率的增大，位错密度 ρ 以一定速率增大，达到临界值 ρ_c 时，新晶粒在晶界处以一定形核速率 $\dot{N}$ 开始形核。Roberts 和 Ahlblom[51] 的研究表明，形核速率 $\dot{N}$ 与应变速率 $\dot{\varepsilon}$ 呈线性关系：

$$\dot{N}=C\dot{\varepsilon}^{\alpha} \tag{5.17}$$

式中，$\dot{N}$ 为形核速率；C，α 为常数，$\alpha=0.9$，$C=200$。

③ 动态再结晶模型。动态再结晶发生的驱动力主要来源于变形存储能的降低。动态再结晶晶粒的生长速度与单位面积的驱动力呈线性关系。

$$\dot{d}_i=\frac{b}{kT}D\exp\left(\frac{-Q_b}{RT}\right)F_i/(4\pi r_i^2) \tag{5.18}$$

$$F_i=4\pi r_i^2\tau(\rho_m-\rho_i)-8\pi r_i\gamma_i \tag{5.19}$$

式中，$\dot{d}_i$ 为第 i 个动态再结晶晶粒的生长速度；k 为玻耳兹曼常数；r_i 为第 i 个动态再结晶晶粒的半径；b 为伯格斯矢量；D 为扩散系数；Q_b 为自扩散激活能；F_i 为单位面积的驱动力；ρ_i 为位错密度；ρ_m 为与之相邻晶粒的位错密度；τ 为线位错能，见式（5.20）；γ_i 为界面能，见式（5.21）。

$$\tau=0.5Gb^2 \tag{5.20}$$

$$\gamma_i=\gamma_m\frac{\theta_i}{\theta_m}\left(1-\ln\frac{\theta_i}{\theta_m}\right) \tag{5.21}$$

式中，τ 为线位错能；G 为剪切模量；θ_i为再结晶晶粒的取向；θ_m为相邻晶粒的取向；γ_m为晶界成为大角度晶界时的界面能。

$$\gamma_m=\frac{bG\theta_m}{4\pi(1-\mu)} \tag{5.22}$$

式中，μ 为泊松比。

④ 回复模型。在热加工过程中，在金属内部同时进行着加工硬化与回复再结晶软化两个相反的过程。在计算软件中采用的回复模型是由 Goetz[52] 提出的，即每一时间步随机选取一定数量的元胞 N，使其位错密度降低为原来的$\frac{1}{2}$，见式（5.23）：

$$\rho_{i,j}^t=\rho_{i,j}^{t-1}/2 \tag{5.23}$$

使各个元胞的位错密度分布不均匀。元胞数量 N 由式（5.24）确定：

$$N=\left(\frac{\sqrt{2}M}{K_1}\right)^2\dot{\rho}^2 \tag{5.24}$$

式中，M 为 CA 模型中总元胞数；K_1 为常数，取 6030；$\dot{\rho}$ 为位错密度增长速率。

⑤ 流变应力模型。金属材料在热加工过程中，流变应力、成形温度和应变速率之间的关系可以表示为某些微观特征的函数，AZ31 镁合金的流变应力模型：

$$\dot{\varepsilon}=5.718\times10^{20}[\sinh(0.0081\sigma_s)]^{9.13}\exp\left(-\frac{252218}{RT}\right) \tag{5.25}$$

式中，σ_s 为材料流变应力，MPa；$\dot{\varepsilon}$ 为应变速率，1/s。T 为成形温度，K；R 为气体常数，8.314J/(mol·K)。

⑥ 元胞自动机模型。在采用元胞自动机方法模拟计算时，AZ31 镁合金的应变硬化参数模型见式（5.26），回复参数模型见式（5.27），应变硬化速率模型见式（5.28），屈服强度模型见式（5.29）。

$$h=10^{13}\dot{\varepsilon}^m\exp\left[\frac{0.17Q_b}{RT}\right] \tag{5.26}$$

$$r=17.7\dot{\varepsilon}^{-0.17}\exp\left[-\frac{0.17Q_b}{RT}\right] \tag{5.27}$$

$$\dot{n}=\frac{\partial\sigma}{\partial\varepsilon}=136\dot{\varepsilon}^{0.17}\exp\left[\frac{0.17Q_b}{RT}\right] \tag{5.28}$$

$$\sigma_s = \alpha Gb\sqrt{\frac{10^{13}}{17.7}}\dot{\varepsilon}^{0.17}\exp\left[\frac{0.17Q_b}{RT}\right] \tag{5.29}$$

动态再结晶运动学和动力学模型见式（5.30）～式（5.34）。

$$X_{dyn} = 1-\exp\left[-1.803\left(\frac{\varepsilon-\varepsilon_c}{\varepsilon_s-\varepsilon_c}\right)^{2.231}\right] \tag{5.30}$$

$$\varepsilon_c = 0.168\times10^{-2}Z^{0.083} \tag{5.31}$$

$$\varepsilon_s = 0.0027Z^{0.118} \tag{5.32}$$

$$Z = \dot{\varepsilon}\exp\left(\frac{33112}{RT}\right) \tag{5.33}$$

$$d^{1.683} = 20.08^{1.683} + 3766.978t^{1.03}\exp\left(-\frac{33112}{RT}\right) \tag{5.34}$$

式中，X_{dyn} 为动态再结晶体积分数，%；ε 为应变；T 为成形温度，K；t 为加热时间，min；Z 为应变硬化指数；d 为动态再结晶晶粒尺寸，μm；ε_c 为临界应变；ε_s 为稳态应变。

(2) 成形工艺参数对晶粒尺寸的影响

在不同成形温度、不同压下高度条件下的镁合金筋条式壁板零件晶粒尺寸如图 5.100～图 5.102 所示。可以看出，随着压下高度增大，晶粒尺寸减小，变形程度增大，动态再结晶现象明显加强，晶粒细化愈加明显。

(a) h=3mm　(b) h=5mm　(c) h=7mm

图 5.100　不同压下高度时镁合金筋条式壁板零件晶粒尺寸（T=210℃）

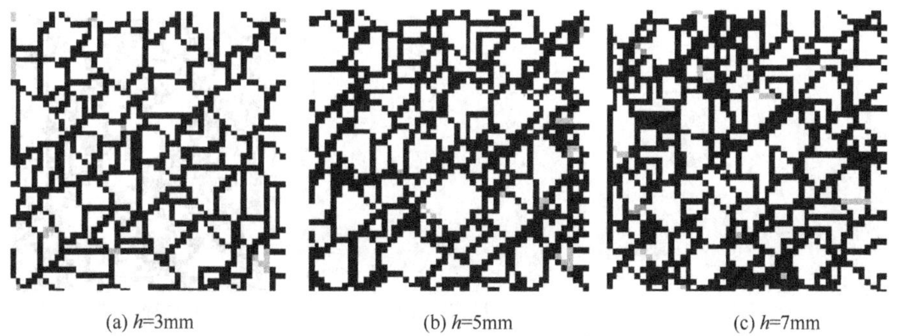

(a) h=3mm　(b) h=5mm　(c) h=7mm

图 5.101　不同压下高度时镁合金筋条式壁板零件晶粒尺寸（T=240℃）

(3) 模拟结果与实验结果对比

在成形温度为 210℃，压下高度分别为 3mm、5mm、7mm 条件下，微观组织的模拟结果与实验结果如图 5.103～图 5.105 所示，分析可知，微观组织模拟结果与实验结果相吻合，最大相对误差为 15.5%。

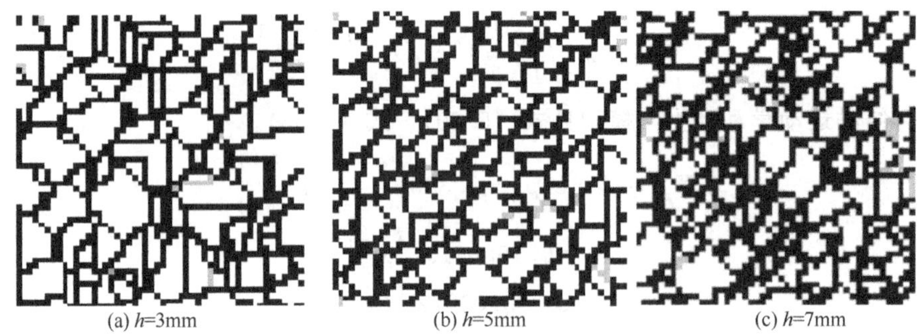

(a) h=3mm　(b) h=5mm　(c) h=7mm

图 5.102　不同压下高度时镁合金筋条式壁板零件晶粒尺寸（T=270℃）

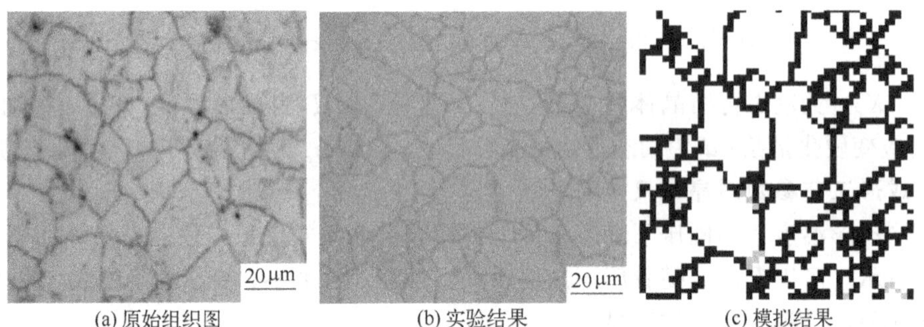

(a) 原始组织图　(b) 实验结果　(c) 模拟结果

图 5.103　微观组织的模拟结果与实验结果（T=210℃，h=3mm）

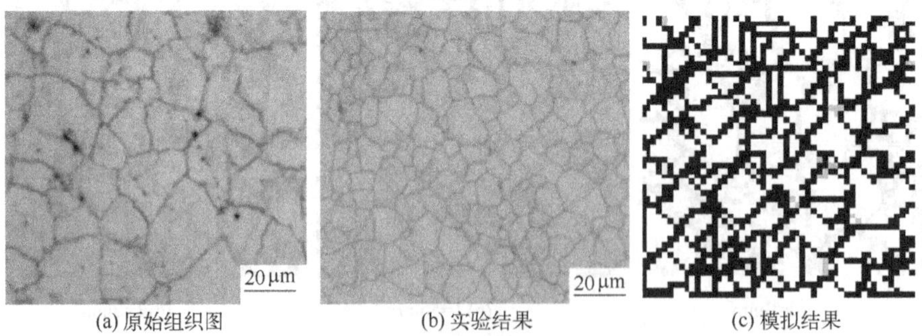

(a) 原始组织图　(b) 实验结果　(c) 模拟结果

图 5.104　微观组织的模拟结果与实验结果（T=210℃，h=5mm）

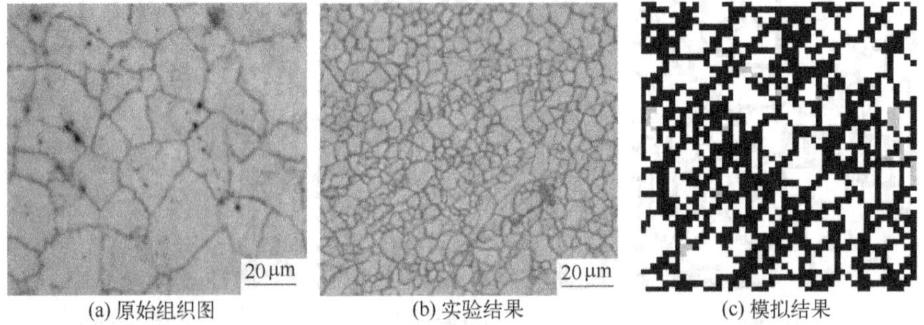

(a) 原始组织图　(b) 实验结果　(c) 模拟结果

图 5.105　微观组织的模拟结果与实验结果（T=210℃，h=7mm）

5.4.5　镁合金壁板零件曲率半径模拟结果分析

(1) 壁板零件曲率半径结果分析

采用“三点法”确定镁合金壁板部件曲率半径，在压下高度分别为 3mm、5mm、7mm

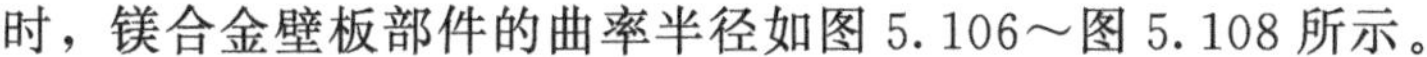

时，镁合金壁板部件的曲率半径如图 5.106～图 5.108 所示。

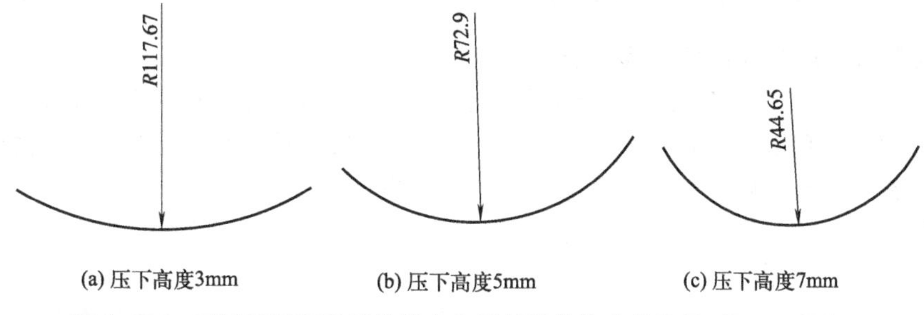

(a) 压下高度3mm　(b) 压下高度5mm　(c) 压下高度7mm

图 5.106　不同压下高度时的镁合金壁板部件的曲率半径（T=210℃）

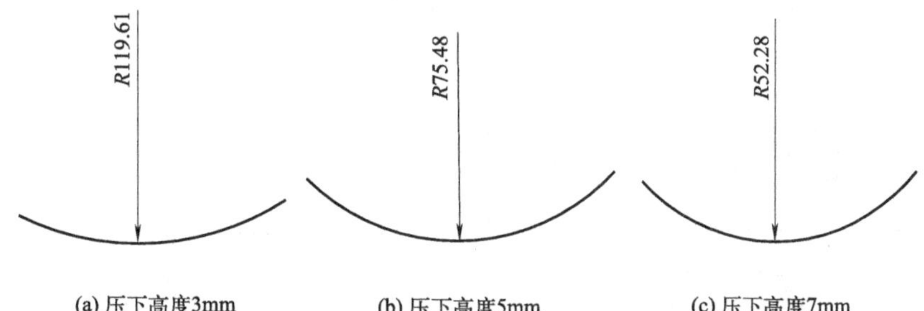

(a) 压下高度3mm　(b) 压下高度5mm　(c) 压下高度7mm

图 5.107　不同压下高度时的镁合金壁板部件的曲率半径（T=240℃）

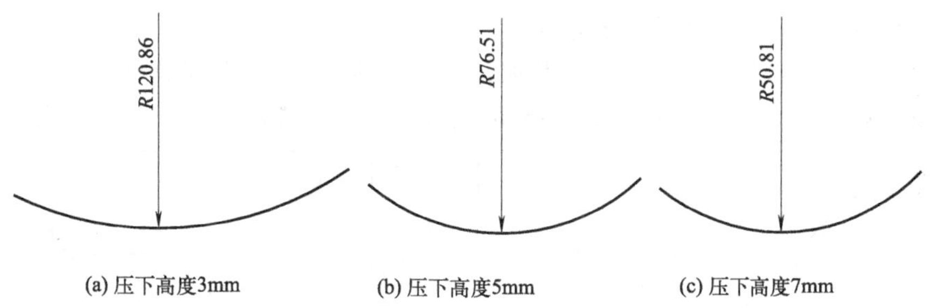

(a) 压下高度3mm　(b) 压下高度5mm　(c) 压下高度7mm

图 5.108　不同压下高度时的镁合金壁板部件的曲率半径（T=270℃）

(2) 压下高度对壁板曲率半径的影响

在不同成形工艺参数条件下，镁合金壁板部件曲率半径模拟值与压下高度之间的关系曲线如图 5.109 所示。分析可知，随着压下高度增大，镁合金壁板部件曲率半径减小，而成形温度对壁板部件曲率半径无影响。

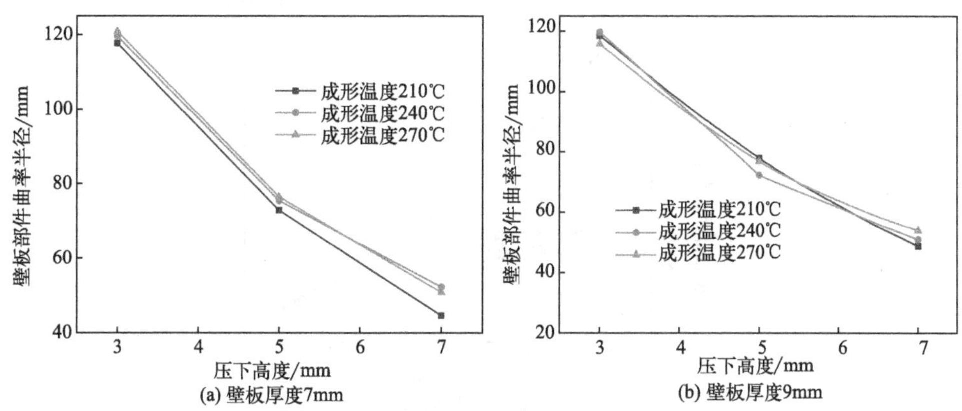

(a) 壁板厚度7mm　(b) 壁板厚度9mm

图 5.109　镁合金壁板部件曲率半径模拟值与压下高度关系曲线

5.4.6 壁板零件曲率半径实验结果

(1) 压下高度对壁板曲率半径的影响

在不同工艺参数条件下，镁合金壁板部件曲率半径实验值与压下高度关系曲线如图5.110所示。分析可知，随着压下高度增大，镁合金壁板部件曲率半径减小，而成形温度对壁板部件曲率半径无影响。模拟结果与实验结果相吻合。

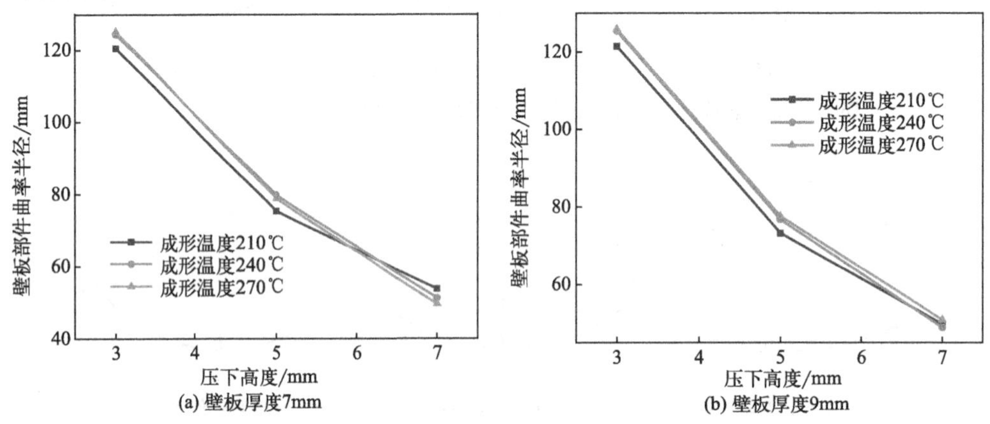

图 5.110 镁合金壁板部件曲率半径实验值与压下高度关系曲线

(2) 壁板曲率半径与压下高度数学关系

根据镁合金壁板部件曲率半径实验数据，可以得到镁合金壁板部件曲率半径与压下高度的数学关系。如图5.111所示为厚度7mm的镁合金壁板部件曲率半径与压下高度的关系曲

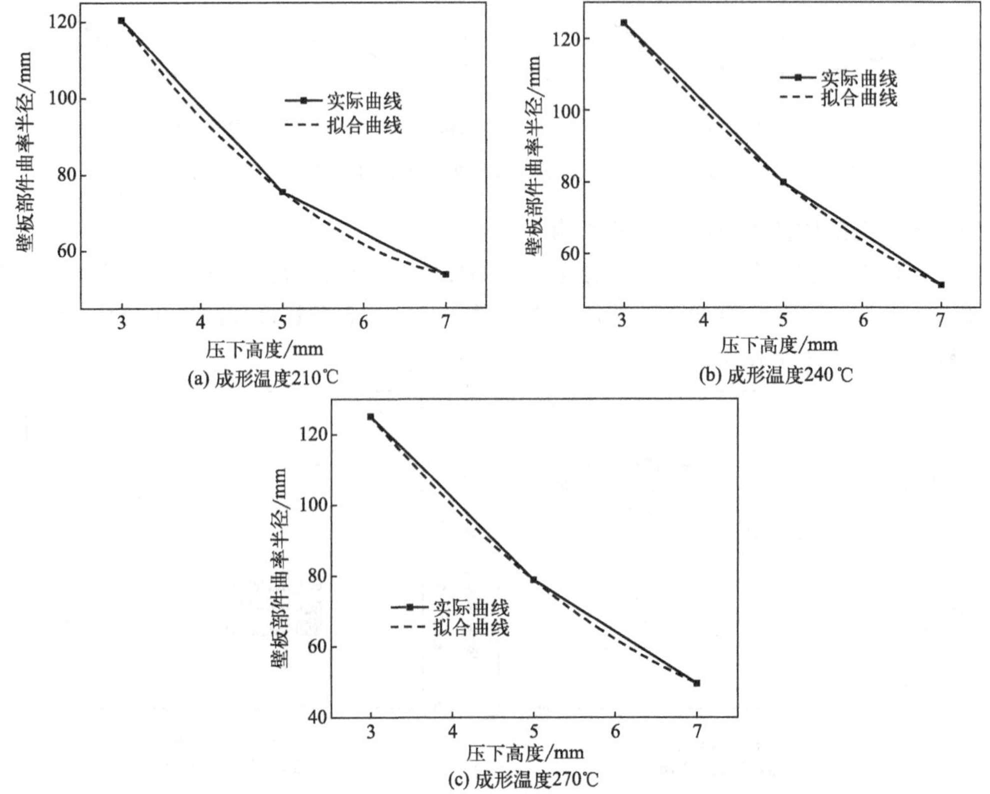

图 5.111 厚度 7mm 的镁合金壁板部件曲率半径与压下高度的关系曲线

线，对曲线进行回归分析，得到厚度 7mm 的镁合金壁板部件曲率半径与压下高度的数学关系，见式（5.35）。

$$\begin{cases} 210℃:r=2.92h^2-45.88h+231.815 \\ 240℃:r=1.98h^2-38.07h+220.389 \\ 270℃:r=2.12h^2-40.04h+226.214 \end{cases} \tag{5.35}$$

如图 5.112 所示为厚度 9mm 的镁合金壁板部件曲率半径与压下高度的关系曲线，对曲线进行回归分析，得到厚度 9mm 的镁合金壁板部件曲率半径与压下高度的数学关系，见式（5.36）。

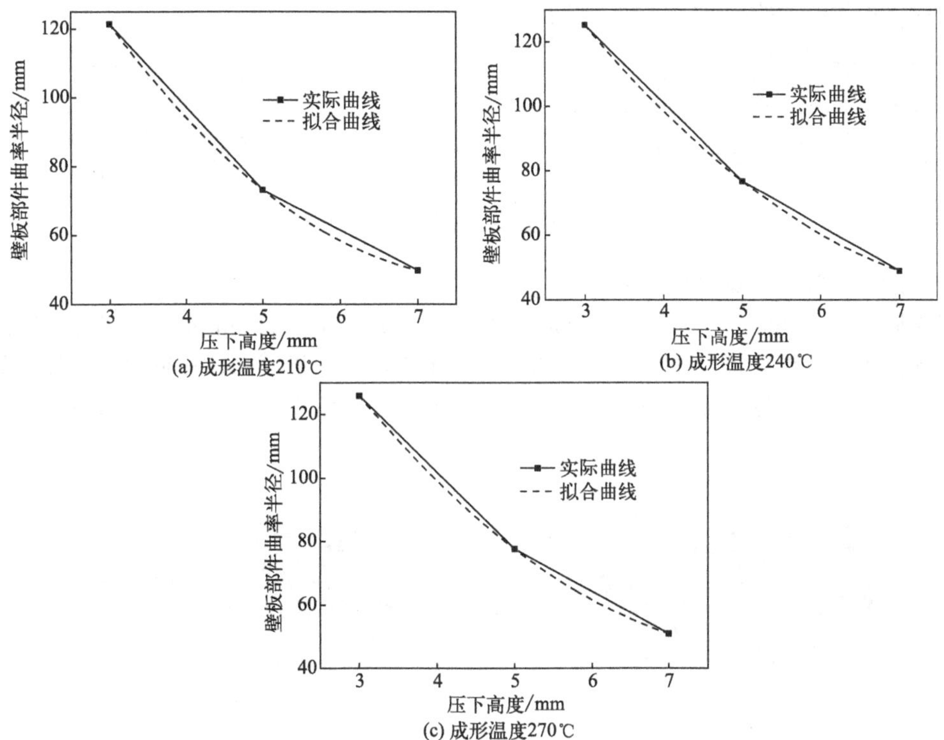

图 5.112　厚度 9mm 的镁合金壁板部件曲率半径与压下高度关系曲线

$$\begin{cases} 210℃:r=3.091h^2-48.83h+240.109 \\ 240℃:r=2.580h^2-44.90h+236.770 \\ 270℃:r=2.681h^2-45.57h+238.469 \end{cases} \tag{5.36}$$

由于镁合金壁板曲率半径与成形温度和壁板厚度无关，根据式（5.35）和式（5.36），可以得到镁合金壁板曲率半径与压下高度的数学关系：

$$r=2.562h^2-43.881h+232.344 \tag{5.37}$$

式（5.37）的计算结果与实验结果相吻合，最大相对误差为 5.71%。

5.5　镁合金变曲率壁板压弯成形

5.5.1　镁合金变曲率壁板压弯成形数值模拟

(1) 镁合金坯料尺寸

确定镁合金变曲率壁板压弯成形工艺参数，包括成形温度（T）为 260℃，进给量

(Δu）为 35mm，凸模半径为 20mm，凹模宽度（s）为 70mm，凹模圆角半径为 5mm，壁板厚度为 9mm，压下高度（h）为 5mm，网格宽度（b）为 35mm。壁板坯料尺寸为 300mm×150mm×9mm，如图 5.113 所示。

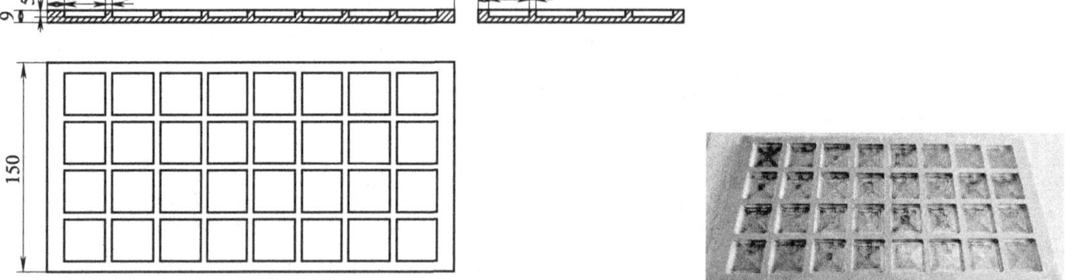

图 5.113　镁合金壁板坯料结构及尺寸

(2) 镁合金等曲率壁板应力场分析

当成形温度为 260℃，压下高度分别为 3mm、5mm、7mm、9mm 时，镁合金等曲率内网格式壁板压弯成形变形区应力场分布如图 5.114 所示。分析可知，在纵向筋条处的等效应力值最小，在横向和纵向筋条交汇处的等效应力值最大，蒙皮处的等效应力值较小。

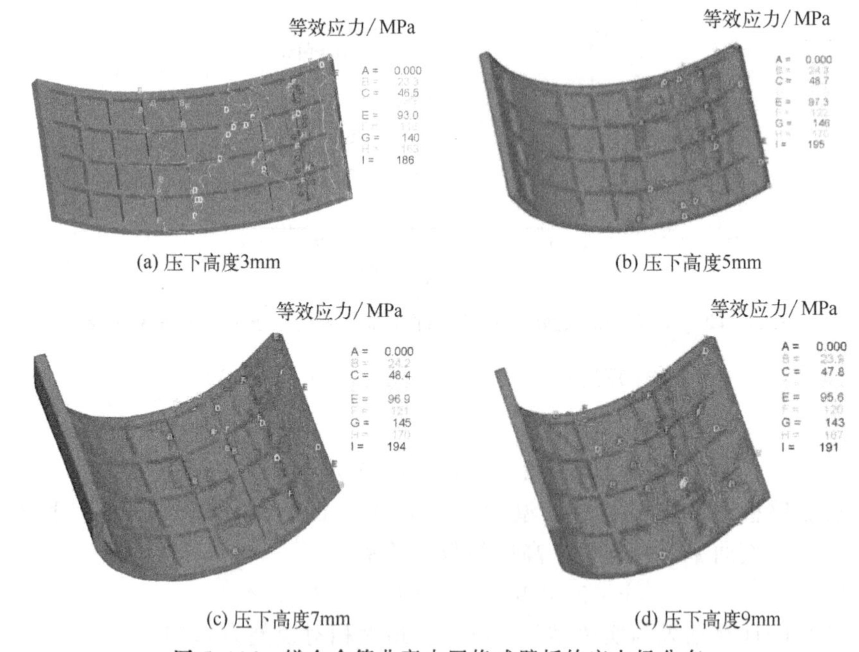

(a) 压下高度3mm　(b) 压下高度5mm

(c) 压下高度7mm　(d) 压下高度9mm

图 5.114　镁合金等曲率内网格式壁板的应力场分布

当成形温度为 260℃，压下高度分别为 3mm、5mm、7mm、9mm 时，镁合金等曲率外网格式壁板压弯成形变形区应力场分布如图 5.115 所示。分析可知，镁合金外网格式壁板上的等效应力场分布规律与镁合金内网格式壁板相似。

(3) 镁合金等曲率壁板温度场分析

当成形温度为 260℃，压下高度分别为 3mm、5mm、7mm、9mm 时，镁合金等曲率内网格式壁板压弯成形变形区温度场分布如图 5.116 所示。当成形温度为 260℃，压下高度分

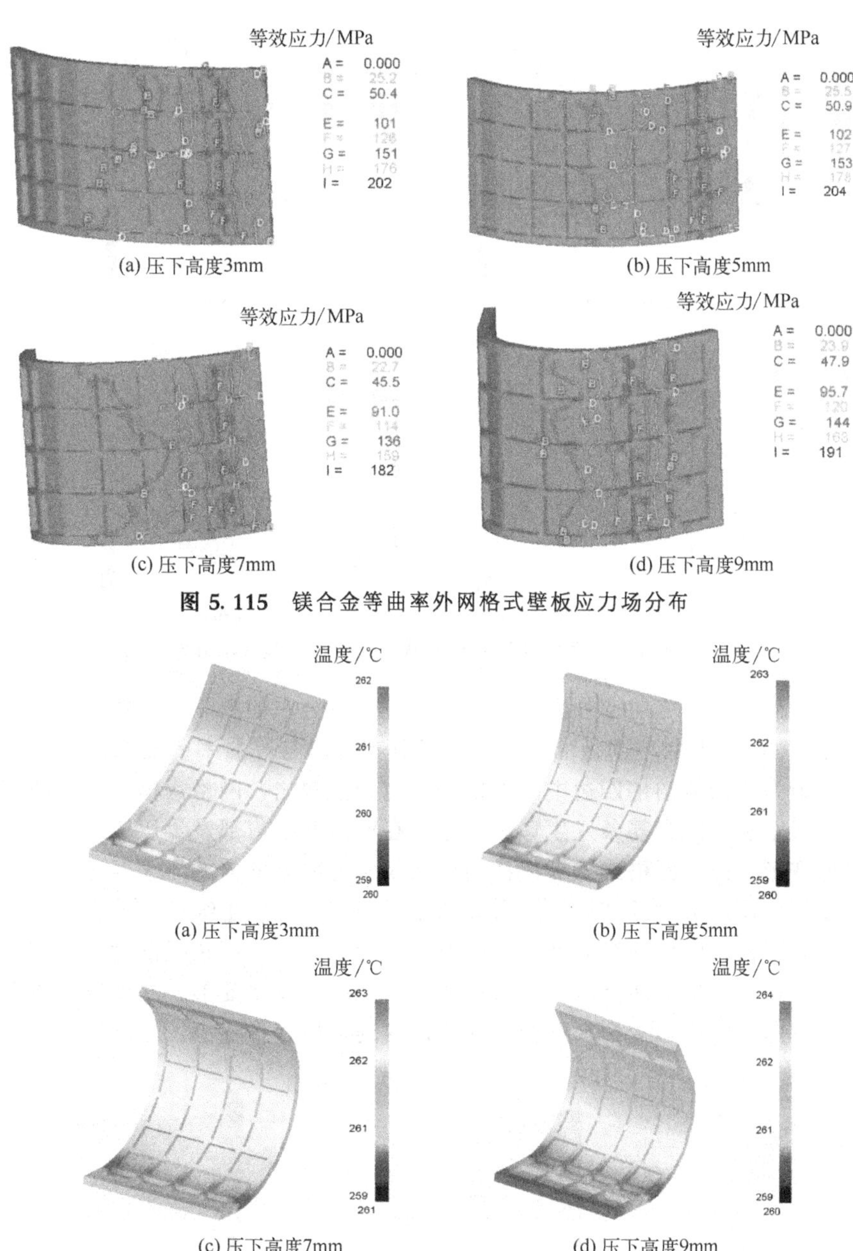

(a) 压下高度3mm　(b) 压下高度5mm

(c) 压下高度7mm　(d) 压下高度9mm

图 5.115　镁合金等曲率外网格式壁板应力场分布

(a) 压下高度3mm　(b) 压下高度5mm

(c) 压下高度7mm　(d) 压下高度9mm

图 5.116　镁合金等曲率内网格式壁板的温度场分布

别为 3mm、5mm、7mm、9mm 时，镁合金等曲率外网格式壁板压弯成形变形区温度场分布如图 5.117 所示。分析可知，当压下高度增大时，变形结束后壁板零件上的最高温度呈逐渐升高趋势，其中，压弯变形区附近的横向筋条、纵向筋条及横纵筋条交界处的温度明显升高，而蒙皮处的温度略有降低。

(4) 镁合金变曲率壁板应力场分析

对于镁合金变曲率壁板压弯成形，连续改变压下高度即可实现变曲率壁板的加工。在连续改变压下高度时，为了保证加工件尺寸精度，壁板坯料每一次进给时就改变一次压下高度，当压下高度变化规律分别为 3→3→5→5→7→7→9 (mm)、3→3→7→7→7→9→9 (mm)、5→5→7→7→9→9→9 (mm) 时，镁合金变曲率内网格式壁板的应力场分布如

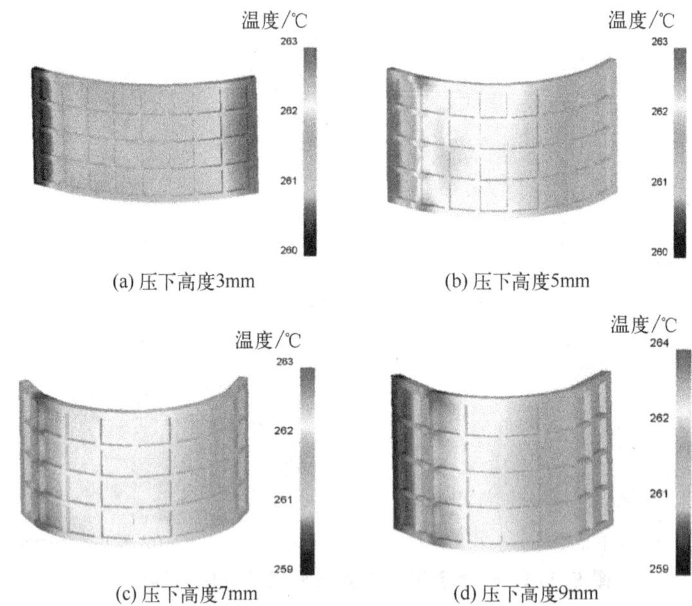

(a) 压下高度3mm　(b) 压下高度5mm　(c) 压下高度7mm　(d) 压下高度9mm

图 5.117　镁合金等曲率外网格式壁板的温度场分布

图 5.118 所示，而镁合金变曲率外网格式壁板的应力场分布如图 5.119 所示。分析可知，当成形温度为 260℃时，变曲率壁板的等效应力场分布规律与等曲率壁板相同，横纵筋条交界处的等效应力最大，网格沟槽四边中间点的等效应力值次之，网格沟槽中心点的等效应力值最小。内网格式壁板的纵向筋条发生弯曲变形，在壁板筋条肩部发生压缩变形，在壁板筋条根部发生拉伸变形，而内网格式壁板的横向筋条仅发生厚度方向的压缩变形，且横向变形程度很小，即壁板压弯成形时的宽展变形可以忽略，蒙皮部位发生纵向拉伸变形和厚度方向上的压缩变形。外网格式壁板的纵向筋条发生弯曲变形，在壁板筋条根部发生压缩变形，在壁板筋条肩部发生拉伸变形，而外网格式壁板的横向筋条不发生变形，在蒙皮部位发生纵向拉伸变形和厚度方向上的压缩变形，壁板压弯成形时的宽展变形很小。

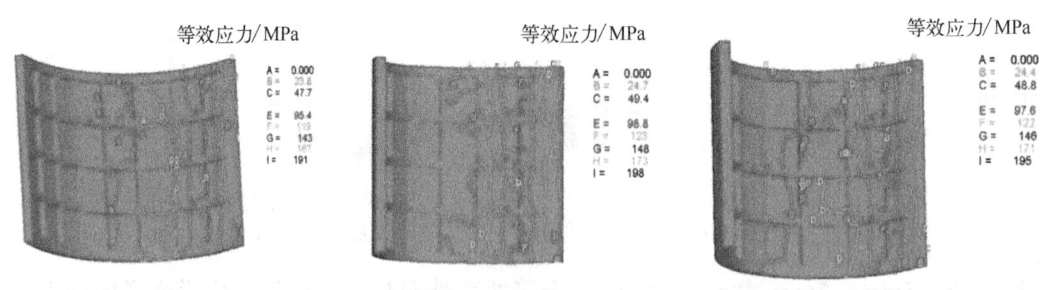

(a) 压下高度3→3→5→5→7→7→9(mm)　(b) 压下高度3→3→7→7→7→9→9(mm)　(c) 压下高度5→5→7→7→9→9→9(mm)

图 5.118　镁合金变曲率内网格式壁板的应力场分布

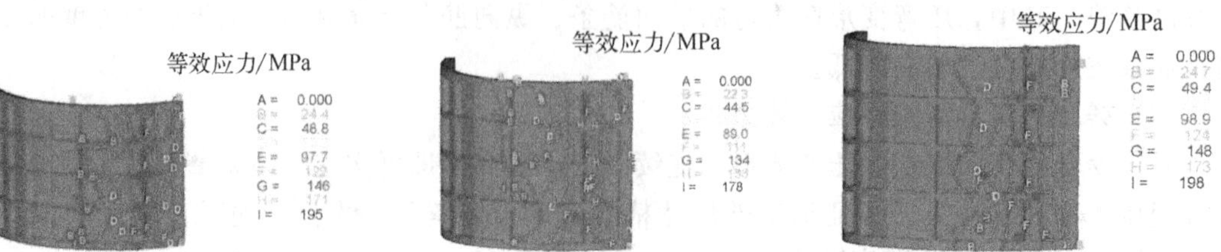

(a) 压下高度3→3→5→5→7→7→9(mm)　(b) 压下高度3→3→7→7→7→9→9(mm)　(c) 压下高度5→5→7→7→9→9→9(mm)

图 5.119　镁合金变曲率外网格式壁板的应力场分布

(5) 镁合金变曲率壁板温度场分析

当成形温度（T）为 260℃，进给量（Δu）为 35mm，压下高度变化规律分别为 3→3→5→5→7→7→9（mm）、3→3→7→7→7→9→9（mm）、5→5→7→7→9→9→9（mm）时，镁合金变曲率内网格式壁板压弯成形后温度场分布如图 5.120 所示。

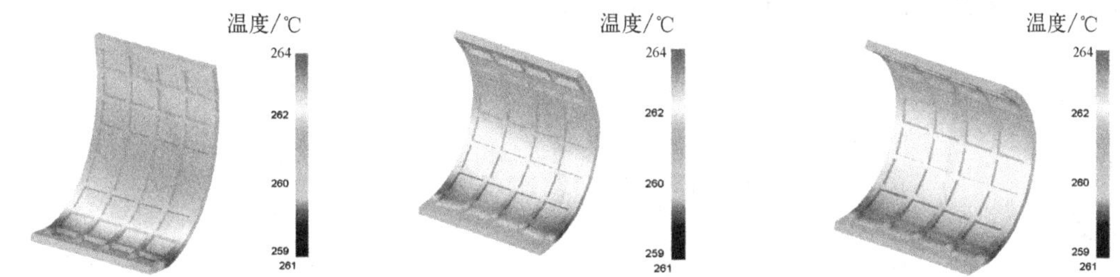

(a) 压下高度3→3→5→5→7→7→9(mm)　(b) 压下高度3→3→7→7→7→9→9(mm)　(c) 压下高度5→5→7→7→9→9→9(mm)

图 5.120　镁合金变曲率内网格式壁板压弯成形后温度场分布

当成形温度（T）为 260℃，进给量（Δu）为 35mm，压下高度变化规律分别为 3→3→5→5→7→7→9（mm）、3→3→7→7→7→9→9（mm）、5→5→7→7→9→9→9（mm）时，镁合金变曲率外网格式壁板压弯成形后温度场分布如图 5.121 所示。

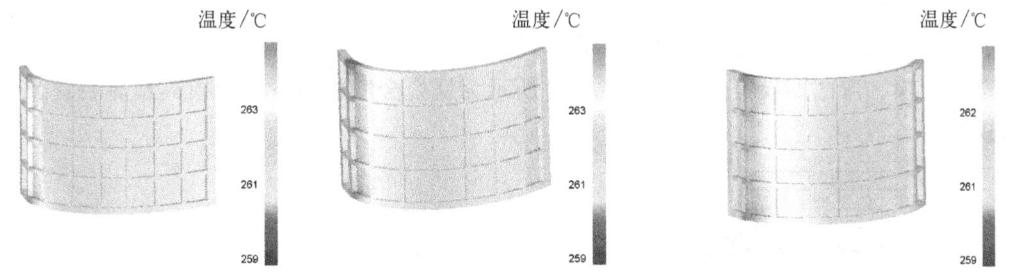

(a) 压下高度3→3→5→5→7→7→9(mm)　(b) 压下高度3→3→7→7→7→9→9(mm)　(c) 压下高度5→5→7→7→9→9→9(mm)

图 5.121　镁合金变曲率外网格式壁板压弯成形后温度场分布

(6) 镁合金变曲率壁板零件的曲率半径

图 5.122 所示为镁合金变曲率内网格式壁板零件曲率半径分布。对变曲率镁合金内网格式壁板零件曲率半径进行分析，模拟结果与实验结果相吻合，对于压下高度 3→3→5→5→7→7→9（mm）的壁板零件，最大的相对误差为 11.07%。对于压下高度 3→3→7→7→7→9→9（mm）的壁板零件，最大的相对误差为 14.63%。对于压下高度 5→5→7→7→7→9→9（mm）的壁板零件，最大的相对误差为 15.69%。

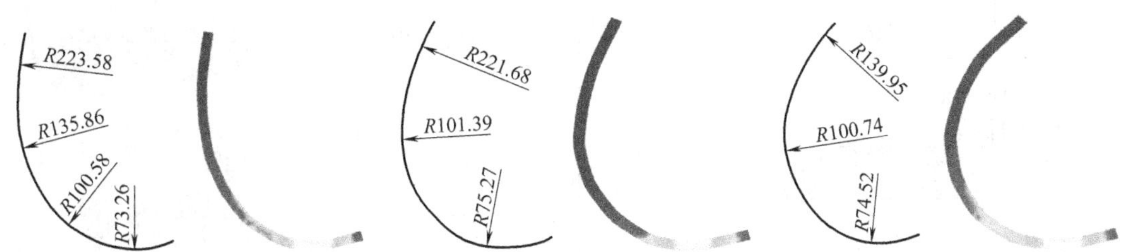

(a) 压下高度3→3→5→5→7→7→9(mm)　(b) 压下高度3→3→7→7→7→9→9(mm)　(c) 压下高度5→5→7→7→7→9→9(mm)

图 5.122　镁合金变曲率内网格式壁板零件曲率半径分布

图 5.123 所示为镁合金变曲率外网格式壁板零件曲率半径分布。对变曲率镁合金外网格式壁板零件曲率半径进行分析，模拟结果与实验结果相吻合，对于压下高度 3→3→5→5→7→7→9（mm）的壁板零件，最大的相对误差为 13.54%。对于压下高度 3→3→7→7→7→9→9（mm）的壁板零件，最大的相对误差为 13.08%。对于压下高度 5→5→7→7→7→9→9（mm）的壁板零件，最大的相对误差为 13.35%。

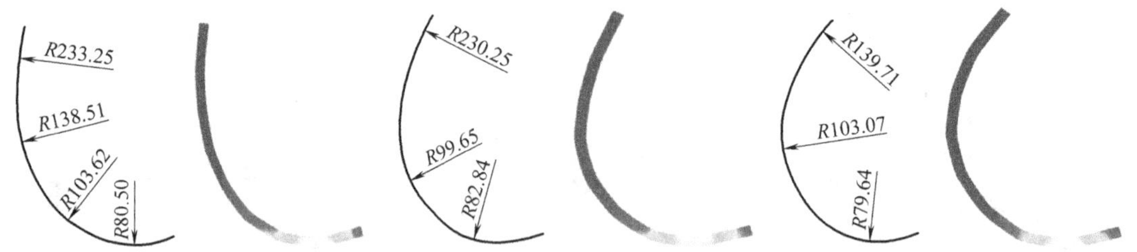

(a) 压下高度3→3→5→5→7→7→9(mm)　(b) 压下高度3→3→7→7→7→9→9(mm)　(c) 压下高度5→5→7→7→7→9→9(mm)

图 5.123　镁合金变曲率外网格式壁板零件曲率半径分布

5.5.2　镁合金变曲率壁板压弯成形实验研究

(1) 实验装置

镁合金变曲率壁板压弯成形装置结构如图 5.124 所示。成形模具包括凸模垫板、凸模压板、弯曲凸模、弯曲凹模等部件。图 5.125 所示为镁合金壁板压弯成形模具预热装置及压弯成形现场。

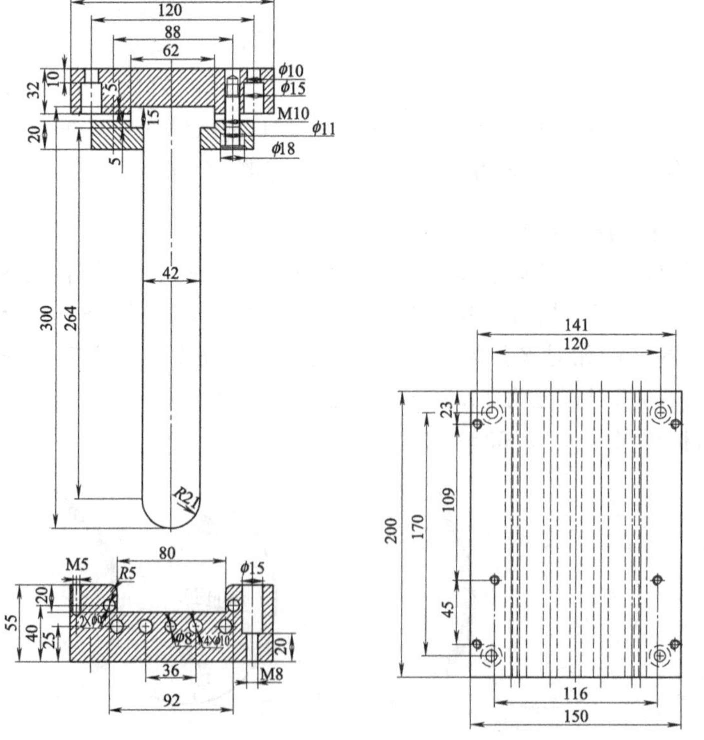

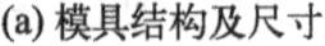
(a) 模具结构及尺寸

(b) 模具实物

图 5.124　镁合金变曲率壁板压弯成形装置结构

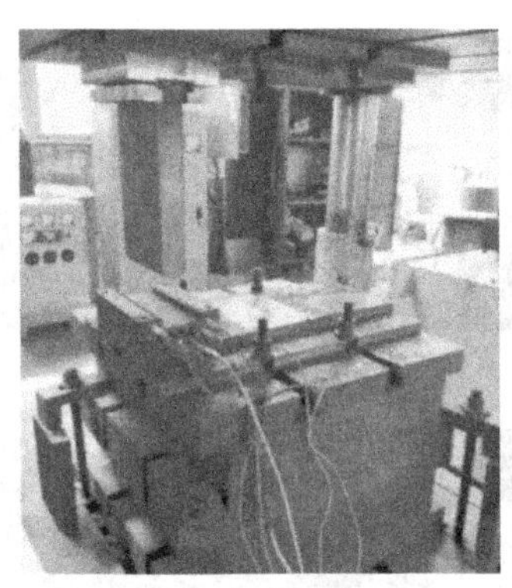
(a) 模具预热

(b) 压弯成形工序1

(c) 压弯成形工序2

图 5.125　镁合金壁板压弯成形模具预热装置及压弯成形现场

(2) 成形工序

确定镁合金变曲率壁板压弯成形工艺参数，包括成形温度（T）为 260℃，进给量（Δu）为 35mm，凸模半径为 20mm，凹模宽度（s）为 70mm，凹模圆角半径为 5mm，壁板厚度为 9mm，压下高度（h）为 5mm，网格宽度（b）为 35mm。壁板坯料尺寸为 300mm×150mm×9mm。

对于等曲率镁合金壁板部件，成形工序包括：①采用电加热棒方法将成形模具预热到 150～200℃；②将镁合金壁板坯料加热至 260℃，保温 10min；③取出壁板坯料，按照预先制定的压下高度值及次数顺序开始成形加工，每次压下高度相同，将每次压弯成形后的半成品壁板零件进给 35mm 后再进行下一次弯曲成形；④保持相同的压下高度，重复步骤③成形过程，直到完成预定的压弯成形次数，即可得到等曲率镁合金壁板零件。

对于变曲率镁合金壁板部件，成形工序包括：①采用电加热棒方法将成形模具预热到 150～200℃；②将镁合金壁板坯料加热至 260℃，保温 10min；③取出壁板坯料，按照预先制定的压下高度值变化规律及次数顺序开始成形加工，将每次压弯成形后的半成品壁板零件进给 35mm 后再进行下一次弯曲成形；④按照预定的压下高度变化取值，重复步骤③成形过程，直到完成预定的压弯成形次数，即可得到变曲率镁合金壁板零件。

(3) 实验结果分析

根据制定的镁合金壁板成形工艺参数及成形工序，加工出了多种规格的镁合金网格式壁板部件，如图 5.126 所示，包括等曲率内网格、等曲率外网格、变曲率内网格、变曲率外网格式壁板，壁板表面质量良好，壁板筋条形状规则，无开裂、失稳及扭曲现象，在壁板蒙皮沟槽中心处出现稍微内凹缺陷，但达到预期的尺寸精度。

5.5.3　镁合金变曲率壁板零件曲率半径模拟结果分析

图 5.127 所示为镁合金壁板变曲率半径的实验值与模拟值对比。分析可知，成形后壁板曲率半径的模拟值与实验值很接近，最大相对误差为 12.5%。随着压下高度的增大，壁板曲率半径减小。

根据图 5.127 所示的实验数据，得到了等曲率镁合金内网格式壁板与等曲率镁合金外网格式壁板的曲率半径与压下高度的数学关系。

等曲率镁合金内网格式壁板的曲率半径与压下高度的数学关系：

$$r=3.90125h^2-71.295h+401.69375 \tag{5.38}$$

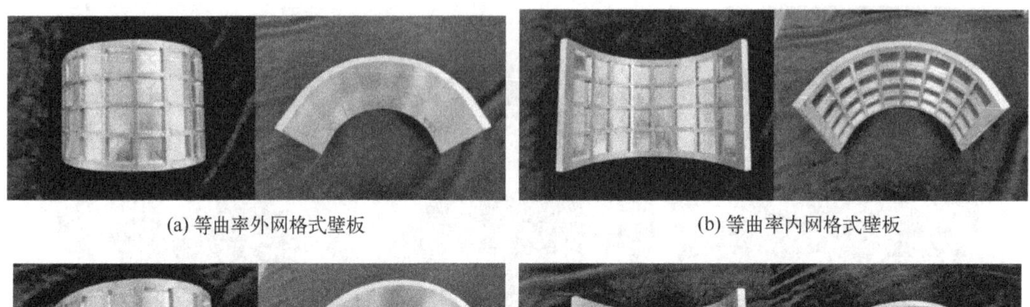

(a) 等曲率外网格式壁板　　(b) 等曲率内网格式壁板

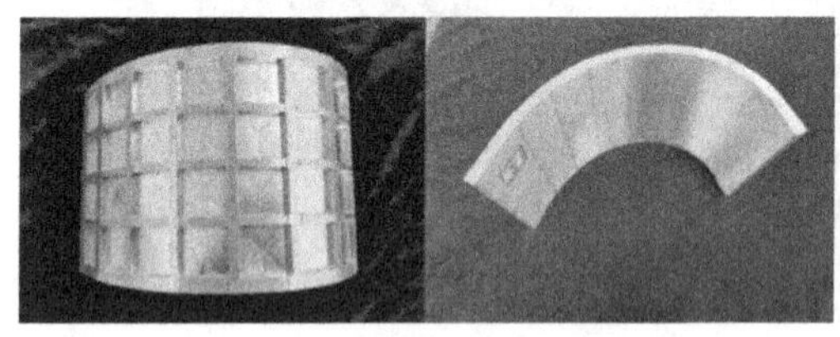

(c) 变曲率外网格式壁板

(d) 变曲率内网格式壁板

图 5.126　镁合金网格式壁板部件

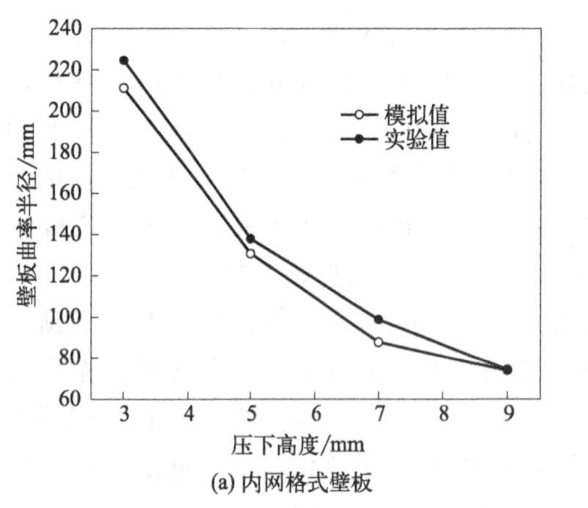

(a) 内网格式壁板

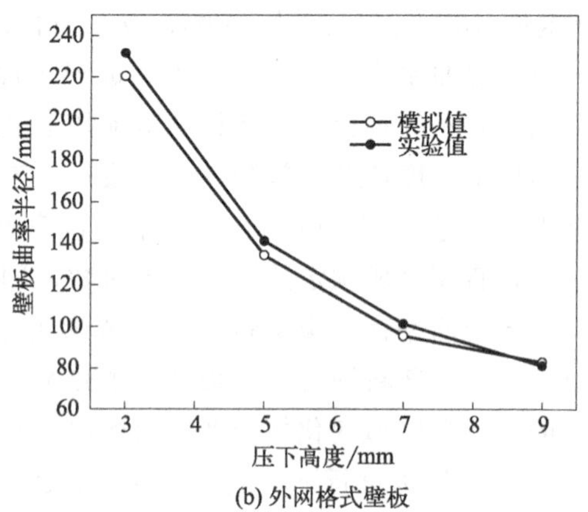

(b) 外网格式壁板

图 5.127　镁合金壁板变曲率半径的实验值与模拟值对比

等曲率镁合金外网格式壁板的曲率半径与压下高度的数学关系：

$$r=4.38625h^2-77.18h+421.95475 \tag{5.39}$$

根据式（5.38）、式（5.39）得到的镁合金壁板曲率半径的计算值与实验值对比，如图5.128所示，分析可知，成形后壁板曲率半径的计算值与实验值相吻合，最大相对误差为16.63％。

5.5.4　镁合金变曲率壁板零件组织性能分析

图5.129所示为镁合金网格式壁板坯料在压弯成形前的横向筋条和纵向筋条的微观组织。结果表明，镁合金壁板坯料微观组织为均匀等轴晶粒显微组织。横向筋条晶粒平均尺寸为18.1μm，纵向筋条平均尺寸为17.7μm。

图5.130所示为成形温度为260℃、不同压下高度时镁合金内网格式壁板纵向筋条处的微观组织，分析可知，随着压下高度增大，镁合金壁板加工件晶粒尺寸减小。

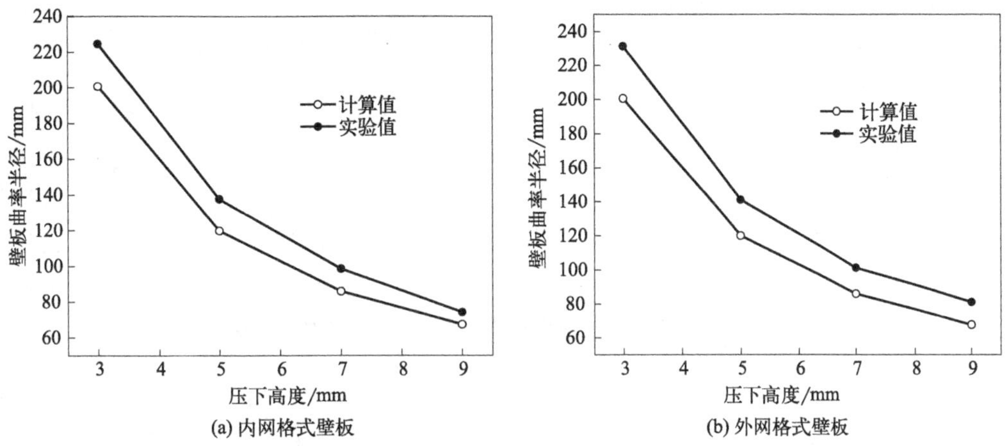

(a) 内网格式壁板　　(b) 外网格式壁板

图 5.128　镁合金壁板曲率半径的计算值与实验值对比

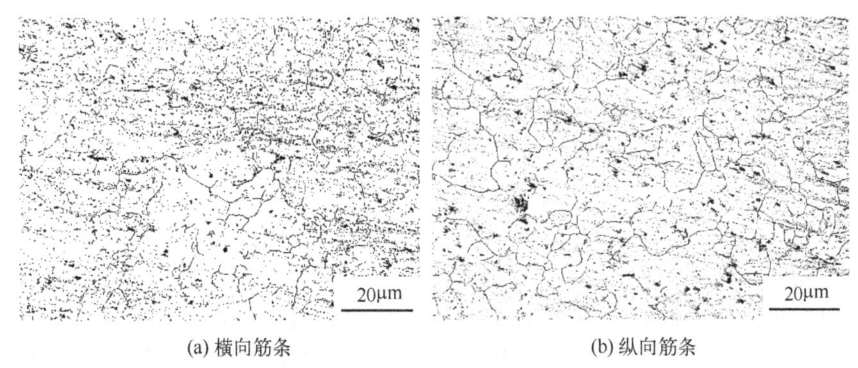

(a) 横向筋条　　(b) 纵向筋条

图 5.129　原始壁板显微组织

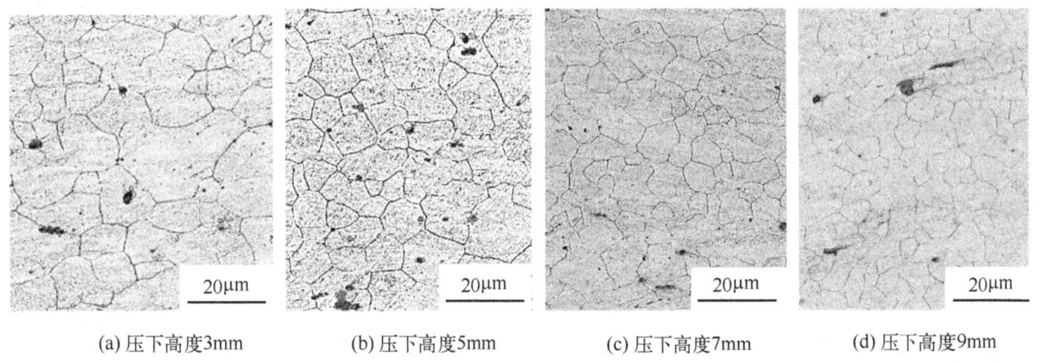

(a) 压下高度3mm　　(b) 压下高度5mm　　(c) 压下高度7mm　　(d) 压下高度9mm

图 5.130　镁合金内网格式壁板纵向筋条处的微观组织

图 5.131 所示为成形温度为 260℃、不同压下高度时镁合金内网格式壁板横向筋条处的微观组织。分析可知，随着压下高度增大，镁合金壁板加工件晶粒尺寸减小。

图 5.132 所示为成形温度为 260℃、不同压下高度时镁合金外网格式壁板纵向筋条处的微观组织。分析可知，外网格式壁板的纵向筋条处的微观组织演变规律与内筋条式壁板相同，当压下高度逐渐增加时，变形程度逐渐增大，动态再结晶的体积分数逐渐增大，晶粒得到细化，当压下高度为 9mm 时，晶粒细化程度达到最大。

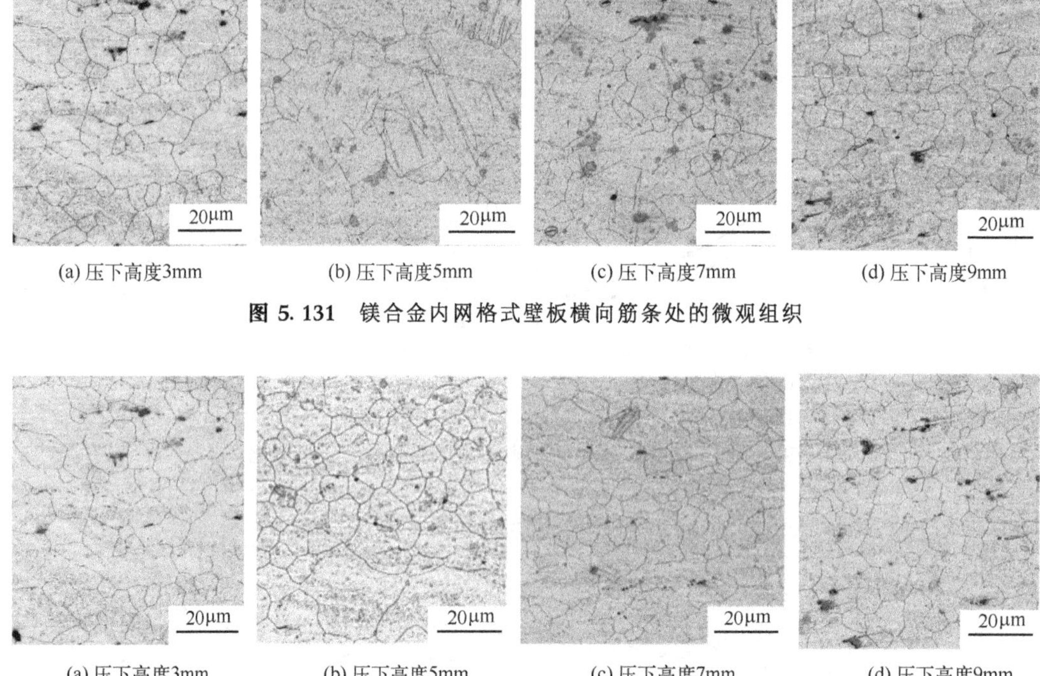

(a) 压下高度3mm　(b) 压下高度5mm　(c) 压下高度7mm　(d) 压下高度9mm

图 5.131　镁合金内网格式壁板横向筋条处的微观组织

(a) 压下高度3mm　(b) 压下高度5mm　(c) 压下高度7mm　(d) 压下高度9mm

图 5.132　镁合金外网格式壁板纵向筋条处的微观组织

图 5.133 所示为成形温度为 260℃、不同压下高度时镁合金外网格式壁板横向筋条处的微观组织。分析可知，外网格式壁板的横向筋条处的微观组织演变规律与内筋条式壁板相同，随着压下高度的增加，变形程度增大，晶粒内部先出现粗大的孪晶，并伴随着少量的动态再结晶发生。变形程度增大使动态再结晶体积分数增大，新晶粒的形核及长大逐渐覆盖了初始大晶粒，孪晶逐渐消失，晶粒得到细化。当压下高度为 9mm 时，动态再结晶体积分数达到最大，晶粒平均尺寸为 13.6μm。

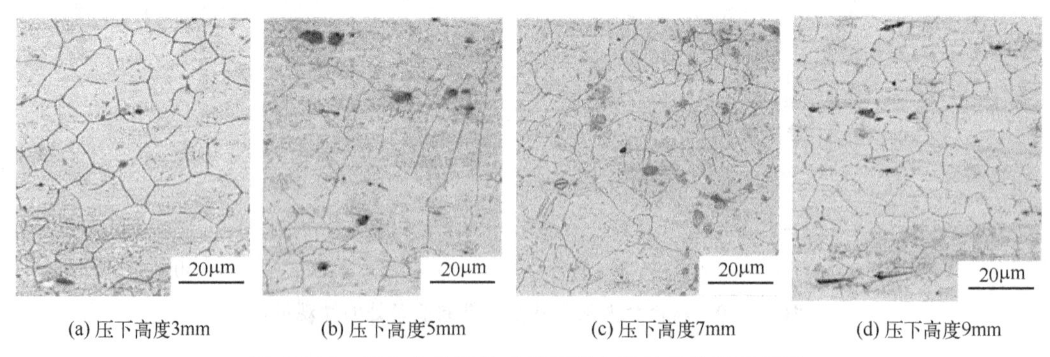

(a) 压下高度3mm　(b) 压下高度5mm　(c) 压下高度7mm　(d) 压下高度9mm

图 5.133　镁合金外网格式壁板横向筋条处的微观组织

图 5.134 所示为成形温度 260℃时镁合金网格式壁板加工件晶粒尺寸与压下高度关系曲线，结果表明，随着压下高度增大，镁合金网格式壁板横向和纵向筋条处的晶粒尺寸减小。

5.5.5　镁合金壁板压弯成形微观组织模拟

将元胞自动机（CA 法）和有限元计算软件相结合，对镁合金壁板压弯成形过程中微观

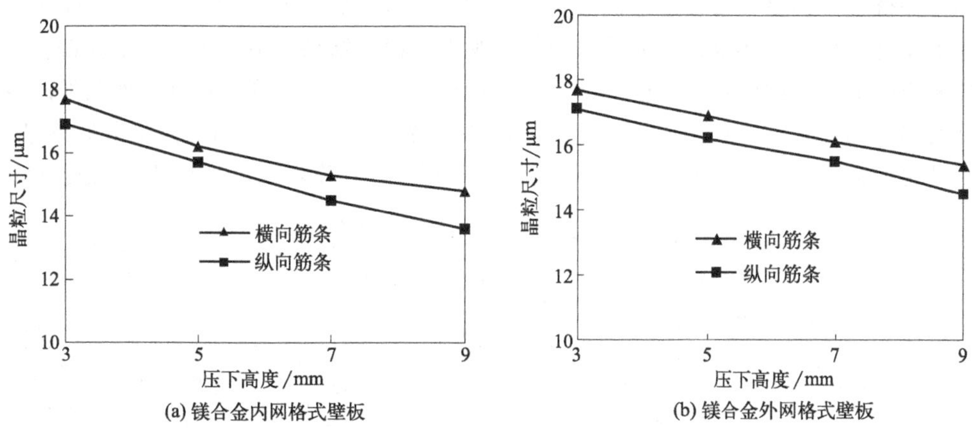

(a) 镁合金内网格式壁板　(b) 镁合金外网格式壁板

图 5.134　镁合金网格式壁板加工件晶粒尺寸与压下高度关系曲线

组织演变规律进行数值模拟研究，分析成形工艺参数对微观组织的影响规律。

对于镁合金内网格式壁板压弯成形，图 5.135 所示为成形温度为 260℃、不同压下高度条件下的镁合金内网格式壁板纵向筋条处的微观组织模拟结果。

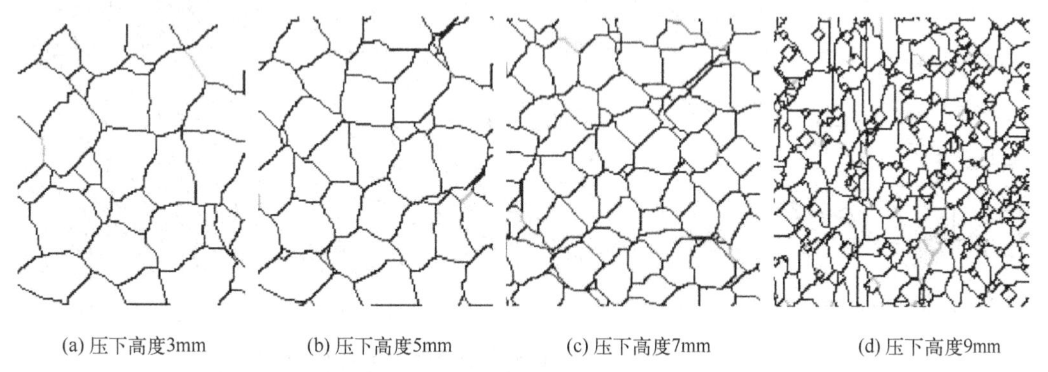

(a) 压下高度3mm　(b) 压下高度5mm　(c) 压下高度7mm　(d) 压下高度9mm

图 5.135　镁合金内网格式壁板纵向筋条处的微观组织模拟结果

图 5.136 所示为成形温度为 260℃、不同压下高度条件下的镁合金内网格式壁板横向筋条处的微观组织模拟结果。分析可知，对于镁合金内网格式壁板，在横向筋条和纵向筋条内部的微观组织都产生了动态再结晶现象。随着压下高度的增加，变形程度增大，组织内部的相对位错密度增大，晶格畸变程度增大，从而出现更多的动态再结晶组织。当压下高度为 9mm 时，动态再结晶的体积分数达到最大，使晶粒明显细化。

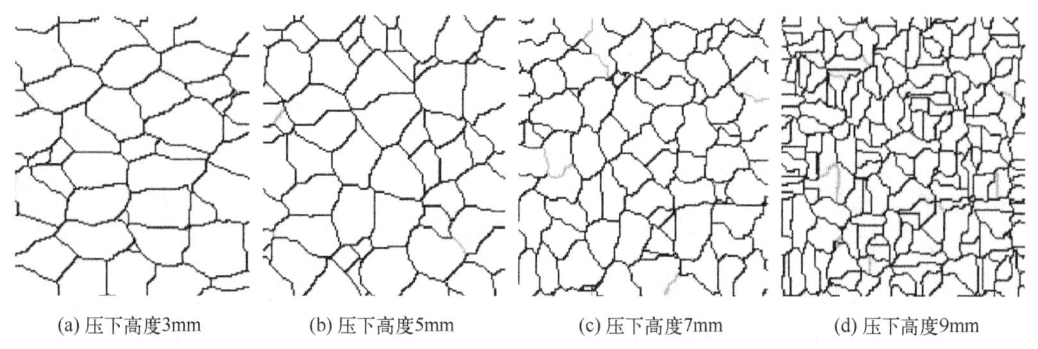

(a) 压下高度3mm　(b) 压下高度5mm　(c) 压下高度7mm　(d) 压下高度9mm

图 5.136　镁合金内网格式壁板横向筋条处的微观组织模拟结果

对于镁合金外网格式壁板压弯成形，图 5.137 所示为成形温度为 260℃、不同压下高度条件下的镁合金外网格式壁板纵向筋条处的微观组织模拟结果。图 5.138 所示为镁合金外网格式壁板横向筋条处的微观组织模拟结果。分析可知，镁合金外网格式壁板筋条处的微观组织演变规律与内筋条式壁板相似，随着压下高度的增大，动态再结晶的体积分数逐渐增大，晶粒尺寸逐渐减小。当压下高度为 9mm 时，动态再结晶程度增大，晶粒细化程度明显。

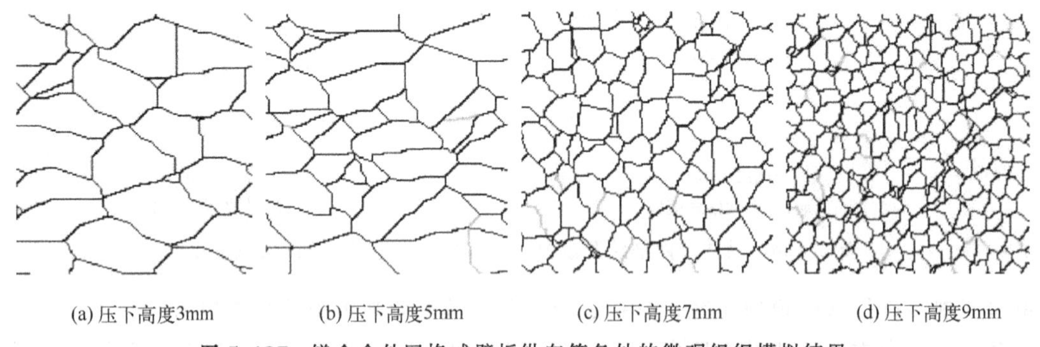

(a) 压下高度3mm (b) 压下高度5mm (c) 压下高度7mm (d) 压下高度9mm

图 5.137 镁合金外网格式壁板纵向筋条处的微观组织模拟结果

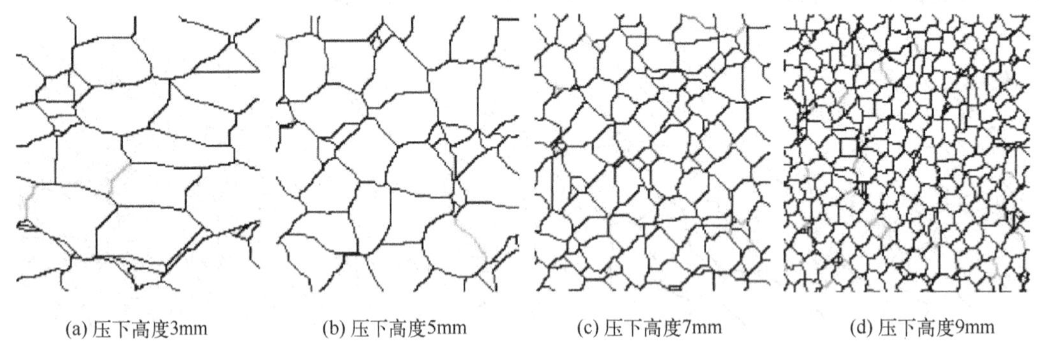

(a) 压下高度3mm (b) 压下高度5mm (c) 压下高度7mm (d) 压下高度9mm

图 5.138 镁合金外网格式壁板横向筋条处的微观组织模拟结果

5.5.6 模拟结果与实验结果分析

在成形温度为 260℃，压下高度分别为 3mm、5mm、7mm、9mm 时，对镁合金网格式壁板微观组织的模拟结果与实验结果进行了对比分析，如图 5.139 所示，微观组织晶粒尺寸的模拟结果与实验结果变化曲线如图 5.140 所示。分析可知，镁合金壁板微观组织的模拟结果与实验结果相吻合，最大相对误差为 7.8%。

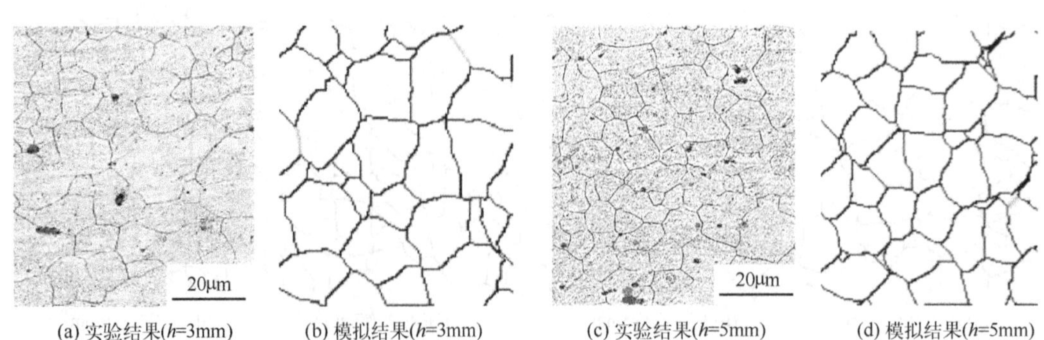

(a) 实验结果(h=3mm) (b) 模拟结果(h=3mm) (c) 实验结果(h=5mm) (d) 模拟结果(h=5mm)

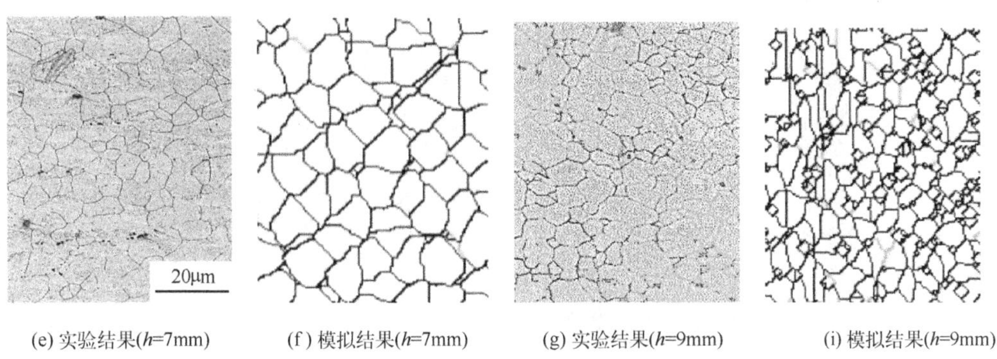

(e) 实验结果(h=7mm)　(f) 模拟结果(h=7mm)　(g) 实验结果(h=9mm)　(i) 模拟结果(h=9mm)

图 5.139　镁合金壁板微观组织模拟结果与实验结果（T=260℃）

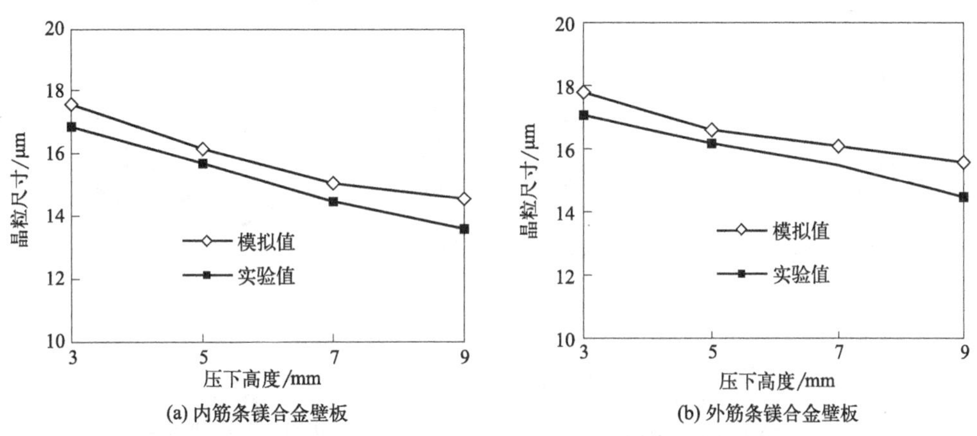

(a) 内筋条镁合金壁板　(b) 外筋条镁合金壁板

图 5.140　微观组织晶粒尺寸的模拟结果与实验结果变化曲线

5.5.7　镁合金等曲率壁板零件母线直线度分析

镁合金壁板零件母线直线度是重要参数之一，为了研究镁合金壁板零件母线直线度问题，在镁合金壁板坯料蒙皮表面刻画网格线，并标出测量点的序号，然后进行压弯成形，如图 5.141 所示。28 个测量点具有不同的特征，其中，测量点 1、3、9、11、17、19、25、27 为纵向筋条中心点，测量点 2、4、10、12、18、20、26、28 为网格沟槽中心点，测量点 5、7、13、15、21、23 为横纵筋条交界点，测量点 6、8、14、16、22、24 为横向筋条中心点。通过测量各点沿着纵向（壁板母线方向）筋条方向的弧高值，分析镁合金壁板零件母线直线度。按照同一条母线上的测量点为一组的原则，将 28 个测量点分为 4 组进行分析，第一组为测量点 1、5、9、13、17、21、25，第二组为测量点 2、6、10、14、18、22、26，第三组为测量点 3、7、11、15、19、23、27，第四组为测量点为 4、8、12、16、20、24、28。

对于镁合金内网格式壁板零件，采用弧高仪测量壁板上各测量点的弧高值，四组测量点的数据如图 5.142 所示。分析可知，随着压下高度的增大，各点的弧高值也增大，最小弧高值为 0.09mm，最大弧高值为 0.60mm。横向和纵向筋条交界点的弧高值小于纵向筋条中心处的弧高值，原因是横向和纵向筋条交界处的材料流动困难，变形程度很小，而纵向筋条中心处材料流动容易，因此导致筋条交界处的弧高值小于纵向筋条中心处的弧高值。横向筋条中心处的弧高值小于网格沟槽中心处的弧高值，原因是在网格沟槽中心处的板料厚度明显小于横向筋条中心处，材料流动性好，容易发生变形，因此导致网格沟槽中心处的蒙皮发生内

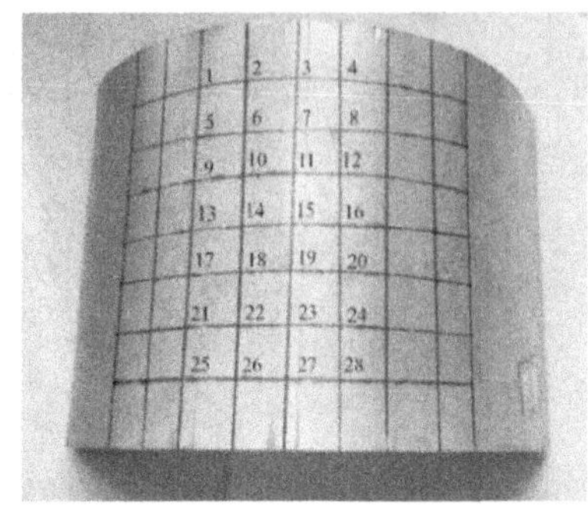

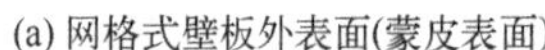

(a) 网格式壁板外表面(蒙皮表面)

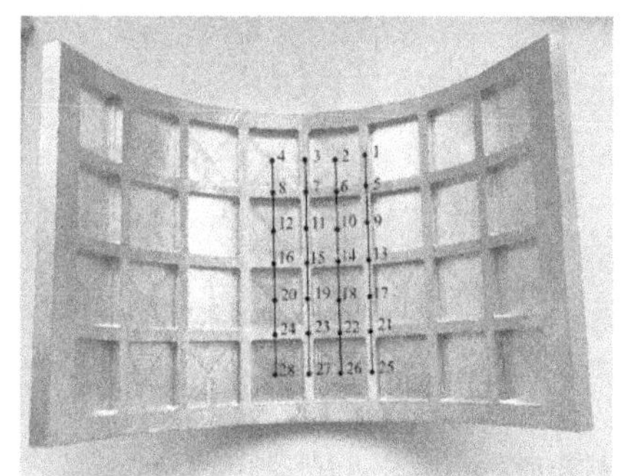

(b) 网格式壁板内表面

图 5.141 刻画网格线的 AZ31 镁合金壁板零件

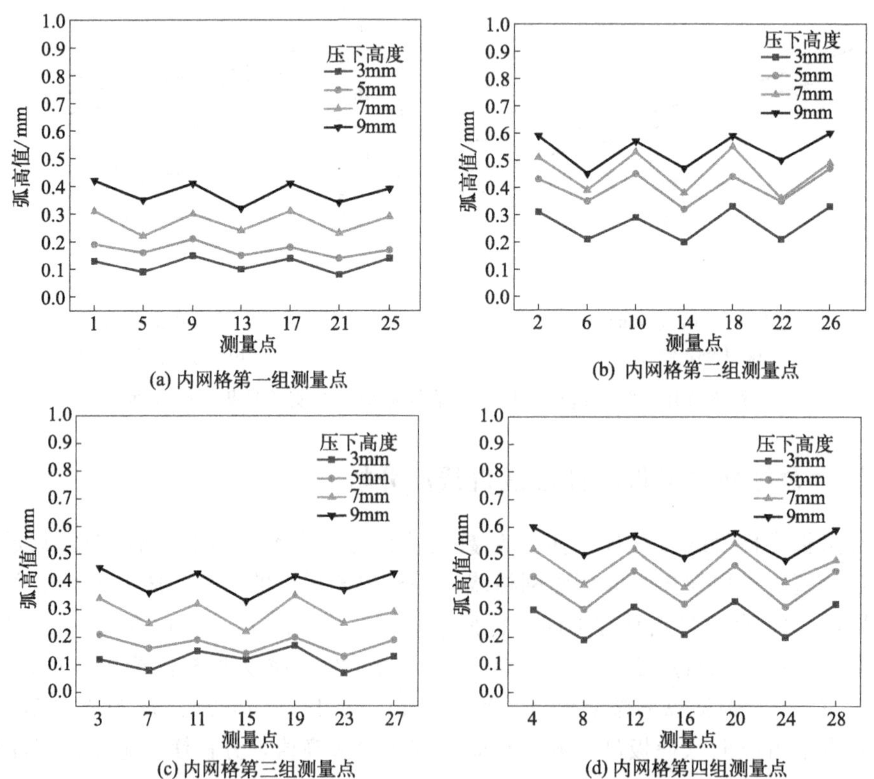

(a) 内网格第一组测量点

(b) 内网格第二组测量点

(c) 内网格第三组测量点

(d) 内网格第四组测量点

图 5.142 镁合金内网格式壁板各测量点的弧高值

凹缺陷，此处弧高值最大，几何精度最差。当压下高度比较小时，各个测量点的弧高值都相对较小。

对于镁合金外网格式壁板零件，采用弧高仪测量壁板上各测量点的弧高值，四组测量点的数据如图 5.143 所示。分析可知，随着压下高度的增大，各点的弧高值也增大，最小弧高值为 0.10mm，最大弧高值为 0.62mm。外网格式壁板上各组测量点的变化规律与内网格式壁板相同，只是外网格式壁板网格沟槽中心处的蒙皮发生外凸缺陷，而内网格式壁板网格沟槽中心处的蒙皮发生内凹缺陷。

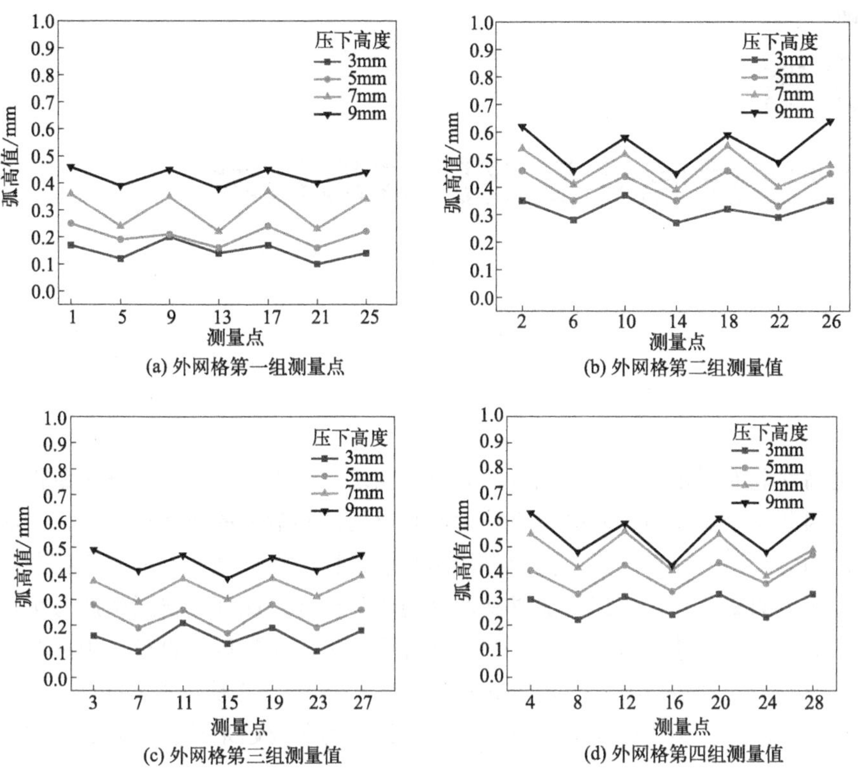

图 5.143 镁合金外网格式壁板各测量点的弧高值

第6章 镁合金多层壳件反挤压成形技术

挤压是高性能变形镁合金产品成形的有效方法之一。由于镁合金的挤压条件没有轧制和锻造苛刻，因此对于晶粒粗大和分布不均匀而难以轧制和锻造的两相镁合金，一般可以进行挤压加工；同时，一些存在于晶界上的可能影响锻造性能和轧制性能的氧化膜杂质对挤压过程不会产生太大的影响，甚至还可能提高产品的力学性能；此外，挤压生产对生产场地的要求也不高，挤压过程中速度范围较宽。变形镁合金可采用正挤压，也可采用反挤压；可用单动挤压机，也可用双动挤压机；可用卧式挤压机，也可用立式挤压机；可挤压管材、棒材、型材、线材等。因此，国内外研究人员对镁合金挤压的研究越来越多，以加大镁合金的应用与开发。

姚毅等[53] 研究了不同温度场对 AZ31 镁合金筒形件反挤压成形的影响规律，反挤压成形后的筒形件的微观组织和力学性能得到了明显改善，平均晶粒尺寸达到 2.39μm，屈服强度和抗拉强度分别提高了 119%和 74.7%，伸长率提高了 67.7%。廉振东等[54] 对 AZ80+0.4%Ce 镁合金薄壁管进行了等温挤压-拉伸成形试验研究，确定了其成形工艺参数，成功制作出壁厚为 0.6mm 的薄壁管材，微观组织得到明显改善，平均晶粒尺寸达到 8.4μm。李旭[55] 研究了 AZ31 镁合金管材反挤压成形时的动态再结晶行为及晶粒细化机制，分析了挤压温度对晶粒尺寸的影响规律，当挤压温度超过 320℃时，挤压管材晶粒尺寸开始长大。王剑锋[56] 对镁合金轮毂挤压成形工艺进行了模拟，确定了合适的凸模冲压速度、凹模旋转速度、成形温度参数，获得了理想的实验结果。张慧菊[57] 确定了 AZ80 镁合金轮毂等温挤压成形工艺参数，研制了具有加热功能及保温系统的挤压模具，获得了理想的实验结果。

6.1 镁合金多层壳件反挤压成形数值模拟

采用有限元法对塑性成形过程进行数值模拟研究，可以获得金属变形过程的详细规律，如网格变形、速度场、应力场和应变场的分布规律，以及载荷-行程曲线。通过对数值模拟结果的可视化分析，可以在现有工艺基础上预测金属的微观组织、金属流动规律及产品产生的缺陷，从而改进加工工艺，提高工艺设计的合理性和模具的使用寿命，减少新产品、新工艺的开发时间及避免模具的多次试模或反复加工。如今，有限元模拟已成为金属成形过程中必不可少的工艺设计环节[1-5]。

采用弹塑性有限元法对镁合金热挤压成形过程进行系统的模拟研究，分析不同的工艺条件（如成形温度、挤压速度、摩擦条件、模具形状）对挤压过程的影响；在已有理论模型的基础上，根据热压缩实验建立的描述 AZ80 镁合金动态再结晶演化的数学模型，分析不同的挤压工艺条件下的组织演变规律。

6.1.1　镁合金本构关系模型建立

通过在 Gleeble-2000 热/力模拟实验机上进行热压缩模拟实验，对 AZ80 镁合金的热变形行为进行系统研究。通过设备误差、摩擦因数和变形温度的修正，得到真应力-真应变曲线，如图 6.1 所示。在此基础上进一步研究，获得镁合金的热成形本构关系模型［式 (6.1)］、动态再结晶演化数学模型等［式 (6.2)～式 (6.7)］。

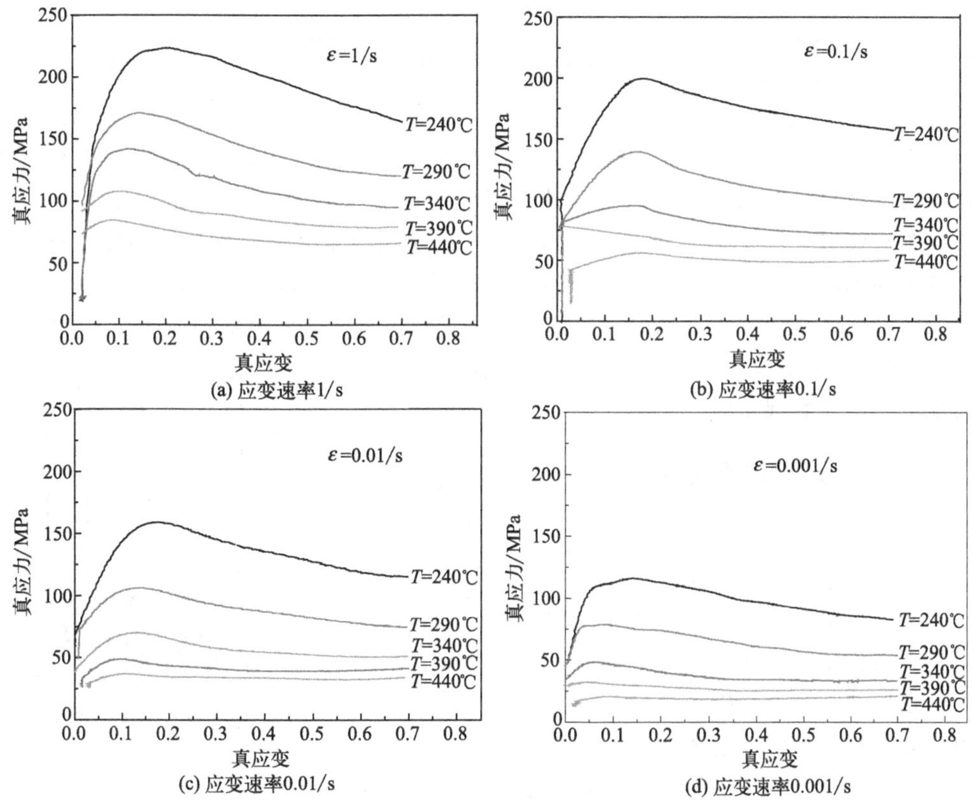

图 6.1　修正后的 AZ80 真应力-真应变曲线

AZ80 合金本构模型：

$$\dot{\varepsilon}=3.08\times10^{12}[\sinh(0.02295\sigma)]^{6.53}\exp\left(\frac{-224000}{RT}\right) \tag{6.1}$$

AZ80 合金动态再结晶临界应变模型：

$$\varepsilon_p=2.235\times10^{-3}Z^{0.083} \tag{6.2}$$

$$\varepsilon_c=0.75\varepsilon_p \tag{6.3}$$

$$\varepsilon_s=0.0027Z^{0.118} \tag{6.4}$$

$$Z=\dot{\varepsilon}\exp\left(\frac{224000}{RT}\right) \tag{6.5}$$

AZ80 合金动态再结晶体积分数模型：

$$X_{DRX}=1-\exp\left[-1.803\left(\frac{\varepsilon-\varepsilon_c}{\varepsilon_s-\varepsilon_c}\right)^{2.231}\right] \tag{6.6}$$

AZ80 合金动态再结晶晶粒尺寸模型：

$$d_{DRX}=402.9Z^{-0.113} \tag{6.7}$$

式中，ε_p 为峰值应力所对应的应变；ε_c 为发生动态再结晶时的临界应变；ε_s 为完全动态再结晶应变；Z 为 Zener-Hollomon 参数；T 为温度；R 为气体常数。

6.1.2 镁合金材料库的建立

模拟中所用到的 AZ80 镁合金材料室温特性如表 6.1 所示。

表 6.1 镁合金的材料特性

母材	弹性模量/GPa	泊松比	热膨胀系数/(1/K)	密度/(kg/m³)
AZ80	43	0.34	2.76×10^{-5}	1.82×10^{3}

对于应力、应变参数较少时，流动应力-应变曲线可以通过 Table 的格式导入材料库中。该方法的缺点是只有在相同应变速率条件下得到的单一表格的曲线数据才能输入；对于应力、应变参数较多时，流动应力-应变曲线可以通过编辑自定义材料数据文件导入材料库中，该方法可实现不同温度、不同应变速率条件下流动应力-应变曲线的调用。此次镁合金材料库的建立即采用第二种方法。根据热压缩实验修正后的数据，采用不同温度、不同应变速率下的 20 条曲线，每条曲线上选取 25 个点，共选取 500 个点输入到流动应力数据文件。

6.1.3 有限元几何模型建立

根据挤压模具和零件的实际尺寸，建立模具和坯料的几何模型。基于零件结构形状及反挤压过程中载荷作用的对称性，为了减少计算机的运算量，取整体的 1/20 作为研究对象，将挤压零件和模具的子午面作为对称面，采用大变形弹塑性三维轴对称模拟模型，如图 6.2 所示。数值模拟中工艺参数的具体设定值如表 6.2 所示。

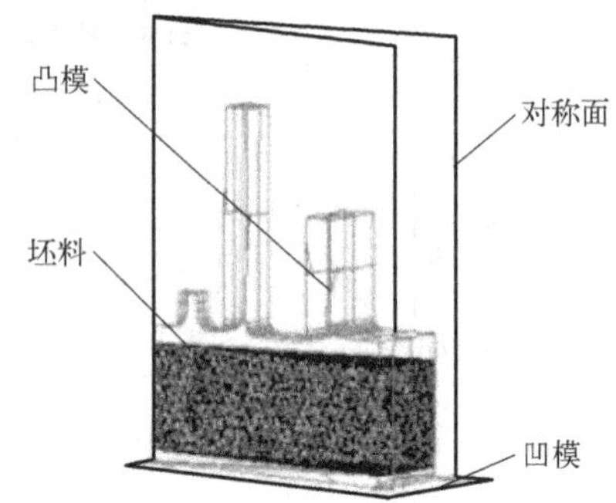

图 6.2 计算分析模型

表 6.2 数值模拟的参数设置

参 数	数 值			
挤压速度/(mm/s)	1	2	3	4
摩擦因数	0.1	0.2	0.3	0.4
坯料温度/℃	240	290	340	390
模具温度/℃	210	260	310	360

6.1.4 多层壳体反挤压模拟过程分析

(1) 挤压过程的网格变化

如图 6.3 所示为 AZ80 镁合金壳体挤压初期和挤压终了阶段的网格变化。从图中可以看出，在各个圆筒模腔入口处，网格变化剧烈，变形程度较大，并不断被重新划分。

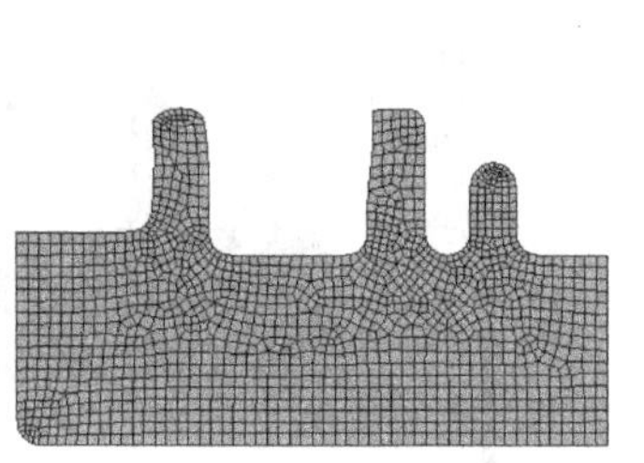
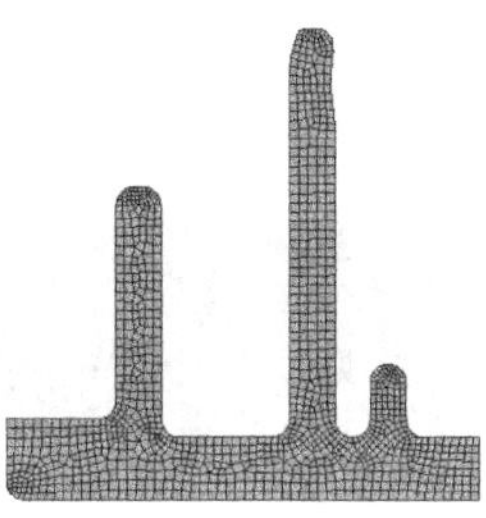

图 6.3　挤压过程中网格变化

(2) 挤压过程的应力场分布

图 6.4 是壳体挤压过程中不同增量步时的等效应力场云图。由图可知挤压模腔入口附近应力较大，而变形的壳体顶端及底部等效应力较小。

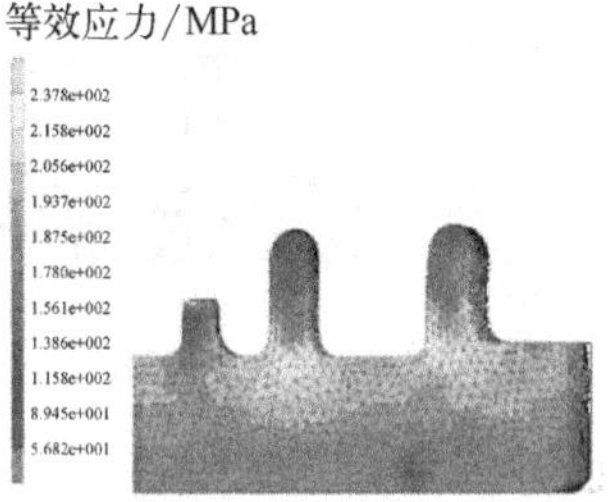

(a) 增量步为80时的等效应力场云图

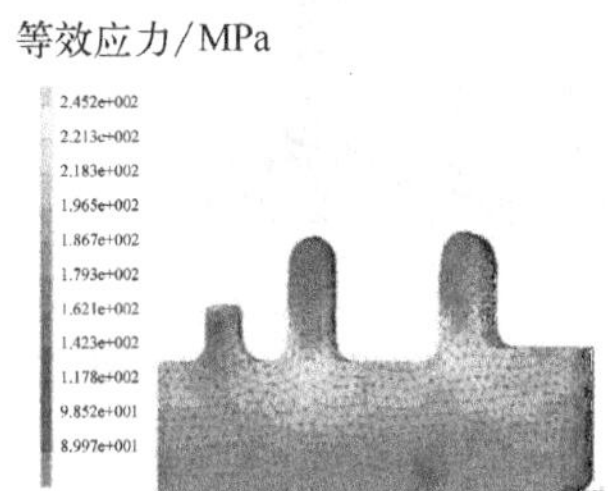

(b) 增量步为120时的等效应力场云图

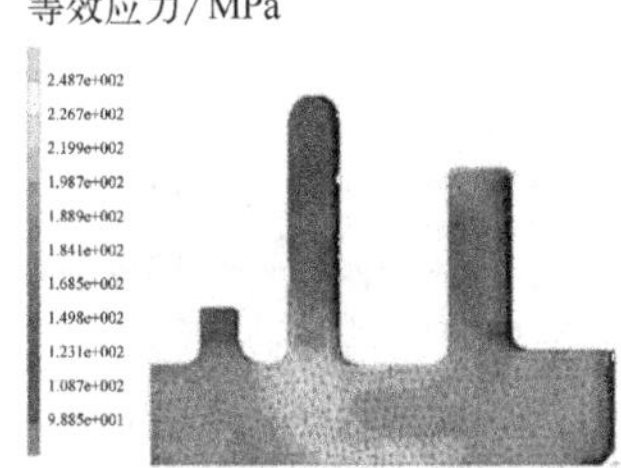

(c) 增量步为160时的等效应力场云图

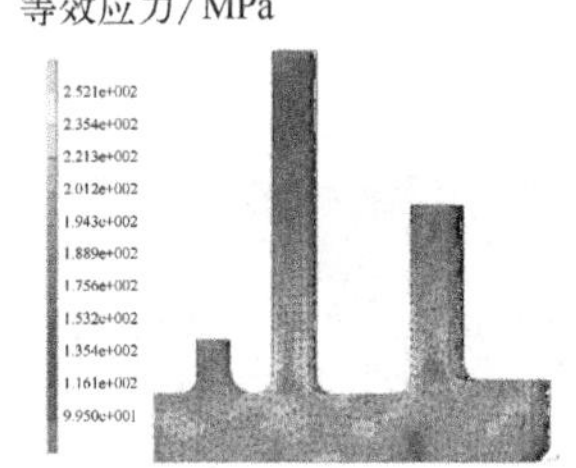

(d)增量步为200时的等效应力场云图

图 6.4　成形过程中不同时刻的等效应力场云图

(3) 挤压过程的应变场分布

图 6.5 是壳体挤压过程中不同增量步时的等效应变场云图。由图可知，同网格的变化一样，挤压时应变较大的区域主要集中在各个模腔的入口处，说明在模腔入口处的金属流动剧烈；而变形的壳体顶端及底部等效应变值较小，说明底部金属流动平稳。

(4) 挤压过程中温度场分布

挤压成形各阶段的温度场云图如图 6.6 所示。从图中可以看出，由于镁合金的散热和热导率较高，与模具产生热交换作用时，坯料底部、侧壁等处与模具直接接触的部分降温较快，在任何阶段，这些部位温度都较低，成形时迅速接近模具温度，所以在实际成形时，坯料和模具的温差不能太大；模腔入口处及坯料中心部都是每个阶段温度最高的地方，也是温升较大的区域。

(5) 挤压过程中挤压力变化

挤压成形各阶段的挤压力分布如图 6.7 所示。从图中可以看出，多层壳件挤压成形过程大致分为四个阶段：第一阶段是坯料的镦粗；第二阶段是内侧最矮的圆筒在挤压初期就已经

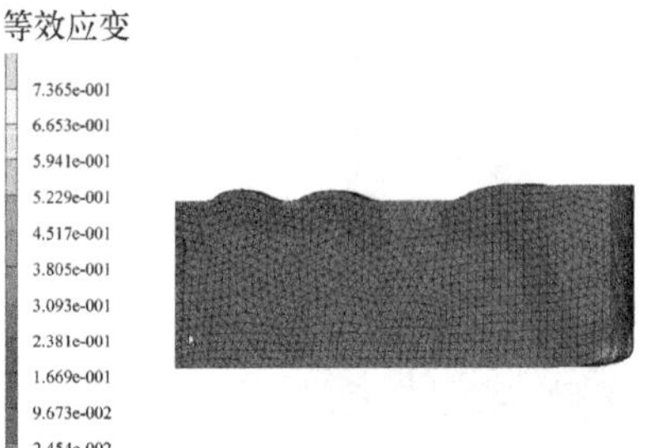

(a) 增量步为80时的等效应变场云图

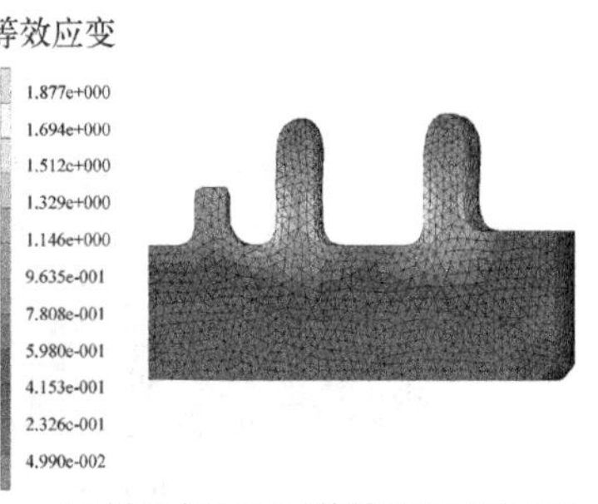

(b) 增量步为120时的等效应变场云图

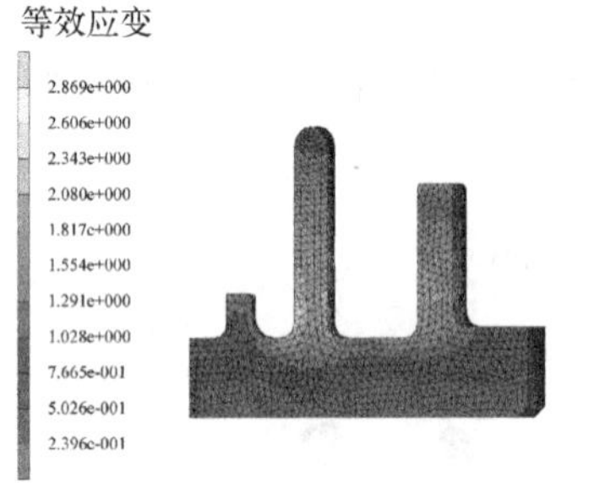

(c) 增量步为160时的等效应变场云图

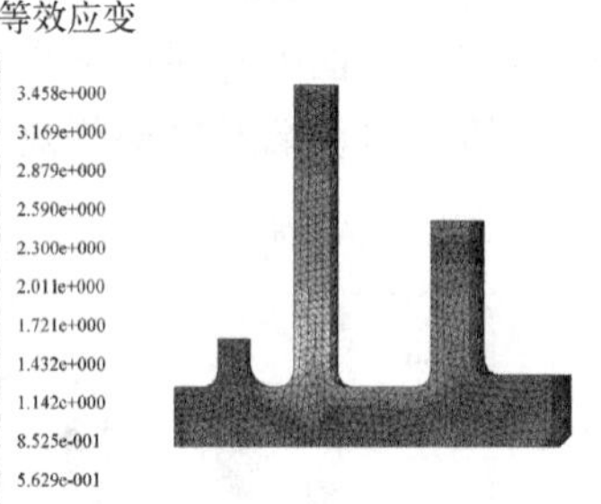

(d) 增量步为200时的等效应变场云图

图 6.5　成形过程中不同时刻的等效应变场云图

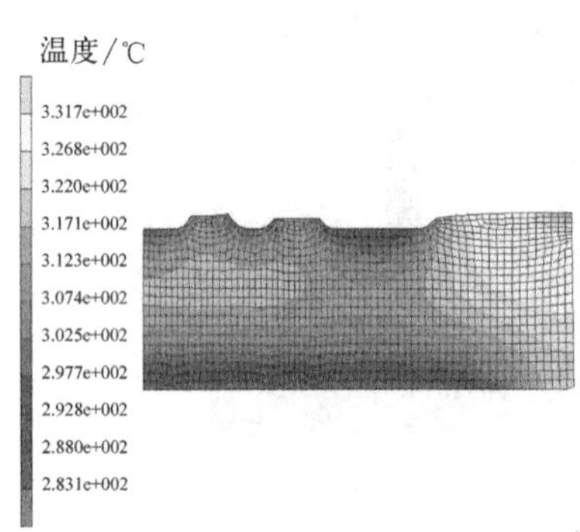

(a) 初始阶段

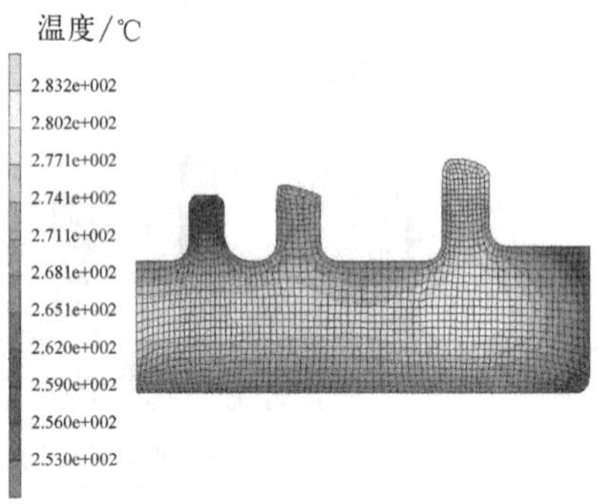

(b) 内侧圆筒成形

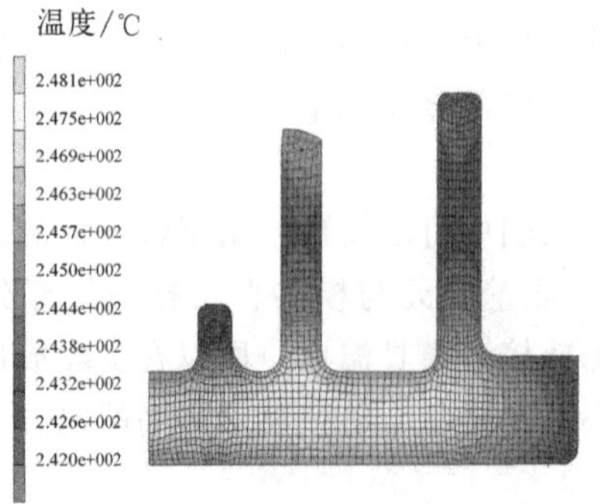

(c) 外侧圆筒成形

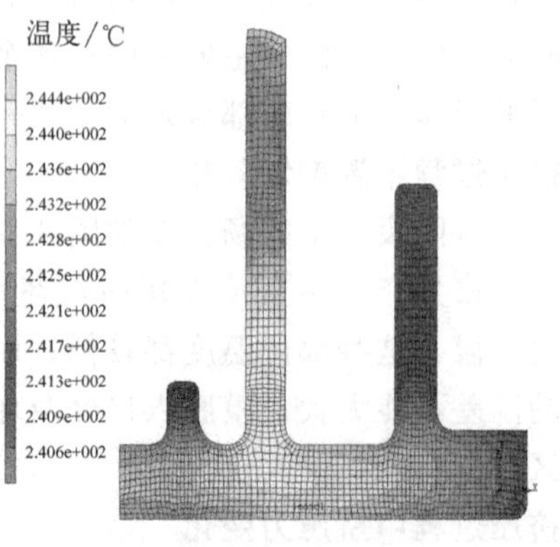

(d) 中间圆筒成形

图 6.6　各成形阶段温度场云图

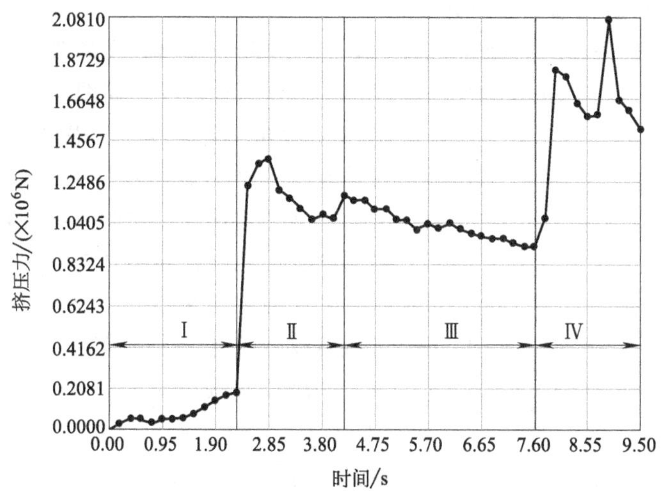

图 6.7　挤压成形各阶段的挤压力分布

完全成形；第三阶段是外侧圆筒完全成形；第四阶段是中间最高的圆筒完全成形。相邻阶段，由于成形挤压比的变化，挤压力明显上升，直到达到最大值。

（6）工艺参数对壳体挤压力的影响

挤压工艺参数优化的考核指标有很多，对变形体来说，有应力场、应变场及温度场等，但最终都体现在挤压力和成形后的微观组织上，所以，本部分就从挤压力和微观组织入手优化工艺。

通过改变摩擦因数、坯料温度及挤压速度中的某一个参数，其余挤压工艺参数取定值，来分析这个参数对挤压力的影响，得到各参数下最大挤压力，如图 6.8 所示。

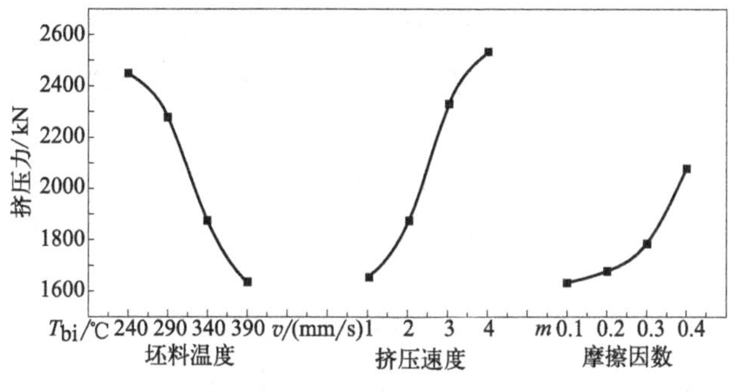

图 6.8　不同参数下的挤压力

从图 6.8 可看出，挤压力与挤压速度和摩擦因数成正相关，而与坯料温度成负相关。所以，在保证获得较好组织和表面质量的前提下，尽量采用较高的温度、较低的挤压速度及良好的润滑。

6.1.5　组织演变预测

利用计算机模拟预测显微组织的变化，并通过材料内部组织结构与力学性能对应关系的数学模型预测出产品性能的方法，在工业生产中有着广阔的应用前景。晶粒长大是材料中最基本的微观组织演变过程之一。要通过计算机对金属热变形过程进行模拟和预测，首先必须建立完整、精确的微观组织演化模型[10-12]。

(1) 热挤压过程组织演变二次开发

① 微观组织演化子程序的设计。基于建立的有限元模型，在软件中对其微观组织模拟能力进行二次开发，编制 UGRAIN 子程序，其工作原理流程图如图 6.9 所示。

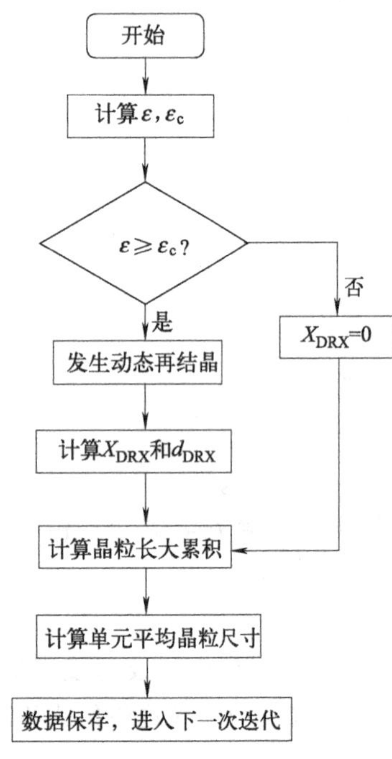

图 6.9 用户子程序流程图

② 微观组织演变的离散。考虑热变形过程晶粒演化的两种形式：动态再结晶和晶粒长大。6.1.1 节中所得镁合金组织演变模型是非积分形式的非线性函数公式，为了能够将其集成到有限元中，并使之在有限元中实现迭代，需要对组织演变模型进行离散，以适应有限元计算的需要。以下公式为离散后的组织演变模型：

$$\overline{d}=7.6(1-X_{DRX})+X_{DRX}d_{DRX} \tag{6.8}$$

$$d=d_0+1.3\times10^7 t_i^{0.599}\exp(-85900/RT_i) \tag{6.9}$$

式中，t_i 为第 i 个迭代步。

③ 平均晶粒尺寸和残余应变的计算。变形后的晶粒组织存在两种形式：动态再结晶晶粒和未发生动态再结晶的晶粒。在编制二次开发程序时，做如下假设：未发生动态再结晶的晶粒将只发生晶粒长大，当动态再结晶体积分数不小于95%时，认为已经发生完全动态再结晶，晶粒尺寸通过晶粒长大模型计算；当动态再结晶体积分数小于 95%时，认为动态再结晶过程还没有完成，计算的晶粒尺寸为动态再结晶晶粒与上一迭代步的单元平均晶粒尺寸的平均值。

由于在有限元中一切场量都是以单元节点标记，所以对于单元节点的平均晶粒尺寸计算公式表示为[2]

$$\overline{d}=d_s(1-X_{DRX})+X_{DRX}d_{DRX} \tag{6.10}$$

式中，X_{DRX} 为动态再结晶体积分数；d_{DRX} 为动态再结晶晶粒尺寸；d_s 为上一迭代步的单元平均晶粒尺寸。

热挤压变形过程中，由于发生了动态再结晶，变形体内累积的应变和高密度位错大量消失，但如果动态再结晶没有完成，变形体内将残留一部分应变及相应的加工硬化组织，这部分残余应变可用以下公式表示：

$$\varepsilon_r=\alpha\varepsilon(1-X_{DRX}) \tag{6.11}$$

式中，α 为系数，此处取值为 1[2]；ε_r 为残余应变；ε 为等效应变。

(2) 热挤压过程中晶粒尺寸变化

坯料在挤压各个时间步的晶粒尺寸如图 6.10 所示。由图中可以看出，由于坯料先进行镦粗变形，因此变形首先发生在与凹模接触的部位，从而坯料底部的晶粒首先发生动态再结晶而细化；随着时间步的增加，变形主要集中在各个筒形模腔的入口附近，使得这一区域的晶粒更加细化；当坯料经过模腔入口后，由于挤出的筒壁变形较小，不再发生动态再结晶，但挤出的材料仍在一定的温度范围内，筒壁晶粒将长大，故从图 6.10 中可以明显看出，挤出的筒壁部分的晶粒尺寸明显大于模腔入口处的晶粒尺寸。

在模腔入口区域材料的晶粒尺寸最小，表明镁合金材料在变形过程中由于畸变和位错的作用，晶粒尺寸急剧减小；当材料进入模腔中后，由于动态再结晶、晶粒长大的作用，材料晶粒不断长大，最后达到稳定状态。

从图 6.10 中可以看出，进入挤压稳态阶段时，筒壁的晶粒分布比较均匀，晶粒变化不大。由云图可知，从坯料到挤压终了，晶粒尺寸的变化是先减小后增大，并且晶粒尺寸的分布规律与等效应变的分布规律类似，等效应变大的区域晶粒尺寸较小。

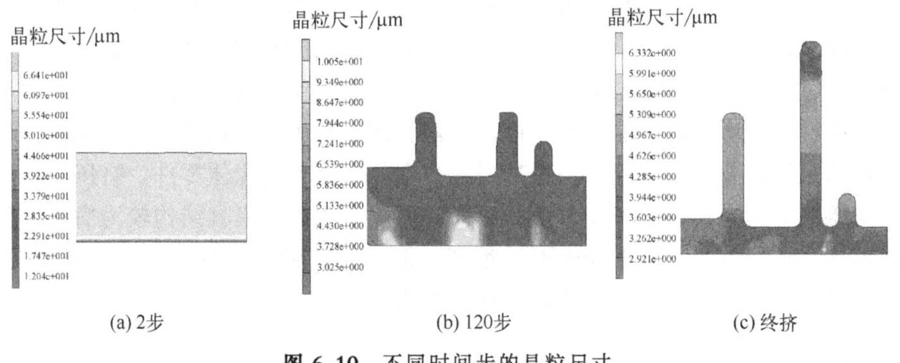

(a) 2步　(b) 120步　(c) 终挤

图 6.10　不同时间步的晶粒尺寸

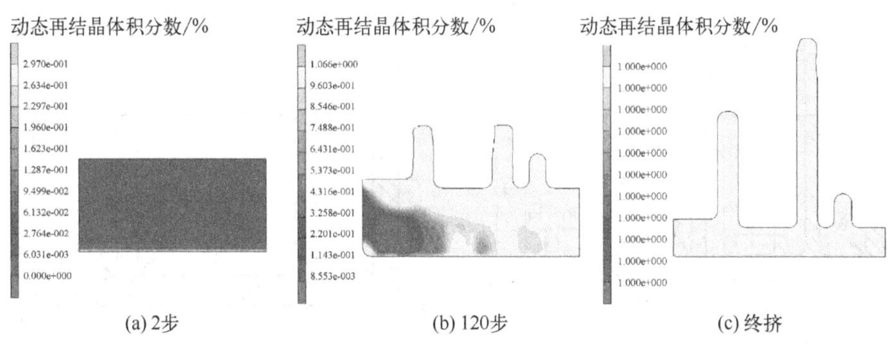

(a) 2步　(b) 120步　(c) 终挤

图 6.11　不同时间步的动态再结晶体积分数

(3) 动态再结晶体积分数分布规律

壳体挤压时动态再结晶体积分数云图如图 6.11 所示，可以看出坯料经过模腔入口后晶粒尺寸继续发生变化，而动态再结晶体积分数不变；从坯料接触凸模开始，动态再结晶的范围逐渐扩大，而且发生得更充分，挤压终了时，整个坯料都产生了动态再结晶。

(4) 工艺参数对晶粒尺寸的影响

不同坯料温度和挤压速度下的挤压件侧壁晶粒尺寸如图 6.12 所示，从图中可以看出，在 240～390℃范围内晶粒尺寸随着坯料温度的升高而增大，随挤压速度的提高而减小。

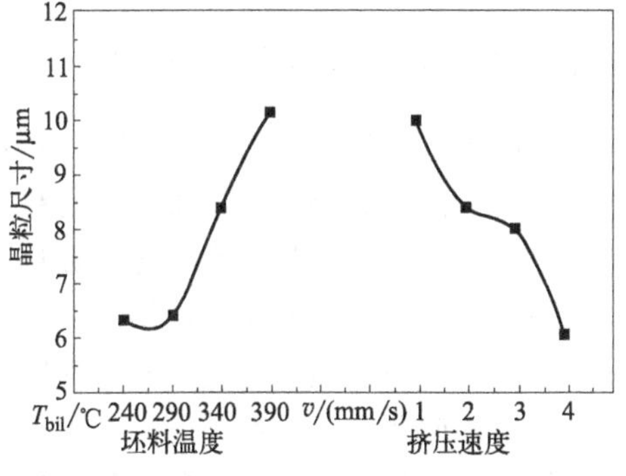

图 6.12　不同参数下的晶粒尺寸

6.2　镁合金多层壳件反挤压成形模具研制

6.2.1　零件结构特点及成形方式分析

多层壳件是汽车用安全气囊气体发生器中的主要零部件。气体发生器由两个主要部件组成，一个称为壳体，另一个称为压盖，图 6.13 为某车型气体发生器壳体和压盖的挤压件图。在壳体的两个筒壁上加工出外螺纹，压盖的筒壁上加工出内螺纹，通过螺纹连接把压盖和壳体连接起来组成气体发生器。在发生汽车碰撞时，气体发生器中的化学物质发生分解反应，释放出大量气体充满气囊，利用气囊膨胀来吸收冲击载荷的能量，起到保护司乘人员的生命安全和重要的仪表器械的作用，此时，壳体将瞬时承受 30MPa 左右的压力。所以，对壳体、压盖零件的内、外筒壁的形状精度和强度、硬度及显微组织等有严格的要求。壳体和压盖均为典型的多层杯筒型零件，现有轿车气体发生器壳体材料大多为铝合金。为响应汽车轻量化的要求，在满足性能要求的前提下，拟采用镁合金材料生产此壳体零件。挤压成形时塑性变形区为三向压应力状态，有利于镁合金的成形，而反挤压工艺模具结构较为简单，模具设计和制造较容易，成形件尺寸精度和表面质量高、能耗低，属于近净成形，可以实现少/无切削加工。所以结合零件的形状特点，采用反挤压成形。

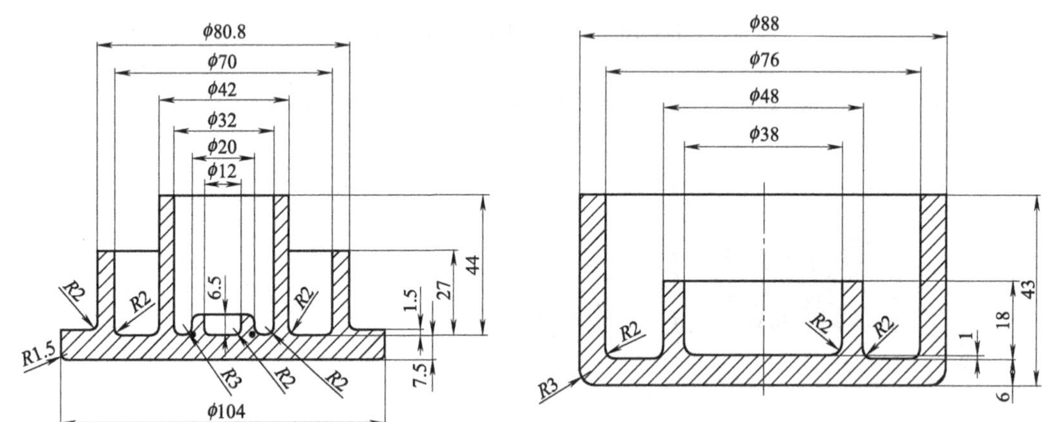

图 6.13 某车型的气体发生器中壳体和压盖挤压件图

6.2.2 多层壳件反挤压成形力

塑性材料的挤压理论自 20 世纪 40 年代末期开始逐渐建立以来，对于挤压力的计算，主要有经验公式法、图解法、切块法、滑移线法、变形功法、上限法、有限元法和神经元网络法。其中，经验公式法是把大量经验数据经数学方法处理后得到的具有一定精确度的计算方法，简便易用，但缺乏通用性；图解法是通过将一些挤压的主要影响因素图线化而得到的一种计算方法，直观简便，但使用时人为因素对其准确性影响较大；切块法（主应力法）是把问题化为平面问题或轴对称问题，由近似平衡方程和近似塑性条件联立求解，尽管粗糙，但使用简便；滑移线法是把问题假设为理想刚塑性体的平面应变问题，针对具体变形工序，建立相应的滑移线场，然后利用其某些特性，求解挤压力的大小，该法具有几何直观性，可区分变形区和刚性区，但是正确建立变形体内的滑移线场是一个相当复杂的问题，有时需配合专门的试验才能确定；变形功法建立在能量守恒定律的基础上，假设应变是在最大主应力或剪应力的作用下发生的，从而使求解过程简化，使用简便；上限法是依据能量平衡原理，利用虚功原理和最大塑性功原理求解外界载荷极限值，使用简便；有限元方法是把复杂的集合体挤压过程的非线性问题转化成离散单元的线性问题来处理，能够全面考虑各种边界条件，可以一次模拟求出全部物理量（应力场、速度场和温度场等）和较为详细的变形信息，缺点是要用计算机电算处理，对使用者的专业基础要求较高；神经元网络法是依靠计算机对模拟实验数据得到的模型进行仿真，根据模型进行预报、反复训练，缺点是依赖实验数据，缺乏通用性。

成形力是确定挤压机吨位和校核挤压机部件强度的主要依据，同时对挤压工艺参数的确定具有重要的指导作用。对于多层壳件的挤压成形，为保证挤压的顺利进行，只需计算最大成形力即可。根据研究，最大成形力会出现在三层筒壁同时上升和底部法兰压缩阶段。所以，可以先分别计算出法兰闭式镦粗和三层筒壁反挤的单位成形力，然后在相应凸模作用面积上积分，求得相应成形力并将其叠加，就能计算出多层壳件的成形力，计算模型如图 6.14 所示。

根据各部分成形力，可得总成形力公式如下：

$$P=P_1\times\frac{\pi}{4}d_1^2+P_2\times\frac{\pi}{4}(d_3^2-d_2^2)+P_3\times\frac{\pi}{4}(d_5^2-d_4^2)+P_4\times\frac{\pi}{4}(d_7^2-d_6^2) \quad (6.12)$$

各部分单位成形力计算公式：

$$P_i=\sigma_s\left[\frac{d_{2i}^2}{d_{2i-1}^2}\ln\frac{d_{2i}^2}{d_{2i}^2-d_{2i-1}^2}+(1+3\mu)\left(1+\ln\frac{d_{2i}^2}{d_{2i}^2-d_{2i-1}^2}\right)\right](i=1,2,3) \quad (6.13)$$

$$P_4=\sigma_s\left(2+1.2\ln\frac{d_7-d_6}{2\times4.2r}\right) \quad (6.14)$$

式中，d_i 为各部分挤压筒和挤压杆直径；r 为第四部分法兰底部圆角半径；μ 为挤压时的摩擦因数，取 0.1。

壳体尺寸 $d_1\sim d_7$ 分别为 12mm、20mm、32mm、42mm、70mm、80.8mm、104mm，法兰底部圆角为 1.5mm；根据第 2 章压缩实验，取 AZ80 镁合金材料在 290℃的流动应力为 80MPa。将以上数据代入式（6.13）和式（6.14），计算得到 $P_1\sim P_4$ 分别为 249.5MPa、314.1MPa、396.3MPa、218.6MPa；将 $P_1\sim P_4$ 代入式（6.12），得到总成形力 P 为 1894.3kN。同理，可计算出压盖成形力为 1163.9kN。根据计算出的成形力，可选用 Y32-315 型液压机。

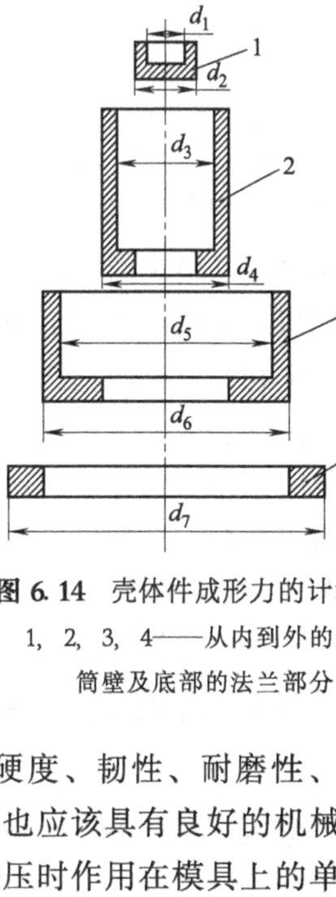

图 6.14　壳体件成形力的计算模型

1，2，3，4——从内到外的三层筒壁及底部的法兰部分

6.2.3　多层壳件反挤压模具研制

热挤压模具经常在高温高压的工况下进行挤压件成形，最大单位挤压力可达 400MPa，在生产中模具温度为 200～450℃，甚至更高。因此，热挤压模具必须具有足够的强度、硬度、韧性、耐磨性、耐疲劳性；模具各个部位应易于拆卸、尺寸稳定可靠，同时模具材料也应该具有良好的机械加工性能，所以要求模具材料：①模具在升温后屈服强度必须高于挤压时作用在模具上的单位挤压力；②模具必须具有足够的耐磨性，这样可以承受大批量生产任务；③能够承受一定程度的冲击，而且要有足够的韧性，防止模具裂纹产生；④热膨胀系数要小，热导率要大，比热容要大。

多层壳件挤压模具的凸模和凹模可采用 5CrNiMo。该材料为低合金热作模具钢，热挤压时的韧性较好，在 700～850℃时可以承受单位挤压力 1100MPa。上、下模板及压板采用淬火后 45 钢。

根据成形件的形状特点，多层筒壁高而薄，考虑模具通用性及加工性，凸模设计为组合式，壳体和压盖的凸凹模共用一套模架。图 6.15 为反挤压模具装配图。

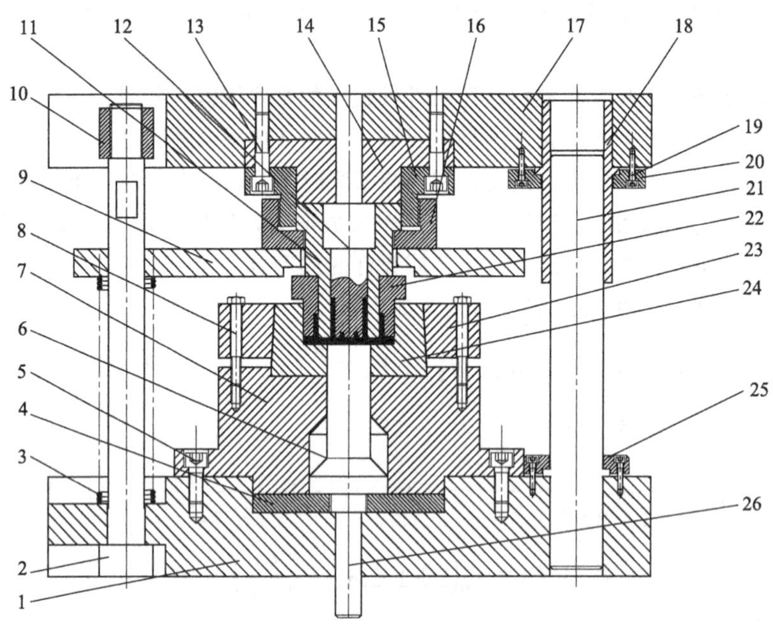

图 6.15 反挤压模具装配图

1—下模板；2—卸料拉杆；3—弹簧；4—顶出器垫板；5—凹模座固定螺钉；6—顶出器；7—凹模座；8—凹模压板固定螺钉；9—卸料板；10—卸料拉杆螺母；11—凸模 1；12—凸模 2；13，19—螺钉；14—凸模垫板；15—凸模固定圈；16—凸模压紧圈；17—上模板；18—导套；20—导套压紧圈；21—导柱；22—凸模 3；23—凹模压紧圈；24—凹模；25—导柱压紧圈；26—顶杆

壳体挤压凸模为组合凸模，由凸模 1、凸模 2、凸模 3 组成，凸模 3 兼做卸料器和定位圈，将挤压件从凸模中卸下来；凹模为整体式，顶出器将工件从凹模中顶出来。凹模压紧圈将凹模固定在凹模座上；凸模固定圈和凸模压紧圈起到凸模固定和压紧作用。由于多层壳件和压盖共用一套模架，所以凸模固定圈固定安装在上模板上，与凸模压紧圈采用螺纹连接，凹模压紧圈采用螺钉连接，这样便于拆装、更换凸凹模。其中，壳体和压盖成形时共用一套卸料和顶出装置。成形试验时，模具安装在 Y32-315 型三梁四柱式液压机上，其公称压力为 3150kN，液压机顶出缸的公称压力为 100kN。

6.3 镁合金多层壳件反挤压成形实验研究

6.3.1 多层壳件反挤压成形

(1) 实验材料

多层壳件反挤压实验材料采用半连续铸造获得的直径为 ϕ165mm 的 AZ80 镁合金铸锭，在 400℃温度下对铸锭保温 12h 进行均匀化处理，然后线切割加工成壳体和压盖实验用的相应规格饼料，材料铸态及均匀化组织见图 6.16。

(2) 实验设备及模具

壳体反挤压实验设备采用 Y32-315 型三梁四柱式液压机，其公称压力为 3150kN。多层壳件和压盖的凸凹模零件如图 6.17 和图 6.18 所示。凸模均采用组合式，便于模具的加工及卸料；凹模采用整体式。

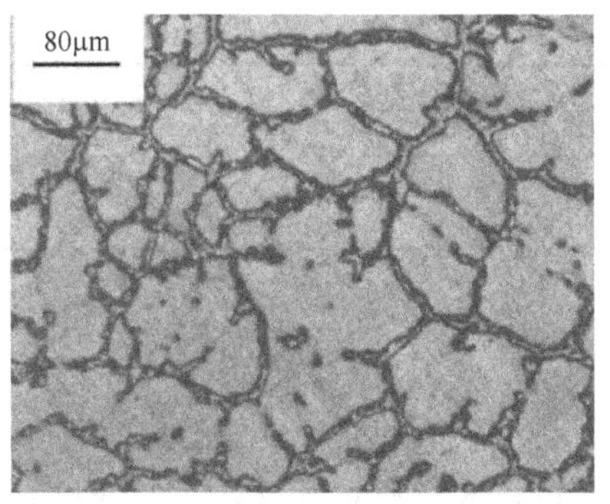

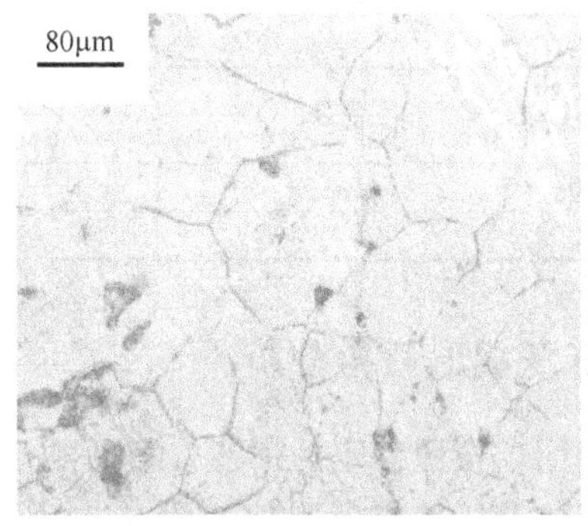

图 6.16　AZ80 镁合金原始组织和均匀化后的组织

图 6.17　多层壳件挤压凸凹模

图 6.18　压盖零件挤压凸凹模

(3) 加热及润滑

挤压时镁合金坯料和模具均需要预热。对于杯形件反挤压，模具预热具有减小表层与芯部之间的温度梯度、降低热应力及热疲劳、减小坯料表面与芯部的温差、延缓变形抗力的增加、提高挤压效率的作用。模具采用加热套进行预热，配合挤压模具尺寸定做。该加热套由云母片、电阻丝和不锈钢板组成。云母片有绝缘及低损耗的热阻功能。加热套外有两个接线头，可直接与电线相连。将加热套直接套在挤压模具的外面，外部再用石棉套进行保温，即可实现模具的预热和保温。

坯料采用箱式电阻炉进行预热。模具采用定做的加热套进行预热。坯料加热过程中采用的测温装置为便携式数字测温仪，其传感器为铂电阻 Pt100，测温触头对温度非常敏感，可对模具和坯料表面温度进行精确测量。加热中的模具如图 6.19 所示。

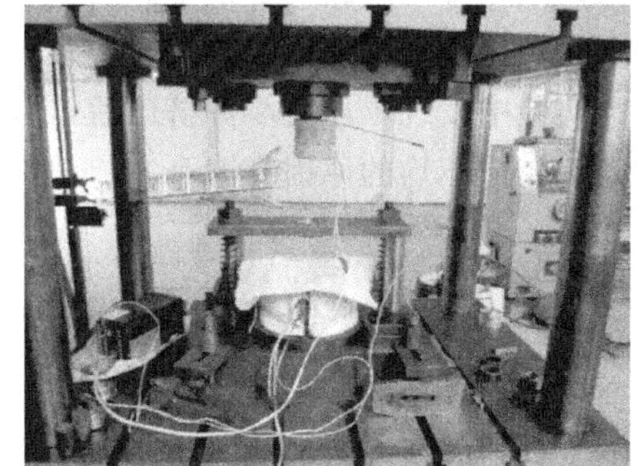

图 6.19　加热中的模具

挤压实验中的润滑采用动物油脂润滑，实验表明，该种润滑剂非常适用于镁合金成形，方便、价格低、效果良好、易于清洗、无环境污染。

(4) 反挤压方案

根据 AZ80 镁合金热成形性能及挤压数值模拟研究，设计如表 6.3 所示的多层壳件及压盖的热反挤压实验方案。

表 6.3　热反挤压实验方案

模具温度/℃	坯料温度/℃				
	320	350	380	410	440
290	实验	实验	实验		
320	实验	实验	实验	实验	实验
350	—	实验	实验	实验	

续表

模具温度/℃	坯料温度/℃				
	320	350	380	410	440
380	—	—	实验	实验	实验
410	—	—		实验	实验

6.3.2 挤压成形质量分析

实验表明，按照制定的工艺方案可得到尺寸形状及表面质量良好的壳体和压盖零件的挤压制件，壳体及压盖成形制件如图 6.20 所示。挤压成形质量良好，大部分没有挤压缺陷，尺寸精度和形状精度已达到图纸的要求。挤压零件内部成形较好，内层圆筒也按照设计模具的效果挤出，整个内部表面光洁，没有裂纹。成品率较高，特别是壳体的成形，成品率几乎达到 100%，而压盖在一些工艺中出现各种挤压缺陷。

图 6.20 壳体及压盖成形制件

(1) 压盖筒壁高度偏差

在挤压时由于存在坯料定位的问题，若坯料中心不在模具中心，偏差较大时，压盖零件外侧筒壁由于变形不均易产生挤压高度不均匀现象，所以需要精确的定位，避免筒壁高度偏差的缺陷，提高产品的合格率。图 6.21 所示为挤压时产生高度偏差的制件。

(2) 挤压件的缩口和扩口

实验中发现，压盖零件挤压后，试样明显出现了缩口和扩口现象，如图 6.22 所示。产生口部变形不均的原因有三个：

图 6.21 挤压时产生高度偏差的制件

图 6.22 挤压件缩口和扩口现象

① 与凸模接触区域温度降低较快，在芯部和表层产生较大的温度梯度，导致在挤压过程中，金属流动速度不同，从而出现成形不均匀的情况。当挤压件外壁温度高于内壁，产生缩口；当挤压件外壁温度低于内壁，产生扩口。

② 由于凸模的偏心或定径带尺寸不均，引起坯料挤出部分受力不对称，可能导致挤压

件不对称缩口或者扩口。这种原因引起的缺陷只在试件初始变形时产生，随着挤压的进行，凸模在力的作用下可以自动纠偏，挤压件恢复平直，但初始部分的缺陷不能消除。

③ 当挤压速度较高时，挤压凸模与内壁的摩擦力较大，阻碍了内壁金属的流动，使挤压时筒壁内外金属流动速度不同而出现成形不均匀。适当降低挤压速度和改善润滑条件可避免。

(3) 挤压件外表面的裂纹

实验中发现，个别零件外侧筒壁顶端出现纵向裂纹现象，如图6.23所示。这可能是由于坯料均匀化效果不良或自带的原始缺陷导致的，在挤压初期就出现微裂纹，随着挤压的进行，裂纹进行扩展，形成纵向裂纹。为了减少此类现象，可以考虑改进均匀化退火工艺，并且尽量避免晶粒过分长大及过热现象。

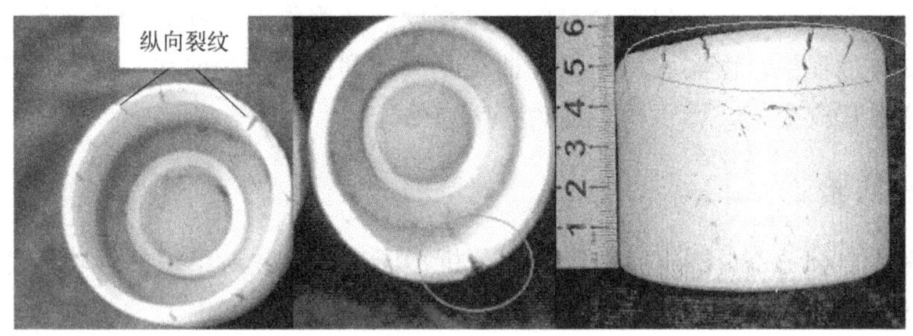

图6.23 挤压件表面纵向裂纹

实验中最普遍的缺陷是在压盖筒壁的外表面出现横向裂纹，严重的形成环状，如图6.24所示。裂纹的位置正是拉压应力的交替区域，由于润滑不良或金属流动速度不均的原因，导致其附加应力超过合金的断裂强度而产生开裂。改善反挤压杯形件的润滑条件和降低挤压速度后，没有再出现裂纹。

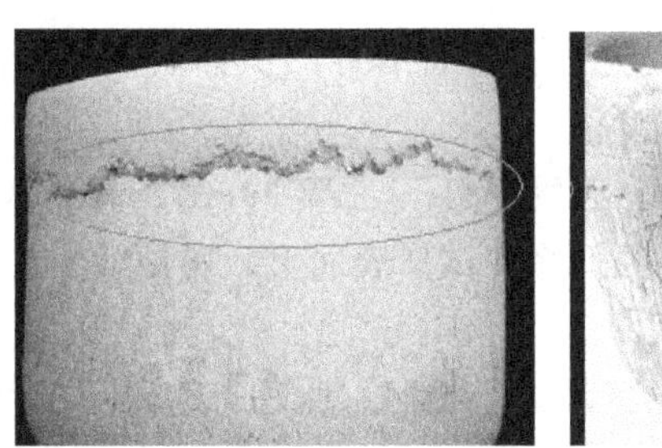

图6.24 挤压件表面环形裂纹

6.4 镁合金多层壳件反挤压成形组织性能

6.4.1 拉伸实验

为研究挤压成形后的镁合金的力学性能，对挤压后的镁合金进行了拉伸实验。拉伸实验采用微机控制电子万能实验机，型号为CMT5105，准确度为0.5级，最大实验力为100kN，功率为2kW，电源为380V。拉伸试样按照国家标准GB/T 228.1—2021制作。由于多层壳件是圆周回转体，零件拉伸试样按板材的标准制作，采用线切割方法在壳体零件侧壁径向方向，按照国标形状加工成薄板状。拉伸前后试样如图6.25所示。

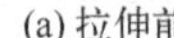
(a) 拉伸前

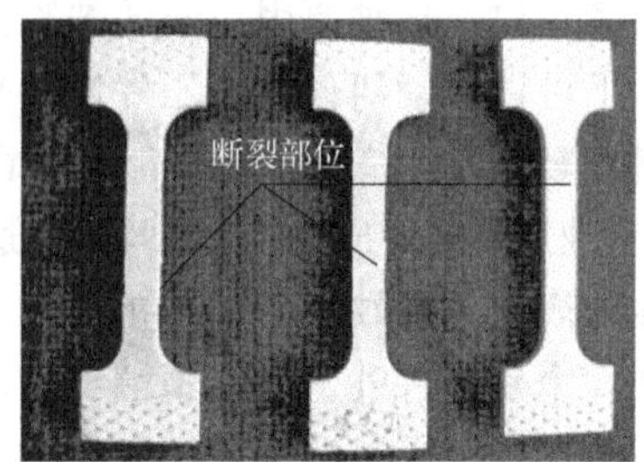

(b) 拉伸后

图 6.25　拉伸试样图

通过拉伸实验得到的数据包括材料的抗拉强度、屈服强度、断裂伸长率等。

在室温拉伸过程中，由实验机绘出的曲线是载荷和伸长量的曲线，根据试件的载荷和伸长量就可以算出其应变值，即可得到应力-应变曲线。

6.4.2　金相实验

通过观察镁合金 AZ80 挤压后的组织，分析不同工艺参数对组织的影响规律，确定合理的成形工艺参数。

利用线切割的方法在坯料和成形件上切取样品，制备相应金相试样，然后进行镶嵌、砂纸预磨、机械抛光、腐蚀和观察。

① 取样和镶嵌：多层壳件和压盖的侧壁和底部作为取样部位，把试样清洗干净，用牙托粉镶好。

② 砂纸预磨：依次使用 400＃～2000＃的砂纸进行磨样。每换一次砂纸，磨样方向变换 90°。

③ 机械抛光：将研磨膏均匀地抹到抛光布上，将磨好的试样表面贴近高速旋转的抛光布上进行抛光，注意试样的方向和抛光力度。

④ 腐蚀：腐蚀剂的成分为苦味酸 5g、乙酸 5mL、乙醇 90mL、蒸馏水 10mL。抛光后先用酒精清洗，吹干后用小棉球快速将腐蚀剂涂在试样表面上，腐蚀 20s 左右后用酒精进行冲洗，并将试样吹干。

⑤ 观察：选取晶界明显和层次感强的区域进行拍照。所获得组织照片见实验结果。

6.4.3　断口扫描实验

断口是试样或零件在试验或实验过程中断裂后所形成的相匹配的表面，对断口进行分析可推断断裂过程，寻找断裂原理，评定断裂的性质。

将室温拉伸实验得到的试样断口切下，在切的过程中一定要注意：将需观察的断口的部位用干净光滑的纸盖上，再用胶纸将断口周围裹住，以避免切割过程中一些脏物粘在断口表面上，保证切下的断口干净无损。

将断口切下后，按顺序排好后，放在 S-3400N 扫描电子显微镜上进行扫描。

6.4.4　坯料直径对挤压零件的影响

由于多层壳件和压盖零件是回转体，因此采用圆柱形坯料挤压。对于 AZ80 镁合金的挤压成形，很多研究表明，多次挤压可以有效提高材料的成形性能，所以在实验挤压前考虑增加镦粗的工序。坯料在成形前，凸模先压缩坯料，这就是镦粗的过程。所以选用三种直径规格的坯料进行挤压压盖零件的实验，分别为 ϕ86mm×25mm、ϕ75mm×30mm、ϕ68mm×38mm，其中 ϕ86mm 接近零件底部最大尺寸。三种规格坯料成形后零件如图 6.26 所示。从图 6.26（a）可以看出，由于坯料直径过大，在放进凹模过程中，易将凹模侧壁的润滑油刮掉，在挤压成形过程中，侧壁与凹模摩擦力过大，在挤压过程中，挤压力较大，底部易粘贴在凹模底部，并且侧壁也易粘贴凹模，不易清理模具，所以在卸料过程中，卸料力会很大，顶杆针会将壳体零件底部顶破，最终形成掉底现象。从图 6.26（c）可以看出，零件外侧壁左右高度差别较大，且侧壁顶部厚度也不均匀，差别较大，这是由于 ϕ68mm 的坯料相对凹模较小，在放置坯料时很难与凹模对中，造成一侧料多另一侧料少，在挤压最后阶段，料少的一侧会出现充型不满的现象。而图 6.26（b）所示零件成形性较好，挤压完成后零件顶部充型也较均匀。所以，通过实验研究，ϕ75mm×30mm 的坯料成形性较好，挤压后零件较理想。

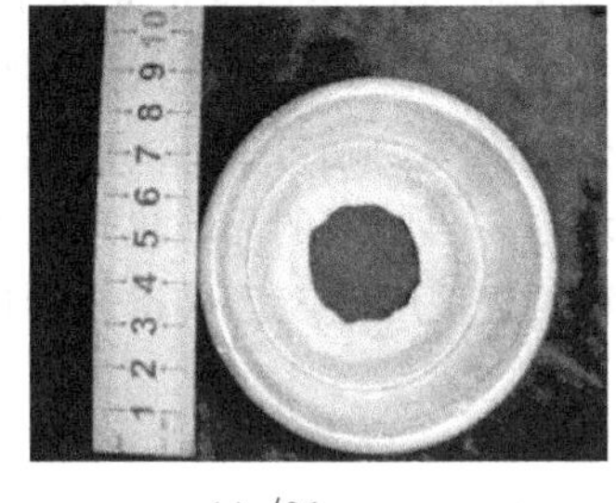

(a) ϕ86mm

(b) ϕ75mm

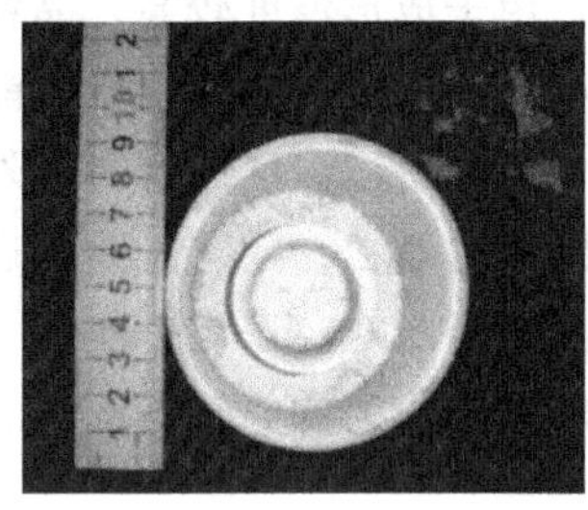

(c) ϕ68mm

图 6.26 不同坯料直径对压盖零件的影响

对于壳体的挤压，由于图 6.15 中凸模 3 在实验中既是挤压凸模的一部分，又起到卸料、限位的作用，同时也可以起坯料的定位作用，所以通过研究，挤压壳体的坯料加工成 ϕ68mm×50mm 的饼料成形效果良好。

6.4.5 挤压温度对挤压零件的影响

(1) 挤压温度对零件表面质量的影响

图 6.27 所示为模具温度为 320℃，挤压温度分别为 380℃、320℃挤压成形的压盖零件。观察零件外表面质量发现，挤压温度为 380℃时，获得的反挤压成形零件内外表面光洁、无裂纹，表现出较好的挤压成形性能；挤压温度为 320℃时，反挤压成形零件外表面周向出现明显的横向撕裂现象，且与挤压方向垂直，挤压成形性明显降低。研究结果表明：挤压温度对成形零件的表面质量有一定的影响，随着挤压温度升高，零件的挤压成形性逐渐变好，提高挤压温度可以明显改善成形零件的成形性能。这是由于零件在反挤压成形过程中，受到凸模和凹模的压应力，金属被迫向上流动成形，当金属表面由于受到凹模的摩擦力而产生的附加应力大于金属表层抗拉强度时就会产生裂纹。温度较高的坯料成形时，由于强度较低，塑性较好，金属成形时流动性较好，在成形时所用的挤压力相对小，附加摩擦拉应

图 6.27 不同挤压温度下成形的压盖零件

力较小，不易产生裂纹；温度较低的坯料成形时，由于强度较高，塑性较差，金属成形时流动性相对较差，在成形时所用的挤压力大，附加摩擦力拉应力较大，易产生裂纹。

(2) 挤压温度对显微组织的影响

图 6.28 所示为模具温度为 320℃，挤压温度分别为 320℃、350℃、380℃、410℃、440℃挤压成形的压盖零件侧壁纵向的显微组织。可以看出，坯料中的原始粗大柱状晶已基本消失，挤压成形后的晶粒都存在不同程度的细化，并且在原始晶界和晶粒内都有细小的新晶粒形成，这表明材料在反挤压过程中发生了动态再结晶。当挤压温度为 320℃时，镁合金原始组织中的粗大晶粒在挤压力作用下发生变形，材料的微观结构具有与变形方向一致的流线型；在外力的作用下局部区域发生动态再结晶，形成细小的等轴晶粒，但整体再结晶不均匀。随着挤压温度的升高，挤压试样组织非常均匀，形成均匀分布的、细小的等轴晶粒，细化明显，表明该温度下的试样在挤压过程中发生了均匀的动态再结晶。在 440℃的挤压试样中，由于成形温度较高，晶粒尺寸分布不均，且明显增大。可见，在相同挤压变形条件下，挤压温度较低时，所提供的能量不足以克服全部再结晶所需的能量，导致试样晶粒尺寸不均匀；随着挤压温度的升高，外部输入能量增大，促进试样内部全部发生动态再结晶，形成等轴细小的晶粒；随着能量的进一步提供，原子扩散能力进一步增强，再结晶的晶粒出现长大现象。因此对 AZ80 镁合金，在该成形工艺条件下，350～410℃的热挤压温度可获得较为理想的细小均匀的等轴晶组织。

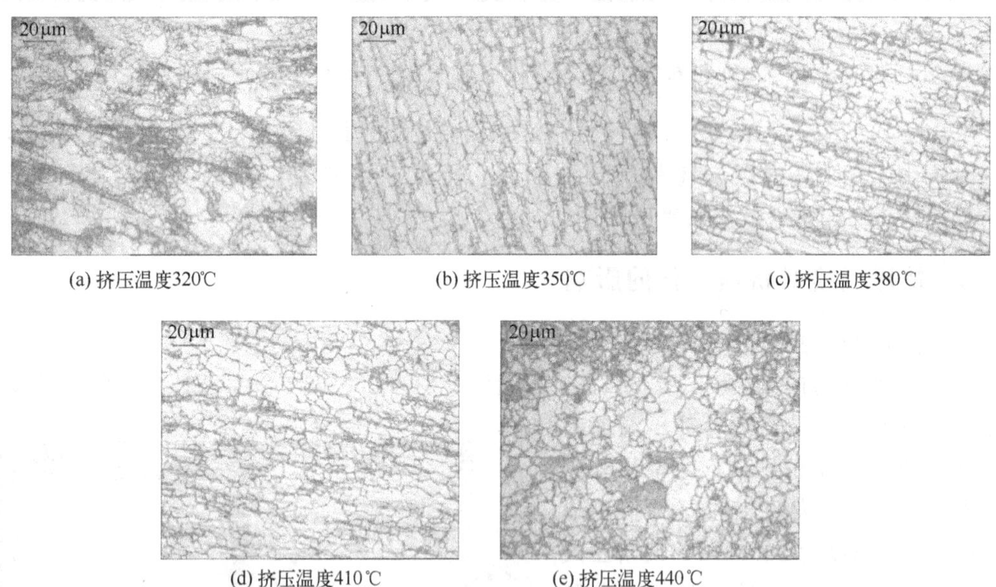

(a) 挤压温度320℃　(b) 挤压温度350℃　(c) 挤压温度380℃
(d) 挤压温度410℃　(e) 挤压温度440℃

图 6.28 不同挤压温度下的 AZ80 镁合金微观组织 (纵向)

图 6.29 所示为 AZ80 镁合金在不同挤压温度下晶粒尺寸的实验值与模拟值比较。可以看出，在挤压温度 350℃以上时，AZ80 镁合金晶粒尺寸的实验值与模拟值变化趋势一致，只有在 320℃时，由于实际变形过程中的不完全动态再结晶，晶粒未完全细化，导致实验值与模拟值相差较大。模拟值与实验值平均误差为 18.5%，说明对 AZ80 镁合金挤压变形中晶粒尺寸的预测较为准确，同时也说明所建立的 AZ80 镁合金动态再结晶模型和晶粒长大模型的准确性，具有一定的实际应用价值。

(3) 挤压温度对挤压零件力学性能的影响

未挤压的铸态 AZ80 镁合金抗拉强度为 162MPa，伸长率为 4.9%。图 6.30 所示为模具温度为 320℃，挤压温度分别为 320℃、350℃、380℃、410℃、440℃时挤压成形的压盖零件侧壁的拉伸强度。挤压后 AZ80 镁合金与铸态相比较，抗拉强度和伸长率均显著提高。其主要原因是，铸态粗大的树枝晶经挤压变形逐渐变成等轴晶，β-$Mg_{17}Al_{12}$ 相由原来的连续网状分布经变形伸长成流线型，在一定程度上消除了铸态组织中的疏松等缺陷，提高了合金的致密度，使合金的伸长率和抗拉强度都比铸态时大。

挤压零件的抗拉强度和伸长率随着挤压温度的升高，都呈先减小后增大的趋势。具体表现为挤压温度为 320℃时，抗拉强度和伸长率较大，抗拉强度在 380℃出现拐点，伸长率在 350℃出现拐点。挤压温度对镁合金力学性能的影响主要与晶粒尺寸、应力状态及变形组织有关，力学性能是 AZ80 镁合金变形过程中加工硬化和动态再结晶综合作用的结果，其差别主要与试样内部发生再结晶的等轴晶及塑性变形的组织结构的数量和形貌有关。410℃时挤压试样是由分布较为均匀的等轴晶构成，因此该试样所表现的综合力学性能最佳，伸长率较其他热挤压态高。

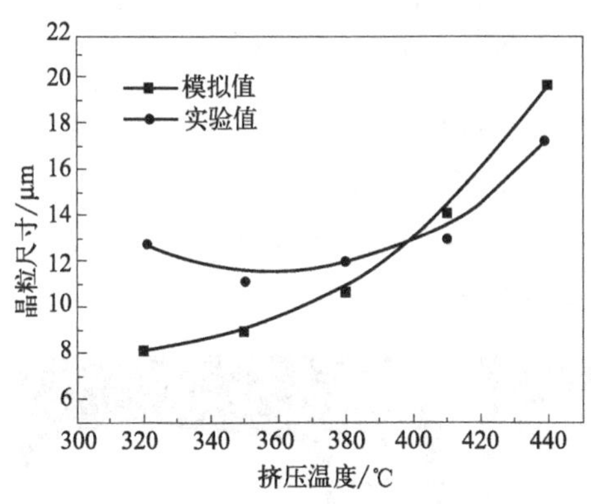

图 6.29　AZ80 镁合金在不同挤压温度下晶粒尺寸比较

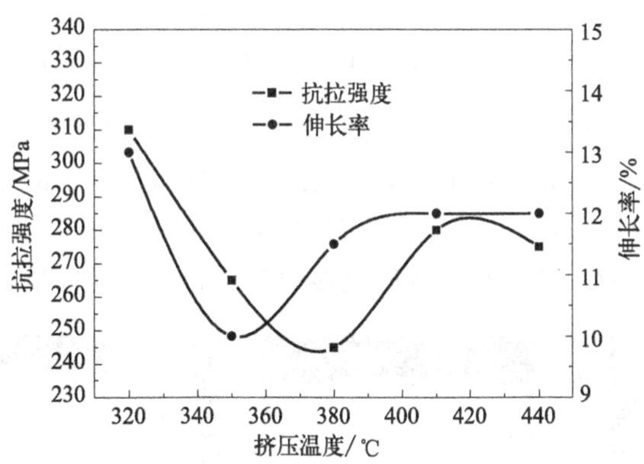

图 6.30　AZ80 镁合金压盖零件力学性能

(4) 不同挤压温度下成形零件的断口形貌及分析

图 6.31 是 AZ80 镁合金模具温度为 320℃，挤压温度分别为 320℃、350℃、380℃、410℃、440℃时挤压成形的多层壳件拉伸断口的扫描图。可以看出，320℃时反挤压成形的 AZ80 镁合金零件，拉伸断口有较多撕裂棱，准解理断口特征较多，局部有较小韧窝，表现为混合断裂特征。其他 4 种温度下，反挤压成形的试样断口有相似的结构特征，试样断面有大量韧窝，韧窝周边存在细小的撕裂棱，属于韧性断裂。350℃挤压时韧窝较浅，在断口上有二次裂纹，这与组织的不均匀性有很大关系。410℃时韧窝较为均匀，这是组织均匀、再结晶完全综合作用的结果。

6.4.6　模具温度对挤压零件的影响

(1) 模具温度对零件的表面质量的影响

图 6.32 所示为挤压温度为 350℃，模具温度分别为 290℃、320℃、350℃时挤压成形的压盖零件。观察零件外观质量，零件内表面质量都较好，而零件外表面质量差别较大。结果发现，模具温度为 350℃时，获得的反挤压成形零件表面光洁、无裂纹，表现出较好的挤压

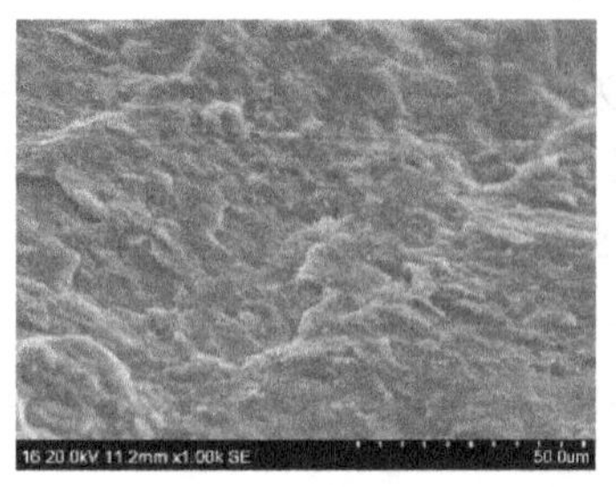

(a) 挤压温度320℃

(b) 挤压温度350℃

(c) 挤压温度380℃

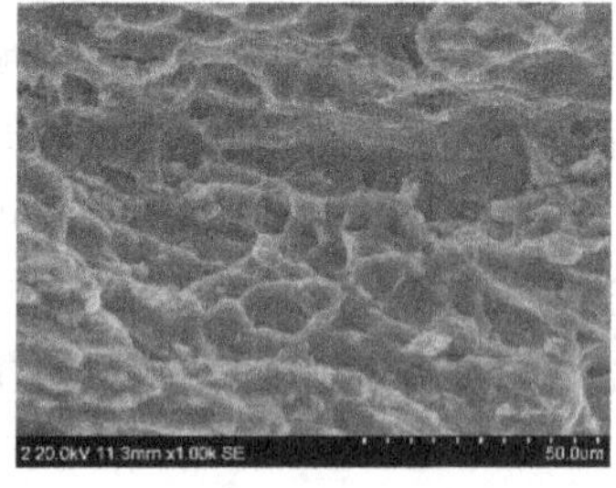

(d) 挤压温度410℃

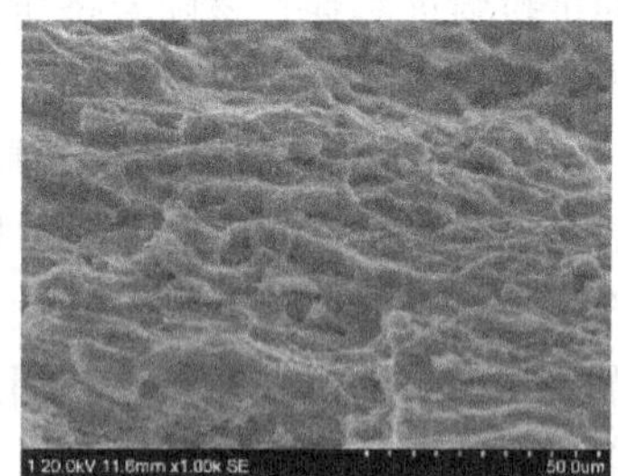

(e) 挤压温度440℃

图 6.31 不同挤压温度 AZ80 镁合金压盖零件拉伸试样断口 SEM 形貌

成形性能；模具温度为 290℃时，零件外表面周向出现明显的横向撕裂现象，且与挤压方向垂直，并且伴随鱼鳞状裂纹，裂纹遍布零件的整个外侧壁，并且越靠近上方，裂纹越大、越明显，挤压成形性明显降低。观察挤压温度为 380℃，模具温度分别为 290℃、320℃、350℃、380℃时挤压成形的多层壳件，同样能够看到上述现象。

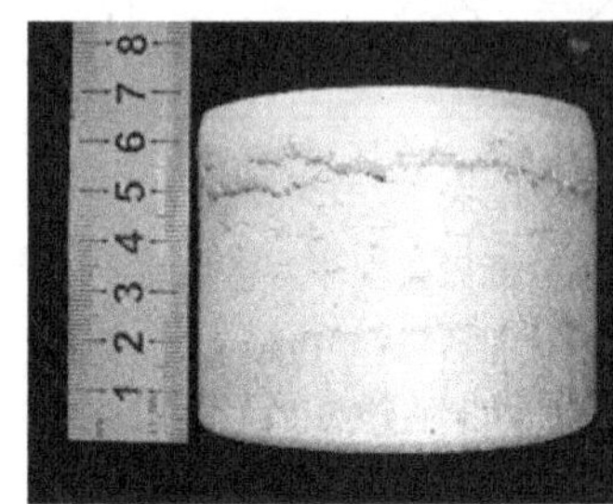

(a) 模具温度290℃

(b) 模具温度320℃

(c) 模具温度350℃

图 6.32 AZ80 镁合金压盖零件外观形貌

实验结果表明：模具温度对成形件的表面质量有一定的影响，随着模具温度升高，零件的挤压成形性逐渐变好。这是由于零件在反挤压成形过程中，坯料接触凸模和凹模的同时，当模具温度比挤压温度低很多时，坯料会把热量传递给模具，实际的挤压温度会降低，另外坯料在受到模具压应力同时，金属被迫向上流动成形，当金属表面受到的凹模的摩擦力大于金属表层抗拉强度时就会产生裂纹。温度较高的坯料成形时，由于强度较低，塑性较好，金属流动性较好，在成形时所用的挤压力相对小，附加摩擦拉应力较小，不易产生裂纹；温度较低的坯料成形时，由于强度较高，塑性较差，金属成形时流动性相对较差，在成形时所用的挤压力大，附加摩擦拉应力较大，易产生裂纹。

(2) 模具温度对零件显微组织的影响

图 6.33 所示为挤压温度为 350℃，模具温度分别为 290℃、320℃、350℃时挤压成形的

压盖零件侧壁纵向的显微组织。可以看出，坯料中的原始粗大柱状晶已基本消失，挤压成形后的晶粒都存在不同程度的细化，并且在原始晶界和晶粒内都有细小的新晶粒形成，这表明材料在反挤压过程中发生了动态再结晶。可以看出，在模具温度为 290℃时试样有明显的流线型组织，坯料中原始粗大柱状晶虽有破碎，但并不完全，原因主要在于模具温度过低，由于热传导坯料温度降低，变形时所提供的能量不足以克服全部再结晶所需的能量，发生不完全动态再结晶；在模具温度为 320℃和 350℃时试样中原始粗大柱状晶完全消失，金属流线及晶粒细化明显，组织更加均匀。可见，随着模具温度的升高，挤压温度的损耗减少，保证坯料的均匀变形，易于形成较小的等轴晶。

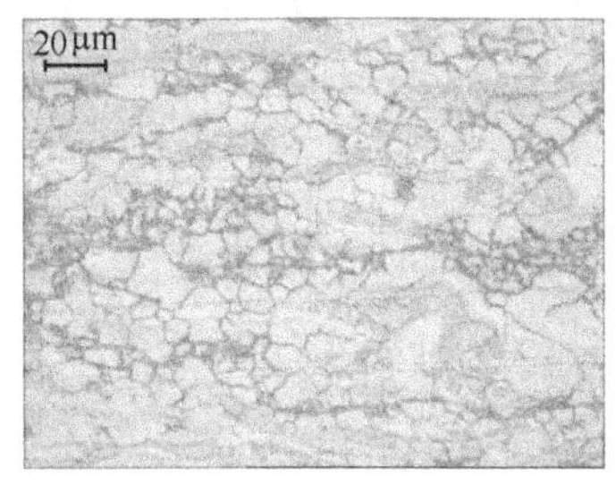

(a) 模具温度290℃

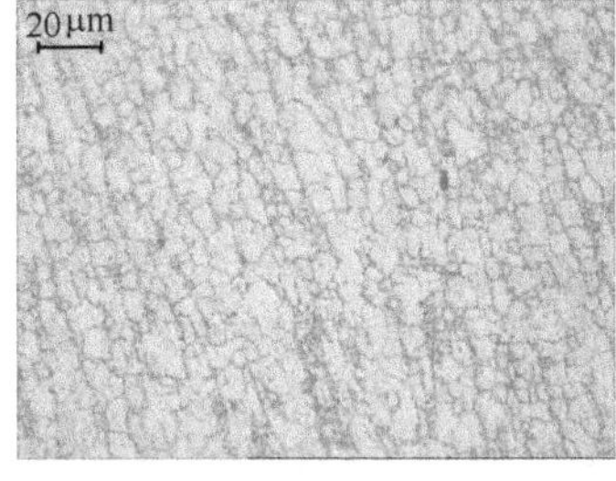

(b) 模具温度320℃

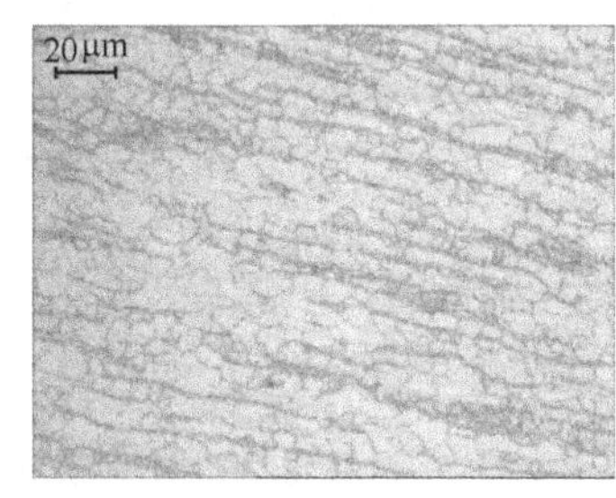

(c) 模具温度350℃

图 6.33　AZ80 镁合金压盖零件侧壁微观组织

图 6.34 所示为 AZ80 镁合金在不同模具温度下晶粒尺寸比较。从图中可以看出，挤压温度为 350℃时，不同模具温度下，AZ80 镁合金晶粒尺寸的实验值与模拟值变化趋势一致，模拟值与实验值平均误差为 15.6%，说明对 AZ80 镁合金挤压变形不同模具温度时晶粒尺寸的预测较为准确。

(3) 模具温度对零件力学性能的影响

图 6.35 所示为挤压温度为 350℃，模具温度分别为 290℃、320℃、350℃挤压成形的压盖零件侧壁的力学性能。挤压零件的抗拉强度随着模具温度的升高表现差别不大，而伸长率则随着模具温度的升高而变大。具体表现为模具温度为 290℃时，抗拉强度和伸长率较小，模具温度为 350℃时伸长率较大。模具温度对镁合金力学性能的影响主要与晶粒尺寸、应力状态及变形组织有关。力学性能是 AZ80 镁合金变形过程中加工硬化和动态再结晶综合作用的结果，其差别主要与试样内部发生再结晶的等轴晶及塑性变形的组织结构的数量和形貌有关。

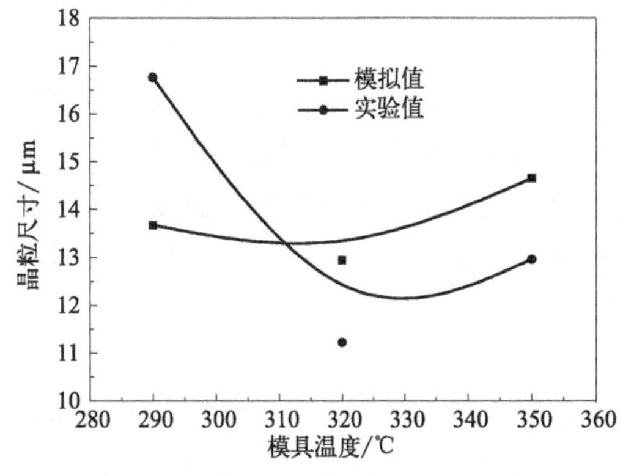

图 6.34　AZ80 模具温度对晶粒尺寸影响

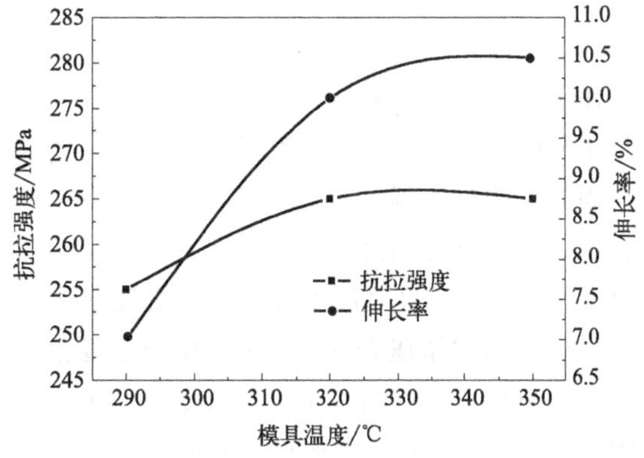

图 6.35　模具温度对力学性能影响（T=350℃）

(4) 不同模具温度下成形零件的断口形貌及分析

图 6.36 所示为挤压温度为 350℃，模具温度分别为 290℃、320℃、350℃挤压成形的多层壳件拉伸断口的扫描图。可以看出，290℃时反挤压成形的 AZ80 镁合金零件拉伸断口有较多撕裂棱，准解理断口特征较多，局部有较小韧窝，表现为混合断裂特征。320℃、350℃温度下，试样断面有大量韧窝，韧窝周边存在细小的撕裂棱，属于韧性断裂。350℃挤压时韧窝较浅，在断口上有二次裂纹，这与组织的不均匀性有很大关系。

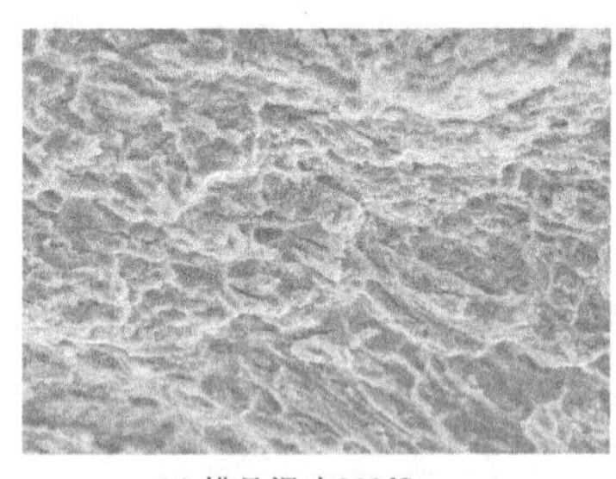
(a) 模具温度290℃

(b) 模具温度320℃

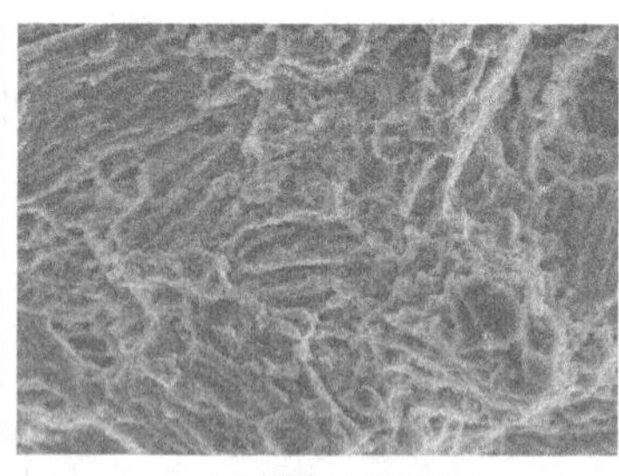
(c) 模具温度350℃

图 6.36 不同模具温度 AZ80 镁合金拉伸试样断口 SEM 形貌 (T= 350℃)

6.4.7 固溶处理对挤压件组织及力学性能的影响

热处理是改善合金力学性能和使用性能，充分发挥材料潜力的一种重要手段。本节采用热处理的方法，对 AZ80 镁合金挤压件进行固溶及时效处理，以改善 β-$Mg_{17}Al_{12}$ 相的数量、形貌及分布，消除挤压过程中的残余应力；对不同挤压工艺参数的零件进行热处理，分析力学性能较差的零件看是否可以通过热处理提高性能及产品的合格率；而对力学性能较好的零件，看是否可以通过热处理进一步提高性能；通过观察微观组织、测试力学性能，确定 AZ80 镁合金挤压件最佳的热处理工艺参数，为工业化生产多层壳件提供实验与理论依据。

(1) AZ80 镁合金固溶处理

AZ80 镁合金固溶处理的目的是使合金中铝、锌等起强化作用的元素，最大限度地溶入 α-Mg 基体中，得到过饱和固溶体，为时效处理做好准备。影响固溶处理的主要参数有加热温度、保温时间、冷却速度。加热温度越高，保温时间越长，则 β-$Mg_{17}Al_{12}$ 相固溶越充分，合金元素在晶体中的分布也就越均匀。最好的固溶处理是能够保证最大数量的 β-$Mg_{17}Al_{12}$ 相溶入基体，但又不引起过烧及晶粒长大。固溶处理过程中，加热温度越高，合金中合金元素和 β 相固溶也越彻底，在时效处理后的力学性能也越好。而与此同时，在固溶处理的过程中伴随着 α-Mg 基体晶粒长大粗化过程，当加热温度过高或保温时间过长，基体组织的粗化会十分明显，有的甚至会出现过烧现象，这将使合金的力学性能恶化。因此，对 AZ80 镁合金固溶处理加热温度的选择必须适当。固溶处理的加热温度上限是合金的熔化温度，为防止过烧，固溶处理的加热温度必须低于共晶温度。根据有关文献资料，将固溶处理的加热温度定为 415℃，保温时间为 24h，在空气中冷却至室温。

(2) 不同挤压参数对 AZ80 镁合金固溶处理的影响

前面介绍了不同挤压工艺参数对 AZ80 镁合金多层壳件的影响，在挤压温度为 320℃时，零件的力学性能较差，而挤压温度为 380～410℃时力学性能较好，挤压温度为 440℃时抗拉强度较小，塑性较好，所以选择固溶处理的零件：模具温度为 320℃，挤压温度为 320℃，命名为 1＃试样；模具温度为 350℃，挤压温度为 380℃，命名为 2＃试样；模具温度为 380℃，挤压温度为 440℃，命名为 3＃试样。通过对不同挤压工艺参数下的零件进行热处理，比较热处理对零件性能的改善程度，固溶处理对合金组织的影响。图 6.37 中 1-j、2-j、3-j 分别为 1＃、2＃、3＃试样侧壁的挤压态显微组织照片，1-g、2-g、3-g 分别为 1＃、2＃、3＃试样侧壁的固溶态显微组织照片。可以看到，经过固溶处理后基体都变成等轴晶粒，模具温度为 320℃、挤压温度为 320℃的试样经过固溶处理能看到少量的 β-$Mg_{17}Al_{12}$；而模具温度为 380℃、挤压温度为 440℃的试样经过固溶处理后几乎没有 β 相。从标尺可以看出各个样品的晶粒尺寸相差较大，1＃试样晶粒一般为 10～20μm，2＃、3＃试样晶粒一般为 30～50μm；与原始变形态晶粒尺寸相比也有很大差异，挤压态的金属流线型全部消失，晶粒尺寸有较大增长。这种变化的主要原因是加热后挤压态组织消失，晶粒发生了静态再结晶，形成新的晶粒并且长大。

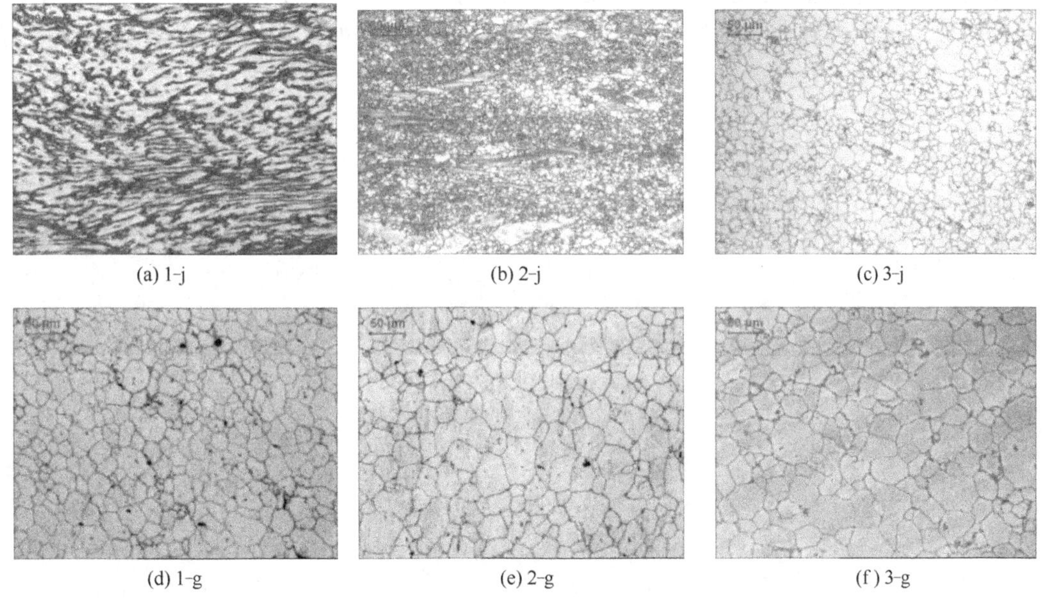

(a) 1-j　(b) 2-j　(c) 3-j

(d) 1-g　(e) 2-g　(f) 3-g

图 6.37　挤压态和固溶态显微组织

(3) 固溶处理对 AZ80 镁合金力学性能的影响

表 6.4 给出了零件侧壁挤压态及经固溶处理后合金的力学性能。由表中的数值可知，AZ80 镁合金固溶处理后的抗拉强度减小，而伸长率均有提高，变化明显。这与合金基体的过饱和程度，第二相的粒度、粒形及物相结构密切相关。在挤压态条件下，β-$Mg_{17}Al_{12}$ 相硬度高，且呈金属流线形状分布于晶界，能够承受较大的压力载荷，故合金的强度较大，而塑性较差。经固溶处理 24h 后，随加热温度的提高，位于晶界处的粗大、硬脆第二相 β-$Mg_{17}Al_{12}$ 均匀弥散于基体中，第二相的溶解导致镁合金内强化相的减少或消失，因而合金塑性得到提高，而强度减小。

表 6.4　挤压态和固溶态力学性能对比

零件编号	挤压态		固溶态	
	抗拉强度/MPa	伸长率 δ/%	抗拉强度/MPa	伸长率 δ/%
1＃	290	13.5	260	16.4
2＃	310	13	265	15.6
3＃	295	11.5	280	14.2

(4) AZ80 镁合金固溶态拉伸断口形貌分析

对于挤压态及经过固溶处理的 AZ80 镁合金而言，试样拉伸断裂处均未发生明显的颈缩现象。利用扫描电子显微镜对挤压态和固溶态的室温拉伸断口形貌进行观察，如图 6.38 所示。图 6.38 (a) 为挤压态 AZ80 镁合金拉伸断口的扫描照片，从图中可以看出，挤压态拉伸断口呈现出许多短而呈片层状的撕裂棱，撕裂棱两边由大小不一的解理台阶构成，在断口上有二次微裂纹。这与组织的不均匀性有关，由于粗大 β-$Mg_{17}Al_{12}$ 相呈金属流线型分布于晶界，塑性变形时，β-$Mg_{17}Al_{12}$ 相的脆性导致裂纹很容易形成进而扩展，同时 β-$Mg_{17}Al_{12}$ 相与 α-Mg 基体的界面处也多处于应力集中状态，从而导致挤压态 AZ80 镁合金拉伸断口表现为较强的准解理断裂特性。由图 6.38 (b)～(d) 可知，经固溶处理后合金的拉伸断口形貌发生明显变化，沿晶断裂减少，解理断裂和塑性断裂区域增加，断口中分布着众多深浅不一的韧窝，并且有明显的撕裂棱存在，表明在断裂前发生了较大的塑性变形，断口具有一定塑性的解理特征，表明合金的塑性得到了很大改善，验证了拉伸实验中镁合金伸长率增加的结果。

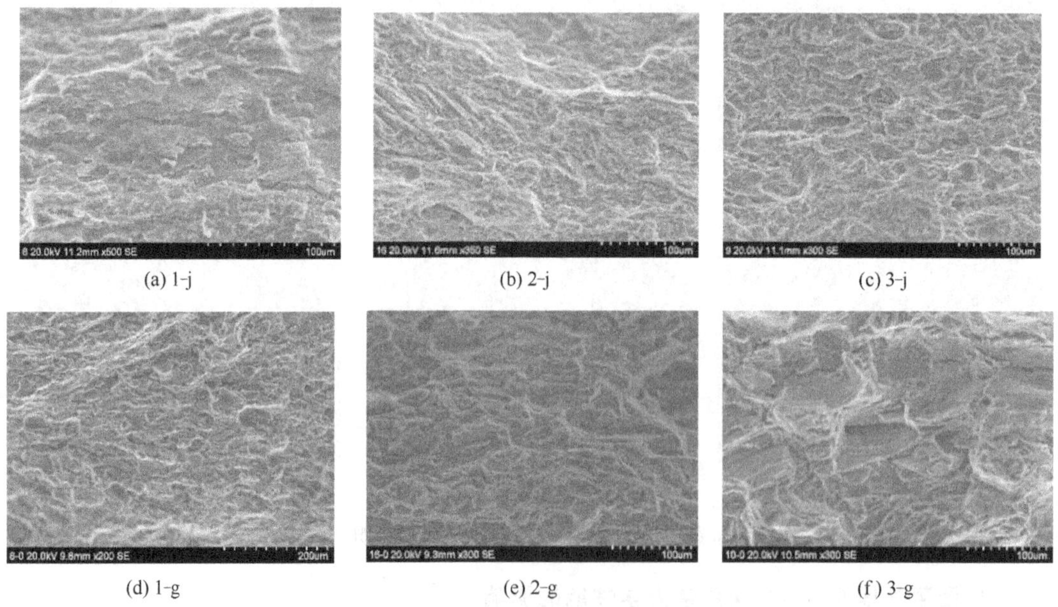

(a) 1-j (b) 2-j (c) 3-j

(d) 1-g (e) 2-g (f) 3-g

图 6.38 挤压态和固溶态 SEM 形貌

6.4.8 时效处理对挤压件组织及力学性能的影响

(1) AZ80 镁合金时效处理

对于 AZ80 镁合金多层壳件来说，由于该合金含有较多的 Al，固溶处理后的时效处理是多层壳件进行性能强化的关键。前期的固溶处理是为了使 β-$Mg_{17}Al_{12}$ 相固溶到基体镁中，对于强化合金的力学性能影响不大，但是能够显著地提高合金的塑性。所以一般而言，固溶处理属于为时效处理做准备阶段。时效处理分为自然时效和人工时效。自然时效是将固溶后的合金置于自然条件下一段时间，一般时效时间较长；人工时效是将固溶处理后的合金在一定温度下保温一段时间，使 β-$Mg_{17}Al_{12}$ 相均匀弥散地分布在镁合金基体中，进而进行时效强化。

AZ80 镁合金时效处理选择时效温度为 170℃，保温时间分别为 8h、12h、16h、20h、24h，以考察时效时间对组织及性能的影响规律。

(2) 时效处理对 AZ80 镁合金组织的影响

图 6.39 所示为 1＃试样在时效温度为 170℃，时效保温时间分别为 8h、12h、16h、20h、24h 的显微组织。由图可以看出，随时效保温时间的延长，β-$Mg_{17}Al_{12}$ 相的析出量不断增多，当时效保温时间为 8h 时，β-$Mg_{17}Al_{12}$ 相已经在晶界处析出，但是析出量较少；当时效保温时间为 12h 时，β-$Mg_{17}Al_{12}$ 相在晶界处析出明显，且比时效保温 8h 的要多，并且分布较为均匀；当时效保温时间为 16h 时，β-$Mg_{17}Al_{12}$ 相已经呈连续析出，形貌多呈胞状；当时效保温时间为 24h 时，析出的 β-$Mg_{17}Al_{12}$ 相几乎与基体相当，呈块状连续析出。晶界处大多被析出相所掩盖，晶粒内充满大量 β-$Mg_{17}Al_{12}$ 相，此时合金的条带状方向也已经变得不明显，各向异性明显减弱。由此可见，随着保温时间的增加，其析出相的数量逐渐增多，时效保温 20h 以上，析出相呈块状分布，晶粒随时间的延长并未长大。

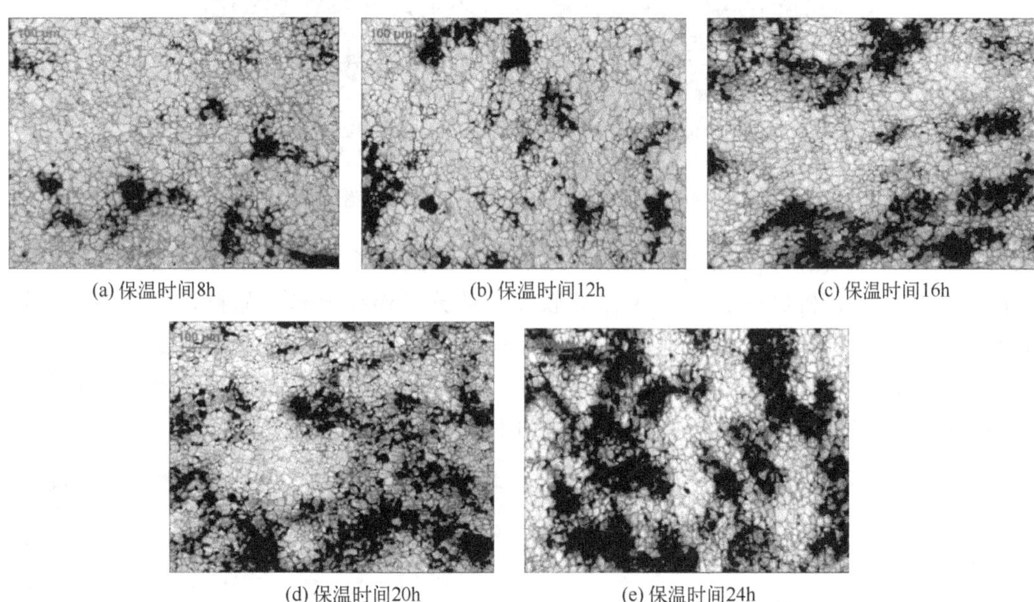

(a) 保温时间8h　(b) 保温时间12h　(c) 保温时间16h

(d) 保温时间20h　(e) 保温时间24h

图 6.39　1＃试样不同时效保温时间显微组织

图 6.40 所示为 2＃试样时效温度为 170℃，保温时间分别为 8h、12h、16h、20h、24h 的显微组织。由图可以看出，随时效保温时间的延长，β-$Mg_{17}Al_{12}$ 相的析出量不断增多，但是 2＃试样的时效效果与 3＃试样的时效效果并不完全相同。当时效保温时间为 8h 时，β-$Mg_{17}Al_{12}$ 相在晶界处析出量很少；当时效保温时间为 12h 时，β-$Mg_{17}Al_{12}$ 相在晶界处析出，比时效保温 8h 的要多，但仍不是很明显；当时效保温时间为 16h 时，β-$Mg_{17}Al_{12}$ 相仍然在晶界处析出，但是没有呈连续状，晶粒有长大趋势；在时效保温时间为 20h 时，析出的 β-$Mg_{17}Al_{12}$ 相较多，小部分呈连续分布，分布较为均匀；时效保温时间为 24h 时，析出相呈连续小块分布，且分布较均匀。总体来看，2＃试样析出相分布较均匀。

图 6.41 所示为 3＃试样时效温度为 170℃，保温时间分别 8h、12h、16h、20h、24h 的显微组织。由图可以看出，随时效保温时间的延长，β-$Mg_{17}Al_{12}$ 相的析出量不断增多，晶粒长大趋势明显，晶粒由初始 30～40μm 长大到 60～80μm。当时效保温时间为 8h 时，β-$Mg_{17}Al_{12}$ 相已经在晶界处析出，但是析出量很少，部分晶粒已经开始长大；当时效保温时间为 12h 时，β-$Mg_{17}Al_{12}$ 相在晶界处析出，比时效保温 8h 的要多，比较明显；当时效保温

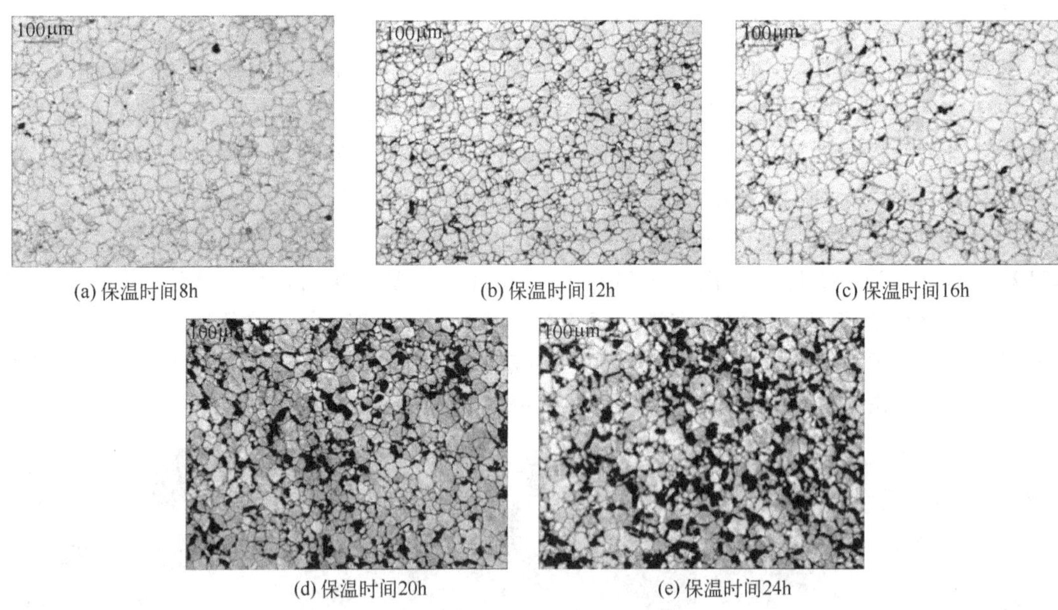

(a) 保温时间8h (b) 保温时间12h (c) 保温时间16h
(d) 保温时间20h (e) 保温时间24h

图 6.40 2# 试样不同时效保温时间显微组织

时间为 16h 时，β-$Mg_{17}Al_{12}$ 相仍然在晶界处析出，少量呈连续状，晶粒继续长大；在时效保温时间为 20h 时，析出的 β-$Mg_{17}Al_{12}$ 相较多，部分呈连续分布，晶粒长大较多；时效保温时间为 24h 时，析出相大多呈连续分布，有些已经呈现块状，晶界处大多被析出相所掩盖，晶粒内充满大量 β-$Mg_{17}Al_{12}$ 相。由此可见，随着保温时间的增加，其析出相的数量不断增多，析出形貌逐渐呈连续块状，并且晶粒明显长大。

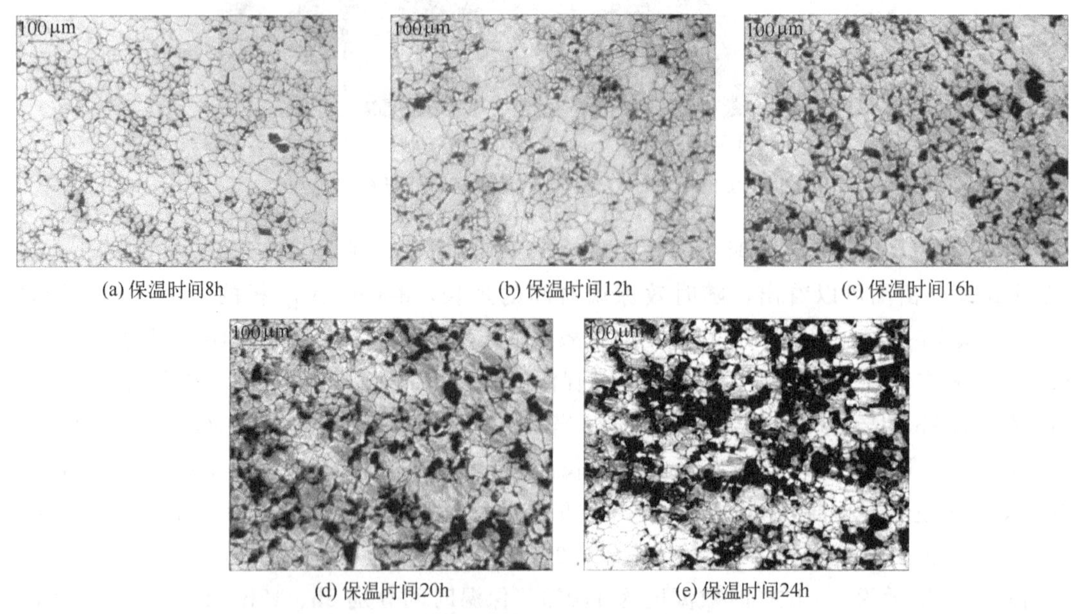

(a) 保温时间8h (b) 保温时间12h (c) 保温时间16h
(d) 保温时间20h (e) 保温时间24h

图 6.41 3# 试样不同时效保温时间显微组织

(3) 时效处理对 AZ80 镁合金力学性能的影响

AZ80 挤压件经不同时效处理后的力学性能如表 6.5 所示。

从表 6.5 中可以看出，AZ80 镁合金挤压态的抗拉强度大于固溶态，而不同时效的 AZ80

镁合金多层壳件随时效保温时间的延长，抗拉强度逐渐增加，在时效保温时间为 20h 左右时，抗拉强度达到最大值，而此后随时效保温时间的延长，抗拉强度略有下降，但下降幅度较小；合金的伸长率则随着时效保温时间的延长而逐渐减小，最后逐渐趋于平稳。

□ 表 6.5　AZ80 挤压件经不同时效处理后的力学性能

编号	状态	挤压态	固溶态	时效保温 8h	时效保温 12h	时效保温 16h	时效保温 20h	时效保温 24h
1#试样	抗拉强度/MPa	290	260	285	295	326	335	315
	伸长率 δ/%	13.5	16.4	15.8	12.5	10.4	8.4	8.5
2#试样	抗拉强度/MPa	310	265	290	300	327	355	350
	伸长率 δ/%	13	15.6	15.1	14.5	12.2	8.4	8.2
3#试样	抗拉强度/MPa	295	280	296	315	328	339	335
	伸长率 δ/%	11.5	14.2	14	12.3	10.2	7.3	7.1

(4) 时效保温后拉伸断口形貌分析

图 6.42 所示为 1# 试样时效温度为 170℃，保温时间分别为 8h、12h、16h、20h、24h 的拉伸断口形貌。其拉伸断口形貌和固溶处理后的断口形貌相比，发生了明显变化，表现为以准解理断裂为主，部分区域存在较小的韧窝，且断口存在较小的撕裂棱。这是因为时效处理后 β-$Mg_{17}Al_{12}$ 相首先在晶界处析出并逐渐向晶粒内部延伸，同时晶粒内部也弥散大量细小的 β-$Mg_{17}Al_{12}$ 相，起到了较强的钉扎晶界和强化 Mg 基体的作用，使晶间的结合力大大增强，并且限制了镁合金通过晶粒的转动诱发次滑移系使晶界滑动来增加变形能力，从而使合金的塑性大为下降，所以时效后的拉伸断口表现为以准解理为主，具有一定的层状撕裂特征。β-$Mg_{17}Al_{12}$ 相存在硬而脆的特点，其协调变形能力较差，难以与基体协调一致变形。因此，在 β-$Mg_{17}Al_{12}$ 相与基体界面生成微裂纹源的可能性较大，微裂纹极易在该界面形成，进而扩展生长，最后导致以准解理断裂方式为主。随时效保温时间的延长，β-$Mg_{17}Al_{12}$ 析出相的数量逐渐增多，且连续析出相比例逐渐增加，抗拉强度逐渐增大，而合金的伸长率则明显减小。具体表现为时效保温 8h 时，存在深浅不一的韧窝，撕裂棱较小，表现出较好的塑性，这与拉伸的伸长率大是一致的。而随着时效保温时间的延长，韧窝逐渐变少，准解理片层逐渐增多，而且部分区域出现二次裂纹，塑性逐渐下降。

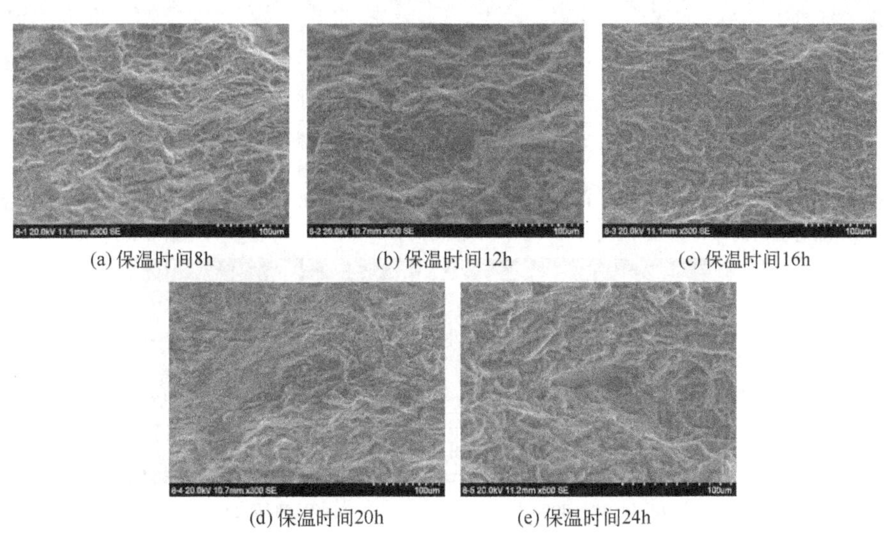

(a) 保温时间8h　(b) 保温时间12h　(c) 保温时间16h　(d) 保温时间20h　(e) 保温时间24h

图 6.42　1# 零件不同时效保温时间拉伸断口形貌

图 6.43 所示为 2#试样时效温度为 170℃，保温时间分别 8h、12h、16h、20h、24h 的拉伸断口形貌。其时效保温后拉伸断口形貌主要表现为以准解理断裂为主，部分区域存在较小的韧窝，且断口处存在有较小的撕裂棱。

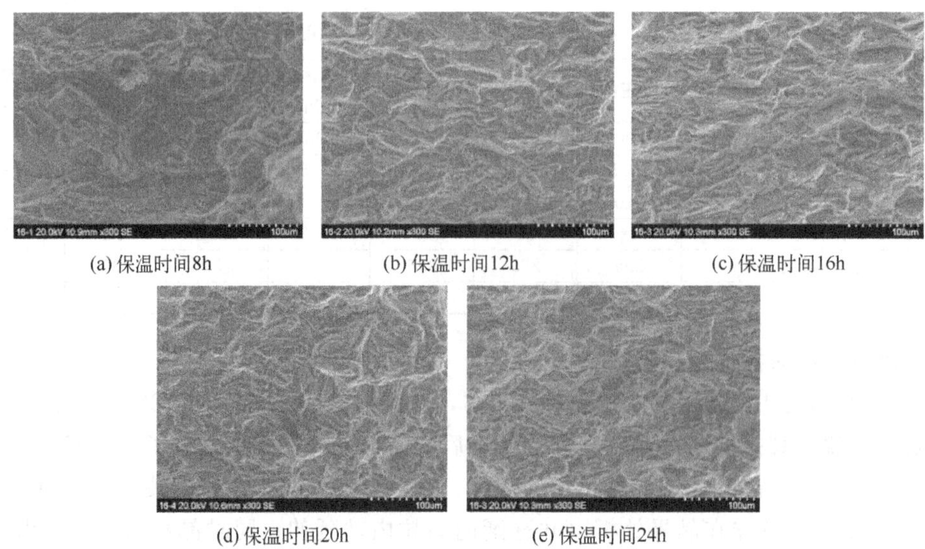
(a) 保温时间8h (b) 保温时间12h (c) 保温时间16h (d) 保温时间20h (e) 保温时间24h

图 6.43 2#试样不同时效保温时间拉伸断口形貌

图 6.44 所示为 3#试样时效温度为 170℃，保温时间分别 8h、12h、16h、20h、24h 的拉伸断口形貌，表现为以准解理断裂为主，部分区域存在较小的韧窝，且断口存在较大的撕裂棱，二次裂纹较多。具体表现为时效保温 8h 的零件，二次裂纹大且深，解理台阶较明显，表明是脆性断裂，随着时效保温时间的延长，较浅的韧窝逐渐形成，撕裂棱也较小。

3#试样与 1#试样在断口形貌上存在较大差别。首先是韧窝数量上，明显比 1#试样要少，解理台阶较多，撕裂棱也较大。这是由于 3#试样挤压模具和挤压温度较高，在时效保温前的固溶处理阶段晶粒已经较大，在时效保温期间，晶粒要比 1#的大，所以塑性表现得不是很好。

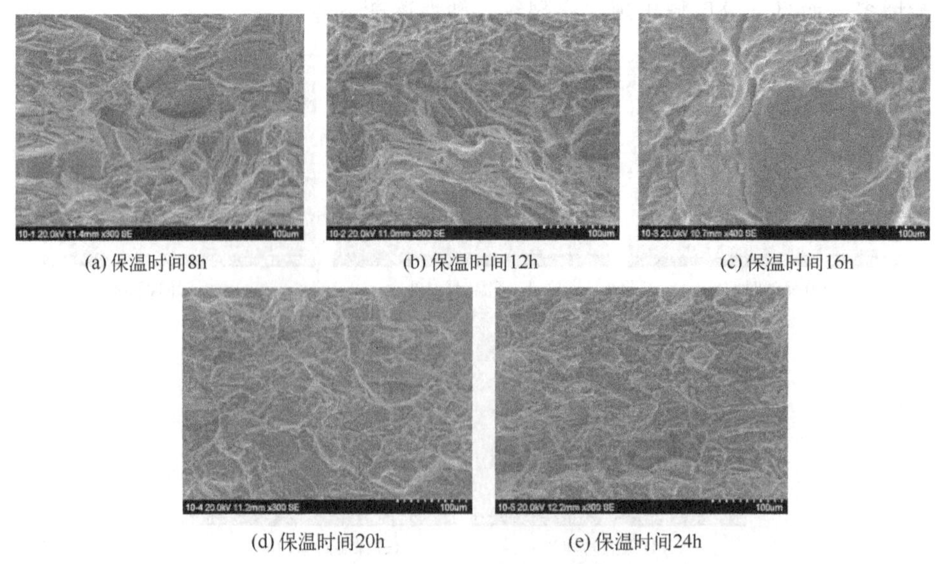
(a) 保温时间8h (b) 保温时间12h (c) 保温时间16h (d) 保温时间20h (e) 保温时间24h

图 6.44 3#试样不同时效保温时间拉伸断口形貌

第7章 镁合金型材温热绕弯成形技术

7.1 绕弯成形工艺原理

7.1.1 绕弯成形工艺

绕弯成形技术是进行型材弯曲加工的典型加工方法，型材绕弯成形原理如图 7.1 所示。工作原理是利用液压缸拉伸夹持装置对型材施加拉伸力，在绕弯成形前对型材施加拉伸力使其伸长，成形过程中保持此拉伸力，成形结束后还可以施加补拉力，拉伸力在成形过程中可以实时控制。此外，动模对型材施加侧向压力，且动模在成形过程中随变形区一起运动。

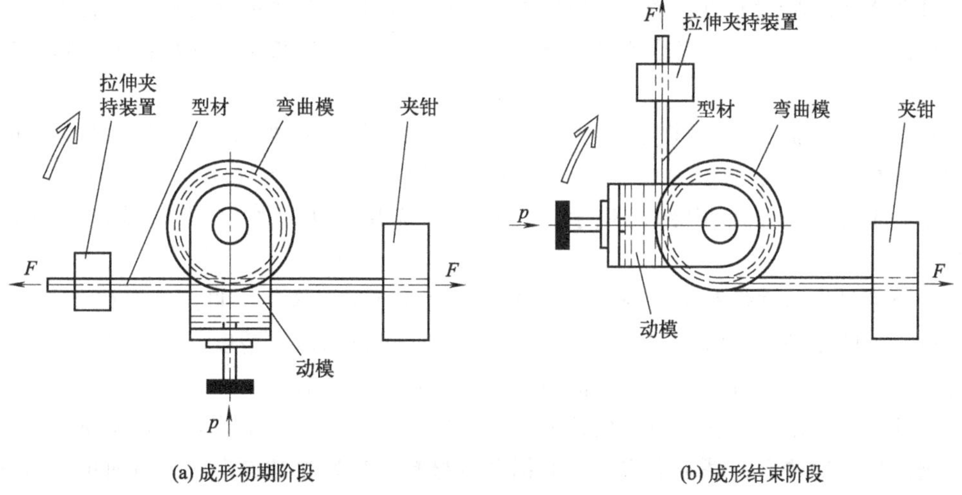

图 7.1 型材绕弯成形工艺原理

液压缸拉伸夹持装置施加的轴向拉伸力一方面可以消除型材的初始扭曲变形和防止弯曲过程中型材腹板的边缘失稳起皱；另一方面可以减小型材的回弹量和成形后的残余应力。动模施加的侧向压力，增大了型材弯曲成形中的静水压力，提高了型材的塑性，减少了型材外缘壁厚的减薄和开裂；且动模在弯曲成形过程中是主动旋转的，改善了型材的贴模性，约束了型材的截面畸变，减小了型材的回弹量。因此，绕弯成形工艺的特点是回弹量小，截面畸变小，型材外缘减薄量小，适合成形复杂截面形状的型材。

型材绕弯成形包括以下工序：①将型材的一端固定于夹钳中，另一端夹持在液压缸拉伸夹持装置中；②通过拉伸夹持装置施加轴向张力 F 使型材伸长，并处于拉应力状态；③动模对型材施加压力 p 使其压靠在弯曲模上，如图 7.1（a）所示；④驱动动模旋转，型材在拉伸夹持装置和动模的作用下依次贴靠在弯曲模上，成形为一定的弯曲半径，如图 7.1（b）所示；⑤成形结束后，依次撤去拉伸夹持装置和动模，取出型材。

按照成形工艺特点，绕弯成形可以分为无芯绕弯和有芯绕弯；按照弯曲时加热与否，可以分为冷弯和热弯；按照弯曲加工的机械程度，可以分为手工绕弯和弯管机绕弯。

绕弯成形技术具有如下工艺特点：绕弯模具结构简单、紧凑，模具安装调试方便；应用绕弯工艺成形制件的成形效率高；绕弯工艺具有将不同工艺方法相结合的综合成形特点；弯曲件表面质量良好；具有柔性制造的特点。

绕弯成形容易产生以下质量缺陷：工件绕弯变形区外侧壁厚易变薄，变形区内侧壁厚易增大、起皱；相比于其他弯曲工艺，使用绕弯工艺弯曲的制件回弹量较大，弯曲后曲率半径沿坯料周向分布不均，而曲率的不一致性又会造成圆度下降，从而影响成形精度；对于空心型材，在弯曲过程中常见的缺陷有起皱、塌陷和截面变形。

7.1.2 张力绕弯成形工艺

张力绕弯成形工艺借鉴了拉弯和绕弯的特点，该工艺的操作方法是将型材的一端夹持在绕弯模拉伸夹持装置的夹头中，通过施加轴向张力改变型材的应力状态，侧压模将其压靠在绕弯模上，工作时绕弯模固定，侧压模和拉伸夹持装置的夹头带着型材一起转动，因此型材可以被弯曲成所需的形状。

通过在绕弯的基础上加一个轴向拉伸力，可以达到减小制品内部的压缩应力的目的，当施加的拉伸力合适时，可以完全消除压缩应力，将弯曲中性层移至制品内沿外，这与拉弯成形的原理类似。

相对于其他弯曲工艺，张力绕弯成形有如下工艺特点：张力绕弯模具结构简单；工件弯曲过程中保持一定的张力，弯曲后坯料回弹较小，容易实现小弯曲半径工件的弯曲成形；弯曲起皱少，工件内部的残余应力减小；应用张力绕弯工艺成形制件的成形效率高。

镁合金型材弯曲部件对于实现先进装备轻量化具有重要作用，将广泛应用于航空航天、交通运输、国防装备等领域。采用张力绕弯成形技术可以制造高精度、高质量的镁合金型材弯曲件，以满足先进装备的高性能、高精度、轻量化等技术需要。

国内外学者采用实验和有限元模拟的方法，研究了绕弯成形工艺参数对型材成形几何精度的影响。但是这些研究基本上都是针对铝合金材料，且型材截面形状相对简单。型材弯曲成形后除存在起皱、拉裂和回弹等现象外，还存在截面畸变和非对称截面型材易产生纵向扭曲等特殊问题，中性层内移问题也很突出，建立理论分析模型相当困难，目前以实验和数值模拟为主。

张学广等[58] 提出了一种基于增量控制的型材拉弯轨迹设计方法，并应用于轨道车辆弯梁拉弯成形中，实现了拉弯轨迹的参数化调控。王贺等[59] 研究发现影响铝型材拉弯件曲率半径的敏感因素依次为补拉量、预拉量、摩擦条件。钱志平等[60] 研究了非对称截面型材平面拉弯成形零件出现法向翘曲变形的原因，采取先预拉再弯曲后补拉的加载方式有效控制了法向翘曲变形。王敬丰等[61] 对超大规格宽幅薄壁中空型材进行了结构优化，确定了挤压工艺参数，获得了大尺寸的宽幅薄壁中空镁合金型材，型材平均晶粒尺寸为 10～30μm，抗拉强度为 250MPa，断后伸长率为 15%。肖寒等[62] 优化了 AZ31 镁合金型材温热张力绕弯成形工艺参数，分析了成形温度及预拉伸量对 AZ31 镁合金型材成形质量及回弹的影响规律，当成形温度为 140～220℃时，AZ31 镁合金型材弯曲回弹角为 3.8°，当预拉伸量为 6%时，AZ31 镁合金型材弯曲回弹角为 3.1°。

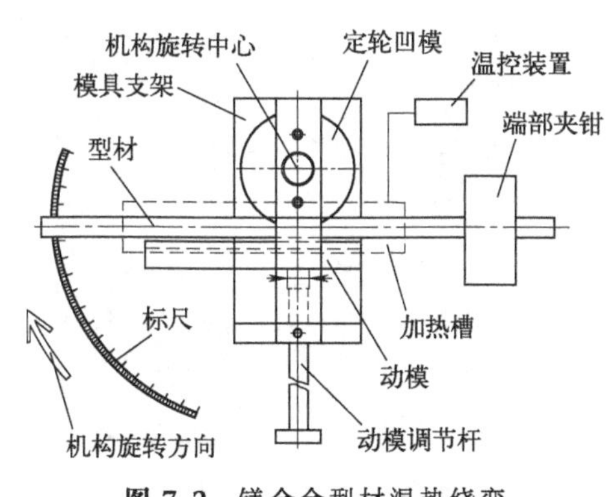

图 7.2　镁合金型材温热绕弯成形原理示意图

镁合金型材温热绕弯成形原理如图 7.2 所示。将镁合金型材预弯区域置于加热槽中，加热槽中内置热电偶，用于设定温度值并保温一定时间；保温完毕后迅速装夹型材，调节动模调节杆，使型材与动模及定轮凹模接触完全，然后动模以定轮凹模为中心旋转指定的弯曲角度，保持在此位置若干秒；最后卸载将型材取出。

7.2　型材张力绕弯机设计

7.2.1　凸凹模设计

在型材弯曲塑性变形过程中，外层材料纤维受拉而伸长，内层材料纤维受压而缩短，在材料伸长和缩短之间存在一个长度保持不变的区域，称之为应变中性层。弯曲时塑性变形只发生在材料的弯曲角附近，除弯曲角与未变形区的过渡区域存在少量的变形外，材料其余部分均不发生塑性变形，即其长度不变。

型材的应变中性层不一定是材料厚度的中心，变形程度很小时，应变中性层的位置基本上处于材料厚度的中心。若材料厚度一定，相对弯曲半径（R/t）越小，变形程度越大，应变中性层就越靠近材料内侧。

图 7.3 所示为实验用挤压态型材。弯曲目标件是将一定长度的 AZ31 镁合金型材弯曲成内径为 90mm、弯曲角度为 90°的 U 形件。模具设计为将型材分两次弯曲成一个 U 形件。如图 7.4 所示为型材弯曲图示。根据实验所用型材截面形状特点设计弯曲凹模，为便于加工、修模，将凹模设计成分体结构，同时可根据型材截面形状的变化，方便快捷地调整凹模形状。

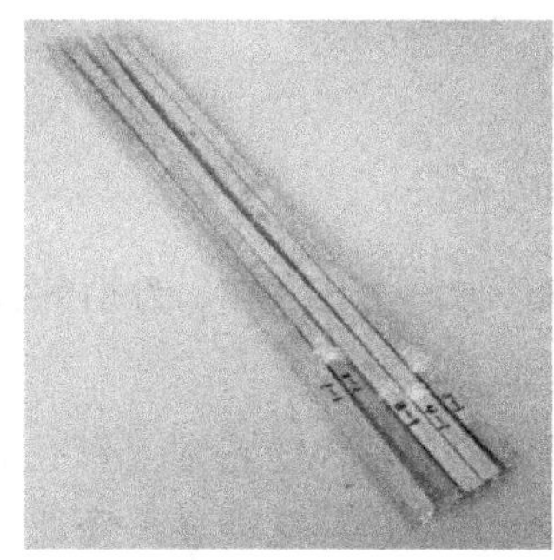

图 7.3　原始型材

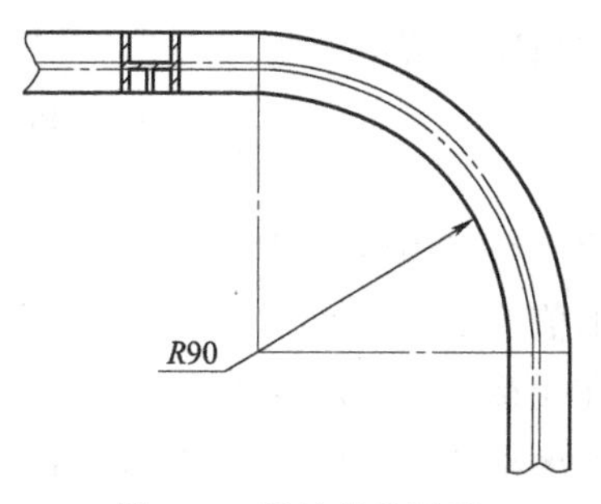

图 7.4　型材弯曲图示

凸凹模形状结构完全按照型材截面设计，使其在合模时，型材能够完全被包裹。根据实践经验得出模具与型材间的单边间隙在 0.2～0.5mm 之间最为合理。图 7.5 所示为装配后的凸凹模照片，图 7.6 所示为防止凹模转动的固定块。

图 7.5　凸凹模

图 7.6　凹模固定块

7.2.2　轴的设计

轴的材料主要根据轴的工作条件并考虑制造工艺等因素确定。轴的失效多由材料疲劳引起，要求轴的材料具备较高的强度和刚度，对应力集中的敏感性要低，同时还要考虑材料的来源、工艺性及经济性等。轴的常用材料为碳素钢和合金钢，多采用锻件。本机构采用 45 钢，经调质处理，该材料的强度、韧性等综合力学性能较好。为了便于更换模具，将轴分成两段，用轴套连接，中间段可装入传感器。以下轴的设计校核以装配后的整体轴为目标。

主轴旋转速度为：$\omega=0.3\text{rad/s}$，$v=\omega r=0.3\times50=15\ (\text{mm/s})\ =0.015\ (\text{m/s})$。

液压缸输出功率为：$n=3\text{r/min}$，$F=12.56\text{kN}$，$P=Fv=12.56\times0.015=0.2\ (\text{kW})$。

按扭转强度计算：

$$d=A\times\sqrt[3]{\frac{P}{n}}=44(\text{mm}) \tag{7.1}$$

式中，P 为轴的传递功率，kW；ω 为轴的角速度，rad/s；F 为液压缸输出力，kN；n 为轴的工作转速，r/min；r 为齿轮齿条中齿轮半径，mm；v 为齿轮齿条中齿条线速度，m/s；A 为系数，$A=110$；d 为轴径，mm。

当轴的截面上有键槽时，应将求得的轴径增大，两个键槽轴径增大 7%，则 $d=47.1\text{mm}$，轴径取整 $d=50\text{mm}$。

轴的强度校核：

$$\tau_T=\frac{T}{W_T}=\frac{9550\times10^3P}{nW_T}=25.9\text{MPa}\leqslant[\tau_T] \tag{7.2}$$

式中，τ_T 为轴的扭剪应力，MPa；T 为轴传递的转矩，N·mm；W_T 为轴的抗扭截面模量，取值为 24531.25mm^3；$[\tau_T]$ 为轴材料的许用扭剪应力，MPa。

轴在受载荷时会产生弯曲变形，过大的弯曲变形会影响轴上零件的正常工作。轴的偏转角 θ 会使滚动轴承的内外圈相互倾斜，偏转角超过轴承的允许转角，就会显著降低轴承的寿命，轴的过大扭转变形会影响轴的工作精度。因此，轴的长度及支点的作用位置需要处于轴的使用有效范围内。轴上所使用的是圆锥滚子轴承，其最大偏转角为 $\theta_P=0.0016\text{rad}$，最大挠度为 $y_{max}=(0.0003\sim0.0005)l$。轴的载荷简图如图 7.7 所示。

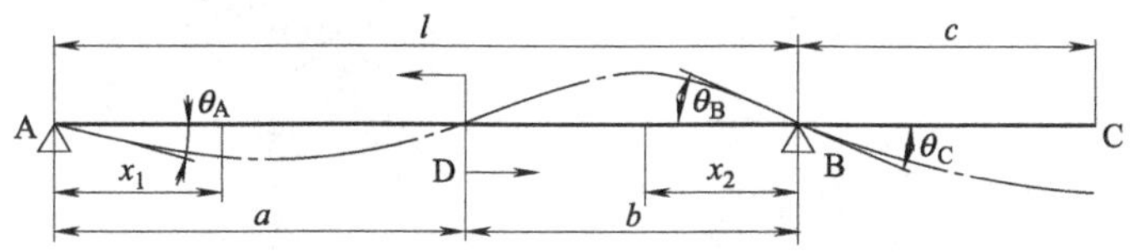

图 7.7　轴的载荷简图

偏转角：

$$\theta_C=\theta_B$$

$$\theta_A=-\frac{Ml}{6\times10^4 d_{v1}{}^4}\left[1-3\left(\frac{b}{l}\right)^2\right] \tag{7.3}$$

$$\theta_B=-\frac{Ml}{6\times10^4 d_{v1}{}^4}\left[1-3\left(\frac{a}{l}\right)^2\right] \tag{7.4}$$

最大挠度：

$$y_{max}=-\frac{Ml^2}{9\sqrt{3}\times10^4 d_{v1}{}^4}\left[1-3\left(\frac{b}{l}\right)^2\right]^{3/2}\approx0.384l\theta_B\sqrt{1-3\left(\frac{a}{l}\right)^2} \tag{7.5}$$

式中，l 为支点间距，mm；M 为外力矩，N·mm；a，b 为载荷到左右支点的距离，mm；d_{v1} 为载荷作用于支点间时的当量直径，mm。

取 $l=430\text{mm}$，$a=110\text{mm}$，$b=320\text{mm}$，$d_{v1}=50\text{mm}$，则

$$M=9550\frac{P}{n}=637\text{N}\cdot\text{m}$$

计算得 $\theta_A=0.0005\text{rad}$，$\theta_B=0.0006\text{rad}$，$y_{max}=0.089\text{mm}$。

故 $\theta_A<\theta_P$，$\theta_B<\theta_P$，$y_{max}<y_{maxp}=0.129\text{mm}$，所以当轴长为 430mm，轴径为 50mm 时，该轴的设计是满足要求的。

7.2.3　拉伸装置

拉伸装置用于对型材施加轴向张力，根据轴向张力施加的方式可分为预拉力和补拉力，也可实现型材弯曲时轴向张力随弯曲角度变化而变化。

图 7.8 所示为轴向拉伸液压缸，用于控制型材的轴向张力。轴向拉伸液压缸固定在模具支架上，随动模同时转动，位置与动模保持相对静止。液压缸的活塞杆前端装有型材夹持块，为便于弯曲后取件，型材夹持块形状如图 7.9 所示。型材夹持块与型材和型材端部夹钳保持在同一水平面上，以防型材弯曲时产生断裂等缺陷。用液压系统控制拉力是比较困难的，而且实现起来比较复杂，用拉伸量的方式控制其对型材回弹的影响比用拉力的方式更为方便、准确。因此，该液压式张力绕弯机通过在液压系统管路中加装液压传感器，借助信息采集系统控制拉伸量来达到预期控制目标。该张力绕弯设备的张力施加装置和现有同类设备的装置在使用上有所不同。同类弯曲设备的张力是在弯曲材料的固定端一侧施加，随着弯曲的进行张力逐渐减小。而新设计的张力绕弯机的张力是在原先材料的悬臂端一侧施加，这样做的优点在于实现起来较为容易，并且随着弯曲的进行，张力的大小可通过液压系统调节轴向张力液压缸调节，在实验过程中可实现施加张力值的恒定，提高了实验设备的精度。

图 7.8　轴向拉伸液压缸

图 7.9　型材夹持块

7.2.4　液压系统原理

在确定了液压执行元件后，要根据设备的工作特点和性能要求，先确定对主要元件的性能起决定性影响的主要回路，然后设计其他辅助回路，有多个执行元件的系统要考虑顺序动作，设计同步和防干扰回路等，同时还要考虑节约能源，减少系统发热，减少液压冲击，保证动作精度等问题。将设计的多个液压回路进行归类、整理，再增加一些必要的元件或辅助油路，尽量省去不必要的元件以简化系统结构，同时保证其循环中的每个动作都安全可靠，相互间不产生干扰。设计时尽可能提高系统效率，防止系统过热，优先采用标准元件，减少自行设计的专用件，同时保证系统经济合理，便于维修检测。经综合考虑，优化后设计的液压系统原理图如图 7.10 所示。

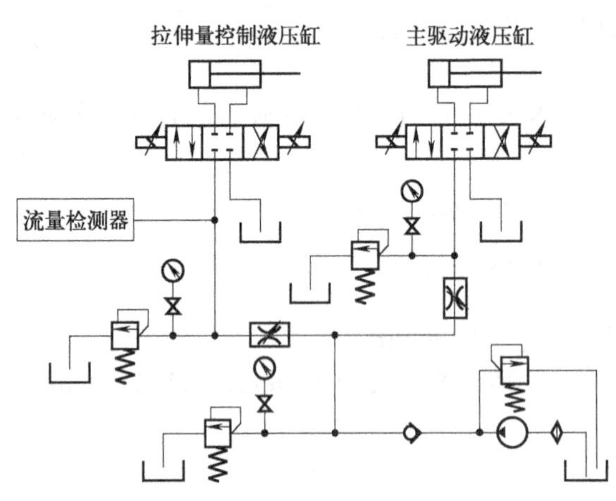

图 7.10　液压系统原理图

7.2.5　液压缸的选择

液压缸按其结构形式可分为活塞缸、柱塞缸和摆动缸三类。活塞缸和柱塞缸用于实现往复运动，输出推力和速度；摆动缸用于实现小于 360°的往复摆动，输出转矩和角速度。活塞式液压缸根据使用要求不同可分为双杆式和单杆式两种。双杆式活塞缸是活塞两端各有一根直径相等的活塞杆伸出，单杆式活塞缸是活塞只有一端带活塞杆。如果向单杆式活塞缸的左右两腔同时通入压力油，就是差动液压缸。液压缸根据安装方式不同又可以分为缸筒固定式和活塞杆固定式两种。本系统液压缸采用的是缸筒固定、单杆、差动、活塞式液压缸。

液压缸活塞杆的直径 d 通常按照先满足液压缸速度比或面积比的要求来选择，然后再校核其结构强度和稳定性，若面积比为 λ，缸筒内径为 D，则

$$d=D\sqrt{\frac{\lambda-1}{\lambda}} \tag{7.6}$$

主动液压缸：$d_1=37.4\text{mm}$，取整数，选择 $d_1=40\text{mm}$。

拉伸液压缸：$d_2=20.1\text{mm}$，取整数，选择 $d_2=22\text{mm}$。

液压缸缸筒长度 L 由最大工作行程长度决定，一般不超过其内径的 20 倍，同时要考虑液压缸的实际安装空间，尽量选取标准液压缸缸筒长度。

当活塞杆全部外伸时，从活塞支撑面中点到导向套滑动面中点的距离称为最小导向长度 H。如果导向长度过小，将使液压缸的初始挠度（间隙引起的挠度）增大，影响液压缸的稳定性，因此设计时应保证有一定的最小导向长度。对于一般的液压缸，当液压缸的最大行程为 L，缸筒直径为 D 时，最小导向长度为

$$H \geqslant \frac{L}{20}+\frac{D}{2} \tag{7.7}$$

根据液压缸活塞杆的直径 d 的选取，在满足液压缸缸筒长度 L、最小导向长度 H 等前提下选取标准液压缸。

7.2.6　液压系统性能验算

当液压系统图、液压元件及连接管路等确定后，就必须对所取经验数据进行验算，发现问题则需修正设计或采用其他措施解决。以下对液压系统最主要的压力损失和发热温升两方面进行验算。

(1) 液压系统压力损失验算

快速运动时，液压缸上的外负载小，管路中流量大，压力损失也大；慢速运动时，外负载大，流量小，压力损失也小。液流的压力损失分为两种：一种是液体在等径直管中流动时因摩擦而产生的沿程压力损失 Δp_1；另一种是由管道截面突变、液流方向改变或控制阀口等引起的局部压力损失 Δp_2。液压系统的压力损失为上述各项压力损失的总和，即

$$\Delta p=\sum \Delta p_1+\sum \Delta p_2 \tag{7.8}$$

沿程压力损失 Δp_1：液体流经内径为 d（m）、长度为 l（m）的直管时，压力损失（MPa）为

$$\Delta p_1=\lambda \frac{l}{d}\times\frac{\rho v^2}{2}\times 10^{-6} \tag{7.9}$$

局部压力损失 Δp_2：

$$\Delta p_2=\xi \frac{\rho v^2}{2}\times 10^{-6} \tag{7.10}$$

式中，λ 为沿程阻力系数；ρ 为流体密度，kg/m^3；v 为流体的平均流速，m/s；ξ 为局部阻力系数。

经计算，$\Delta p_1=9.78\times 10^{-2}\text{MPa}$，$\Delta p_2=6.21\times 10^{-4}\text{MPa}$。故液压系统总的压力损失为 $\Delta p=0.098\text{MPa}$。因系统运动速度较慢，故管路流量小，压力损失较小。

(2) 液压系统发热温升验算

液压系统在工作时存在各种各样的机械损失、压力损失和流量损失，这些损失基本都转换为热能，使系统发热，油温升高。油温升高超过系统允许值会造成系统的泄漏和液压执行元件失效等故障，为保证液压系统正常工作，应确保油温在允许的范围内。

系统中产生热量的元件主要有液压缸、溢流阀和节流阀，散热元件主要是油箱。系统工作一段时间后发热和散热即会达到热平衡。不同的设备在不同环境中所达到热平衡的温度是不同的，所以需要对系统进行发热温升验算。

在单位时间内油箱的散热量可用下式计算：

$$H_0=hA\Delta t \tag{7.11}$$

式中，A 为油箱的散热面积，m^2；Δt 为系统的温升，℃；h 为散热系数，$kW/(m^2 \cdot ℃)$。当液压系统达到热平衡时，有 $H=H_0$，即

$$\Delta t=\frac{H}{hA} \tag{7.12}$$

油箱的三边比在 1∶1∶1～1∶2∶3 范围内，且油位是油箱高度的 80%时，其散热面积 A 可近似计算为

$$A=0.065\times\sqrt[3]{V^2} \tag{7.13}$$

式中，V 为油箱的有效容积，L；A 为油箱的散热面积，m^2。

所选用液压油牌号为 HL32，经计算得

$$A=0.065\times\sqrt[3]{40^2}=0.761(m^2)$$

取 $h=0.015kW/(m^2 \cdot ℃)$，故油液的温升为

$$\Delta t=\frac{H}{hA}=\frac{0.22}{0.015\times0.761}=19.27(℃)$$

室温为 20℃，热平衡温度为 39.27℃，小于 65℃，没有超出允许范围。

7.2.7 检测装置

为了监测、控制实验过程，需要对工艺参数进行实时检测，并把实验数据及时准确地指示、记录或用字符、数字等显示出来。实验中所用传感器分别为液压传感器、转矩传感器和热电偶，分别用于检测流量（Q）、弯曲力矩（M）和温度（T）。弯曲速度（v）和拉力（F）通过弯曲力矩（M）和流量（Q）计算获得。

显示仪表与检测元件（传感器）配套，用以显示温度、压力、流量等被检测值。数字显示仪表直接以数字形式显示被测参数，其测量速度快，抗干扰性能好，精度高，且有自动报警、自动打印和自动检测等功能。

数据采集系统原理图如图 7.11 所示。数据采集系统用于实验过程中数据检测，图 7.12 所示为数据采集系统的过程监测界面。计算机内设置的数据采集、记录和显示程序将上述物理量以数据文件（.xls）的形式保存在计算机内，供实验后期处理，并随着成形过程的进行在显示器上实时显示出拉力 F 和弯曲力矩 M 的变化曲线。

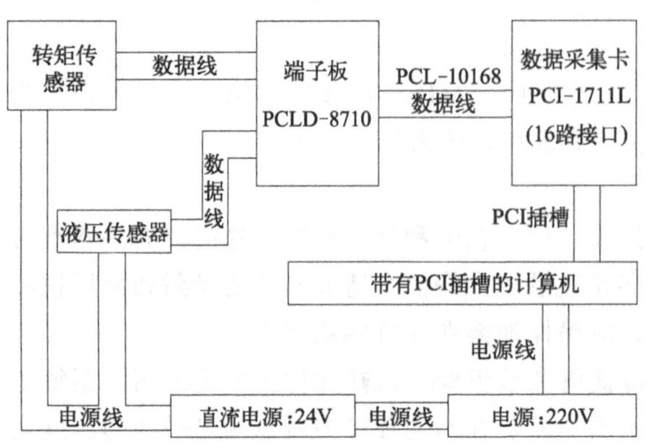

图 7.11　数据采集系统原理图

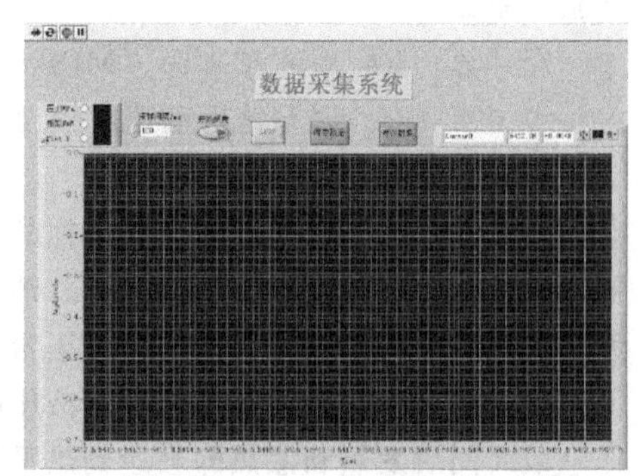

图 7.12　过程监测界面

7.2.8　温控系统

镁合金是密排六方晶格结构，室温下只有基面｛0001｝产生滑移，滑移系个数仅为 3 个，晶面产生滑移的可能性相当有限，因而导致镁合金的塑性很差，冷态下变形十分困难，必须升高成形温度以实现镁合金的塑性成形。因此，镁合金的塑性成形加工一般采用温热成形技术。图 7.13 所示为实验所用的保温罩及加热管。保温罩中间有预留的热电偶放置孔。在保温罩内的模具上还装有若干电加热棒，如图 7.14 所示，用于减少模具整体的加热时间。加热管和内置电加热棒可根据实验需要单独使用，也可组合使用。实验时通过热电偶测定当前的实时加热温度，当温度达到设定值时不再上升，而开始保温加热，当达到设定的保温时间后温控开关自动断电，从而实现加热时间的精确控制。

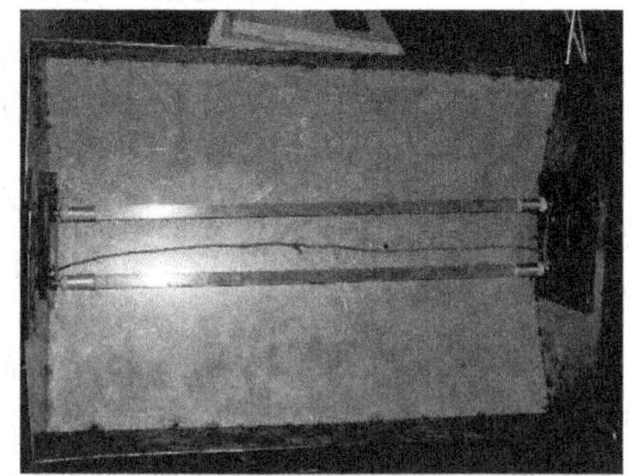

图 7.13　保温罩及加热管

图 7.14　电加热棒

7.2.9　设备平台

图 7.15 所示为组装后的液压式张力绕弯实验机。表 7.1 所示为液压式张力绕弯实验机基本参数。该设备主要由模具机构、液压控制系统、测量及电气系统、数据采集系统、温控系统和其他辅助构件组成。实验过程如图 7.16 所示。

图 7.15　液压式张力绕弯实验机

图 7.16　实验过程

表 7.1　液压式张力绕弯实验机基本参数

项目	参数	项目	参数
液压泵输出功率	2.2kW	最大弯曲角度	135°
驱动缸额定压力	16MPa	最大拉力	20kN
液压油牌号	HL32	加热温度范围	0～500℃
油箱有效容积	40L	设备工作温度	0～65℃

7.3 AZ31镁合金型材绕弯成形材料流动规律

7.3.1 几何模型

弯曲件材料为AZ31镁合金，截面形状和尺寸如图7.17所示，型材的长度为450mm。模拟条件为：型材弯曲速度为0.3rad/s，模具预热温度为60℃，型材加热温度为160℃，弯曲内半径为84mm，弯曲角度为103°。考虑到型材截面形状比较简单且对称，因此，在模拟计算中可以对型材采用对称结构建模，取1/2模型建模，从而提高计算效率。

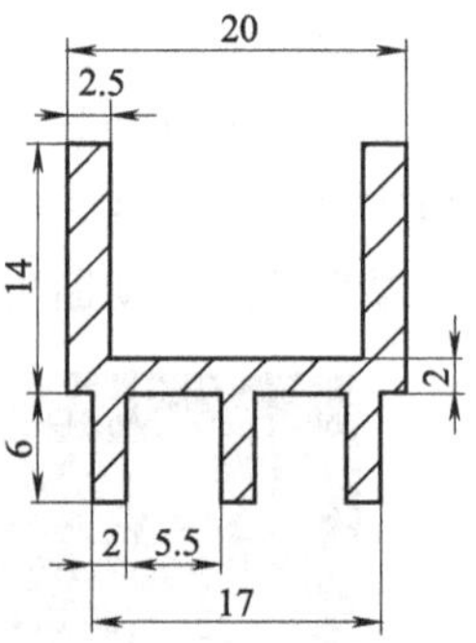

图7.17 型材截面尺寸

7.3.2 AZ31镁合金型材力学性能测试

测定AZ31镁合金的力学性能指标，主要包括屈服强度、抗拉强度、伸长率、收缩率、硬化指数、泊松比，绘制应力-应变曲线，建立本构方程。试件按照GB/T 228.2—2015标准（《金属材料 拉伸试验 第2部分：高温试验方法》）要求进行制备，如图7.18所示。拉伸实验设备为CMT6105实验机，实验温度误差不超过2℃，实验拉伸速度为1.2mm/min，应变速率为0.001/s。根据AZ31镁合金型材绕弯的实验需求，选择原始态型材在RT（室温）、100℃、120℃、150℃、180℃、200℃和220℃条件下做拉伸实验，共计1个常温拉伸，6个高温拉伸。经实验测定的原始态AZ31镁合金型材真实应力-应变曲线如图7.19所示。将所得应力-应变曲线导入到建立的有限元模型中，构建镁合金型材的材料库，用于精准地模拟分析型材温度、弯曲角度对型材的回弹及成形性能的影响。

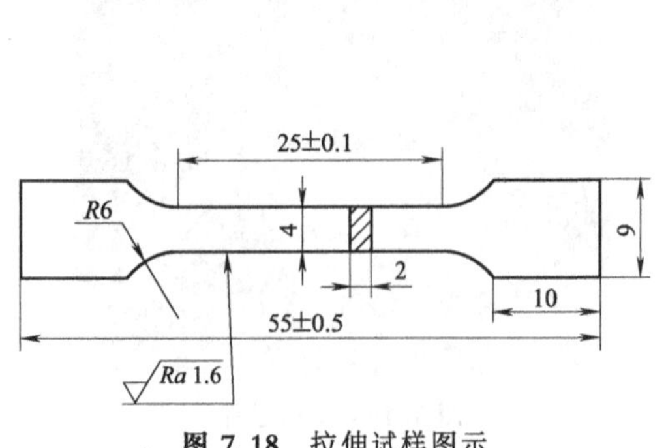

图7.18 拉伸试样图示

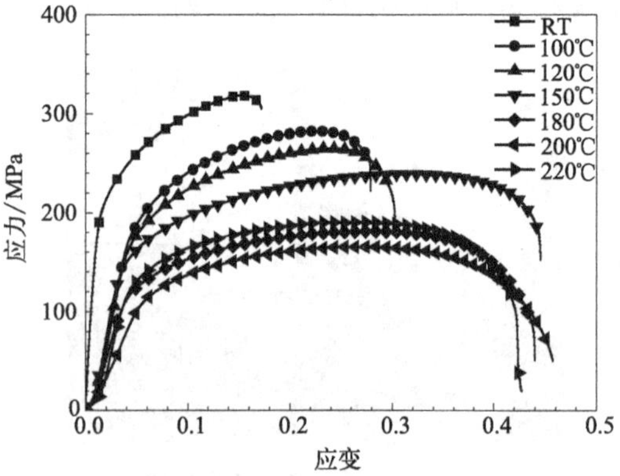

图7.19 AZ31镁合金型材真实应力-应变曲线

7.3.3 AZ31镁合金材料属性定义

型材材料采用AZ31镁合金，泊松比为0.35，图7.20所示为弹性模量随温度的变化，图7.21所示为热膨胀系数随温度的变化，图7.22所示为比热容随温度的变化，图7.23所示为传热系数随温度的变化。对于应力、应变参数较少时，出于简便，流动应力-应变曲线

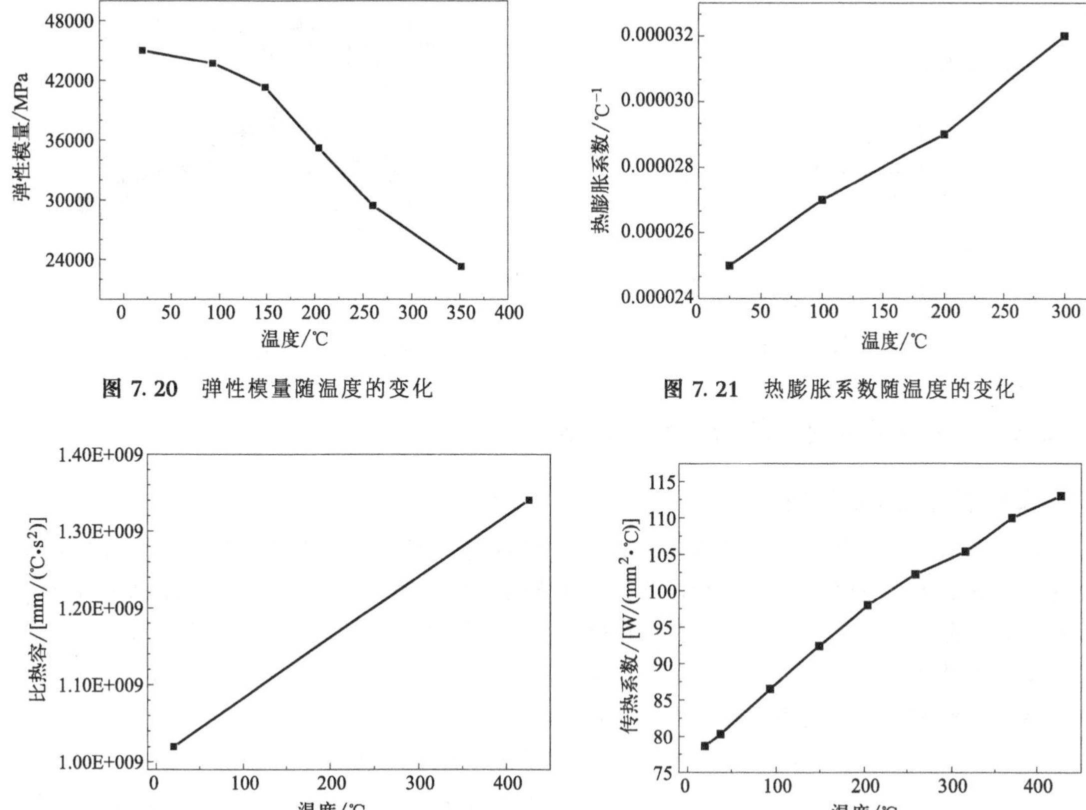

图 7.20　弹性模量随温度的变化

图 7.21　热膨胀系数随温度的变化

图 7.22　比热容随温度的变化

图 7.23　传热系数随温度的变化

可以通过表（Table）的格式导入到有限元软件的材料库中，这与建立流动应力-应变文件本质上是相同的。该方法的缺点是只有在相同应变速率条件下得到的单一表格的曲线数据才能输入。对于应力、应变参数较多时，流动应力-应变曲线可以通过编辑自定义材料数据文件导入材料库中。该方法的缺点是输入格式严格，优点是可实现不同应变速率条件下流动应力-应变曲线的调用。

7.3.4　有限元模型建立

分别设置动模、定模与变形体，通过接触表定义模具与型材之间的接触关系。模拟型材长度设定为 450mm，弯曲角设定为 90°，弯曲半径为 90mm，弯曲平均速度设定为 0.3rad/s。模拟过程分两个阶段：第一阶段是模具加载阶段，共 200 步；第二阶段是模具卸载阶段，共 50 步。所用型材截面形状如图 7.24 所示，该截面型材为对称结构，所以在不影响计算精度、提高运算速度的条件下，在变形体建模时可采用对称结构。型材在长、宽、高三个方向上的尺寸相差很大，这为几何模型网格划分带来了很大困难，如果想获得高的模拟精度，最好采用六面体实体单元划分网格。考虑到型材几何结构比较规则，采用单元建模方法应该能够有效地解决网格划分问题。单元建模方法的基本思想是使用单元直接构建几何模型，这样，当模型建立成功后网格划分也就自动完成了，从而避免了在几何模型上进行网格划分这一过程。型材绕弯有限元模型建立如图 7.25 所示。

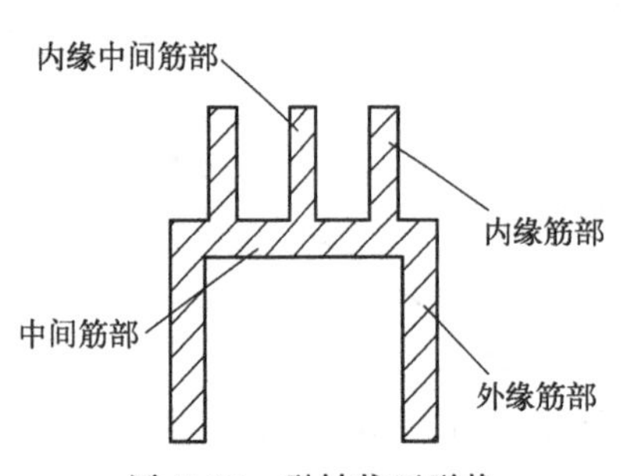

图 7.24 型材截面形状

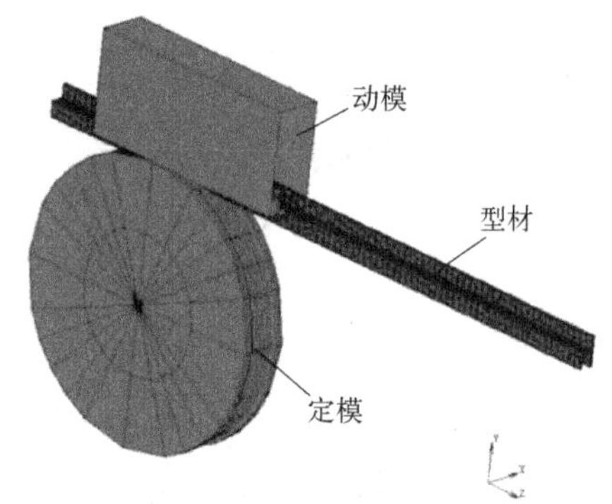

图 7.25 型材绕弯有限元模型

7.3.5 弯曲成形过程材料流动影响因素

7.3.5.1 成形温度的影响

镁合金室温下的伸长率一般不超过 20%，塑性变形能力差，不能满足大多数金属成形工艺的要求。室温下镁合金的塑性较差，其冷变形仅局限于弯曲半径大、变形程度适中的成形操作，因此冷变形仅仅用于大弯曲半径轻微变形。镁合金工件冷变形时容易发生断裂，故不允许对弯曲件的同一部位进行矫直和二次弯曲等再加工。在镁合金冷变形中进行 90°弯曲时，因弹性恢复而产生的回弹甚至可以达到 30°以上。

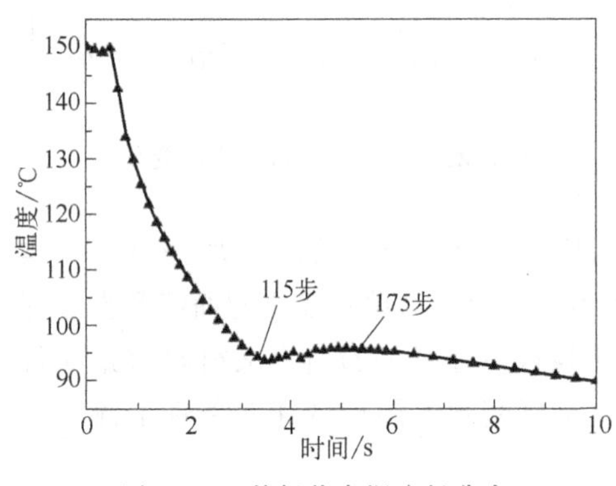

图 7.26 特征节点温度场分布

温度对变形镁合金的塑性影响很大，温度越高，塑性越好，变形抗力越小，越易于成形加工。当不考虑型材与模具及环境的热交换时，型材绕弯过程中，摩擦力作用、型材弯曲弹性能的释放等转化为热能，使得型材温度略有升高，温度提高不超过型材初始温度的 2%。在绕弯的初期，型材升温较快，之后随着弯曲的进行型材温度逐渐降低。图 7.26 为考虑型材与模具及环境的热交换时模拟的型材变形区特征节点的温度场曲线图，该节点取自变形区中心位置。模具的初始温度为 60℃，型材的初始温度为 150℃，弯曲时间为 10s，型材温度降低为型材初始温度的 60%。绕弯初期温度升高主要发生在型材绕弯变形区，之后型材温度逐渐降低。由曲线可知，在 115 步时该节点开始参与变形，温升效应显现出来，致使型材温度有小幅提高，随后该节点在 175 步时变形完全，型材温度随后逐渐降低。型材与模具间是接触传热，热量传递较型材与自然环境的对流换热大很多，导致型材弯曲段的温度比型材两端的低。提高模具预热温度可以有效减缓绕弯过程中型材温度的散失速度，对镁合金型材绕弯成形是有利的。

7.3.5.2 回弹分析

影响型材弯曲变形回弹的因素主要有材料力学性能的影响、弯曲角度的影响、弯曲零件形状的影响、工况参数的影响、模具间隙的影响和弯曲校正力的影响。回弹的结果表现在弯曲曲率和角度的变化。过量弯曲是消除回弹最简单的方法。

回弹实质上是一个弹性卸载过程，由于弯曲件形状的复杂性，可能伴有局部加载过程，零件的最后回弹形状是整个成形历史的累积。在型材弯曲成形过程中，型材内外缘表层纤维进入塑性状态，而型材中心仍处于弹性状态，这时当凸模抬起、外载卸除后，型材就会产生弹性回复。金属塑性成形总是伴有弹性变形，所以型材弯曲时，即使内外层纤维全部进入塑性状态，在去除外力时，弹性变形消失，也会出现回弹。弯曲时，弯曲变形只发生在弯曲件的圆角附近，直线部分不产生塑性变形。型材绕弯成形主要是依靠中性层内、外层纤维的缩短与伸长来实现的，故切向应变、切向应力为绝对值最大的主应变、主应力。弯曲成形时，切向应力、切向应变由弯曲中性层外侧的拉应力、拉应变逐步过渡到弯曲中性层内侧的压应力、压应变。

影响型材弯曲变形回弹的因素主要有以下几点。

① 材料的力学性能。弯曲件的材料特性对回弹有直接影响，一般来说，回弹量大小通常与材料的屈服强度 σ_s 成正比，与材料的弹性模量 E 成反比。相对弯曲半径 R/t 表示弯曲成形的变形程度，回弹量与相对弯曲半径成正比，相对弯曲半径越小，断面中塑性变形区越大，切向总应变中弹性应变分量所占的比例越小，因此卸载时弹性回弹随相对弯曲半径的减小而减小；而相对弯曲半径较大时，虽然变形程度很小，但材料断面中心部分会出现很大的弹性区，所以回弹量较大。

② 弯曲角的影响。在一定的相对弯曲半径情况下，弯曲角越大，则对应的参加变形的区域越大，弹性变形量的累积量也越大，因此工件的回弹量也越大。

③ 弯曲零件形状的影响。一般来说，弯曲零件形状越复杂，同时一次弯成的角度越大，弯曲变形时各个部分变形相互制约作用越大，增加了回弹阻力，减小了成形的回弹量。

④ 工况参数。弯曲型材表面和模具表面之间的摩擦可改变型材各部分的应力状态，尤其在一次弯曲时，摩擦的影响更为显著，摩擦在大多数情况下可以增大变形区的拉应力，可使零件接近模具的形状。

⑤ 模具间隙的影响。弯曲模的凸、凹模间隙越小，摩擦越大。同时为便于卸模，保留适当的间隙是有必要的。由于模具对型材产生的约束，材料贴模程度的增加，提高了对弯曲件直边的径向约束作用，卸载后回弹量减小。

⑥ 弯曲校正力的影响。校正弯曲时，由于材料受凸模和凹模的压缩作用，不仅使弯曲变形区型材外侧的拉应力有所减小，而且在中性层附近，外侧还出现和内侧纵向同号的压应力，随着校正力的增加，纵向压应力向型材外表逐步扩展，使得型材的全部或大部分断面在纵向均出现压应力，于是内外层回弹方向取得一致，故其回弹量大为减小。

回弹表现在弯曲曲率和角度的变化上，这种变化使型材弯曲后的实际形状和尺寸与设计要求的形状和尺寸间产生了误差，有时这种误差还比较大，所以在设计模具时，就必须考虑弯曲后型材回弹造成的影响。为此，通过有限元软件模拟张力绕弯成形过程，优化影响回弹的因素，便可在实际生产中根据产品的批量大小、弯曲件精度要求以及模具设计制造条件等制定相应的工艺，以便保证产品质量，提高产品精度。

图 7.27 为实验用回弹角度测量原理图，图中 θ 表示模具张力绕弯角度，η 为实验中型材张力绕弯成形角度，ε 为实验结束后型材张力绕弯实测角度，φ 为回弹角度。按图中的称谓简述如下：模具张力绕弯角度即实际型材成形角度，其补角即为型材的实验成形角度，卸载后型材产生回弹；因此，用实验结束后型材张力绕弯实测角度减去实验中型材张力绕弯成形角度即模具张力绕弯角度的补角，所得即为所需的回弹角度。成形角度均以型材内侧角度为标准测量。有限元模拟中回弹的主要分析内容是不同工艺条件下对回弹角度大小的影响。一般取代表性的节点，通过节点的变化位置计算出回弹角度的具体值。图 7.27 中的三角形

是测量回弹角的等效示意图。A、B 点表示型材与模具的接触节点，C、D 点表示型材的末端节点。由于模具卸载后型材发生回弹，导致 A、B 两点不重合，AC 边表示动模卸载前型材末端的相对位置，BD 边表示动模卸载后型材末端的相对位置，通过余弦定理计算得出的∠CED 即为所求的回弹角 φ。为此，需要得出各特征点的坐标，通过各特征边的长度计算得出型材弯曲的回弹角 φ。

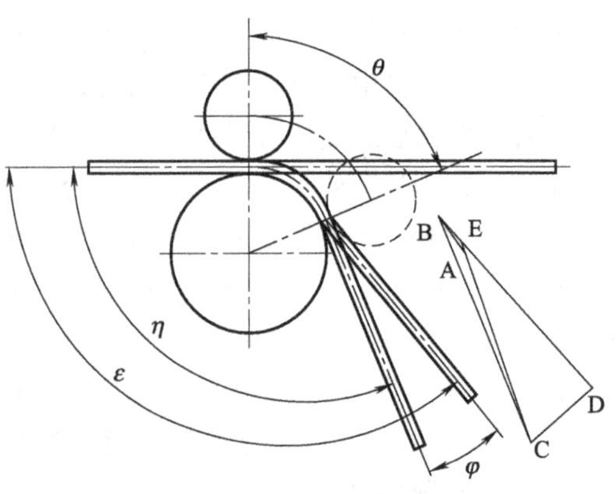

图 7.27 回弹角度测量原理图

(1) 弯曲角度对回弹的影响

对于弯曲件来说，影响回弹的原因有很多，如材料的力学性能、模具间隙、弯曲方式、弯曲件的形状、型材的弯曲温度、弯曲角度、弯曲速度、弯曲半径等因素。过量弯曲是消除回弹最简单的办法。根据实验测得整个弯曲过程平均速度为 0.3rad/s。为此，可以通过调节弯曲的时间来模拟不同弯曲角度下型材的弯曲情况。

为了分析弯曲角度对镁合金型材回弹的影响，以下张力绕弯模型建立在弯曲半径 90mm、弯曲速度 0.3rad/s、型材弯曲温度 150℃参数下。结合表 3.1 中的数据，对已建立模型做相应的参数修改，即可实现不同弯曲角度下型材弯曲的有限元模拟，分析型材弯曲角度对型材回弹的影响。弯曲角度设置的模拟方案及模拟结果如表 7.2 所示。

表 7.2 有限元模拟弯曲角度设置及模拟结果

项目	第一组	第二组	第三组
弯曲角度/(°)	100	105	107
加载时间/s	5.8	6.1	6.2
回弹角度/(°)	11.2	12.3	12.8

图 7.28 所示为不同弯曲角度型材弯曲回弹参考节点位移随时间的变化关系。回弹参考节点编号为 375，取自型材弯曲端末端中性层部位，是衡量型材发生回弹的特征节点。通过分析参考节点在模拟弯曲回弹产生前后的坐标值，计算得出型材产生回弹的角度。在 6s 之前为型材弯曲加载阶段；在 6s 之后为型材弯曲卸载阶段，此阶段型材发生回弹。

图 7.29 所示为模具卸载后回弹角度随时间的变化关系。图中峰值点为模具卸载后型材达到的最大回弹角度。模具卸载 2s 后模具与型材完全脱离，这期间产生的回弹角度较大，此时外力完全撤除，型材的弹性能得到完全释放，随后产生小范围回弹，至此回弹发生完全。在相同的型材弯曲温度条件件（150℃）下，不同的弯曲角度（100°～107°）所引发的回弹参考节点位移变化趋势是一致的，其变化率基本相同，即回弹角度近似相同，但可以看出，随着弯曲角度的增大回弹角有增大的趋势。所以在相同弯曲温度下，弯曲角度的小范围变化（100°～107°）对型材的回弹影响不大。

(2) 弯曲温度对回弹的影响

为了分析弯曲温度对镁合金型材回弹的影响，以下张力绕弯模型建立在弯曲半径 90mm、弯曲速度 0.3rad/s、型材弯曲角度 103°的参数下。结合表 7.3 中的数据，对已建立模型做相应的参数修改，即可实现不同弯曲温度下型材弯曲的有限元模拟，分析型材弯曲温度对型材回弹的影响。

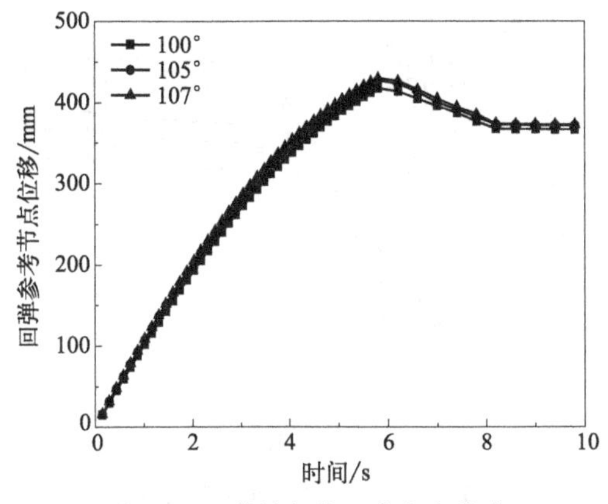

图 7.28　型材弯曲回弹参考节点位移随时间的变化关系

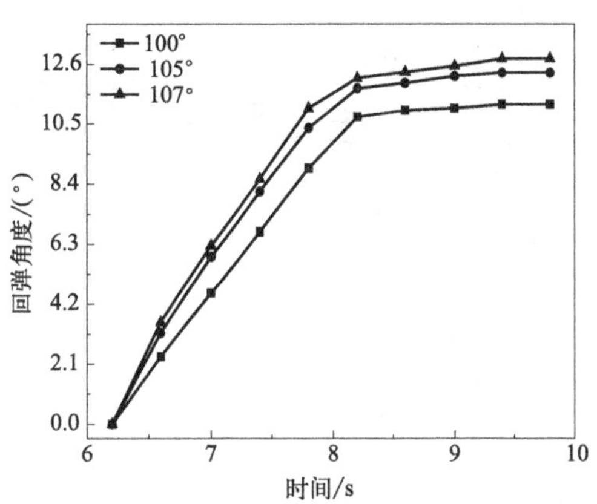

图 7.29　模具卸载后回弹角度随时间的变化关系

表 7.3　有限元模拟温度设置及模拟结果

项目	第一组	第二组	第三组
弯曲角度/(°)	103	103	103
型材弯曲温度/℃	120	150	180
回弹角度/(°)	12.5	12.1	11.8

图 7.30 所示为模具卸载后不同弯曲温度下回弹角度随时间的变化关系图。在相同弯曲角度条件下，型材弯曲温度越高，回弹参考节点回弹角度越小。这是因为随着弯曲温度的提高，材料的流动应力下降，材料更容易变形，材料的塑性变形量所占比例更大，相对其弹性变形量所占比例就有所降低，变形发生完全后，弹性能释放就更少，所以回弹角度就会减小。从图 7.30 中可以得出，在模具刚卸载后的 1s 内回弹最为强烈，达到了型材整体回弹量的 60%以上。弯曲结束后模具不卸载，为型材提供一定的保压时间，用以释放弹性能，这样可明显地减小回弹角度。所以可以通过延长模具卸载的时间来降低型材的回弹。

(3) 预拉伸量对回弹的影响

为了分析型材预拉伸量对镁合金型材回弹的影响，以下张力绕弯模型建立在弯曲半径 90mm、弯曲速度 0.3rad/s、型材弯曲温度 150℃、弯曲角度 103°的参数下。结合表 7.4 中的数据，对已建立模型做相应的参数修改，即可实现不同预拉伸量下型材弯曲的有限元模拟，分析型材的预拉伸量对型材回弹的影响。为保证预拉伸量在材料的弹性范围内，预拉伸量的选取不应超过材料在该温度的 $\sigma_{0.2}$ 所对应的应变值。AZ31 镁合金在 150℃时的预拉伸量不应大于 3%。图 7.31 所示为模具卸载后不同预拉伸量下回弹角度随时间的变化关系图，可以看出，并非预拉伸量越大回弹角度越小。随着预拉伸量的提高，型材弯曲产生的回弹角度先减小后增大，在预拉伸量为 1.1%时产生的回弹角度相对最小。

表 7.4　有限元模拟预拉伸量设置及模拟结果

项目	第一组	第二组	第三组	第四组	第五组	第六组	第七组
预拉伸量/mm	1	2	3	4	5	7	9
拉伸程度/%	0.2	0.4	0.7	0.9	1.1	1.6	2.0
回弹角度/(°)	12.5	10.4	9.7	9.2	8.5	11.7	12.2

7.3.5.3　镁合金型材绕弯成形应力应变分析

镁合金在高温下变形时应力值取决于变形温度和变形速率。当变形速率一定时，最大应力值随变形温度的升高而降低；变形温度一定时，最大应力值随变形速率的升高而增大。

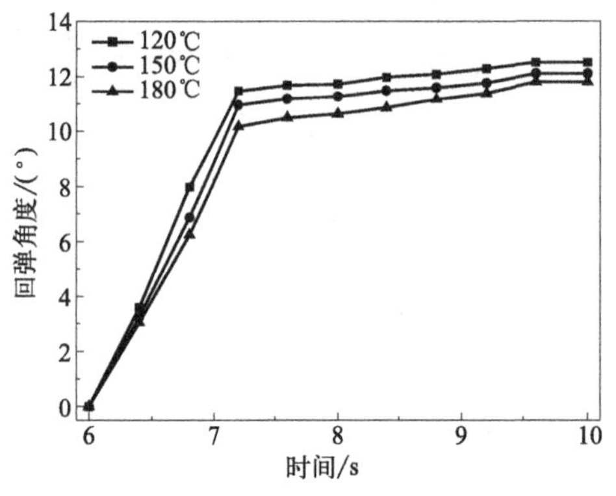

图 7.30　模具卸载后弯曲温度对回弹角度影响

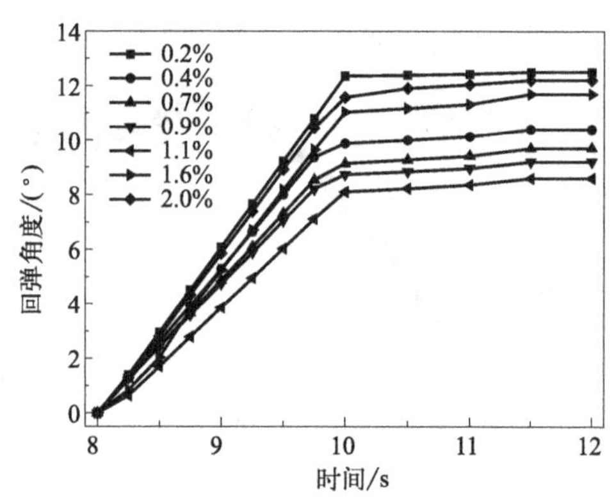

图 7.31　预拉伸量对回弹角度影响

镁合金在绕弯过程中，随着变形的进行，应力值逐渐增大，型材弯曲加载过程持续 6s，即增量步为 200，如图 7.32（a）所示，其等效应力最高达到 241MPa。随后动模释放，型材开始进入卸载回弹阶段，该阶段持续 4s，也即增量步为 300，如图 7.32（b）所示，在动模卸载过程中，应力值逐渐减小，卸载结束后等效应力达到 156MPa。在整个变形过程中，应力值较高的区域分布在型材固定夹持端到变形区一段。绕弯阶段，最大等效应力集中在型材的外区；卸载阶段，最大等效应力向型材的内区移动。

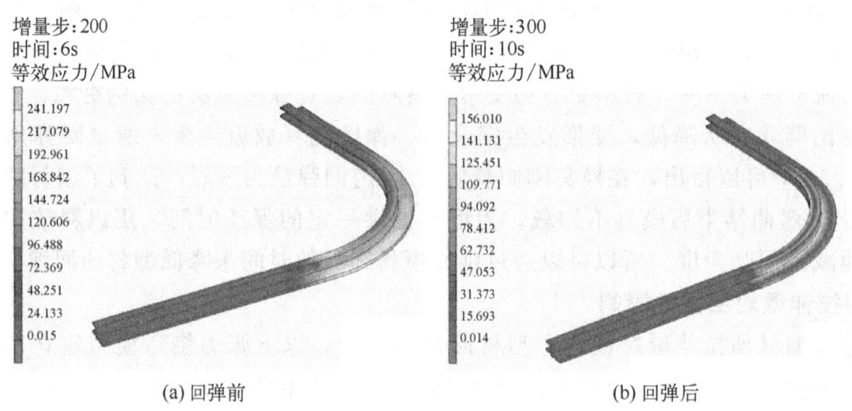

(a) 回弹前　(b) 回弹后

图 7.32　等效塑性应力分布

等效应变分布云图如图 7.33 所示，变形开始时应变值从 0 增大到 0.120，当型材与弯

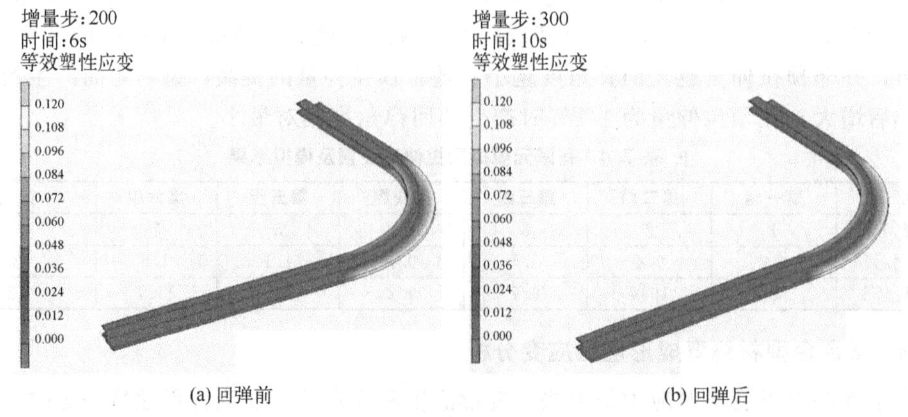

(a) 回弹前　(b) 回弹后

图 7.33　等效塑性应变分布

曲模贴合后，最大应变值一直保持在 0.120，且卸载之后仍然保持在 0.120。可见，最大应变值与弯曲半径有关。型材的最大应变出现在型材的外侧和内侧。

为了详细分析型材外侧和内侧等效应力随时间的变化情况，取如图 7.34 所示的两个特征点，即 1400 和 8240。其中 1400 和 8240 属于同一截面，1400 在外侧，8240 在内侧。由图 7.35 可以看出，在绕弯（加载）过程中，外侧（节点 1400）的应力比内侧（节点 8240）应力大，其值大小随变形的过程逐渐增大而后减小；动模卸载（卸载）过程中，内外侧应力都由于回弹而增大，并且内侧应力逐渐大于外侧应力。

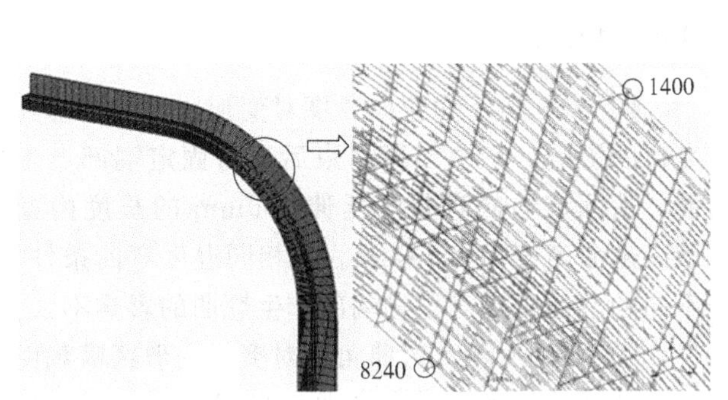

图 7.34　特征点位置

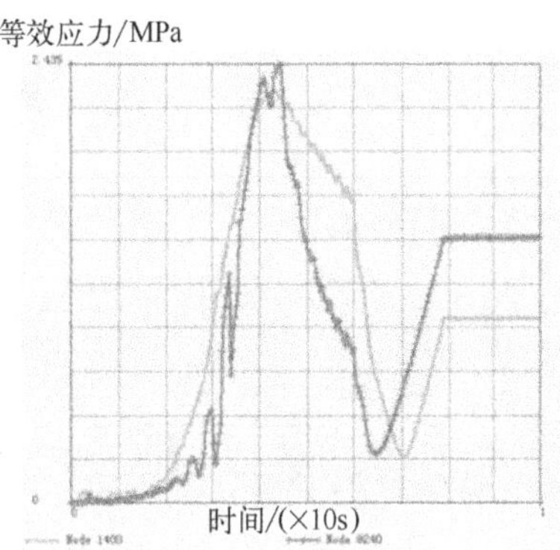

图 7.35　特征点等效应力随时间变化

7.3.5.4　成形质量分析

弯曲模具的形状及精度对型材的成形质量有着不可忽视的作用，图 7.36 所示为型材弯曲模型的对比。可以看出，使用限位式动模比使用轮式动模在控制型材翘曲方面要好得多。镁合金局部加热弯曲，导致弯曲段变形抗力降低，镁合金塑性提高，弯曲部分镁合金易成形；而在变形区和拉伸端的过渡区域，型材弹性能得到释放而保持原有形态，容易发生翘曲。

当工艺参数调整不正确时，型材弯曲段发生褶皱，且回弹严重，中间筋部网格变化大，易产生断裂。合理调整工艺参数后，型材弯曲段成形质量有很大的改善，变形区已无明显缺陷。图 7.37 所示为镁合金型材成形件视图。图 7.37（a）为图 7.36（a）所示模型的模拟件视图，图 7.37（b）为图 7.36（b）所示模型的模拟件视图。

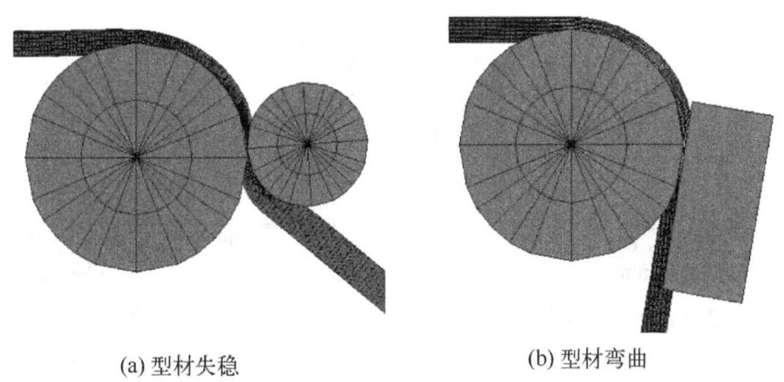

(a) 型材失稳　　(b) 型材弯曲

图 7.36　型材弯曲模型对比

型材弯曲成形过程中，由于变形分布不均匀，导致成形后的型材横截面出现轻微翘曲现象。图 7.38 所示为型材固定端产生翘曲的图示。在后处理文件中，可以通过路径追踪命令选定节点路径，设定分析变量沿指定路径分布显示，从而获得型材横截面的位移变化。

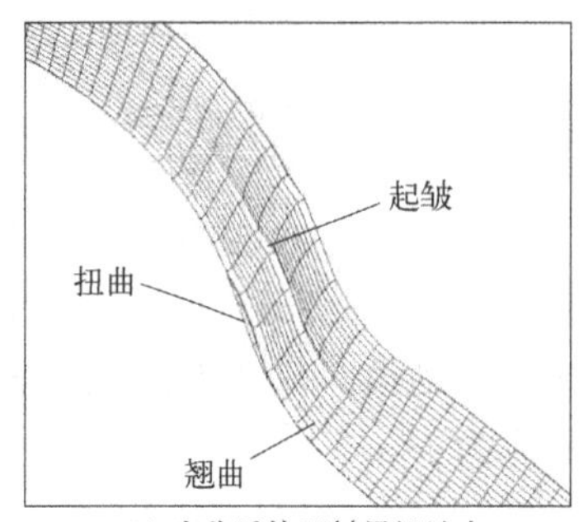

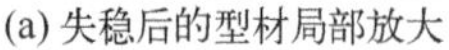
(a) 失稳后的型材局部放大

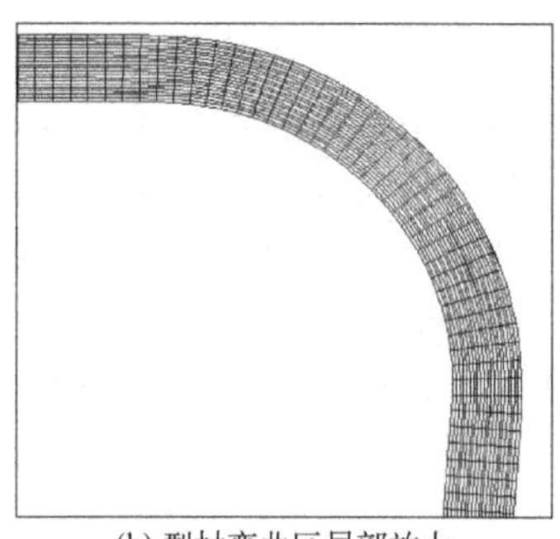
(b) 型材弯曲区局部放大

图 7.37 镁合金型材成形件视图

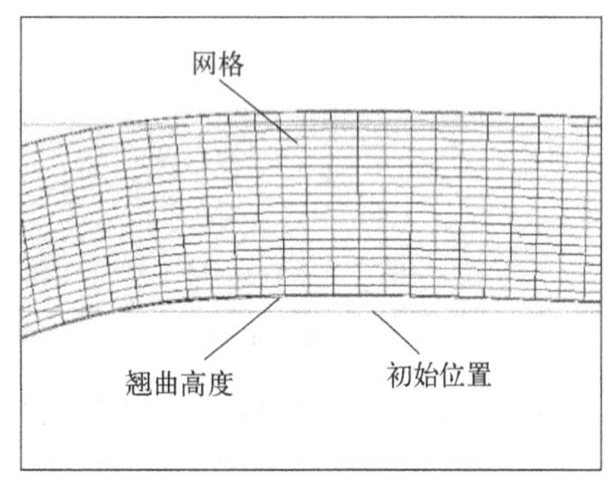

图 7.38 型材固定端翘曲图示

图 7.39 所示为弯曲角度对变形区型材端部翘曲变化的影响。弯曲变形结束后型材固定端部产生翘曲，从固定端向弯曲段延伸 100mm 的长度内型材最高翘曲高度为 0.33mm。在相同温度弯曲条件下，不同的弯曲角度对型材端部产生翘曲的影响不大。

图 7.40 所示为弯曲角度对型材变形区横截面宽度尺寸减薄量的影响。弯曲变形程度较大时，变形区外侧材料受拉伸长，使型材横截面厚度上的材料减薄；变形区内侧材料受压，使型材横截面厚度上的材料增厚。由于应变中性层位置的内移，外侧的减薄区域随之扩大，内侧的增厚区域逐渐缩小，型材受模具的约束以及轴向力的作用，金属将沿着型材弯曲方向两侧流动，外侧的减薄量大于内侧的增厚量，因此弯曲变形区的材料厚度变薄。弯曲程度越大变薄现象越严重。相同弯曲温度下型材的横截面尺寸随弯曲角度的增大有所减小，弯曲角度越大，型材的尺寸减薄量越大。

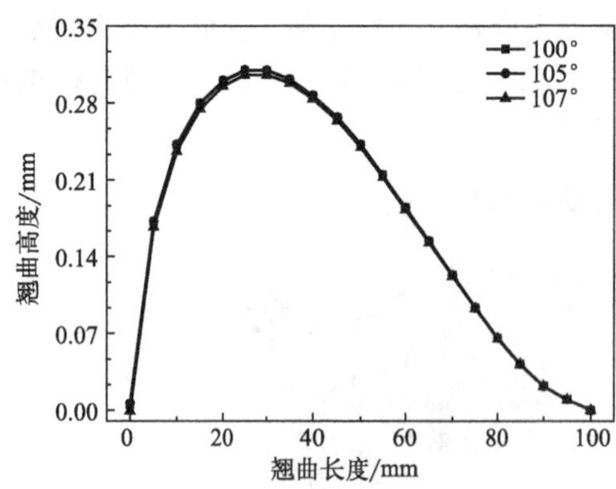

图 7.39 弯曲角度对型材端部翘曲变化的影响

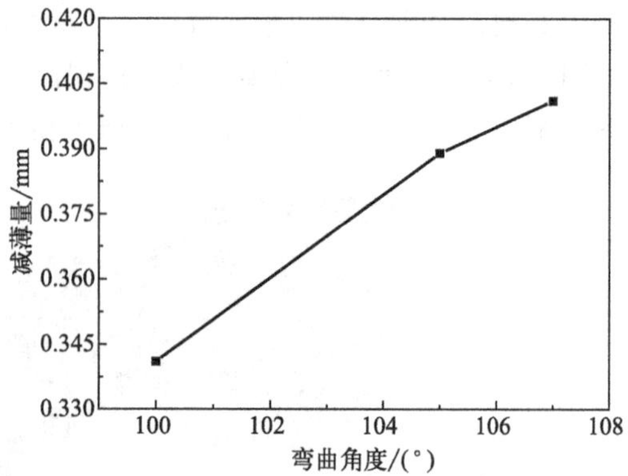

图 7.40 弯曲角度对型材变形区横截面宽度尺寸减薄量的影响

图 7.41 所示为温度对型材变形区端部翘曲的影响。分析可知，随着温度的升高，型材端部翘曲高度相应增加，但是总体增加值很小，故可以认为温度对型材夹持端部的翘曲基本无影响。

图 7.42 所示为温度对型材变形区横截面宽度尺寸减薄量的影响。分析可知，相同弯曲角度下，型材的横截面尺寸随着温度的升高而减小，温度越高，型材的尺寸减薄量越大。

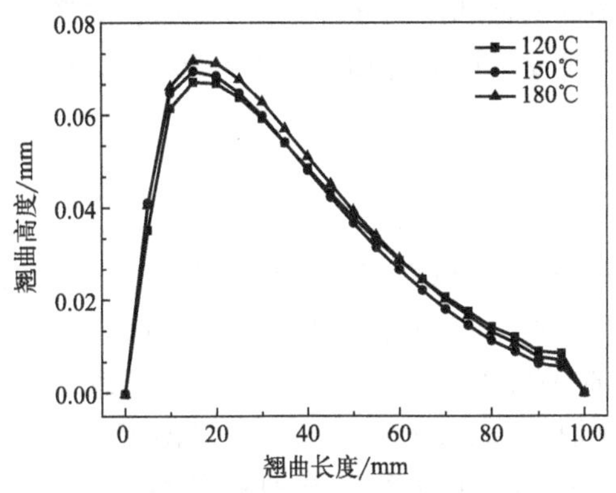

图 7.41　温度对型材变形区端部翘曲的影响

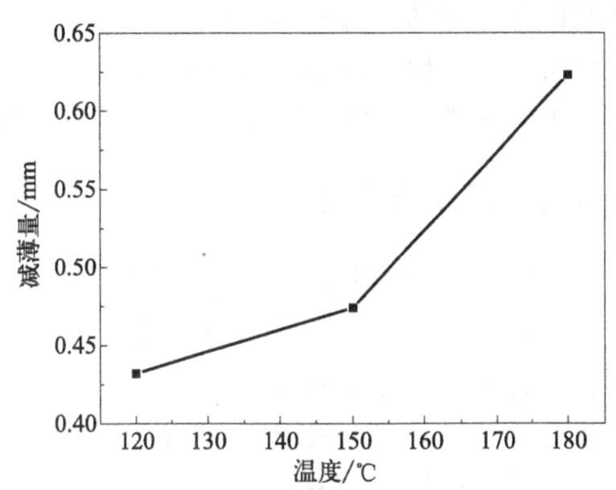

图 7.42　温度对型材变形区横截面宽度尺寸减薄量的影响

图 7.43 所示为预拉伸量对型材变形区端部翘曲的影响。分析可知，随着预拉伸量的增大，端部翘曲高度相应增加，而且翘曲形状逐渐呈波浪形。固定端端部波浪的产生主要是以下两种原因共同作用的结果：第一种是型材在弯曲过程中产生纵截面（法线垂直于加载方向）的不均匀应力、应变，而型材横截面（法线平行于加载方向）的应变相对较小，根据材料变形的泊松关系，材料必然会在变形比较集中的部位沿纵向出现收缩变形；第二种是边缘部分的材料先是在外力作用下被拉伸剪切变长，之后被压缩剪切产生塑性变形，故而形成波浪。

图 7.44 所示为预拉伸量对型材变形区横截面宽度尺寸减薄量的影响。分析可知，相同弯曲角度和温度条件下，型材的横截面尺寸随着预拉伸量的增大而减小，预拉伸量越大，型材的尺寸减薄量越大。在预拉伸量小于 1%时，型材尺寸减薄量变化不大，随着预拉伸量逐渐增大，型材尺寸减薄量急剧增大。

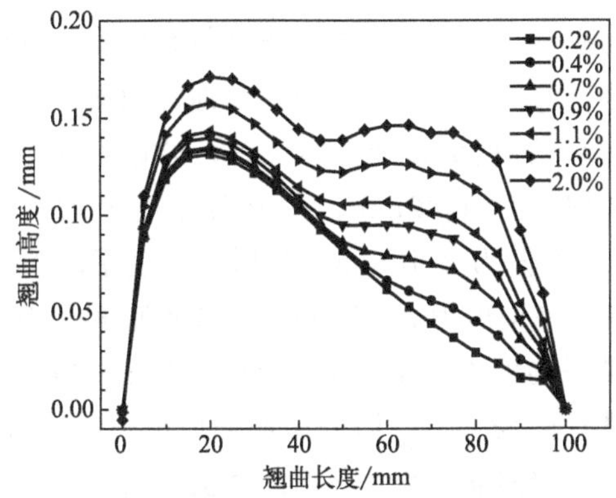

图 7.43　预拉伸量对型材变形区端部翘曲的影响

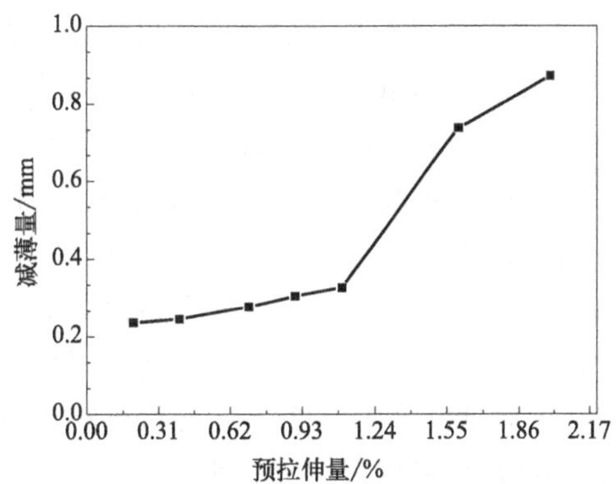

图 7.44　预拉伸量对型材变形区横截面宽度尺寸减薄量的影响

7.4　镁合金型材温热弯曲成形结果分析

7.4.1　工艺条件

AZ31 镁合金型材截面规格如图 7.17 所示，长度 1300mm 左右。按型材结构特点将型材截面各部分命名为内缘筋部、外缘筋部、内缘中间筋部和中间筋部（图 7.24）。成形模具采用自行设计研制的加热设备和弯曲模具。弯曲角度 $\alpha=90°$，弯曲半径 $R=70$mm。环境温度为 10～15℃。型材局部加热一次性弯曲成形。

7.4.2 弯曲成形过程

AZ31 镁合金型材在温度较低时弯曲成形容易出现开裂现象，当成形温度高于 100℃时，成形质量良好。镁合金变形温度范围狭窄，导热性良好，遇到冷模会产生急冷而产生裂纹。实验中将模具预热至 60℃，降低模具与型材接触时的温差，使型材弯曲时温降不致过大而导致型材塑性降低、变形抗力增加。型材的有效加热弧段为 350mm，加热温度为 100～200℃，保温时间为 5min。实验时的弯曲角度均大于 90°，以弥补型材回弹的影响。在弯曲过程中为防止型材截面畸变，采用在弯曲变形区用模具型腔表面从型材外面限制断面形状畸变的方法，即按型材断面形状，做成与之相吻合的模具型腔，以阻碍断面的扭曲，限制断面的畸变。实验过程中应当注意模具运动时其中心面时刻与水平面保持一致，以防止模具与型材发生错移而导致型材发生断裂。图 7.45 所示为经过弯曲成形后的 AZ31 镁合金型材，图中所示的矩形截面金属棒为弯曲时固定端所用的填充物，以防止夹持端型材变形。

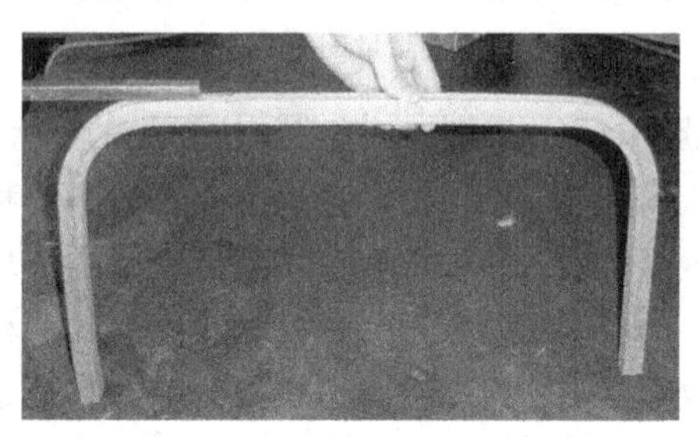

图 7.45 镁合金型材弯曲成形件

7.4.3 结果与讨论

7.4.3.1 型材中间筋部厚度值分析

由测量结果看，型材截面各尺寸在弯曲前后均有一定的差异。弯曲段外侧截面尺寸总体减小，型材外侧截面壁厚有沿弯曲方向减薄的趋势，弯曲段内侧壁厚有沿弯曲方向增厚的趋势。图 7.46 所示为型材筋部变形区厚度值变化规律，数据取自变形区位置，沿弯曲方向间隔 15°取点，共取五个点。原始中间筋部厚度平均值为 1.42mm，变形后厚度平均值为 1.82mm，变化率为 28.17%；原始内缘筋部厚度平均值为 2.18mm，变形后厚度平均值为 2.30mm，变化率为 5.50%；原始内缘中间筋部厚度平均值为 2.27mm，变形后厚度平均值为 2.40mm，变化率为 5.73%；原始外缘筋部厚度平均值为 2.41mm，变形后厚度平均值为 2.27mm，变化率为 5.81%。分析可知，型材经过弯曲变形后，除外缘筋部厚度值减小外，其余筋部截面厚度尺寸都有所增加。刚开始变形时，中间筋部截面厚度尺寸变化较大，随着变形程度的增加，截面厚度尺寸略有减小而后趋于平缓。内缘中间筋部和内缘筋部截面厚度尺寸变化较小，随着变形程度的增加，其截面厚度尺寸都有所增加。外缘筋部经过变形后截面厚度尺寸略有减小。中间筋部厚度值变化最大，表明型材变形时金属向中间筋部流动堆积，同时受到模具的约束以及轴向力的作用又有减薄的趋势，表现为中间薄两端厚的状态。对以上型材筋部厚度尺寸的变化趋势分析认为，型材中间筋部所受切向应力最大，随着型材弯曲角度的变大，切向应力会沿着中性层向型材两侧转移，弯曲时型材内缘筋部受压应力，外缘筋部受拉应力，金属流动受模具型腔约束，导致内缘区域金属堆积，外缘区域金属减薄，中间筋部金属增厚明显。

7.4.3.2　型材回弹分析

弯曲零件在弯曲过程中，其横向剖面上不但存在塑性变形区，而且还存在弹性变形区，此外，塑性变形区内材料的塑性变形中还包含着弹性变形。因此，当弯曲力矩卸载之后，由于弹性变形区材料的弹性恢复以及塑性变形区材料弹性变形部分的弹性恢复，会引起弯曲后的型材出现较大的回弹。图 7.47 为模具预热至 60℃条件下坯料温度与回弹角度变化趋势图。分析可知，随着坯料温度的升高，回弹角度逐渐降低。在相同的弯曲角度条件下，型材弯曲时的成形温度对回弹的影响很大；在相同的温度条件下，型材弯曲角度的小范围变化（不大于 10%）对回弹的影响甚微；在相同的弯曲角度和模具预热条件下，坯料温度越高，型材回弹角度越小。

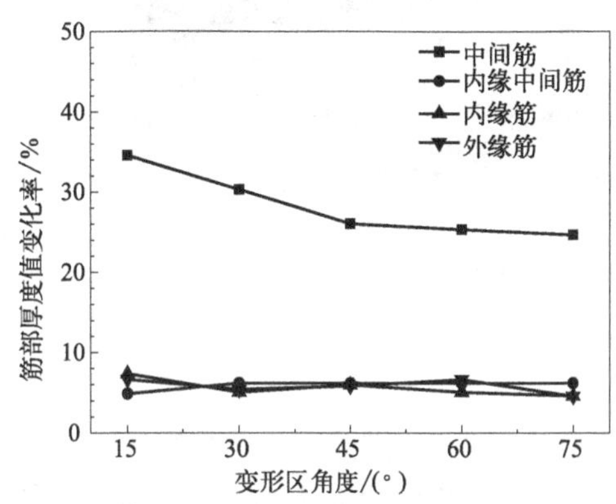

图 7.46　型材筋部变形区厚度值变化规律

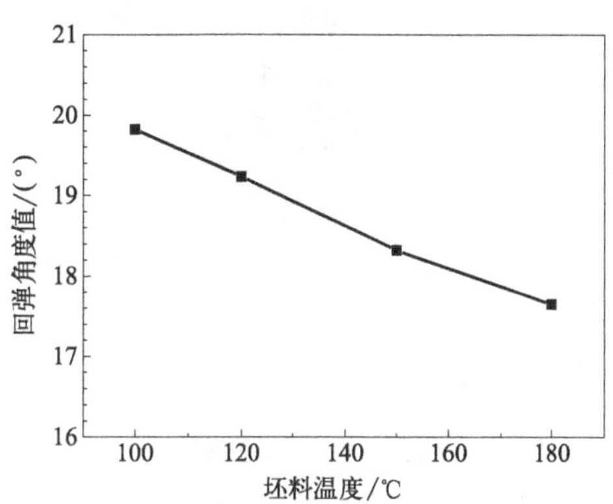

图 7.47　坯料温度与回弹角度变化趋势图

7.4.3.3　断口分析

图 7.48 所示为 AZ31 镁合金未加热弯曲型材截面断裂照片。图 7.48（b）是图 7.48（a）中标记处的 SEM 照片。从图 7.48（a）中可知，断裂处有明显的分界，断裂面边缘一侧平滑而光亮，SEM 照片表现为河流花样，河流花样是裂纹扩展中解理台阶在图像上的表现，这是解理断裂的典型特征。低温有利于解理的发生，解理面是一簇相互平行的、位于不同高度的晶面，所以图 7.48（b）表现出明显的分界。断裂面光亮区域的另一侧 SEM 照片上表现为大小不一的韧窝，而且有明显的撕裂棱，韧窝的形状与材料断裂时的受力状态有关，型材在拉应力作用下，由于原子结合键的破坏而造成穿晶断裂，因此 AZ31 镁合金型材在室温条件下断裂方式是韧-脆性断裂。

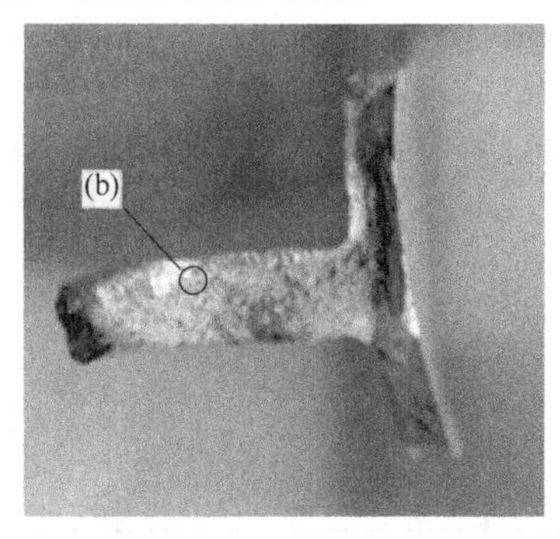

(a) 断口照片

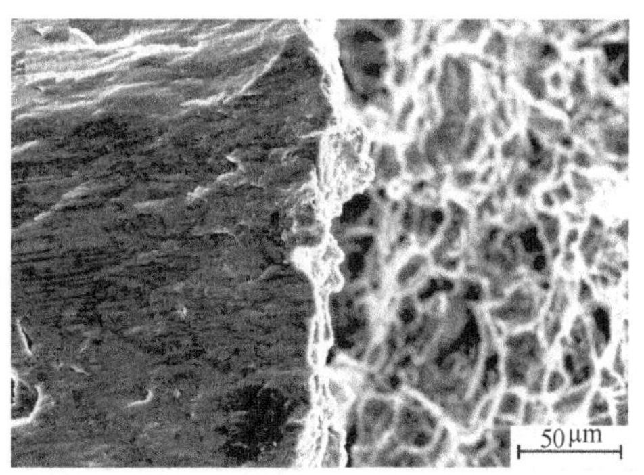

(b) SEM照片

图 7.48　未加热弯曲断裂

图 7.49 所示为 AZ31 镁合金加热 150℃弯曲型材截面断裂照片。图 7.49（b）是图 7.49（a）中标记处的 SEM 照片。断口照片中断裂面光亮区域较未加热变形断裂面光亮区域小，SEM 照片中光亮区域撕裂棱增多，局部有小平面，并出现韧窝，而另一侧韧窝较大较深，表明受温度影响断裂方式有由韧-脆性断裂向韧性断裂转变的趋势。

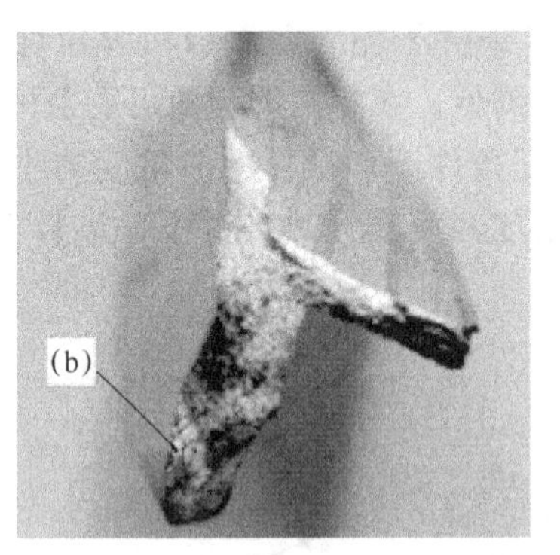

(a) 断口照片

50μm

(b) SEM 照片

图 7.49 加热 150℃弯曲断裂

7.4.4 组织性能分析

图 7.50 所示为实验用原始态 AZ31 镁合金挤压型材的组织金相照片。镁合金的再结晶温度是 210～250℃，温度升高到 150℃，致使晶粒长大，晶粒尺寸大小不一且分布不均匀。随着温度的提高，孪晶区的宽度有所增加。

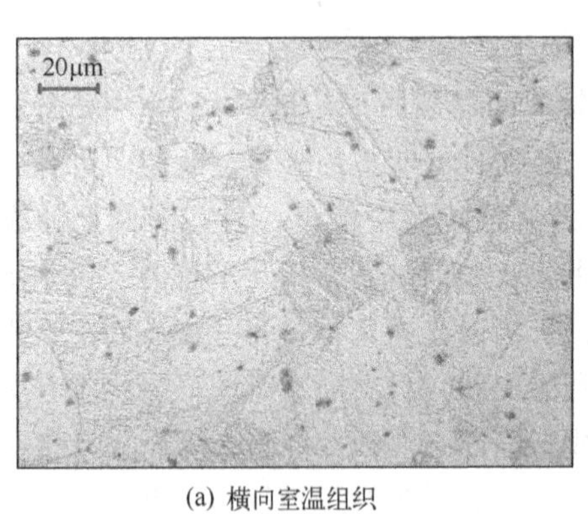

(a) 横向室温组织

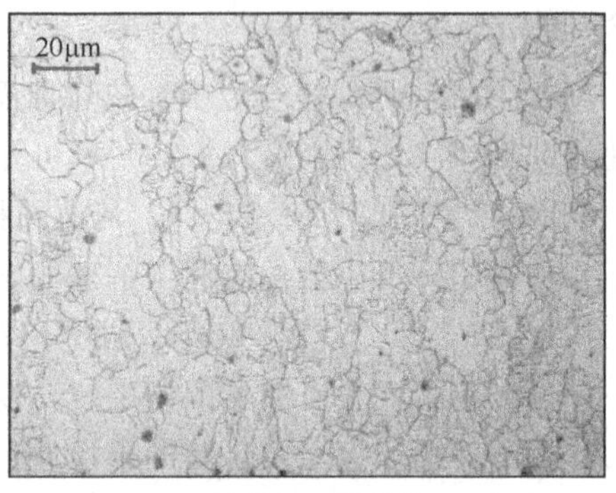

(b) 横向150℃组织

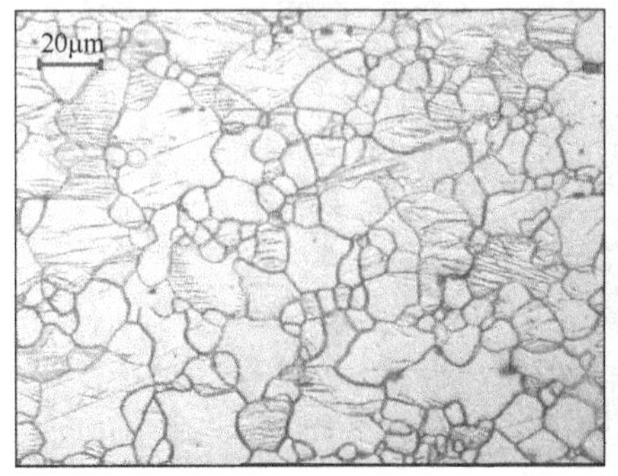

(c) 纵向室温组织

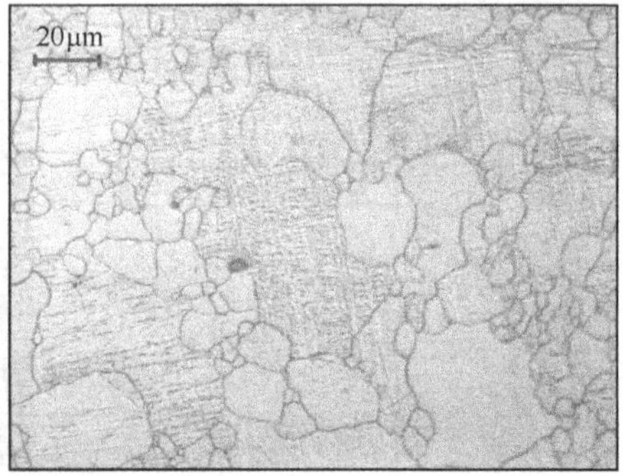

(d) 纵向150℃组织

图 7.50 AZ31 镁合金挤压型材原始组织金相照片

图 7.51 所示为经过弯曲变形后的 AZ31 镁合金型材组织金相照片（横向：法线平行于弯曲方向）。横向组织各筋的晶粒形状、大小、分布基本一致，差异不明显。

图 7.52 所示为经过弯曲变形后的 AZ31 镁合金型材组织金相照片（纵向：法线垂直于

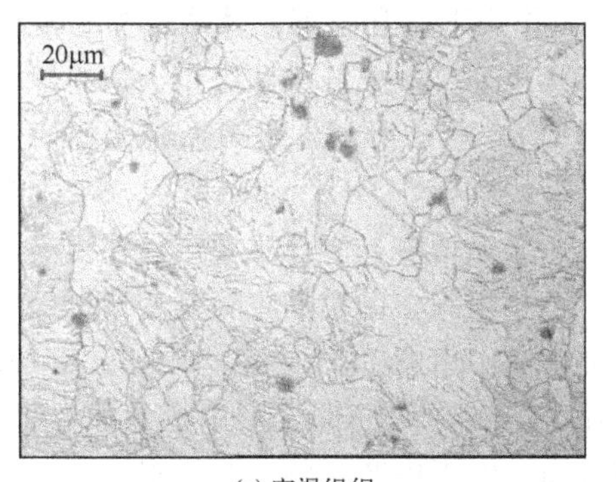

(a) 室温组织

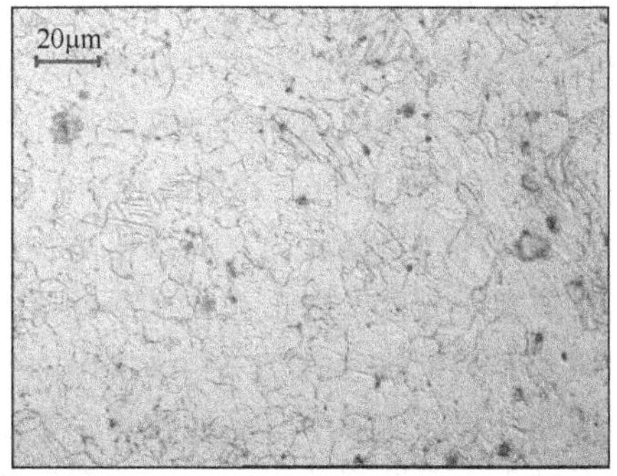

(b) 150℃组织

图 7.51　弯曲变形后 AZ31 镁合金型材组织金相照片（横向）

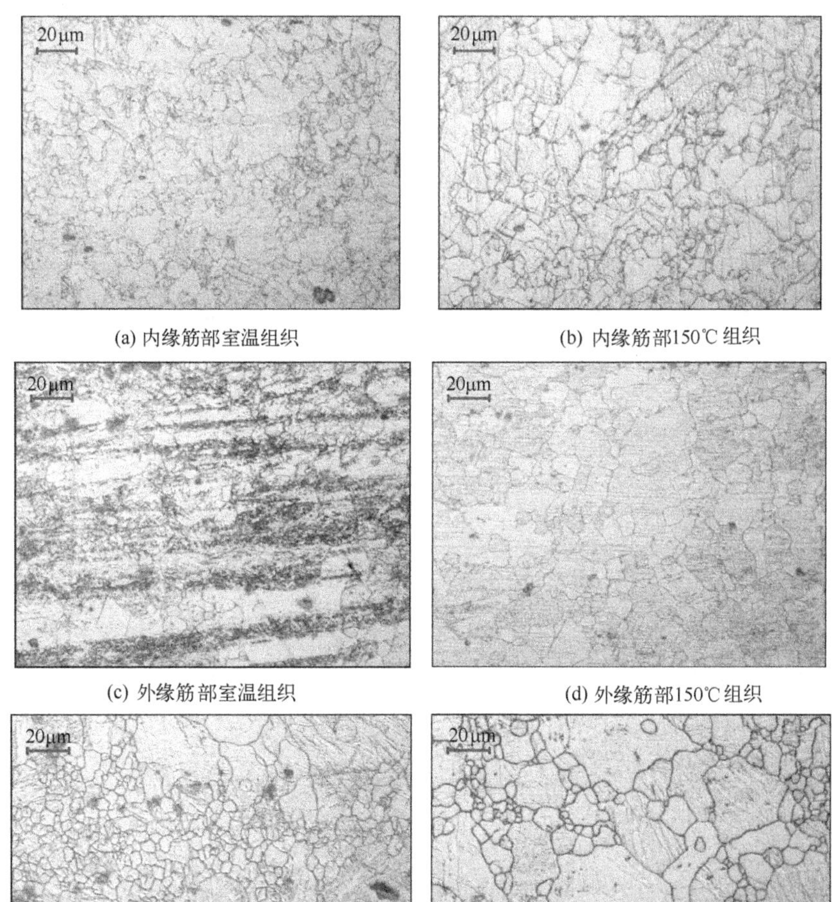

(a) 内缘筋部室温组织　(b) 内缘筋部150℃ 组织

(c) 外缘筋部室温组织　(d) 外缘筋部150℃ 组织

(e) 中间筋部室温组织　(f) 中间筋部150℃ 组织

图 7.52　弯曲变形后 AZ31 镁合金型材组织金相照片（纵向）

弯曲方向)。纵向组织各个筋所受力有所不同，晶粒形状、大小、分布都有所不同，差异较大。AZ31镁合金室温弯曲成形过程中，内缘筋部受压应力，如图7.52（a）所示，变形过程中晶粒破碎严重，晶粒形状多为球状和片层状，晶粒尺寸较未变形的小，晶粒得到细化。外缘筋部受拉应力，如图7.52（c）所示，在外力作用下，常温下晶体内部参与滑移变形的滑移系较少，晶粒在一定的方向滑移变形呈现带状排列，形成纤维状组织。从组织上看，中间筋部是内缘筋部和外缘筋部的过渡区域，如图7.52（e）所示，组织形貌兼顾两者，晶粒分布很不均匀。在150℃弯曲成形过程中，如图7.52（b）、（d）、（f）所示，弯曲变形使得晶粒细化且分布均匀，温度的提高致使晶粒长大，孪晶增多。孪晶主要产生在粗晶内部，孪晶数量的增加很明显应归因于晶粒尺寸的增大。金相组织中的孪晶主要是变形过程中由于晶粒尺寸的增大而产生的应力集中所诱发出的变形孪晶。由图7.52（b）和图7.52（d）得出，受拉应力的外缘筋部变形中孪晶的数量少于受压应力的内缘筋部变形中孪晶的数量。可见，在弯曲变形过程中受温度的影响，随着温度的升高，组织内产生的孪晶增多。

参考文献

[1] Li Y，Zha M，Rong J. Effect of large thickness-reduction on microstructure evolution and tensile properties of Mg-9Al-1Zn alloy processed by hard-plate rolling [J]. Journal of Materials Science & Technology，2021，88 (29)：215-225.

[2] Lee S W，Han G，Jun T S，et al. Effects of initial texture on deformation behavior during cold rolling and static recrystallization during subsequent annealing of AZ31 alloy [J]. Journal of Materials Science & Technology，2021，66 (7)：139-149.

[3] Zhang K，Zheng J，Huang Y，et al. Evolution of twinning and shear bands in magnesium alloys during rolling at room and cryogenic temperature [J]. Materials & Design，2020，193：108793.

[4] Li J，Xie D，Yu H，et al. Microstructure and mechanical property of multi-pass low-strain rolled Mg-Al-Zn-Mn alloy sheet [J]. Journal of Alloys and Compounds，2020，835 (3)：155228.

[5] Xiao B，Song J，Tang A，et al. Effect of pass reduction on distribution of shear bands and mechanical properties of AZ31B alloy sheets prepared by on-line heating rolling [J]. Journal of Materials Processing Technology，2020，280：116611.

[6] Aghamohammadi H，Hosseinipour S J，Rabiee S M，et al. Texture-Microstructure Correlation in Hot-Rolled AZ31 [J]. Transactions of the Indian Institute of Metals，2019，72 (7)：1775-1781.

[7] Gaurav G，Sarvesha R，Singh S S，et al. Study of Static Recrystallization Behavior of a Mg-6Al-3Sn Alloy [J]. Journal of Materials Engineering and Performance，2019，28 (6)：3468-3477.

[8] Silva E P，Buzolin R H，Marques F，et al. Effect of Ce-base mischmetal addition on the microstructure and mechanical properties of hot-rolled ZK60 alloy [J]. Journal of Magnesium and Alloys，2021，9 (3)：995-1006.

[9] Ding T，Yan H，Chen J，et al. Dynamic recrystallization and mechanical properties of high-strain-rate hot rolled Mg-5Zn alloys with addition of Ca and Sr [J]. Transactions of Nonferrous Metals Society of China，2019，29 (8)：1631-1640.

[10] Zeng X，Minárik P，Dobroň P，et al. Role of deformation mechanisms and grain growth in microstructure evolution during recrystallization of Mg-Nd based alloys [J]. Scripta Materialia，2019，166：53-57.

[11] Chen T，Chen Z，Yi L，et al. Effects of texture on anisotropy of mechanical properties in annealed Mg-0.6%Zr-1.0%Cd sheets by unidirectional and cross rolling [J]. Materials Science & Engineering A，2014，615：324-330.

[12] Chino Y，Sassa K，Kamiya A，et al. Enhancement of Press Formability of Rolled Mg Alloy Sheet by Using Cross Rolling Processes [J]. Materials Science Forum，2007，58：1615-1619.

[13] Xu Y，Zhang S，Liu H，et al. Improved Formability and Deep Drawing of Cross-Rolled Magnesium Alloy Sheets at Elevated Temperatures [J]. Materials Science Forum，2005，488-489：461-464.

[14] Zhang P，Xin Y，Zhang L，et al. On the texture memory effect of a cross-rolled Mg-2Zn-2Gd plate after unidirectional rolling [J]. Journal of Materials Science & Technology，2020，41 (06)：98-104.

[15] Kaseem M，Chung B K，Yang H W，et al. Effect of Deformation Temperature on Microstructure and Mechanical Properties of AZ31 Mg Alloy Processed by Differential-Speed Rolling [J]. Journal of Materials Science & Technology，2015，31 (05)：498-503.

[16] 张耀丹. AZ31 镁合金大压下率轧制条件下组织与性能 [J]. 金属功能材料，2021，28 (01)：73-77.

[17] 唐佳伟，帅美荣，王海宇，等. 异速比对镁合金板材轧制成形的影响分析 [J]. 太原科技大学学报，2020，41 (04)：302-306.

[18] 宋旭东，袁鸽成，黎小辉，等. 异步轧制 Mg-3Zn-2 (Ce/La) -1Mn 合金的微观组织及织构演变 [J]. 金属热处理，2020，45 (02)：1-6.

[19] Suh J S , Suh B C , Choi J O , et al. Effect of Extrusion Temperature on Mechanical Properties of AZ91 Alloy in Terms of Microstructure and Texture Development [J]. Metals and Materials International，2020，27 (8)：2696-2705.

[20] Fu Z , Wang Z , Li G , et al. Microstructure，Mechanical and Corrosion Properties of Mg-1. 61Al-1. 76Ca Alloy under Different Extrusion Temperatures [J]. Journal of Materials Engineering and Performance，2020，29 (1)：672-680.

[21] Ayer Önder. A forming load analysis for extrusion process of AZ31 magnesium [J]. Transactions of Nonferrous Metals Society of China，2019，29 (04)：741-753.

[22] Yu Z，Xu C，Meng J，et al. Effects of extrusion ratio and temperature on the mechanical properties and microstructure of as-extruded Mg-Gd-Y- (Nd/Zn) -Zr alloys [J]. Materials Science & Engineering A，2019，762 (1)：138080.

[23] Li Y，Ren S. Forming Analysis of AZ80 Magnesium Alloy Thick-Walled Tube Fabricated by Hydrostatic Shrinkage Extrusion [J]. Materials Science Forum，2019，950：80-84.

[24] Hu H. The Effects of Process Parameters on Evolutions of Thermodynamics and Microstructures for Composite Extrusion of Magnesium Alloy [J]. Advances in Materials Science and Engineering，2013，4：1-9.

[25] Bai S，Fang G. Experimental and numerical investigation into rectangular tube extrusion of high-strength magnesium alloy [J]. International Journal of Lightweight Materials and Manufacture，2020，3 (2)：136-143.

[26] Liu Y，Zhao Y，Wang L，et al. Microstructure and Mechanical Properties of AZ31 Alloys Processed by Residual Heat Rolling [J]. Journal of Wuhan University of Technology-Materials Science Edition，2021，36 (4)：588-594.

[27] Lee J H，Lee S W，Park S H. Microstructural characteristics of magnesium alloy sheets subjected to high-speed rolling and their rolling temperature dependence [J]. Journal of Materials Research and Technology，2019，8 (3)：3167-3174.

[28] Yang H W，Widiantara I P，Ko Y G. Effect of deformation path on texture and tension properties of submicrocrystalline Al-Mg-Si alloy fabricated by differential speed rolling [J]. Materials Letters，2018，213 (15)：54-57.

[29] Ma R，Wang L，Wang Y N，et al. Microstructure and mechanical properties of the AZ31 magnesium alloy sheets processed by asymmetric reduction rolling [J]. Materials Science & Engineering A，2015，638 (jun. 25)：190-196.

[30] Peng R，Wang B，Xu C，et al. The formation of the cross shear bands and its influence on dynamic recrystallization and mechanical properties under Turned-Reverse Rolling [J]. Materials Today Communications，2021，26：102078.

[31] Lian Y，Liao B，Zhou T，et al. Microstructure and Mechanical Property of Mg-3Al-1Zn Magnesium Alloy Sheet Processed by Integrated High Temperature Rolling and Continuous Bending [J]. Metals - Open Access Metallurgy Journal，2020，10 (3)：380.

[32] Xian L A，Qyt B，Ning M B，et al. Effect of deep surface rolling on microstructure and properties of

AZ91 magnesium alloy [J]. Transactions of Nonferrous Metals Society of China，2019，29 (7)：1424-1429.

[33] Guo L，Fu R，Pei J，et al. Microstructure，Texture，and Mechanical Properties of Continuously Extruded and Rolled AZ31 Magnesium Alloy Sheets [J]. Journal of Materials Engineering and Performance，2019，28 (11)：6692-6703.

[34] Yada H. Drediction of microstructural changes and mechanical properties in hot strip rolling [C] // Proceeding of conference of metallurgists. 1987：105-119.

[35] Sellars C M，Mctegart W J. On the mechanism of hot deformation [J]. ACTA Metallurgica，1966，14：1136-1138.

[36] 李倩，林金保，张俊婷，等. 基于GTN模型的AZ31镁合金手机壳拉深工艺分析 [J]. 太原科技大学学报，2017，38 (06)：460-466.

[37] 王瑞泽，陈章华，臧勇. 基于Gurson模型的镁合金板材温热冲压成形研究 [J]. 北京科技大学学报，2014，36 (04)：459-466.

[38] 刘华强，唐荻，米振莉，等. 热轧AZ31镁合金薄板的室温成形性 [J]. 北京科技大学学报，2013，35 (09)：1181-1187.

[39] Mofid M A，Loryaei E. Investigating microstructural evolution at the interface of friction stir weld and diffusion bond of Al and Mg alloys [J]. Journal of Materials Research and Technology，2019，8 (5)：3872-3877.

[40] Shigematsu I，Kwon Y J，Saito N. Dissimilar Friction Stir Welding for Tailor-Welded Blanks of Aluminum and Magnesium Alloys [J]. Materials Transactions Jim，2009，50 (1)：197-203.

[41] 赵菲，吴志生，弓晓园，等. 镁合金钨极氩弧焊接头深冷强化机制 [J]. 焊接学报，2014，35 (2)：79-82.

[42] 周海，丁成钢，胡飞，等. 不同电流下AZ31镁合金交流钨极氩弧焊焊接接头的显微组织与力学性能 [J]. 机械工程材料，2011，35 (5)：47-54.

[43] 张福全，王响群，陈振华，等. AZ31镁合金钨极交流氩弧焊焊缝气孔的研究 [J]. 焊接，2006 (3)：36-39.

[44] 魏兆中. 镁合金钨极氩弧焊焊接工艺探讨 [J]. 开封大学学报，2018，32 (01)：92-94.

[45] Edek J，Rek R，Raka J，et al. Comparative study of prediction methods for fatigue life evaluation of an integral skin-stringer panel under variable amplitude loading [J]. Procedia Engineering，2015，114：124-131.

[46] 朱丽. 大型钛合金拼焊蒙皮整体化等温热成形工艺研究 [J]. 制造技术与机床，2020，(8)：27-30，67.

[47] 唐涛，李志强，门向南，等. 航空大型复杂蒙皮的拉伸成形技术 [J]. 锻压技术，2019，44 (7)：57-61.

[48] 祝世强，王大刚，王新宇，等. TC4钛合金曲母线回转体蒙皮成形工艺 [J]. 锻压技术，2020，45 (6)：107-110.

[49] 张敏，田锡天，李波. 整体壁板压弯成形的形状控制 [J]. 航空学报，2020，41 (7)：60-71.

[50] Lv Y，Zhang W，Wei Y. The compression properties of the wing integral panel made up of material 7B50-T7751 and 7150-T7751 [J]. International Journal of Lightweight Materials and Manufacture，2019，3 (2)：189-192.

[51] Roberts W，Ahlblom B. A Nucleation Criterion for Dynamic Recrystallization during Hot Working [J]. Acta Metallurgica，1978，26 (5)：801-813.

[52] Goetz R L，Seetharaman V. Modeling Dynamic Recrystallization Using Cellular Automata [J]. Scripta Materialia，1998，38 (3)：405-413.

[53] 姚毅，林飞，崔晓磊，等. 不同温度场下 AZ31 镁合金筒形件反挤压成形规律研究［J］. 塑性工程学报，2020，27（02）：45-52.

[54] 廉振东，方敏，孟模，等. AZ80+0.4%Ce 镁合金薄壁管挤压-拉伸成形工艺及微观组织分析［J］. 热加工工艺，2019，48（03）：57-61. DOI：10.14158/j.cnki.1001-3814.2019.03.013.

[55] 李旭. 基于 Deform-3D 软件模拟研究温度对 AZ31 镁合金管材反挤压的影响［J］. 热加工工艺，2015，44（11）：184-186.

[56] 王剑锋. 基于 BP 神经网络的镁合金轮毂旋转挤压工艺［J］. 锻压技术，2020，45（06）：111-115.

[57] 张慧菊. 镁合金轮毂等温挤压成形工艺分析与模具设计［J］. 热加工工艺，2019，48（21）：119-122，125.

[58] 张学广，贾明萌，刘纯国，等. 基于增量控制的型材拉弯轨迹设计及有限元仿真［J］. 吉林大学学报（工学版），2019，49（04）：1272-1279.

[59] 王贺，黄霞，孙莹，等. 铝型材拉弯成形工艺稳健性优化［J］. 塑性工程学报，2018，25（03）：65-72.

[60] 钱志平，林建凯，聂凯锋，等. 非对称截面型材平面拉弯成形时法向变形研究［J］. 塑性工程学报，2020，27（07）：176-181.

[61] 王敬丰，彭星，王奎，等. 超大规格宽幅薄壁中空镁合金型材挤压成形的数值模拟及实验研究［J］. 中国有色金属学报，2020，30（12）：2809-2819.

[62] 肖寒，曾文文，程明，等. AZ31 镁合金挤压型材温热张力绕弯成形模拟及实验研究［J］. 塑性工程学报，2018，25（03）：42-46.